油库安全丛书

油库事故理论与分析

朱建成　王丰　张晓伟　编著

中国石化出版社

内 容 提 要

本书以油库事故为研究对象，从油库事故发生前的预防管理和事故发生后的应急管理两方面进行了分析，详细介绍了油库事故的内涵及特征、油库事故的发展阶段、事故致因理论、油库事故后果分析、油库事故管理、油库事故预防、油库应急管理、油库典型事故案例、油库事故现场急救处理、油库事故调查处理等内容。内容具体实用，对指导油库事故管理工作有较大帮助。

本书可供油库业务干部学习和参考，也可作为高等院校油料类专业师生的参考书。

图书在版编目(CIP)数据

油库事故理论与分析／朱建成，王丰，张晓伟编著.
—北京：中国石化出版社，2013.2
ISBN 978-7-5114-1951-4

Ⅰ.①油… Ⅱ.①朱… ②王… ③张… Ⅲ.①油库-事故分析 Ⅳ.①TE88

中国版本图书馆 CIP 数据核字(2013)第 017933 号

中国石化出版社出版发行

地址：北京市东城区安定门外大街 58 号
邮编：100011 电话：(010)84271850
读者服务部电话：(010)84289974
http://www.sinopec-press.com
E-mail：press@sinopec.com
北京柏力行彩印有限公司印刷
全国各地新华书店经销

*

787×1092 毫米 16 开本 18 印张 453 千字
2013 年 4 月第 1 版 2013 年 4 月第 1 次印刷
定价：46.00 元

前言

石油是工业的血液，是最重要的能源和化工原料，随着国民经济的迅猛发展，对石油产品的需求量与日俱增。然而，由于石油及其产品具有易燃、易爆、腐蚀毒害等特性，使得其在生产、使用、储存、运输过程中存在潜在的风险，稍有不慎就会酿成事故，给国家和人民的生命财产造成破坏和损失。在过去的数十年间，世界范围内发生了多起重特大石油事故。例如：1984 年墨西哥城液化石油气爆炸事故，650 人丧生，数千人受伤；1989 年黄岛油库特大火灾事故，大火燃烧了 104 个小时，烧掉原油 3.6×10^4t，烧毁油罐 5 座，造成的经济损失达 3300 万元，扑救中 19 人牺牲，78 人受伤，灾后可估计的间接损失就达 5200 万元，还不包括海洋被污染后的治理费用；2007 年，国内某油库发生重大油气爆炸安全事故，造成整个山洞油库毁灭性的破坏，成品油料大量外泄，直接经济损失、间接损失和善后处理工作付出的代价都非常惨重。据不完全统计，近 20 年间，仅我国销售系统成品油库就发生较大事故 600 次，致使 310 人死亡，630 人伤残，损失油品近 5×10^4t，直接经济损失达 2500 万元。

近年来，随着国家石油储备油库的建设，油品储罐也向着大型化方向发展。目前我国在建和拟建的油库，尤其是国家储备库，库容大都在 $100 \times 10^4 m^3$ 的量级以上，有的甚至规划到 $2 \times 10^7 m^3$。现有最大的石油库已达 $1 \times 10^7 m^3$。对于大型石油库一旦发生火灾爆炸等突发事故，其后果将会更加严重，甚至可能是灾难性的。因此，高度重视油库事故理论和方法研究，加强油库火灾爆炸事故的定量化分析研究，总结油库事故发生和发展的规律，系统分析油库存在的泄漏、火灾、爆炸事故风险，制订预防和控制事故发生的对策，为企业及社会减灾防灾提供理论依据，具有重要的理论和实践意义。

本书以油库事故为研究对象，从油库事故发生前的预防管理和事故发生后的应急管理两个方面进行了分析，主要包括油库事故的内涵及特征、油库事故的发展阶段、事故致因理论、油库事故后果分析、油库事故管理、油库事故预防、油库应急管理、油库典型事故案例、油库事故现场急救处理、油库事故调查处理等内容。本书力求从过去事故中吸取经验教训，深刻地认识各种油库事故的孕育、发生、发展及消亡规律，采用科学的定性和定量方法，注重解决油库事故分析和管理中的实际问题，以提高油库事故管理水平，可供油库业务人员学习和参考，也可作为院校相关专业的教材。

本书由中国人民解放军66296部队油料处朱建成、张晓伟和后勤工程学院王丰共同编著，本书的编写参阅了大量的有关书刊及论文，主要参考文献列于书后，在此对有关作者表示感谢。由于作者水平所限，书中难免存在不妥之处，欢迎读者批评指正。

编著者

目　录

第一章　概论 …………………………………………………………（1）

第一节　事故预防理论的发展 ……………………………………………（1）

第二节　油库事故的内涵及特征 …………………………………………（4）

第三节　油库事故的发展阶段 ……………………………………………（6）

第四节　油库事故模型 ……………………………………………………（7）

第二章　事故致因理论 …………………………………………………（11）

第一节　事故致因理论的产生与发展 ……………………………………（11）

第二节　事故因果论 ………………………………………………………（13）

第三节　能量转移理论 ……………………………………………………（17）

第四节　人失误的事故模型 ………………………………………………（21）

第五节　轨迹交叉理论 ……………………………………………………（29）

第六节　动态变化理论 ……………………………………………………（32）

第七节　油库事故致因机理分析 …………………………………………（35）

第三章　油库事故后果分析 ……………………………………………（37）

第一节　油库事故类型及事故后果分析程序 ……………………………（37）

第二节　油库泄漏事故后果分析 …………………………………………（38）

第三节　油库火灾事故后果分析 …………………………………………（44）

第四节　油库爆炸事故后果分析 …………………………………………（53）

第五节　油库爆炸事故后果分析实例 ……………………………………（60）

第四章　油库事故管理 …………………………………………………（70）

第一节　油库事故管理的任务 ……………………………………………（70）

第二节　油库事故现场管理 ………………………………………………（70）

第三节　油库事故管理程序 ………………………………………………（72）

第四节　油库事故分类与损失计算 ………………………………………（73）

第五节　油库事故统计分析 ………………………………………………（76）

第六节　油库事故档案管理 ………………………………………………（81）

第五章　油库事故预防 …………………………………………………（83）

第一节　油库事故预防与控制的原则 ……………………………………（83）

第二节　油库静电事故预防 ………………………………………………（84）

第三节　油库雷击事故预防 ………………………………………………（96）

第四节　油库油气中毒事故预防 …………………………………………（105）

第五节　油库设备损坏事故预防 …………………………………………（111）

第六节　油库跑冒混油事故预防 …………………………………………（120）

第七节　油库电气火灾事故预防 …………………………………………（123）

第八节　油库维修作业事故预防 …………………………………………（129）

第九节　油库自然灾害事故预防 …………………………………………………………（138）
第六章　油库应急管理 ……………………………………………………………………（140）
第一节　油库应急管理概述 …………………………………………………………………（140）
第二节　油库应急预案 ………………………………………………………………………（143）
第三节　油库事故应急处置方法 ……………………………………………………………（163）
第四节　油库应急救援装备 …………………………………………………………………（171）
第七章　油库典型事故案例 ………………………………………………………………（184）
第一节　油库静电事故案例 …………………………………………………………………（184）
第二节　油库雷击事故案例 …………………………………………………………………（191）
第三节　油库油气中毒事故案例 ……………………………………………………………（198）
第四节　油库设备损坏事故案例 ……………………………………………………………（200）
第五节　油库跑冒混油事故案例 ……………………………………………………………（203）
第六节　油库电气火灾事故案例 ……………………………………………………………（207）
第七节　油库维修作业事故案例 ……………………………………………………………（210）
第八节　油库自然灾害事故案例 ……………………………………………………………（213）
第八章　油库事故现场急救处理 …………………………………………………………（216）
第一节　现场急救概述 ………………………………………………………………………（216）
第二节　现场对伤员急救前的检查 …………………………………………………………（218）
第三节　外伤现场急救处理 …………………………………………………………………（219）
第四节　触电现场急救处理 …………………………………………………………………（219）
第五节　火焰烧伤现场急救处理 ……………………………………………………………（223）
第六节　化学烧伤现场急救处理 ……………………………………………………………（224）
第七节　中毒现场急救处理 …………………………………………………………………（225）
第八节　高处跌落摔伤的现场急救处理 ……………………………………………………（226）
第九节　中暑现场急救处理 …………………………………………………………………（226）
第九章　油库事故调查处理 ………………………………………………………………（228）
第一节　油库事故调查与分析 ………………………………………………………………（228）
第二节　油库事故处理 ………………………………………………………………………（239）
第三节　油库事故调查报告 …………………………………………………………………（241）
附录一　企业职工伤亡事故调查分析规则（GB 6442—86） ……………………………（248）
附录二　企业职工伤亡事故分类标准（GB 6441—86） …………………………………（251）
附录三　企业职工伤亡事故经济损失统计标准（GB 6721—86） ………………………（261）
附录四　油库事故管理规定（摘要） ………………………………………………………（264）
附录五　生产安全事故报告和调查处理条例 ……………………………………………（268）
附录六　火灾事故调查规定 ………………………………………………………………（274）
参考文献 ……………………………………………………………………………………（280）

第一章 概 论

第一节 事故预防理论的发展

人类防范事故风险的安全科学已经历了漫长的岁月，从事后型的“亡羊补牢”到预防型的本质安全；从单因素的就事论事到系统安全工程；从事故致因理论到安全科学原理，工业安全科学的理论体系在不断发展和完善。安全科学理论体系的发展经历了具有代表性的三个阶段：从工业社会到20世纪50年代主要发展了事故学理论；20世纪50～80年代发展了危险分析与风险控制理论；20世纪90年代以来，现代的安全科学原理初见端倪，目前还在不断地发展和完善之中。

一、事故学理论

1. 认识论

事故学理论的基本出发点是事故，以事故为研究的对象和认识的目标，在认识论上主要是经验论与事后型的安全哲学，是建立在事故与灾难的经历上来认识安全，是一种逆式思路（从事故后果到原因事件）。方法论的主要特征在于被动与滞后，是“亡羊补牢”的模式，突出表现为一种头痛医头、脚痛医脚、就事论事的对策方式。

2. 理论系统

基于以事故为研究对象的认识，形成和发展了事故学的理论体系。

(1) 事故分类学。按管理要求的分类法，如加害物分类法、事故程度分类法、损失工日分类法、伤害程度与部位分类法等；按预防需要的分类法：如致因物分类法、原因体系分类法、时间规律分类法、空间特征分类法等。

(2) 事故模型论。因果连锁模型（多米诺骨牌模型）、综合模型、轨迹交叉模型、人为失误模型、生物节律模型、事故突变模型等。

(3) 事故致因理论。事故频发倾向论、能量意外释放论、能量转移理论、两类危险源理论等。

(4) 事故预测理论。线性回归理论、趋势外推理论、规范反馈理论、灾变预测法、灰色预测法等。

(5) 事故预防理论。“三 E”对策理论、事后型对策等。

3. 方法与特征

在上述思想认识的基础上，事故学理论的主要导出方法是事故分析（调查、处理、报告等）、事故规律的研究、事后型管理模式、四不放过的原则（即事故原因分析不清不放过、责任人没有受到处理不放过、整改措施不落实不放过、有关责任人和群众没有受到教育不放过）、建立在事故统计学上的致因理论研究、事后整改对策、事故赔偿机制与事故保险制度等。

事故学的理论对于研究事故规律、认识事故的本质，从而对指导预防事故有重要的意义，在长期的事故预防与保障人类安全生产和生活过程中发挥了重要的作用，是人类安全活动实践的重要理论依据。但是，一方面由于现代工业固有的安全性在不断提高，事故频率逐步降低，建立在统计学上的事故理论随着样本的局限使理论本身的发展受到限制，同时由于现代工业对系统安全性要求不断提高，直接从事故本身出发的研究思路和对策，仅停留在事故学的研究上的理论效果已不能满足新的要求。

二、危险分析与风险控制理论

1. 认识论

以危险和隐患作为研究对象，其理论基础是对事故因果性的认识，以及对危险和隐患事件链过程的确认。建立了事件链的概念，有了事故系统的超前意识流和动态认识论，确认了人、机、环境、管理事故综合要素，主张工程技术硬手段与教育、管理软手段综合措施，提出超前防范和预先评价的概念和思路。

2. 理论系统

由于研究对象和目标体系的转变，危险分析与风险控制理论发展了如下理论体系。

(1) 系统分析理论。故障树分析理论(FTA)、事件树分析理论(ETA)、安全检查表技术(SCL)、故障及类型影响分析理论(FMFA)等。

(2) 安全评价理论。安全系统综合评价理论、安全模糊综合评价理论、安全灰色系统评价理论等。

(3) 风险分析理论。风险辨识理论、风险评价理论、风险控制理论等。

(4) 系统可靠性理论。人机可靠性理论、系统可靠性理论等。

(5) 隐患控制理论。重大危险源理论、重大隐患控制理论、无隐患管理理论等。

3. 方法和特征

由于有了对事故的超前认识，这一理论体系提出了比早期事故学理论更为有效的方法和对策，如预期型管理模式；危险分析、危险评价、危险控制的基本方法过程；推行安全预评价的系统安全工程；四负责的综合责任体制；管理中的“五同时”原则；企业安全生产的动态“四查工程”等科学检查制度等。危险分析与风险控制理论指导下的方法，体现了超前预防、系统综合、主动对策等特征。

危险分析及隐患控制理论从事故的因果性出发，着眼于事故前期事件的控制，对实现超前和预期型的安全对策、提高事故预防的效果有着显著的意义和作用。但是，这一层次的理论在安全科学理论体系上还缺乏系统性、完整性和综合性。

三、安全科学原理

1. 认识论

以安全系统作为研究对象，建立了人－物－能量－信息的安全系统要素体系，提出系统自组织的思路，确立了系统本质安全的目标。通过安全系统论、安全控制论、安全信息论、安全协同科学、安全行为科学、安全环境科学、安全文化建设等科学理论研究，提出在本质安全化认识论基础上的全面、系统、综合地发展安全科学理论。

2. 理论系统

安全原理的理论系统还在发展和完善之中，目前已有的初步体系有如下几种。

(1) 安全哲学原理。从历史学和思维学的角度研究实现人类安全生产和安全生存的认识论和方法论。如有了这样的归纳：远古人类的安全认识论是宿命论的，方法论是被动承受型的；近代人类的安全认识提高到了经验的水平；现代随着工业社会的发展和技术的进步，人类的安全认识论进入了系统论阶段，从而在方法论上能够推行安全生产与安全生活的综合型对策，甚至能够超前预防。有了正确的安全哲学思想的指导，人类现代生产与生活的安全才能获得高水平的保障。

（2）安全系统论原理。从安全系统的动态特性出发，研究人、社会、环境、技术、经济等因素构成的安全大协调系统。建立生命保障、健康、财产安全、环保、信誉的目标体系。在认识了事故系统人－机－环境－管理四要素的基础上，更强调从建设安全系统的角度出发，认识安全系统的要素：人——人的安全素质（心理与生理、安全能力、文化素质）；物——设备与环境的安全可靠性（设计安全性、制造安全性、使用安全性）；能量——生产过程中能的安全作用（能的有效控制）；信息——充分可靠的安全信息流（管理效能的充分发挥）是安全的基础保障。从安全系统的角度来认识安全原理更具有理性的意义，更具科学性原则。

（3）安全控制论原理。安全控制是最终实现人类安全生产和安全生存的根本措施。安全控制论提出了一系列有效的控制原则。安全控制论要求从本质上来认识事故（而不是从形式或后果），即事故的本质是能量不正常转移，由此推出了高效实现系统安全的方法和对策。

（4）安全信息论原理。安全信息是安全活动所依赖的资源。安全信息原理研究安全信息定义、类型，研究安全信息的获取、处理、存储、传输等技术。

（5）安全经济学原理。从安全经济学的角度，研究安全的减损效益（减少人员伤亡、职业病负担、事故经济损失、环境危害等），研究安全的增值效益，即研究安全的"贡献率"，用安全经济学理论指导安全系统的优化。

（6）安全管理学原理。安全管理最基本的原理首先是管理组织学的原理，即安全组织机构合理设置、安全机构职能的科学分工、安全管理体制协调高效、管理能力自组织发展、安全决策和事故预防决策的有效和高效。其次是专业人员保障系统的原理，即遵循专业人员的资格保证机制：通过发展学历教育和设置安全工程师职称系列的单列，对安全专业人员提出具体严格的任职要求；建立兼职人员网络系统：企业内部从上到下（班组）设置全面、系统、有效的安全管理组织网络等。三是投资保障机制，研究安全投资结构的关系，正确认识预防型投入与事后整改型投入的关系，要研究和掌握安全措施投资政策和立法，讲求谁需要、谁受益、谁投资的原则，建立国家、企业、个人协调的投资保障系统等。

（7）安全工程技术原理。随着技术和环境的不同，发展相适应的硬技术原理，如机电安全原理、防火原理、防爆原理、防毒原理等。

目前还在发展中的安全理论有：安全仿真理论、安全专家系统理论、系统灾变理论、本质安全化理论、安全文化理论、安全决策理论等。

3. 方法与特征

自组织思想和本质安全化的认识，要求从系统的本质入手，要求主动、协调、综合、全面的方法论。具体表现为：从人与机器和环境的本质安全入手，人的本质安全指不但要解决人的知识、技能、意识素质，还要从人的观念、伦理、情感、态度、认知、品德等人文素质入手，从而提出安全文化建设的思路；物和环境的本质安全化就是要采用先进的安全科学技术，推广自组织、自适应、自动控制与闭锁的安全技术；研究人、物、能量、信息的安全系统论、安全控制论和安全信息论等现代工业安全原理；技术项目中要遵循安全措施与技术设施同时设计、施工、投产的“三同时”原则；企业在考虑经济发展、进行机制转换和技术改造时，安全生产方面要同时规划、发展、实施，即所谓“三同步”的原则；还有三点控制工程、定置管理、四全管理、三治工程等超前预防型安全活动；推行安全目标管理、无隐患管理、安全经济分析、危险预知活动、事故判定技术、行为安全观察等安全系统科学方法。

第二节 油库事故的内涵及特征

一、油库事故的内涵

事故是指人们在进行有目的的活动过程中，突然发生的与人的希望和意志相反的事件。事故是不正常事件的总称，是事故隐患转化的结果。它并不是人们的愿望，而是意外的事件，随着劳动生产过程而存在，随着劳动生产过程的延续而发生和发展。

安全与事故是两个截然不同的概念。安全是系统发展存在过程的状态的描述量，与事故有本质的区别。任何系统的运行过程均可看作是一个随机过程，事故是这一随机过程的所有样本实现总体中的一类子样本。因此，安全不同于事故，即未发生事故的系统不一定肯定是安全的，而发生了事故的系统不一定不安全。另一方面，安全和事故也不是完全对立的，系统事故的发生只能是其不安全的必要条件，而非充分条件，系统运行的安全与否，只能用系统运行的安全程度来表示。

人们是通过评价事故发生概率的大小和事故一旦发生其后果的严重程度两个方面来评价事故的危险性的。事故发生的概率是时间长度或样本个数趋近无限大的情况下，系统发生事故次数与系统正常工作次数的比值。事故后果严重度是事故发生后其后果带来的损失大小的度量。事故后果带来的损失包括人员生命健康方面的损失、财产损失、生产损失或环境方面的损失等可见损失，以及受伤害者本人、亲友、同事等遭受的心理冲击和事故造成的不良社会影响等无形的损失。由于无形的损失主要取决于可见损失，因此事故后果严重度也可以用可见损失的大小来相对比较。通常，以伤害的严重程度来描述人员生命健康方面的损失；以损失价值的金额数来表示事故造成的财物损失或生产损失。

油库事故是指人们在油库进行有目的的活动过程中，突然发生违反人们意愿、并可能使有目的的活动发生暂时性或永久性中止，同时造成人员伤亡或者财产损失的意外事件。油库事故管理就是对危险和事故进行调查、分析、统计、报告、处理等一系列工作的总称。是一项涉及面广，政策性、技术性、综合性很强的管理活动。它对于确保稳定、实现安全管理都具有极其重要的意义。油库事故管理是油库管理的重要内容，是一项贯穿于油库全员、全过程、全方位的安全管理工作。做好油库安全工作一定要重视油库事故管理，重视油库事故规律的研究。通过对油库事故形成过程及内在规律的研究，分析研究危险和事故的本质因素，确定事故发生的内在原因及激发因素，有利于针对性地采取安全防护措施，防止或减少事故的发生。

二、油库事故的特征

事物都具有其自身所固有的发生或发展规律。油品有其本身所固有的理化性质和变化规律，油库人员思想有其随外界环境而变化的规律，油库设施设备也有其构造和性能的差异而表现出来的不同的运行规律。油库事故的发生具有一定的规律性，即油库事故的发生总是由于内因根据和外因条件的作用，是有序的而不是杂乱无章的一系列事件的组合，是集中的而不是分散的外在表现形式。从油库管理工作的本质特征来看，油库事故发生的特征主要体现在以下五个方面。

1. 多因素性

一般来说事故是多重因素决定的，即事故是多种因素共同促成的结果，单一因素难以形成事故。在确认事故时，要从多种因素的分析中找到事故的原因，才能为事故的确认提供依据，才能确定事故的性质。油库事故往往是在进行油料储运、收发、加注或设备设施维修等作业过程中发生的，而人员和物资两个系列又是在一定的自然、社会和管理环境中运动的，因此，除了人员和物资之外，还应着重研究自然环境、社会环境、管理环境以及油库人－机系统结合下的作业方式或作业程序等方面的问题。

2. 因果性

任何事故都是由事故隐患转化的结果，即事故隐患的存在是事故发生的原因所在。事故隐患是伴随着劳动生产过程而存在的不易被人发现的潜在危险性或事故可能性。事故隐患是由物质危险因素和生产管理缺陷二者的集合。危险因素是指生产过程中物质条件所固有的危险性质及其潜在的破坏能量。管理缺陷是指人在生产过程中的错误指令和错误操作。危险因素是发生事故的物质基础，只是存在发生事故的可能性；管理缺陷是事故发生的激发条件，它作用于危险因素，便导致事故发生，若在事故中仍有管理缺陷继续起作用，则会进一步导致事故的发展和扩大。

物质危险因素与生产管理缺陷具有相辅相成的关系：没有危险因素存在，即使生产管理上有缺陷也不会导致发生事故；仅有危险因素存在，生产管理上完善无缺陷也不会导致事故发生。危险因素的存在只表明有发生事故的可能，而且事故的严重程度与危险因素的大小成正比；管理缺陷的存在只表明具备了发生事故的激发条件，而且事故的发生频率与管理缺陷的多少和作用时间成正比。只有同时存在着危险因素和管理缺陷，并且管理缺陷作用于危险因素，才构成事故隐患，事故隐患受到激发就转化为事故。实际事故统计也说明了这一问题：如错误指令和错误操作次数越多，发生事故的次数和就越大，犯错误的时间越长，则发生事故的可能性也越大。

3. 偶然性

从主观愿望上来说，人们都不愿意发生事故，而事故往往发生在人们意想不到的地点和时刻。人们在从事生产和管理等各项活动中，往往是由于某一事件的出乎意料发生(如人的行为过失、设备故障没有发现、突然而来的外界干扰等)而发生事故，如果知道某一事故发生的时间、地点(部位)和受损害的严重后果，人们就会千方百计地阻止事故的发生。因此，一般来说事故都带有偶然性。油库管理过程中的事故发生是偶然的、随机的现象，并具有一定的统计规律性。这种统计规律性的内涵除体现在油库管理人员自身外，往往还与储存油品、设备设施、管理条件、外界环境等因素有密切的关系。我们在确定事故原因时，往往要在偶然中找必然，注重研究油库事故的统计规律，总结事故的教训。

4. 紧急性

不少事故从发生到结束的速度很快，允许组织和个人作出反应的时间很短，这就要求人们平时制定事故预案，积累应急对策，加强应急救援训练，提高油库人员的应急反应能力和应急救援水平，尽量减少人员的伤亡和财产损失。如油罐的爆炸事故在瞬间发生，形成燃烧发展也很迅速，扑救相当困难。

5. 隐蔽性

事故尚未发生之前，一切似乎处于正常或平静状态，实际上可能事故正处于孕育状态或生长状态，这就是事故的隐蔽性。一旦事故暴露于世，事故也就发生了。因此，油库管理者必须正确认识事故的隐蔽性，要在平静中查隐患，在正常中找危险，从而消除事故孕育或生长的环境，将事故消灭在萌芽状态。

6. 危害性

事故发生的后果是否造成损害，是确认事故的重要依据。一般来说，发生了的事故的后果，都要带来一定的不应有的损失(如人员伤亡、财产损失等)或产生不良的社会影响。但并不是造成损失的不良社会影响的事件都是事故。确认是不是事故的损害，要依据国家及行业部门等具有权威性的管理部门制定的有关标准、文件，按规定的事故损失指标进行确认，并区分事故等级。

任何事故都会在一定程度上给个人、集体和社会带来身体、经济和社会效益方面的损失和危害，乃至夺去人的生命，威胁企业的生存和影响社会的安定。如黄岛事故造成许多人伤亡，烧毁大量的油品和设备等危害。油库事故危害性大小可用事故频率、千人负伤率、严重率和损失率等指标来判断：事故频率是指单位时间内发生事故的次数；千人负伤率表示统计期内每千人负伤的人数，统计期一般以年、几年或季度来确定；严重率是指一次事故的严重程度，包括一次事故中的人员伤亡、经济损失及劳动力损失；损失率是指单位时间内的事故引起的损失。这四个指标都同事故的危害程度成正比关系。

第三节　油库事故的发展阶段

事故有其发生、发展和消除的过程，研究事故的发展阶段，有助于识别和控制油库事故。事故的发展一般可归纳为四个阶段，即孕育阶段、生长阶段、损失阶段和善后阶段。

1. 孕育阶段

孕育阶段是导致事故爆发的因素逐渐积累的阶段，任何事故都有前兆，只是在显露程度上有所区别。由于处于孕育阶段的事故最容易控制甚至予以消灭，而且也可以为处理事故做好准备，以便在其爆发时控制住事故，最大限度地减少损失，所以油库安全工作的首要任务之一是尽早尽多地发现油库事故的前兆。

2. 生长阶段

在此阶段出现油库管理担缺陷，不安全状态和不安全行为得以发生，事故征候大量涌现，构成了油库作业中的事故隐患，即危险因素。这些隐患就是“事故苗子”。在此阶段，事故处于萌芽和发展状态，人们已能够指出其存在，一旦条件成熟就可能导致事故。因此，加强油库检查、排除事故隐患、防止事故隐患的进一步发展，是预防和控制油库事故发生的重要措施。

3. 损失阶段

发生事故的条件已经成熟，当工作中的危险因素被某些偶然因素触发时，就要发生事故，包括肇事人的肇事、起因物的加害和环境的影响，使事故发生并扩大，造成人员伤亡和经济损失。

4. 善后阶段

善后阶段是事故已经发生且所造成的后果仍然存在的阶段，往往需要占用较长的时间。

要消除事故后果往往要花费很大的力量，例如工伤伤亡的抢救及善后处理，事故现场清理以及恢复生产等都属于善后阶段。

第四节　油库事故模型

模型是对系统本质的描述、模仿和抽象。在建立系统时，为了便于试验和预测，而设法把系统的结构形态或运动状态变成易于考察的形式，就是为表达系统实体而使用的适当的数学方程、图像或物理的形式。模型应具有现实性、适应性及简洁性。

一、油库事故模型

油库事故模型就是用图像把油库系统形成事故的本质形象描述出来，以反映油库系统形成事故的规律性。研究油库事故模型就是从根本上寻求防止油库事故的方法。

在千差万别的油库事故形态中，构成事故的具体原因可以是多种多样的，大致可分为人的因素、物的因素、管理因素、外界因素。把这些因素如何相互影响、相互作用而导致事故的过程给以形象的描述，就构成如下模型。如图 1－1 所示。

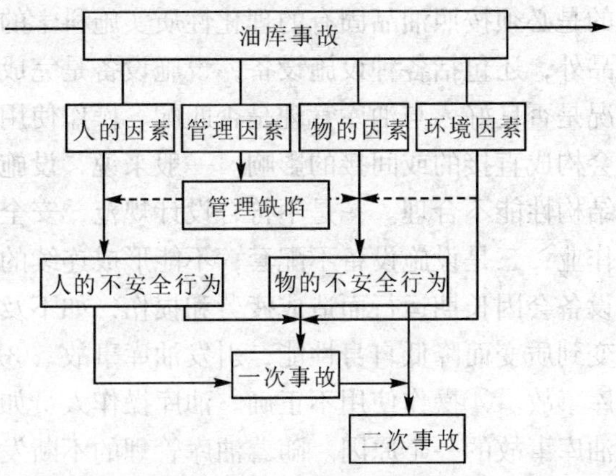

图 1－1　油库事故模型

从模型中可以看出，在工作过程中，人(指挥者、组织者、操作者)和物(劳动对象、设施、工具等)组成一个系统，在这个系统里，物质条件(即油库物资自身因素和设备、设施因素)中的危险因素是造成事故的物质基础，人的不安全行为、外界因素会激发危险因素而形成事故，而管理工作中的缺陷则是导致人的不安全行为和形成物的不安全状态的主要原因。

1. 人的因素

油库管理是一个涉及到人的作用的系统，特别是对于人作为分系统而构成的复杂系统对整个油库系统在运行过程中安全性的影响，是一个十分重要的问题。油库人员，尤其是负责油库工作的领导和业务管理人员是影响油库安全的主要因素。通过大量的油库事故分析可以发现，人员与事故的关系是通过政治思想、业务技术、身体状况和纪律素质等方面表现出来。例如，油库人员的安全知识和业务素质低下，会因盲目蛮干和违章作业而造成能量逸散导致事故；纪律松弛，会因擅离职守导致工作过程中断而引发事故；功能失调或非正常发挥，会因工作强度超过人体功能限度或无法抗拒外界环境干扰而导致事故。因此，控制人的因素是防范油库事故发生的主要任务。

2. 管理因素

油库管理的对象是油品，完成油库管理任务的物质基础是管理人员和设施设备，所要达到的目的是确保油品的数量准确、质量完好。在这个复杂的过程中，主观和客观因素的原因所造成的管理不善，也是引发油库事故的重要因素。例如，油库禁区不禁，就会造成各种不安全因素的渗透；油库制度不健全，就会造成整个油库管理秩序的紊乱和安全工作的失控；安全措施不落实，就会使事故防范工作忙乱和被动。因此，实施全员、全过程、全方位的安全管理，是防范油库事故的重要环节。

3. 物的因素

油库所储油品因其自身的物理和化学性质所决定，在外界环境的作用下，它将在一定的时间、一定的空间和一定的环境下发生变化，这种变化将对油库工作和油库人员构成严重的威胁，有时甚至会酿成重大事故。油品之所以发生质的变化，最根本的原因在于它的内在质量与外界环境因素不相协调，内在因素不具备抗御外界因素侵蚀和干扰的能力。当外部环境的影响超过油品本身抗拒干扰的能力时，就会发生物理和化学性质的变化，而这种变化的结果就可能引发油库事故。例如，油库火源管制不严，就会造成易燃易爆油品的燃烧爆炸等。从油库管理的实践得知，油库事故的发生，更多的不在于油品本身所具有的某些影响安全的物理和化学性质，重要的是必须按照油品固有的理化性质实施科学的管理与控制。

油库物的因素除油品外，还包括各种设施设备，设施设备是完成油库管理任务的物质基础，其自身结构技术状况是否良好、与油库管理是否匹配、操作使用是否正确、检查维护是否及时，对油库安全都会构成直接的或间接的影响。一般来说，设施设备构成油库事故的原因大致有四个方面：①结构性能不合理。一是不符合设计规范，安全系数小；二是与油库工作不匹配，不适合安全作业；三是设施设备不配套，不能形成连续的作业环节。②检修保养不及时。由于各类设施设备会因长期运行而造成疲劳和损伤，如不及时检修保养就会造成隐患，积少成多就会由量变到质变而降低自身性能，引发油库事故。③运行超负荷或随意改变设施设备性能而引发油库事故。④操作使用不正确。油库操作人员如果不熟悉设施设备的性能，盲目蛮干也是导致油库事故的一个原因。随着油库管理的不断发展，及时更新改造与之配套的设施设备，是防止油库事故发生的一个重要措施。

4. 环境因素

油库工作时时处处都受着各种外界环境因素的影响和制约。外界因素一般指自然因素和社会因素两大系列。自然因素包括雷击、洪灾、风灾、火灾、温湿度等，倘若对上述灾害控制不力，则有可能导致油库事故的发生。如雷击可能造成人员伤亡、着火爆炸等；温湿度过高会导致油品蒸发、质量下降、设备腐蚀加剧等。自然因素虽然是不为人们意志所逆转的，但是完全可以通过各种有效的措施加以防范，使因自然因素造成的油库事故降到最低限度。社会因素系指油库单位驻地的社情和所在地域的疫情。倘若驻地社会情况或治安情况不好，就会发生因盗窃和破坏而导致的油库事故；如果驻地疫情严重，就会对油库人员健康构成威胁，进而影响油库工作的正常运行。

二、形成油库事故的主要渠道

从事故模型可以看出，在油库管理过程中，物的不安全状态即危险因素是形成事故的物质基础，而人的不安全行为、外界因素则会激发危险因素导致事故发生。形成油库事故的主要渠道是：

第一，物的不安全状态 + 人的不安全行为→事故；

第二，物的不安全状态 + 外界因素→事故；

第三，一次事故 + 人的不安全行为→二次事故；

第四，人的不安全行为→事故。

事故发生最多的是由于人的不安全行为激发了物的不安全状态而引起的。例如油流动易产生静电，这是物的不安全性，如果作业人员采用明流、高速、瀑布式加油就可能引起静电起火，反之就可避免静电事故。物的不安全状态受外界条件的激发也易形成事故。例如，油罐被雷击爆炸起火等。

由于一次事故发展而导致的二次事故，如电工未系安全带进行带电作业，发生触电并从电线杆上摔下来造成的死亡事故。

一次事故进一步激发物的不安全状态而形成二次事故，如油罐着火爆炸无密闭门、无拦油措施而引起的火灾扩大、蔓延。

外界环境对物的影响有些是渐变的，有些是突发的。如油罐、管线腐蚀是渐变的，而雷击、山洪多属于突发的。就某种意义来讲，事故是变化和失误的连锁。因此，正确认识事故的形成过程，对采取措施防范事故的发生是十分有益的。

在这些众多类型的事故中最多的还是第一种，即由物的不安全状态和人的不安全行为共同引起的，在这个事故模型中我们不难看出，没有物的不可靠性和不安全性就没有潜在危险，没有人的不安全行为就不会触发能量逸散，把潜在危险升华为事故灾害。能量逸散的多少直接影响事故的严重程度。

1. 物的不可靠性和不安全性是形成事故的潜在危险

事故可以造成物质损失以及生产的中止；但从另一方面看，物的不安全性和不可靠性本身又是事故形成的潜在危险。

对油库工作来讲一是物资本身，二是进行物资收发、储存、运输的设备设施。物资本身的不安全决定于自身的物理、化学性质，决定于能量转换的难易程度。设备设施是否可靠、技术性能优劣又与事故能否发生密切相关。物的不安全性同时受人的行为和环境因素的影响和激化。物的不安全状态多存在一个由量变到质变的过程，例如油料挥发、油蒸气的逸散，开始量少并不会形成一个爆炸性的环境，随着时间推移，油气浓度不断增加，当达到一定浓度就有爆炸危险。物由量变到质变的过程往往给人们及早发现、及时排除提供了条件。

2. 人的不安全行为多是触发事故的直接原因

事故除了导致物质的损失或物质生产过程的停滞，而且还可能造成人员的伤亡。然而产生事故的原因又与人的不安全行为密切相关，人的不安全行为多是事故触发的直接原因。

人的不安全行为或称人的失误是人为地使系统产生故障或发生机能不良的事件，是违背设计和操作规程的错误行为，失误使那些本来应该而且可以做好的事由于不良习惯或偶然原因把事情弄糟了，并形成事故。人的失误可分两类，一类属偶然性失误，一类属习惯性失误。偶然性失误在平时找不到痕迹，失误的时机、场合以及失误的具体行为多属偶然性，一旦行为发生后悔莫及。习惯性失误多属平时作风散懒、不执行操作规程等。

人的失误或促使物质危险因素产生或直接触发危险因素而形成事故，在油库的大量事故中许多都是由于人的错误行为造成的。人的失误多具有突发性，多是一个突变的过程。人的判断、决策的失误，人的错误行为瞬间就可导致事故，酿成大祸，造成工作终止或库毁人亡。人的失误的首要原因就是安全知识的不足。作为一个油库工作者必须懂得安全的基本知识、基本要求、基本技能、操作规程，相信科学，切忌蛮干。

综上所述，事故之所以发生主要是人的不安全行为(或失误)和物的不安全状态(或故障)两大因素作用的结果，即人、物两大系列运动轨迹相交的时间和地点就是发生事故的时空。

第二章　事故致因理论

第一节　事故致因理论的产生与发展

事故是违背人的意志而发生的意外事件。那么，事故为什么会发生？怎样预防事故？在科学技术落后的古代，人们往往把事故的发生看作是人类无法违抗的“天意”或是“命中注定”，而祈求神灵保佑。随着社会的进步，特别是工业革命以后，人们在与各种工业伤害事故的斗争实践中不断积累经验，探索伤亡事故发生及预防规律，相继提出了许多阐明事故发生机理以及如何防止事故发生的理论，这些理论被称为事故致因理论，或事故发生及预防理论。

事故致因理论是一定生产力发展水平的产物。在生产力发展的不同阶段，生产过程中存在的安全问题不同，特别是随着生产形式的变化，人在工业生产过程中所处地位的变化，引起人们安全观念的变化，使新的事故致因理论相继出现。

一、早期工业安全理论

1919 年英国的格林伍德(M. Greenwood)和伍兹(H. H. woods)，对许多工厂里伤亡事故数据中的事故发生次数按不同的分布进行了统计检验。结果发现，工人中的某些人较其他人更容易发生事故。从这种现象出发，1939 年法默(Farmer)等人提出了事故频发倾向(Accident prone)的概念。根据这种观点，少数工人具有事故频发倾向，是事故频发倾向者，他们的存在是工业事故发生的原因。如果企业中减少了事故频发倾向者，就可以减少工业事故。因此，人员选择就成了预防事故的重要措施。通过严格的生理、心理检验，从众多的求职人员中选择身体、智力、性格特征及动作特征等方面优秀的人才就业，而把企业中的所谓事故频发倾向者解雇。

几乎同一时期，1931 年美国的海因里希(W. H. Heinrich)在《工业事故预防》(《Industrial Accident Prevention》)一书中，阐述了根据当时的工业安全实践总结出来的工业安全理论。该理论包括的主要内容有：

(1) 工业生产过程中人员伤亡的发生，往往是处于一系列因果联锁末端的事故的结果；而事故常常起因于人的不安全行为或(和)机械、物质(统称物)的不安全状态。

(2) 人的不安全行为是大多数工业事故的原因。

(3) 由于不安全行为而受到了伤害的人，几乎重复了 300 次以上没有造成伤害的同样事故。换言之，人员在受到伤害之前，已经数百次面临来自物的方面的危险。

(4) 在工业事故中，人员受到伤害的严重程度具有随机性质。大多数情况下，人员在事故发生时可以免遭伤害。

(5) 人员产生不安全行为的主要原因有：

① 不正确的态度；

② 缺乏知识或操作不熟练；

③ 身体状况不佳；

④ 物的不安全状态及物理的不良环境。

这些原因是采取预防不安全行为产生措施的依据。

(6) 防止工业事故的四种有效的方法是：

① 工程技术方面的改进；

② 对人员进行说服教育；

③ 人员调整；

④ 惩戒。

(7) 防止事故的方法与企业生产管理、成本管理及质量管理的方法类似。

(8) 企业领导者有进行安全工作的能力，并且能把握进行安全工作的时机，因而应该承担预防事故工作的责任。

(9) 专业安全人员及车间干部、班组长是预防事故的关键，他们工作的好坏对能否做好预防事故工作有重要影响。

(10) 除了人道主义动机之外，下面两种强有力的经济因素也是促进企业安全工作的动力：

① 安全的企业生产效率也高，不安全的企业生产效率也低；

② 事故后用于赔偿及医疗费用的直接经济损失，只不过占事故总经济损失的五分之一。

海因里希的工业安全理论阐述了工业事故发生的因果连锁论，人与物的关系问题，事故发生频率与伤害严重度之间的关系，不安全行为的原因，安全工作与企业其他管理机能之间的关系，进行安全工作的基本责任，以及安全与生产之间关系等工业安全中最重要、最基本的问题。该理论曾被称做“工业安全公理”，得到世界上许多国家广大安全工作者的赞同，作为他们从事安全工作的理论基础。但是，海因里希理论也和事故频发倾向理论一样，把大多数工业事故的责任都归因于工人的不注意等，表现出时代的局限性。

二、第二次世界大战后的安全理论

到第二次世界大战期间，已经出现了高速飞机、雷达及各种自动化机械。为防止和减少战斗机飞行事故而兴起的人机工程研究及事故判定等技术，对战后工业安全的发展产生了深刻的影响。人机工程学的兴起标志着工业生产中人与机械关系的重大变化。以前是按机械的特性来训练工人，让工人满足机械的要求；现在是根据人的特性设计机械，使机械适合人的操作。

第二次世界大战后，科学技术有了飞跃的进步。新技术、新工艺、新能源、新材料及新产品不断出现，与日俱增。这些新技术、新工艺、新能源、新材料及新产品给工业生产及人们的生活面貌带来巨大变化的同时，也给人类带来了更多的危险。随着工业迅速发展而来的广泛就业，使得企业不能像战前那样进行“拔尖”的人员选择。除了极少数身心有问题的人之外，广大群众都有机会进入工业部门，这就使职工队伍素质发生了重大变化。科技的发展也把作为现代物质文明的各种工业产品送到各类人群面前。工业部门要保证消费者利用其产品时的安全。所有这些都给工业安全提出了新的课题，也促进了人们安全观念的变化。

战后，人们对所谓的事故频发倾向的概念提出了新的见解。一些研究表明，认为大多数工业事故是由于事故频发倾向者引起的观念错误，有些人较另一些人容易发生事故，是与他们从事的作业有较高的危险性有关。越来越多的人认为，不能把事故的责任简单地说成是工人的不注意，应该注重机械的、物质的危险性质在事故致因中的重要地位。于是，在安全工作中比较强调实现生产条件、机械设备的固有安全。先进的科学技术和经济条件为此提供了物质基础和技术手段。

能量意外释放论的出现是人们对伤亡事故发生的物理实质认识方面的一大飞跃。1961

年和1966年，吉布森(Gibson)和哈登(Haddon)提出了一种新概念：事故是一种不正常的，或不希望的能量释放，各种形式的能量构成伤害的直接原因。于是，应该通过控制能量，或控制作为能量达及人体媒介的能量载体来预防伤害事故。根据能量意外释放论，可以利用各种屏蔽来防止意外的能量释放。

一方面，与早期的事故频发倾向理论、海因里希因果连锁论强调人的性格特征、遗传特征等不同，战后人们逐渐地认识了管理因素作为背后原因在事故致因中的重要作用。人的不安全行为或物的不安全状态是工业事故的直接原因，必须加以追究。但是，它们只不过是其背后的深层原因的征兆，管理上缺陷的反映，只有找出深层的、背后的原因，改进企业管理，才能有效地防止事故。

三、系统安全

20世纪50年代以后，科学技术进步的一个显著特征是设备、工艺及产品越来越复杂。战略武器研制、宇宙开发及核电站建设等使得作为现代科学技术标志的大规模复杂系统相继问世。这些复杂的系统往往由数以千、万计的元素组成，元素之间以非常复杂的关系相连接，在研究制造或使用过程中往往涉及到高能量，系统中微小差错就会导致灾难性的事故。大规模复杂系统安全性问题受到了人们的关注，于是，出现了系统安全理论和方法。

按照系统安全的观点，世界上不存在绝对安全的事物，任何人类活动中都潜伏着危险因素。能够造成事故的潜在的危险因素称作危险源，它们包括能量、危险物质、一些物的故障、人失误、不良的环境因素等。某种危险源造成人员伤害或物质损失的可能性称作危险性，它可以用危险度来度量。

在事故致因理论方面，系统安全强调通过改善物的(硬件)系统的可靠性来提高系统的安全性，从而改变了以往人们只注重操作人员的不安全行为而忽略硬件故障在事故致因中的作用的传统观念。作为系统元素的人在发挥其功能时会发生失误，人失误不仅包括了工人的不安全行为，而且涉及设计人员、管理人员等各类人员的行为失误，因而对人的因素的研究也较以前更深入了。

根据系统安全的原则，早在一个新系统的规划、设计阶段起，就要开始安全工作，并且要一直贯穿于制造、安装、投产直到报废为止的整个系统寿命期间内。系统安全工作包括危险源识别、系统安全分析、危险性评价及危险源控制等一系列内容。

人们发现，对于已经建成并正在运行的系统，管理方面的疏忽和失误是导致事故的主要原因。约翰逊(W. G. Johnson)等人创立了系统安全管理的理论和方法体系MORT(Management Oversight and Risk Tree)。MORT包括了工业安全中许多行之有效的管理方法，如事故判定技术、标准化作业、职业安全分析等，同时又把能量意外释放论、变化的观点引入安全管理中。它的基本思想和方法对现代工业安全管理产生了深刻的影响。

第二节　事故因果论

一、海因里希因果连锁论

海因里希首先提出了事故因果连锁论，用以阐明导致伤亡事故的各种原因因素间及与伤害间的关系。该理论认为，伤亡事故的发生不是一个孤立的事件，尽管伤害可能在某瞬间突然发生，却是一系列原因事件相继发生的结果。

海因里希把工业伤害事故的发生、发展过程描述为具有一定因果关系的事件的连锁，即：

（1）人员伤亡的发生是事故的结果；

（2）事故的发生是由于人的不安全行为和物的不安全状态。

（3）人的不安全行为或物的不安全状态是由于人的缺点造成的；

（4）人的缺点是由于不良环境诱发的，或者是由先天的遗传因素造成的。

海因里希最初提出的事故因果连锁过程包括如下五个因素：

第一，遗传及社会环境。遗传因素及社会环境是造成人的性格缺点的原因。遗传因素可能造成鲁莽、固执等不良性格；社会环境可能妨碍教育、助长性格上的缺点发展。

第二，人的缺点。人的缺点是使人产生不安全行为或造成机械、物质不安全状态的原因，它包括鲁莽、固执、过激、神经质、轻率等性格上的先天缺点，以及缺乏安全生产知识和技能等后天的缺点。

第三，人的不安全行为或物的不安全状态。所谓人的不安全行为或物的不安全状态是指那些曾经引起过事故，或可能引起事故的人的行为，或机械、物质的状态，它们是造成事故的直接原因。例如，在起重机的吊荷下停留，不发信号就启动机器，工作时间打闹，或拆除安全防护装置等都属于人的不安全行为；没有防护的传动齿轮、裸露的带电体或照明不良等属于物的不安全状态。

第四，事故。事故是由于物体、物质、人或放射线的作用或反作用，使人员受到伤害或可能受到伤害的、出乎意料之外的、失去控制的事件。坠落、物体打击等能使人员受到伤害的事件是典型的事故。

第五，伤害。直接由于事故产生的人身伤害。

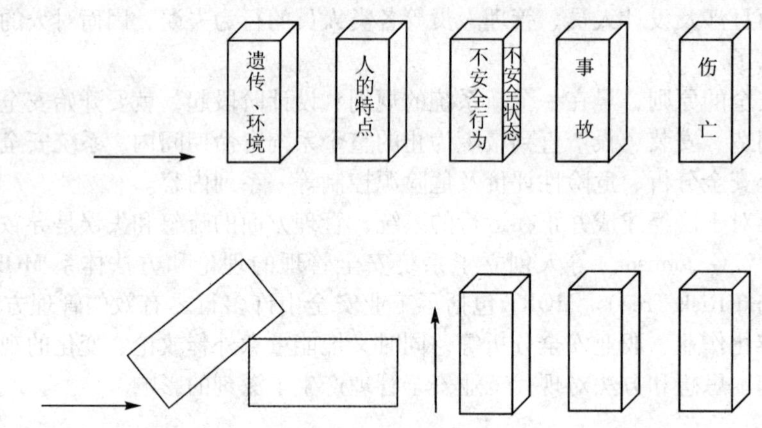

图 2－1　海因里希事故因果连锁论

人们用多米诺骨牌来形象地描述这种事故因果连锁关系，得到图 2－1 那样的多米诺骨牌系列。在多米诺骨牌系列中，一颗骨牌被碰倒了，则将发生连锁反应，其余的几颗骨牌相继被碰倒。如果移去连锁中的一颗骨牌，则连锁被破坏，事故过程被中止。海因里希认为，企业安全工作的中心就是防止人的不安全行为，消除机械的或物质的不安全状态，中断事故连锁的进程而避免事故的发生。

二、博德的事故因果连锁论

博德(F. Bird)在海因里希事故因果连锁的基础上，提出了反映现代安全观点的事故因果连锁论(见图2－2)。

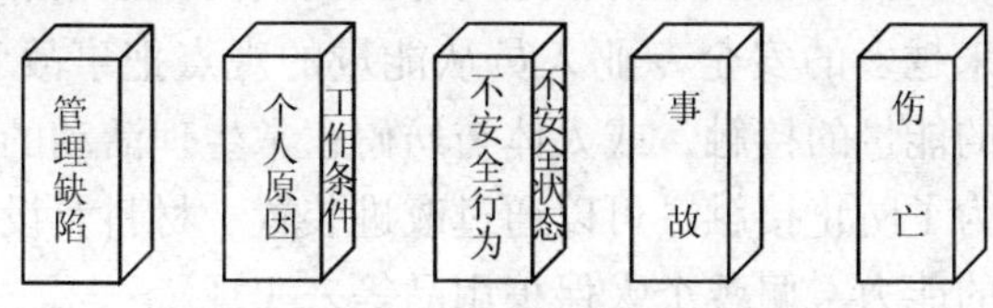

图2－2　博德的事故因果连锁论

1. 控制不足——管理

事故因果连锁论中一个最重要的因素是安全管理。安全管理人员应该充分理解，他们的工作要以得到广泛承认的企业管理原则为基础。即，安全管理者应该懂得管理的基本理论和原则。控制是管理机能(计划、组织、指导、协调及控制)中的一种机能。安全管理中的控制是指损失控制，包括对人的不安全行为、物的不安全状态的控制。它是安全管理工作的核心。

大多数正在生产的工业企业中，由于各种原因，完全依靠工程技术上的改进来预防事故既不经济，也不现实。只能通过专门的安全管理工作，经过较长时间的努力，才能防止事故的发生。管理者必须认识到，只要生产没有实现高度安全化，就有发生事故及伤害的可能性，因而他们的安全活动中必须包含有针对事故连锁中所有要因的控制对策。

在安全管理中，企业领导者的安全方针、政策及决策占有十分重要的位置。它包括生产及安全的目标，职员的配备，资料的利用，责任及职权范围的划分，职工的选择、训练、安排、指导及监督，信息传递，设备、器材及装置的采购、维修及设计，正常时及异常时的操作规程，设备的维修保养等。

管理系统是随着生产的发展而不断变化、完善的，十全十美的管理系统并不存在。由于管理上的缺陷，使得能够导致事故的基本原因出现。

2. 基本原因——起源论

为了从根本上预防事故，必须查明事故的基本原因，并针对查明的基本原因采取对策。

基本原因包括个人原因及与工作有关的原因。个人原因包括缺乏知识或技能、动机不正确、身体上或精神上的问题。工作方面的原因包括操作规程不合适，设备、材料不合格，通常的磨损及异常的使用方法等，以及温度、压力、湿度、粉尘、有毒有害气体、蒸汽、通风、噪声、照明、周围的状况(容易滑倒的地面、障碍物、不可靠的支持物、有危险的物体)等环境因素。只有找出这些基本原因才能有效地控制事故的发生。

所谓起源论，是在于找出问题的基本的、背后的原因，而不仅停留在表面的现象上。只有这样，才能实现有效地控制。

3. 直接原因——征兆

不安全行为或不安全状态是事故的直接原因。这一直是最重要的、必须加以追究的原因，但是，直接原因不过是像基本原因那样的深层原因的征兆，一种表面的现象。在实际工作中，一方面，如果只抓住了作为表面现象的直接原因而不追究其背后隐藏的深层原因，就永远不能从根本上杜绝事故的发生；另一方面，安全管理人员应该能够预测及发现这些作为管理缺欠的征兆的直接原因，并采取恰当的改善措施；同时，为了在经济上可能及实际可能的情况下采取长期的控制对策，必须努力找出其直接原因。

4. 事故——接触

从实用的目的出发，往往把事故定义为最终导致人员肉体损伤、死亡，财物损失的，不希望的事件。但是，越来越多的安全专业人员从能量的观点把事故看作是人的身体或构筑物、设备与超过其阈值的能量的接触，或人体与妨碍正常生理活动的物质的接触。于是，防止事故就是防止接触。为了防止接触，可以通过改进装置、材料及设施防止能量释放，通过训练提高工人识别危险的能力、佩戴个人保护用品等来实现。

5. 伤害——损坏－损失

博德的模型中的伤害，包括了工伤、职业病，以及对人员精神方面、神经方面或全身性的不利影响。人员伤害及财物损坏统称为损失。

在许多情况下，可以采取恰当的措施使事故造成的损失最大限度地减少。例如，对受伤人员的迅速抢救，对设备进行抢修以及平时对人员进行应急训练等。

博德事故因果理论认为事故的根本原因在于管理上的缺陷，这一理论与油库安全管理的理论和实际一致。

三、亚当斯的事故因果连锁论

亚当斯(E. Adams)提出了与博德连锁理论类似的因果连锁模型(见表2－1)。

表2－1　亚当斯连锁论

管理体系	管理失误		现场失误	事　故	伤害或损坏
目标 组织 机能	领导者的行为在下述方面决策错误或没做决策： 政策 目标 权威 责任 职责 注意范围 权限授予	安全技术人员的行为在下述方面管理失误或疏忽： 行为 责任 权威 规则 指导 主动性 积极性 业务活动	安全行为 不安全状态	伤亡事故 无伤害事故 损坏事故	对人 对物

亚当斯理论的核心在于对造成现场失误的管理原因进行了深入的研究。操作者的不安全行为及生产作业中的不安全状态等现场失误，是由于企业领导和安全技术人员的管理失误造成的。管理人员在管理工作中的差错或疏忽，领导人的决策失误，对企业经营管理及安全工作具有决定性的影响。管理失误又由企业管理体系中的问题所导致，这些问题包括：如何有组织地进行管理工作，确定怎样的管理目标，如何计划、如何实施等。管理体系反映了作为决策中心的领导人的信念、目标及规范，它决定各级管理人员安排工作的轻重缓急、工作基准及指导方针等重大问题。

四、北川彻三的事故因果连锁论

以上的事故因果连锁模型把考察的范围局限在企业内部，用以指导企业的安全工作。实际上，工业伤害事故发生的原因是很复杂的，一个国家、地区的政治、经济、文化、科技发展水平等诸多社会因素，对伤害事故的发生和预防都有着重要的影响。

日本的北川彻三提出如下的事故因果连锁模型：

(1) 伤害或损坏。

(2) 事故。

(3) 直接原因：物的原因；人的原因。

(4) 间接原因：技术的原因；教育的原因；身体的原因；精神的原因；管理的原因。

(5) 基本原因：学校教育的原因；社会的原因；历史的原因。

当然，作为基础原因的原因因素的解决，已经超出了企业安全工作，甚至超出了安全科学的研究范围。但是，充分认识这些原因因素，在这些背景条件下，综合利用可能的科学技术、管理手段改善间接原因因素，达到预防伤害事故的目的，却是非常重要的(见表2－2)。

表2－2 北川彻三的事故因果连锁

基本原因	间接原因	直接原因		
学校教育的原因 社会的原因 历史的原因	技术的原因 教育的原因 身体的原因 精神的原因 管理的原因	不安全行为 不安全状态	事故	伤害

第三节 能量转移理论

一、能量在事故致因中的地位

能量在生产过程中是不可缺少的，人类利用能量做功以实现生产目的。人类为了利用能量做功，必须控制能量。在正常生产过程中，能量受到种种约束和限制，按照人们的意志流动、转换和做功。如果由于某种原因能量失去了控制，超越了人们设置的约束或限制而意外地逸出或释放，则称发生了事故。

如果失去控制的、意外释放的能量达及人体，并且能量的作用超过了人体的承受能力，则人体将受到伤害。吉布森和哈登从能量的观点出发，认为事故是一种不正常的或不希望的能量释放。麦克法兰特(McFarland)说，"……所有的伤害事故(或损坏事故)都是因为：①接触了超过机体组织(或结构)抵抗力的某种形式的过量的能量；②有机体与周围环境的正常能量交换受到了干扰(如窒息、淹溺等)。因而，各种形式的能量构成伤害的直接原因。同时，也常常通过控制能源，或控制作为能量达及人体媒介的车辆或能量载体来预防伤害"。

机械能、电能、热能、化学能、电离及非电离辐射、声能和生物能等形式的能量，都可能导致人员伤害。其中前4种形式的能量引起的伤害最为常见。

意外释放的机械能是造成工业伤害事故的主要能量形式。处于高处的人员或物体具有较高的势能，当人员具有的势能意外释放时，发生坠落或跌落事故；当物体具有的势能意外释放时，将发生物体打击等事故。除了势能外，动能是另一种形式的机械能。各种运输车辆以及各种机械设备的运动部分，都具有较大的动能，人员一旦与之接触，将发生车辆伤害或机械伤害事故。

现代化工业生产中广泛利用电能。当人员意外地接近或接触带电体时，可能发生触电事故而受到伤害。

工业生产中利用热能；生产中利用的电能、机械能或化学能可以转变为热能；火灾时可燃物燃烧时释放出大量的热能。人体在热能的作用下，可能遭受烧灼或发生烫伤。

有毒有害的化学物质使人员中毒，是化学能引起的典型伤害事故。

研究表明，人体对每一种形式能量的作用都有一定的抵抗能力，当人体与某种形式的能量接触时，能否产生伤害及伤害的严重程度如何，主要取决于作用于人体的能量的大小。作用于人体的能量越大，造成严重伤害的可能性越大。例如，球形弹丸以 4.9N 的冲击力打击人体时，只能轻微地擦伤皮肤；重物以 68.6N 的冲击力打击人的头部时，会造成头骨骨折。此外，人体接触能量的时间和频率、能量的集中程度以及身体接触能量的部位等，也影响人员伤害的发生情况。

该理论阐明了伤害事故发生的物理本质，指明了防止伤害事故就是防止能量意外释放，防止人体接触能量。根据这种理论，人们要经常注意生产过程中能量的流动、转换，以及不同形式能量的相互作用，防止发生能量的意外逸出或释放。

二、能量观点的事故因果连锁论

调查伤亡事故原因发现，大多数伤亡事故都是因为过量的能量或干扰人体与外界正常能量交换的危险物质的意外释放引起的，并且，几乎毫无例外地，这种过量能量或危险物质的释放都是由于人的不安全行为或物的不安全状态造成的。即，人的不安全行为或物的不安全状态使得能量或危险物质失去了控制，是能量或危险物质释放的导火线。

美国矿山局的札别塔基斯(M. Zabetakis)依据能量意外释放理论，建立了新的事故因果连锁模型(见图 2-3)。

1. 事故

能量或危险物质的意外释放是伤害的直接原因。为防止事故发生，可以通过技术改进来防止能量意外释放，通过教育训练提高职工识别危险的能力，佩戴个体防护用品来避免伤害。

2. 不安全行为和不安全状态

人的不安全行为和物的不安全状态是导致能量意外释放的直接原因，它们是管理欠缺、控制不力、缺乏知识、对存在的危险估计错误或其他个人因素等基本原因的征兆。

3. 基本原因

基本原因包括三个方面的问题：

(1) 企业领导者的安全政策及决策。它涉及生产及安全目标，人员配置；信息利用，责任及职权范围、职工的选择、教育训练、安排、指导和监督，信息传递，设备、装置及器材的采购、维修，正常时和异常时的操作规程，设备的维修保养等。

(2) 个人因素。能力、知识、训练，动机、行为，身体及精神状态，反应时间，个人兴趣等。

(3) 环境因素。为了从根本上预防事故，必须查明事故的基本原因，并针对查明的基本原因采取对策。

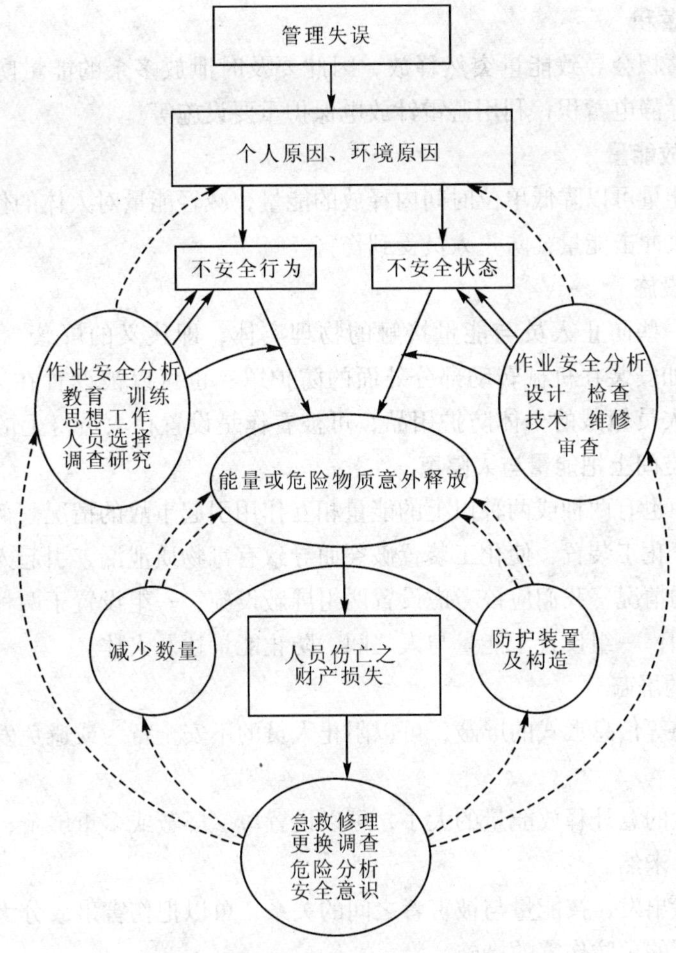

图2-3 能量观点的事故因果连锁论

三、 能量屏蔽的方法

从能量意外释放论出发，预防伤害事故就是防止能量或危险物质的意外释放，防止人体与过量的能量或危险物质接触。我们把约束、限制能量，防止人体与能量接触的措施叫做屏蔽。这是一种广义的屏蔽。在工业生产中经常采用的防止能量意外释放的屏蔽措施主要有以下几种。

1. 用安全的能源代替不安全的能源

有时被利用的能源的危险性较高，这时可考虑用较安全的能源取代。例如，在容易发生触电的作业场所，用压缩空气动力代替电力，可以防止发生触电事故。但是应该注意，绝对安全的事物是没有的，以压缩空气做动力虽然避免了触电事故，压缩空气管路破裂、脱落的软管抽打等都带来了新的危害。

2. 限制能量

在生产工艺中尽量采用低能量的工艺或设备，这样即使发生了意外的能量释放，也不致发生严重伤害。例如，利用低电压设备防止电击；限制设备运转速度以防止机械伤害；限制露天爆破装药量以防止个别飞石伤人等。

3. 防止能量蓄积

能量的大量蓄积会导致能量突然释放，因此要及时泄放多余的能量防止能量蓄积。例如，通过接地消除静电蓄积；利用避雷针放电保护重要设施等。

4. 缓慢地释放能量

缓慢地释放能量可以降低单位时间内释放的能量，减轻能量对人体的作用。例如，各种减振装置可以吸收冲击能量，防止人员受到伤害。

5. 设置屏蔽设施

屏蔽设施是一些防止人员与能量接触的物理实体，即狭义的屏蔽。屏蔽设施可以被设置在能源上，如安装在机械转动部分外面的防护罩；也可以被设置在人员与能源之间，如安全围栏等。人员佩戴的个体防护用品，可被看作是设置在人员身上的屏蔽设施。

6. 在时间或空间上把能量与人隔离

在生产过程中也有两种或两种以上的能量相互作用引起事故的情况。例如，一台吊车移动的机械能作用于化工装置，使化工装置破裂而导致有毒物质泄漏，引起人员中毒。针对两种能量相互作用的情况，我们应该考虑设置两组屏蔽设施：一组设置于两种能量之间，防止能量间的相互作用；一组设置于能量与人之间，防止能量达及人体。

7. 信息形式的屏蔽

各种警告措施等信息形式的屏蔽，可以阻止人员的不安全行为或避免发生行为失误，防止人员接触能量。

根据可能发生的意外释放能量的大小，可以设置单一屏蔽或多重屏蔽，并且应尽早设置屏蔽，做到防患于未然。

从能量的观点出发，按能量与被害者之间的关系，可以把伤害事故分为三种类型，相应地，应该采取不同的预防伤害的措施。

（1）能量在人们规定的能量流通渠道中流动，人员意外地进入能量流通渠道而受到伤害。设置防护装置之类屏蔽设施防止人员进入，可以避免此类事故。警告、劝阻等信息形式的屏蔽可以约束人的行为。

（2）在与被害者无关的情况下，能量意外地从原来的流通渠道里逸脱出来，开辟新的流通渠道使人员受害。按事故发生时间与伤害发生时间之间的关系，又可分为两种情况：

① 事故发生的瞬间人员即受到伤害，甚至受害者尚不知发生了什么就遭受了伤害。这种情况下，人员没有时间采取措施避免伤害。为了防止伤害，必须全力以赴地控制能量，避免事故的发生。

② 事故发生后人员有时间躲避能量的作用，可以采取恰当的对策防止受到伤害。例如，发生火灾、有毒有害物质泄漏事故的场合，远离事故现场的人们可以恰当地采取隔离、撤退或避难等行动，避免遭受伤害。这种情况下人员行为正确与否往往决定他们的生死存亡。

（3）能量意外地越过原有的屏蔽而开辟新的流通渠道，同时被害者误进入新开通的能量渠道而受到伤害。实际上，这种情况较少。

能量转移理论在油库安全管理中有着许多应用，如油库防雷、防静电措施；穿防静电服和防静电鞋；控制火源；泵房和洞库通风；控制收发油品的流速等。

第四节 人失误的事故模型

一、概述

1. 人的行为原理

关于人的行为，这是一个非常复杂的问题。在工业生产过程中，与机械设备的运行相对比，人遵循着“人的原理”而行动。所谓人的原理，包括生物学原理、心理学原理、文化原理及社会学原理等许多原理。在安全工程研究中，主要从人的生物学原理、心理学原理来研究人的行为。

早期的心理学认为，某一定的外界刺激必然引起人的某种反应，此为S(刺激)→R(反应)模式。实际上，对于相同的外界刺激，不同的人，或同一个人在不同情况下，会产生不同的反应。S→R模式不能很好地说明个体的心理状态及其所处的外界条件，使表现出的反应具有多样性这一问题。

德国心理学家莱文(K. Lewin)引入了“个体”这个变量，把行为定义为个体与环境相互作用的结果。他认为，人的行为是有起因的，是受激励的，是有目的的。于是，人的行为模式可表示为S(刺激)→O(个体)→R(反应)，这是一个不断循环的过程。图2－4为莱文的行为模式示意图。

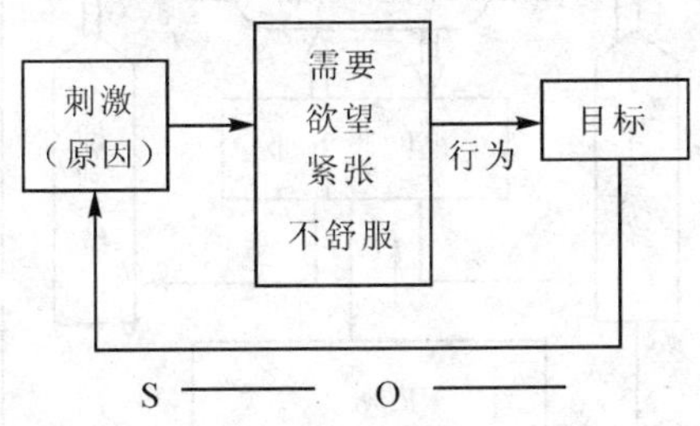

图2－4 莱文的行为模式示意图

莱文提出的行为原理也可表达为：

$$B = f(p, e)$$

即，人的行为B是变量“人”p和“环境”e的函数。值得注意的是，这里的人和环境不是互相独立的，而是相互关联的两个变量；环境是指客观外界环境。日本的鹤田根据上述模型，提出了事故发生的模型为：

$$A = f(p, e)$$

式中，A代表事故，则事故的发生是由于人的因素和环境因素相互关联、共同作用的结果。人的因素是人的行为的内因。人的行为取决于对信息(外界刺激)的处理，因而人的信息处理过程的特征是人的因素的重要方面。个人经验、技能、素质、性格等长时期内形成的特性，以及事故发生时相对短的时间里人的状态，如疲劳和兴奋等，影响人的信息处理过程。

环境因素是人的行为的外因。它包括生产作业条件、作业性质、机械、设备特性，以及操作者周围的人组成的人的环境。一般说来，生产作业条件对人的行为有重大的影响。当人际关系恶化时，有时也会影响人的行为而造成事故。

2. 人的信息处理过程

人的信息处理过程可以简单地表示为输入→处理→输出。输入是人经过感官接受外界刺激或信息的过程；在处理阶段，大脑把输入的刺激或信息进行选择、记忆、比较和判断，做出决策；输出是通过运动器官和发言器官把决策付诸实现的过程(见图2-5)。

黑田把人的信息处理过程简化为图2-6所示的模型。

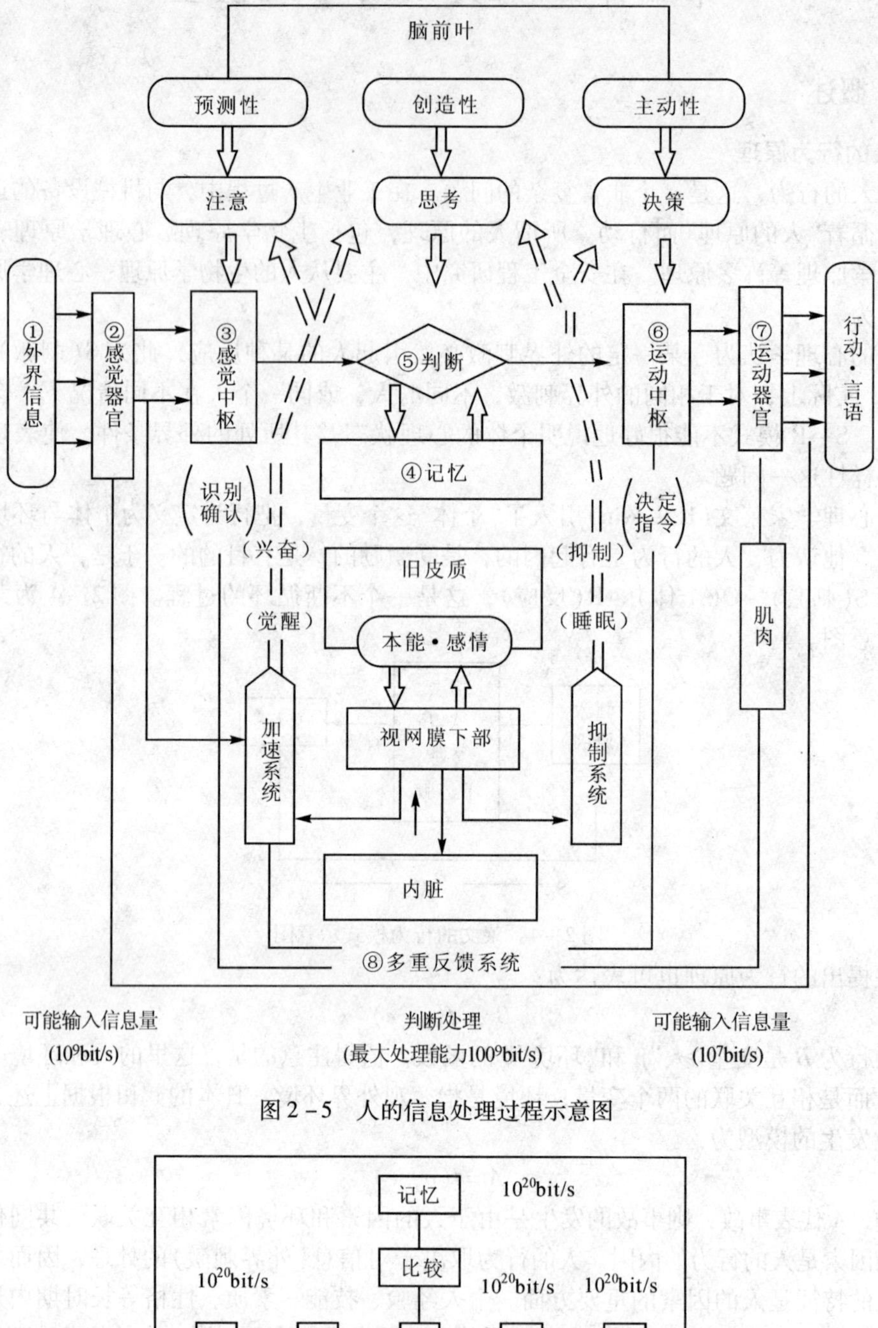

脑前叶
预测性
创造性
主动性
注意
思考
决策
①外界信息
②感觉器官
③感觉中枢
⑤判断
⑥运动中枢
⑦运动器官
行动·言语
④记忆
识别确认
（兴奋）
决定指令
（抑制）
旧皮质
（觉醒）
本能·感情
（睡眠）
肌肉
加速系统
视网膜下部
抑制系统
内脏
⑧多重反馈系统
可能输入信息量
(10⁹bit/s)
判断处理
(最大处理能力100⁹bit/s)
可能输入信息量
(10⁷bit/s)

图2-5 人的信息处理过程示意图

记忆
10²⁰bit/s
比较
10²⁰bit/s
10²⁰bit/s
10²⁰bit/s
知觉
选择
判断
决策
操作
个人态度

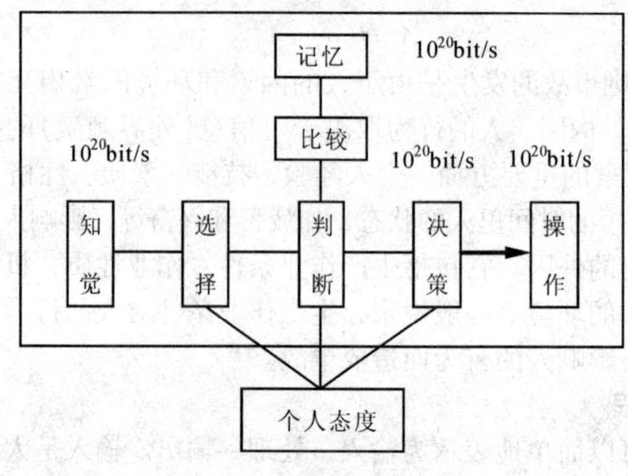

图2-6 黑田模型

（1）知觉与选择。知觉是人脑对于直接作用于感觉器官的事物整体的反映，是在感觉的基础上形成的。感觉是直接作用于感觉器官的客观事物的个别属性在人脑中的反映。实际上，人很少有单独的感觉产生，往往以知觉的方式反映客观事物。通常，把感觉和知觉合称为感知。

一方面，人的视、听、味、嗅、触觉器官同时从外界接受大量的信息。据研究，在工业生产过程中操作者每秒钟接受的视觉信息可能高达 3×10^6 bit，听觉信息可能高达 3×10^4 bit，感觉器官接受的信息以约每秒 10^9 bit 的速度向大脑中枢神经传递。

另一方面，作为信息处理中心的大脑的信息处理能力却非常低，其最大处理能力仅为每秒 100bit 左右。感觉器官接受的信息量大而大脑处理信息能力低，在大脑中枢处理之前要对感官接受的信息进行预处理，即对接受的信息进行选择。在信息处理过程中，人通过注意来选择输入信息。

在心理学中，注意是人的心理活动对一定对象的指向和集中。从信息处理的角度，注意包括三种功能：

① 感官的选择。一般情况下，选择来自一种感官的信息而排除其他。

② 局限于特定的感觉。人可以跟踪某种特定的视觉对象或特殊声音。

③ 感官的连续监测能力。按感官的选择，如果某一种感官没有被选择，则它可能不起作用。但是，它对强大的刺激或信号仍然保持警觉。例如，很响的噪声使人心烦意乱而干扰视觉，于是注意力自动地转移。所谓精力集中，就是努力避开或迅速排除作用于其他感官的信息，只选择一特定种类的信息。

警告是一种唤起操作者注意的措施，它让人把注意力集中于可能会被漏掉的信息。

安全教育的一个重要内容就在于使操作者掌握在操作过程中什么时间应该注意什么。

人一次仅能注意一件事情。把注意与有限的短期记忆能力、决策能力结合起来，选择在每一瞬间应处理那种输入的信息。

（2）记忆。经过预处理后的输入信息被存储于记忆中。人脑具有惊人的记忆能力，正常人的脑细胞总数多达 10^{10} 个，其中有意识的记忆容量为 10^{11} bit，下意识的记忆容量为 10^{10} bit。

记忆分为长期记忆和短期记忆。输入的信息首先进入短期记忆中。短期记忆的特点是记忆时间短，过一段时间就会忘记，并且记忆容量有限，当人记忆 7 位数时就会出错。当干扰信息进入短期记忆中时，短期记忆里原有的信息被排挤掉，发生遗忘现象。

由于短期记忆的脆弱性，在工作被突然中断的情况下，可能导致事故。经过多次反复记忆，短期记忆中的东西就进了长期记忆。长期记忆可以使信息长久地、甚至终生不忘地在头脑里保存下来。人的知识、经验都存储在长期记忆中。

为了识别输入的信息、做出决策及监督复杂的输入，需要从长期记忆中招回以前存入的信息。招回的信息被放在短期记忆中以供利用。一个人可能已经记住了操作规程，但在实际工作时却可能没有执行它，其中的一个重要原因是，当前的工作任务没有提示或要求他把学过的东西从长期记忆中招回来。在这种情况下，利用警告或监督，提示操作者把事先学过的规程从长期记忆中招回来。

（3）比较、判断和决策。针对输入的信息，长期记忆中的有关信息（知识、经验）被调出并暂存于短期记忆中，与进入短期记忆中的输入信息比较，进行识别、判断，然后做出决策，选择恰当的行为。

正确的决策是实行安全行为的前提。为了做出正确的决策，人们必须收集有关的信息，消除工作任务方面不明确的东西。即，弄清进行该项工作的必要条件，以及所蕴含的危险。当信息充分、正确时，依据这些信息才能做出正确的决策，可以安全地完成工作任务。由于能够预测生产过程中可能出现的危险，就能有效地采取措施避免事故。当输入的信息不清晰、难于分辨行为的恰当与否，或没有从长期记忆中招回恰当行为的信息时，则可能选择了错误的行为。因此，在生产过程中应该向操作者提供充足、正确的外界信息，并通过各种形式的安全教育，使人们掌握尽可能多的信息。

一般来说，做出决策需要时间。大脑的决策机构一次只能做一项决策；在一项决策被完成之前，一直阻碍进行后面的决策。在工作任务紧迫的情况下，往往由于没有充裕的决策时间而发生失误。多数情况下，失误发生的可能性与决策时间成反比，即供决策的时间越短，发生人失误的可能性越大。影响决策所需时间的主要因素有：

① 决策的准备及注意；

② 可能输入的信息量或可供选择的行为方案的多少；

③ 输入的信息与行为方案间的关联情况；

④ 个体差异。

但是，做出一项简单的决策，仅仅需要不到1s的时间，并且从一项决策转向另一项决策是一种无意识的行为。特别是，熟练技巧可以使人不经决策而下意识地进行条件反射式的行为。所以，有些时候人们可以同时做几件事情。

除了获取充足的外界信息，具有丰富的知识和经验，以及充裕的决策时间外，个人态度、个人决策能力及执行决策的能力等因素，对决策过程也有重要影响。

(4) 行为。大脑中枢做出的决策指令经过神经传达到相应的运动器官(或发音器官)，转化为行为。运动器官动作的同时，把关于动作的信息经过神经反馈给大脑中枢，对行为的进行情况进行监测。进行已经熟练的行为时，一般不需要监测，并且在行为进行的同时可以对输入的新信息进行处理。

为了正确地实行决策所规定的行为，机械设备、用具及工作环境符合人机学要求是非常重要的。

3. 人失误

(1) 人失误的定义。人的不安全行为是导致事故的直接原因。因而，在安全工作中研究和探讨不安全行为的发生原因和预防措施，具有十分重要的意义。但是，不安全行为本身并无严格的定义。

青岛贤司曾指出，从发生事故的结果来看，确实已经造成了伤害事故的行为是不安全的，或者说，可能造成伤害事故的行为是不安全行为。然而，如何在事故发生之前判断人的行为是否是不安全行为，则往往很困难。人们只能根据以往的事故经验，总结归纳出某些类型的行为是不安全行为，供安全工作人员参考。

与工业安全领域长期以来使用的术语“人的不安全行为”不同，在现代安全研究中采用术语“人失误”。按系统安全的观点，人也是构成系统的一种元素。当人作用一种系统元素发挥功能时，会发生失误。与人的不安全行为类似，人失误这一名词的含义也比较含蓄而模糊。人们对它做了种种定义，对其含义加以解释。其中，比较著名的论述有下面两种：

① 皮特(Peters)定义人失误：人的行为明显偏离预定的、要求的或希望的标准，它导致不希望的时间拖延、困难、问题、麻烦、误动作、意外事件或事故。

② 里格比(Rigby)认为：所谓人失误，是指人的行为的结果超出了某种可接受的界限。换言之，人失误是指人在生产操作过程中，实际实现的功能与被要求的功能之间的偏差，其结果可能以某种形式给系统带来不良的影响。根据这种定义，斯文(Swain)等人指出，人失误发生的原因有两个方面的问题：由于工作条件设计不当，即规定的可接受的界限不恰当造成的人失误，以及由于人的不恰当的行为引起的人失误。

综合上面两种论述，人失误是指人的行为的结果偏离了规定的目标，或超出了可接受的界限，并产生了不良的影响。关于人失误的性质，许多专家进行了研究。其中，约翰逊关于人失误问题做了如下的论述：

① 人失误是进行生产作业过程中不可避免的副产物，可以测定失误率。

② 工作条件可以诱发人失误，通过改善工作条件来防止人失误较对人员进行说服教育、训练更有效。

③ 关于人失误的许多定义是不明确的，甚至是有争议的。

④ 某一级别人员的人失误，反映较高级别人员的职责方面的缺陷。

⑤ 人们的行为反映其上级的态度，如果凭直觉来解决安全管理问题，或靠侥幸来维持无事故的记录，则不会取得长期的成功。

⑥ 惯例的编制操作程序的方法有可能促使人失误发生。

实际上，不安全行为也是一种人失误。一般来讲，不安全行为是操作者在生产过程中发生的、直接导致事故的人失误，是人失误的特例。一般意义上的人失误，可能发生在从事计划、设计、制造、安装、维修等各项工作的各类人员身上。管理者发生的人失误是管理失误，这是一种更加危险的人失误。

(2) 人失误的分类。在安全工程研究中，人们为了寻找人失误的原因，以便采取恰当措施防止发生人失误，或减少人失误发生概率，对人失误进行了分类。人失误分类方法很多，其中下面两种分类方法比较常用：

① 里格比按人失误原因把人失误分为随机失误、系统失误和偶发失误三类。

a. 随机失误。由于人的行为、动作的随机性质引起的人失误。例如，用手操作时用力的大小、精确度的变化、操作的时间差、简单的错误或一时的遗忘等。随机失误往往是不可预测、不能重复的。

b. 系统失误。由于系统设计方面的问题或人的不正常状态引起的失误。系统失误主要与工作条件有关，在类似的条件下失误可能发生或重复发生。通过改善工作条件及职业训练能有效地克服此类失误。

c. 偶发失误。偶发失误是一些偶然的过失行为，它往往是事先难以预料的意外行为。许多违反操作规程、违反劳动纪律等不安全行为都属于偶发失误。

应该注意，有时对人失误的分类不是很严格的，同样的人失误在不同的场合可能属于不同的类别。例如，坐在控制台前的一名操作工人，为了扑打一只蚊子而触动了控制台上的启动按钮，造成了设备误运转，属于偶发失误。但是，如果控制室里蚊子很多，又无有效的灭蚊措施，则该操作工人的失误应属于系统失误。

② 按人失误的表现形式，把人失误分为如下三类：

a. 遗漏或遗忘。

b. 做错。其中又可分为以下几种情况：弄错；调整错误；弄颠倒；没按要求操作；没按规定时间操作；无意识的动作；不能操作。

c. 进行规定以外的动作。

二、事故模型

1. 威格里沃思模型

人失误会导致事故，而人失误的发生是由于人对外界刺激(信息)的反应失误造成的。威格里沃思(Wigglesworth)认为，人失误构成了所有类型伤害事故的基础。他把人失误定义为“错误地或不适当地回答一个外界刺激”。在生产操作过程中，各种刺激不断出现，若操作者对刺激做出了正确、恰当的回答，则事故不会发生。如果操作者的回答不正确或不恰当，即发生失误，则有可能造成事故。如果客观上存在着发生伤害的危险，则事故能否造成伤害取决于各种机会因素，即伤害的发生是随机的。威格里沃思的事故模型见图2－7。

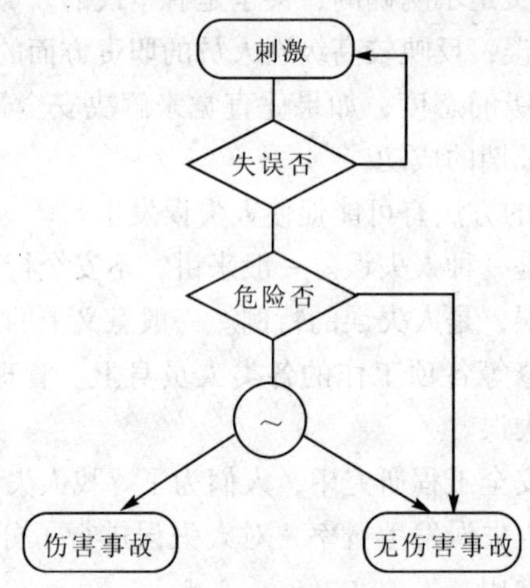

图2－7 威格里沃思事故模型

2. 莎莉模型

莎莉(Surry)以萨切曼(Suchman)的流行病学模型为基础，提出了以人失误为主因的事故模型。

流行病学主要研究疾病或其他生物学过程与特定的环境间的关系，即疾病是如何通过宿主、病因及环境间的相互作用而发生的。萨切曼根据流行病学的原理，把事故定义为冒险，在意识到危险性的情况下，主体、媒介及环境因素之间相互作用产生的、预想不到的、不可避免的事件。其中，主体为受伤害者；媒介为造成伤害或损坏的加害物；环境是指事故发生的物理、社会及心理的环境特征。

莎莉假设由于人的行为失误造成危险出现，在危险当前的情况下，由于人的失误导致危险释放，造成伤害或损坏。于是，她把伤亡事故过程划分为危险出现和造成伤害两个阶段；每个阶段都涉及人的信息处理过程，信息处理过程中的每个环节的失误都使情况恶化(见图2－8)。由图2－8可以看出，在人的信息处理过程中有很多发生失误而导致事故的机会。该模型适用于描述危险局面出现得比较缓慢，如不及时改正则有可能发生事故的情况下，人员的信息处理过程与伤害事故之间的关系。即使对于描述发展迅速的事故，也具有一定的参考意义。

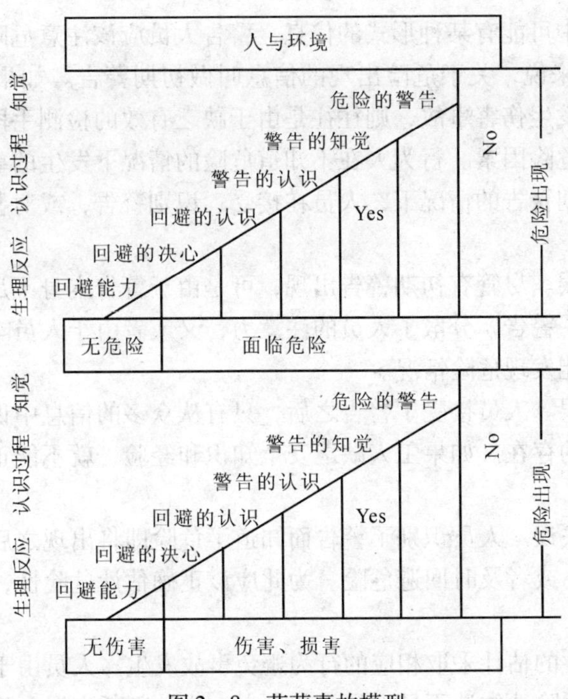

图 2－8　莎莉事故模型

3. 金矿山模型

劳伦斯(Lawrence)在威格里沃思和莎莉等人的模型基础上，提出了金矿山以人失误为主因的事故原因模型。图 2－9 为该模型的示意图。

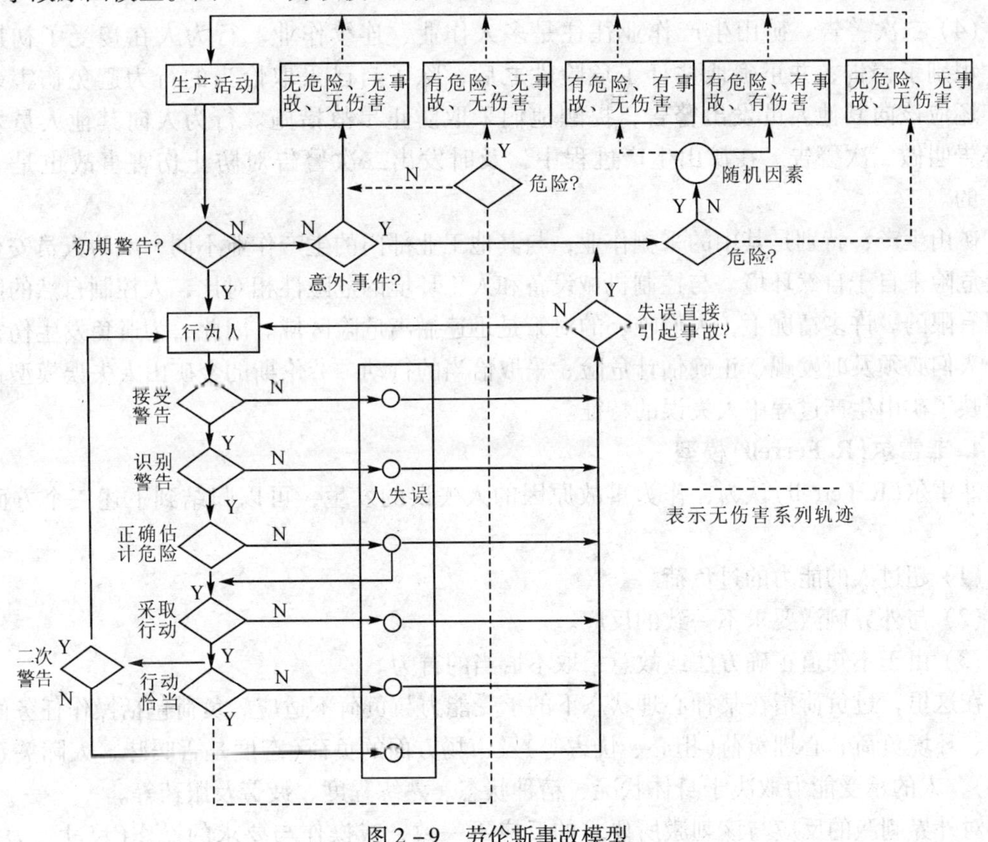

图 2－9　劳伦斯事故模型

在矿山生产过程中可能有某种形式的信息，警告人员应该注意危险的出现。对于在生产现场的某人(行为人)来说，关于危险出现的信息叫做初期警告。如果在没有关于危险出现的初期警告的情况下发生伤害事故，则往往是由于缺乏有效的检测手段，或者管理人员事先没有提醒人们存在着危险因素。行为人在不知道危险的情况下发生的事故，属于管理失误造成的事故。在存在初期警告的情况下，人员在接受、识别警告，或对警告做出反应方面的失误都可能导致事故。

(1) 接受警告失误。尽管有初期警告出现，可是由于警告本身不足以引起人员注意，或者由于外界干扰掩盖了警告，分散了人员的注意力，又或者由于人员本身的不注意等原因没有感知警告，因而不能发现危险情况。

(2) 识别警告失误。人员接受了警告之后，只有从众多的信息中识别警告、理解警告的含义才能意识到危险的存在。如果工人缺乏安全知识和经验，就不能正确地识别警告和预测事故的发生。

(3) 对警告反应失误。人员识别了警告而知道了危险即将出现之后，应该采取恰当措施控制危险局面的发展，或者及时回避危险。为此应该正确估计危险性，采取恰当的行为及时发现这种行为。

人员根据对危险性的估计采取相应的行为避免事故发生。人员由于低估了危险性而对警告置之不理，因此对危险性估计不足也是一种失误，一种判断失误。除了缺乏经验而做出不正确判断之外，许多人往往麻痹大意而低估了危险性。即使在对危险性估计充分的情况下，人员也可能因为不知如何行为或心理紧张而没有采取行动，也可能因为选择了错误的行为或行为不恰当而不能摆脱危险。

(4) 二次警告。矿山生产作业往往是多人作业、连续作业。行为人在接受了初期警告，识别了警告，并正确地估计了危险性之后，除了自己采取恰当的行为避免伤害事故外，还应该向其他人员发出警告，提醒他们采取防止事故措施。行为人向其他人员发出的警告叫做二次警告。在矿山生产过程中，及时发出二次警告对防止伤害事故也是非常重要的。

矿山生产，特别是其中的采掘作业，与其他工业部门的生产作业不同，威胁人员安全的主要危险来自于自然环境。与控制机械设备和人工环境的危险性相对比，人控制自然的能力是很有限的。许多情况下，人们唯一的对策是迅速撤离危险区域。因此，为避免发生伤害事故，人们必须及时发现、正确估计危险、采取恰当的行动。劳伦斯的金矿山人失误模型正确地反映了矿山生产过程中人失误的特征。

4. 菲雷尔(R. Ferrell)模型

菲雷尔(R. Ferrell)认为，作为事故原因的人失误的发生，可以归结到下述三个方面的原因：

(1) 超过人的能力的过负荷。

(2) 与外界刺激要求不一致的反应。

(3) 由于不知道正确方法或故意采取不恰当的行为。

在这里，过负荷指在某种心理状态下的承受能力与负荷不适应。负荷包括操作任务面的负荷、环境负荷、心理负荷(担心、忧虑等)及市场方面的负荷(态度是否暧昧、人际关系如何等)，人的承受能力取决于身体状况、精神状态、熟练程度、疲劳及服药等。

对外界刺激的反应与该刺激所要求的反应不一致，或操作与要求的操作(尺寸、力等)

不一致，是由于人的信息处理过程的某个环节发生了问题。其中，人机学方面的问题尤其需要注意。采取不恰当的行为可能是由于不知道什么是正确行为（教育、训练方面的问题），或者是由于决策错误，低估事故发生的可能性，或低估了事故可能带来后果的严重性会导致决策错误，它取决于个人的性格和态度。

5. 皮特森（Petersen）模型

皮特森（Petersen）在菲雷尔观点的基础上进一步指出，事故原因包括人失误和管理缺陷两方面的原因，而过负荷、人机学方面的问题和决策错误是造成人失误的主要原因（见图2－10）。

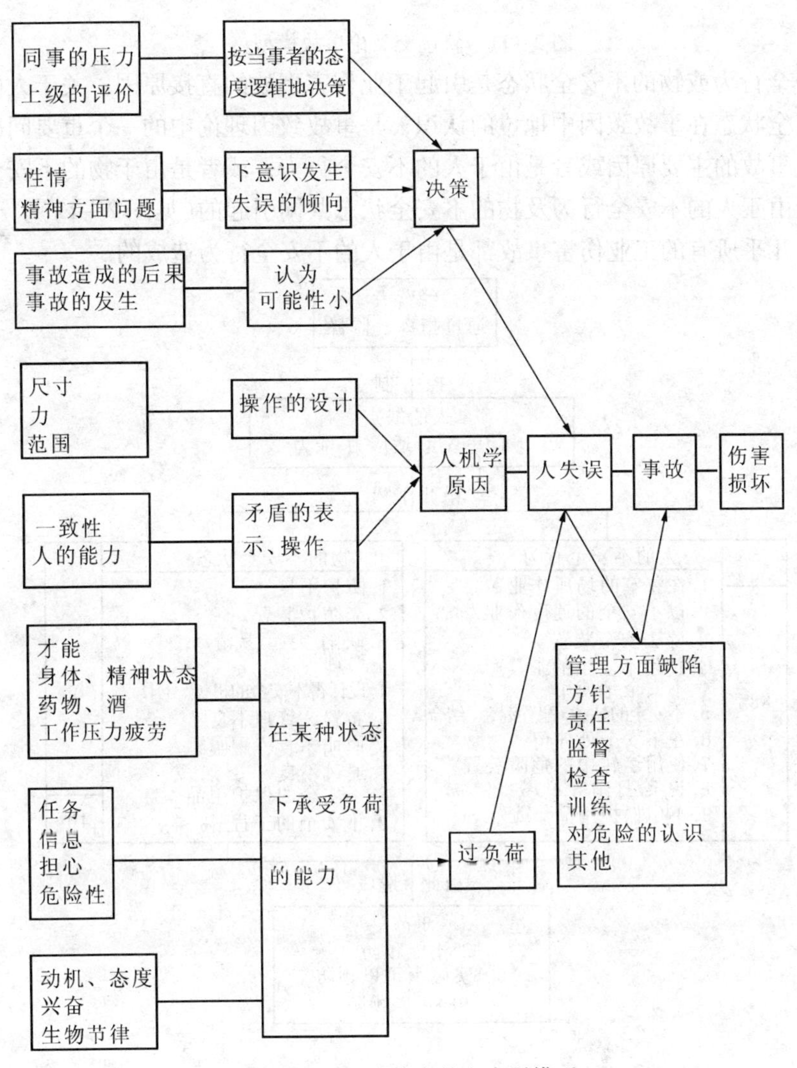

图2－10　皮特森的人失误模型

第五节　轨迹交叉理论

轨迹交叉理论认为，在一个系统中，人的不安全行为和物的不安全状态的形成过程中，一旦发生时间和空间的运动轨迹交叉，就会造成事故。按照轨迹交叉论，描绘的事故模型如图2－11所示。

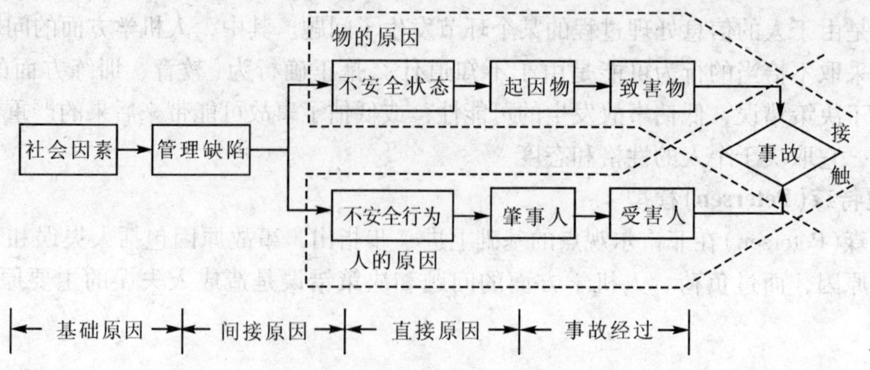

图 2－11 轨迹交叉论事故模型

人的不安全行为或物的不安全状态是引起工业伤害事故的直接原因。关于人的不安全行为和物的不安全状态在事故致因中地位的认识，是事故致因理论中的一个重要问题。海因里希作过研究，事故的主要原因或者是由于人的不安全行为，或者是由于物的不安全状态，没有一起事故是由于人的不安全行为及物的不安全状态共同引起的(见图 2－12)。于是，他得出的结论是：几乎所有的工业伤害事故都是由于人的不安全行为造成的。

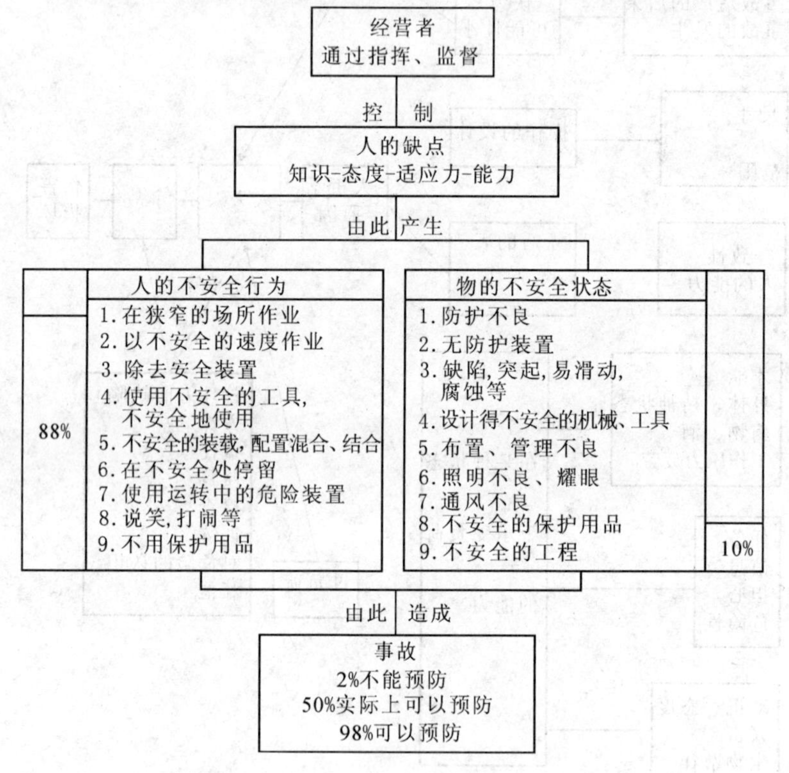

图 2－12 事故的直接原因

后来，海因里希的这种观点受到了许多研究者的批判。根据日本的统计资料，1969 年机械制造业的休工 10 天以上的伤害事故中，96% 的事故与人的不安全行为有关，91% 的事故与物的不安全状态有关；1977 年机械制造业的休工 4 天以上的 104638 件伤害事故中，与人的不安全行为无关的只占 5.5%，与物的不安全状态无关的只占 16.5%。这些统计数据表明，大多数工业伤害事故的发生，既由于人的不安全行为，也由于物的不安全状态。

随着事故致因理论的逐步深入，越来越多的人认识到，一起工业事故之所以能够发生，除了人的不安全行为之外，一定存在着某种不安全条件。斯奇巴(Skiba)指出，生产操作人员与机械设备两种因素都对事故的发生有影响，并且机械设备的危险状态对事故的发生作用更大些。他认为，只有当两种因素同时出现时才能发生事故。实践证明，消除生产作业中物的不安全状态可以大幅度地减少伤害事故的发生。例如，美国铁路车辆安装自动连接器之前，每年都有数百名铁路工人死于车辆连接作业事故中。铁路部门的负责人把事故的责任归因于工人的错误或不注意。后来，根据政府法令的要求，把所有铁路车辆都装上了自动连接器，结果车辆连接作业中的死亡事故大大地减少了。

在人和物两大系列的运动中，二者往往是相互关联、互为因果、相互转化的。有时人的不安全行为促进了物的不安全状态的发展，或导致新的不安全状态的出现，而物的不安全状态可以诱发人的不安全行为。因此，事故的发生可能并不是简单地按照人、物两条轨迹独立地运行，而是呈现较为复杂的因果关系。

人的不安全行为和物的不安全状态是造成事故的表面的直接原因，如果对它们进行更进一步的考虑，则可以挖掘出二者背后深层次的原因。这些深层次原因的示例见表2-3。

表2-3 事故发生的原因

基础原因(社会原因)	间接原因(管理缺陷)	直接原因
遗传、经济、文化、教育培训、民族习惯、社会历史、法律	生理和心理状态、知识技能情况、工作态度、规章制度、人际关系、领导水平	人的不安全状态
设计、制造缺陷、标准缺乏	维护保养不当、保管不良、故障、使用错误	物的不安全状态

根据轨迹交叉论的观点，消除人的不安全行为可以避免事故。但是应该注意到，人与机械设备不同，机器在人们规定的约束条件下运转，自由度较少；而人的行为受各自思想的支配，有较大的行为自由性。这种行为自由性一方面使人具有搞好安全生产的能动性，另一方面也可能使人的行为偏离预定的目标，发生不安全行为。由于人的行为受到许多因素的影响，控制人的行为是十分困难的工作。消除物的不安全状态也可以避免事故。通过改进生产工艺，设置有效安全防护装置，根除生产过程中的危险条件，使得即使人员产生了不安全行为也不致酿成事故。在安全工程中，把机器设备、物理环境等生产条件的安全称作本质安全。在所有的安全措施中，首先应该考虑的就是实现生产过程、生产条件的本质安全。但是，受实际的技术、经济条件等客观条件的限制，完全地根绝生产过程中的危险因素几乎是不可能的，我们只能努力减少、控制不安全因素，使事故不容易发生。

即使在采取了工程技术措施，减少、控制了不安全因素的情况下，仍然要通过教育、训练和规章制度来规范人的行为，避免不安全行为的发生。在实际工作中，应用轨迹交叉论预防事故，可以从三个方面考虑。

1. 防止人、物运动轨迹的时空交叉

按照轨迹交叉论的观点，防止和避免人和物的运动轨迹的交叉是避免事故发生的根本出路。例如，防止能量逸散、隔离、屏蔽、改变能量释放途径、脱离受害范围、保护受害者等防止能量转移的措施同样是防止轨迹交叉的措施。另外，防止交叉还有另一层意思，就是防止时间交叉。例如，容器内有毒有害物质的清洗，冲压设备的安全装置等。人和物都在同一范围内，但占用空间的时间不同。例如，危险设备的联锁装置，电气维修或电气作业中切断电源、挂牌、上锁、工作票制度的执行，十字路口的车辆、行人指挥灯系统等。

2. 控制人的不安全行为

其目的是切断轨迹交叉中行为的形成系列。人的不安全行为在事故形成的过程中占有主导位置，因为人是机械、设备、环境的设计者、创造者、使用者、维护者。人的行为受多方面影响，如作业时间紧迫程度、作业条件的优劣、个人生理心理素质、安全文化素质、家庭社会影响因素等。安全行为科学、安全人机学等对控制人的不安全行为都有较深入的研究。概括起来，主要有如下控制措施。

(1) 职业适应性选择。选择合格的职工以适应职业的要求，对防止不安全行为发生有重要作用。工作的类型不同，对职工的要求亦不同，如搬运工和中央控制室操作员。因此，在招工和职业聘用时应根据工作的特点、要求选择适合该职业的人员，认真考虑其各方面的素质。特别是从事特种作业的职工的选择以及职业禁忌症的问题，避免因职工生理、心理素质的欠缺而造成工作失误。

(2) 创造良好的行为环境。首先是良好的人际关系、积极向上的集体精神。融洽和谐的同事关系、上下级关系能使工作集体具有凝聚力，职工工作才能心情舒畅、积极主动地配合；实行民主管理，职工参与管理，能调动其积极性、创造性；关心职工生活，解决实际困难，做好家属工作，可以促进良好的、安全的环境气氛、社会气氛。创造良好的工作环境，就是尽一切努力消除工作环境中的有害因素，使机械、设备、环境适合人的工作，也使人容易适应工作环境，使工作环境真正达到安全、舒适、卫生的要求，从而减少人失误的可能性。

(3) 加强培训、教育，提高职工的安全素质。应包括3方面内容：文化素质、专业知识和技能、安全知识和技能。事故的发生与这几方面密切相关。因此，企业安全管理除提高职工的安全素质以外，还应注重文化知识的提高、专业知识技能的提高，密切注视文化层次低、专业技能差的人群。坚持一切行之有效的安全教育制度、形式和方法，如三级教育、全员教育、特殊工种教育等制度；利用影视、广播、图片宣传等形式；知识竞赛、无事故活动、事故处理坚持“三不放过”等方法。

(4) 严格管理。建立健全管理组织、机构，按国家要求配备安全人员，完善管理制度。贯彻执行国家安全生产方针和各项法规、标准，制定、落实企业安全生产长期规划和年度计划。坚持第一把手负责，实行全天、全员、全过程的安全管理，使企业形成人人管安全的气氛，才能有效防止“三违”现象的发生。

3. 控制物的不安全状态

其目的是切断轨迹交叉中物的形成系列。最根本的解决办法是创造本质安全条件，使系统在人发生失误的情况下也不会发生事故。在条件允许的情况下，应尽量消除不安全因素，或采取防护措施削弱不安全状态的影响程度。这就要求在系统的设计、制造、使用等阶段采取严格的措施，使危险被控制在允许的范围之内。

第六节　动态变化理论

世界是在不断运动、变化着的，工业生产过程也在不断变化之中。针对客观世界的变化，我们的安全工作也要随之改进，以适应变化了的情况。如果管理者不能或没有及时地适应变化，则将发生管理失误；操作者不能或没有及时地适应变化，则将发生操作失误。外界条件的变化也会导致机械、设备等的故障，进而导致事故的发生。

一、扰动起源事故理论

本尼尔认为，事故过程包含着一组相继发生的事件。这里，事件是指生产活动中某种发生了的事情，如一次瞬间或重大的情况变化，一次已经被避免的或导致另一事件发生的偶然事件等。因而，可以将生产活动看作是一个自觉或不自觉地指向某种预期的或意外的结果的事件链，它包含生产系统元素间的相互作用和变化着的外界的影响。由事件链组成的正常生产活动，是在一种自动调节的动态平衡中进行的，在事件的稳定运行中向预期的结果发展。

事件的发生必然是某人或某物引起的，如果把引起事件的人或物称为“行为者”，而其动作或运动称为“行为”，则可以用行为者及其行为来描述一个事件。在生产活动中，如果行为者的行为得当，则可以维持事件过程稳定地进行；否则，可能中断生产，甚至造成伤害事故。

生产系统的外界影响是经常变化的，可能偏离正常的或预期的情况，这里称外界影响的变化为“扰动”(Perturbation)。扰动将作用于行为者。产生扰动的事件称为起源事件。

当行为者能够适应不超过其承受能力的扰动时，生产活动可以维持动态平衡而不发生事故。如果其中的一个行为者不能适应这种扰动，则自动平衡过程被破坏，开始一个新的事件过程，即事故过程。该事件过程可能使某一行为者承受不了过量的能量而发生伤害或损害，这些伤害或损害事件可能依次引起其他变化或能量释放，作用于下一个行为者并使其承受过量的能量，进而发生连续的伤害或损害。当然，如果行为者能够承受冲击而不发生伤害或损害，则事件过程将继续进行。

综上所述，可以将事故看作由事件链中的扰动开始，以伤害或损害为结束的过程。这种事故理论也叫做“P 理论”。图 2－13 为这种理论的示意图。

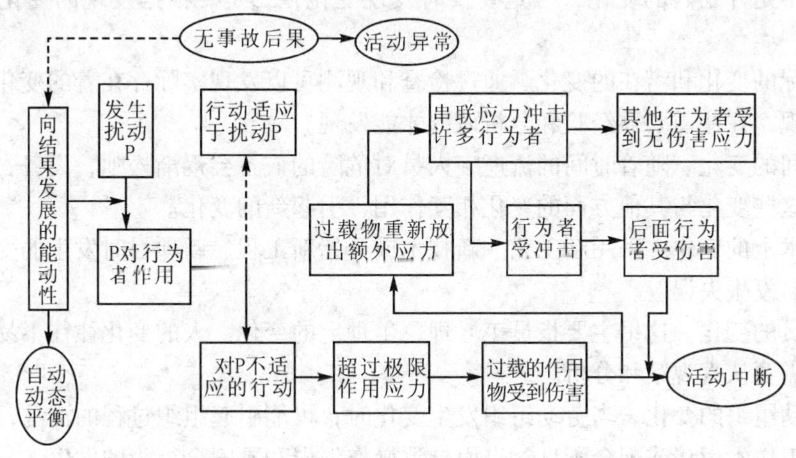

图 2－13　扰动理论示意图

二、变化－失误理论

约翰逊认为：事故是由意外的能量释放引起的，这种能量释放的发生是由于管理者或操作者没有适应生产过程中物的或人的因素的变化，产生了计划错误或人为失误，从而导致不安全行为或不安全状态，破坏了对能量的屏蔽或控制，即发生了事故，由事故造成生产过程中人员伤亡或财产损失。图 2－14 为约翰逊的变化－失误理论示意图。

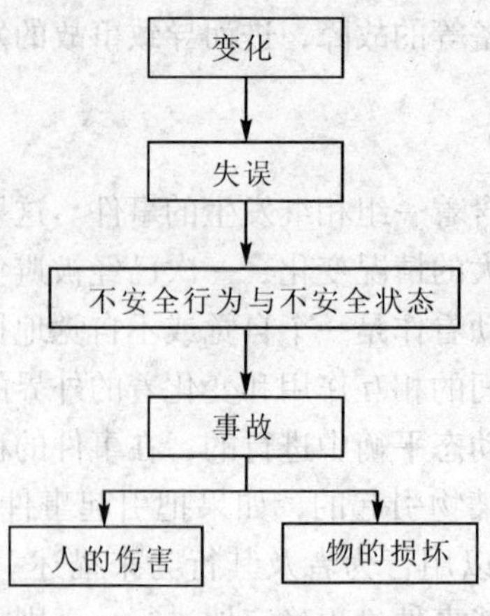

图 2－14　变化－失误理论示意图

按照变化的观点，变化可引起人失误和物的故障，因此，变化被看作是一种潜在的事故致因，应该被尽早地发现并采取相应的措施。作为安全管理人员，应该对下述的一些变化给予足够的重视。

（1）企业外部社会环境的变化。企业外部社会环境，特别是国家政治或经济方针、政策的变化，对企业的经营理念、管理体制及员工心理等有较大影响，必然也会对安全管理造成影响。

（2）企业内部的宏观变化和微观变化。宏观变化是指企业总体上的变化，如领导人的变更，经营目标的调整，职工大范围的调整、录用，生产计划的较大改变等。微观变化是指一些具体事物的改变，如供应商的变化，机器设备的工艺调整、维护等。

（3）计划内与计划外的变化。对于有计划进行的变化，应事先进行安全分析并采取安全措施；对于不是计划内的变化，一是要及时发现变化，二是要根据发现的变化采取正确的措施。

（4）实际的变化和潜在的变化。通过检查和观测可以发现实际存在着的变化，潜在的变化却不易发现，往往需要靠经验和分析研究才能发现。

（5）时间的变化。随着时间的流逝，人员对危险的戒备会逐渐松弛，设备、装置性能会逐渐劣化，这些变化与其他方面的变化相互作用，引起新的变化。

（6）技术上的变化。采用新工艺、新技术或开始新工程、新项目时发生的变化，人们由于不熟悉而易发生失误。

（7）人员的变化。这里主要指员工心理、生理上的变化。人的变化往往不易掌握，因素也较复杂，需要认真观察和分析。

（8）劳动组织的变化。当劳动组织发生变化时，可能引起组织过程的混乱，如项目交接不好，造成工作不衔接或配合不良，进而导致操作失误和不安全行为的发生。

（9）操作规程的变化。新规程替换旧规程以后，往往要有一个逐渐适应和习惯的过程。

需要指出的是，在管理实践中，变化是不可避免的，也并不一定都是有害的，关键在于管理是否能够适应客观情况的变化。要及时发现和预测变化，并采取恰当的对策，做到顺应有利的变化，克服不利的变化。

约翰逊认为，事故的发生一般是多重原因造成的，包含着一系列的变化－失误连锁。从管理层次上看，有企业领导的失误、计划人员的失误、监督者的失误及操作者的失误等。该连锁的模型见图 2－15 所示。

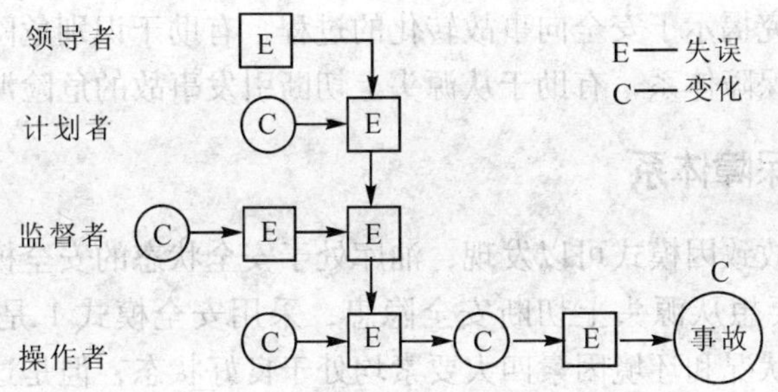

图 2-15　变化-失误连锁模型

第七节　油库事故致因机理分析

一、油库事故致因机理

大量事故研究表明，在通常情况下，影响油库安全的因素有：人的行为、物所处的状态、环境因素、管理状况等因素，这 4 大要素中人的行为和物所处的状态占支配地位。如图 2-16 所示。

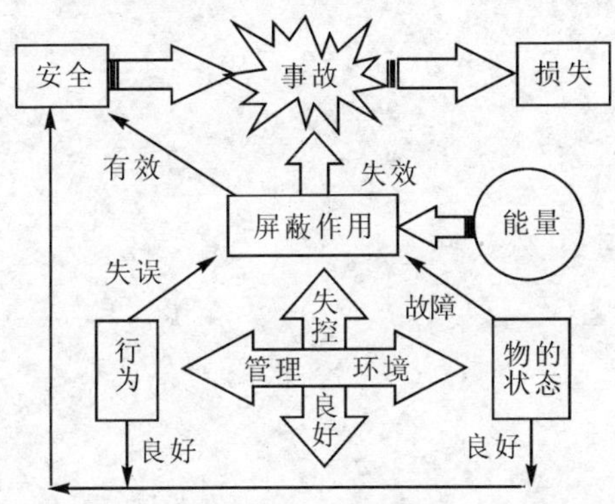

图 2-16　安全-事故致因模式

油库处于安全状态有两种模式，即安全模式 1：人的行为、管理状况、环境因素和物的状况均处于良好状态时，则油库是安全的。例如，如果油库人员业务素质高、安全意识强、无违章操作行为，安全管理工作到位，无自然环境影响(如雷电、山体滑坡、静电已消除等)，油库设备设施无故障，则油库处于安全状态。安全模式 2：人的行为失误，或物的状态出现故障，或管理失控，或环境失控，或其组成要素失控，但其屏蔽作用(防范措施)有效，则油库仍然处于安全状态。例如，如果油库人员违章操作，或安全管理工作不到位，或环境失控(如发生雷电、山体滑坡、产生静电等)，或油库设备设施出现故障，或前面几种情况兼而有之，但屏蔽措施(如油罐强度足够、消防措施等)有效，则油库处于安全状态。

油库事故致因模式：人的行为失误，或物的状况出现故障，或管理失控，或环境失控，或四种要素的组成要素失控，且其屏蔽作用(防范措施)失效，则油库发生事故。例如，如果油库人员违章操作(如装错油品)，或安全管理工作不到位(缺乏安全意识，带火种进库)，或环境失控(如发生雷电、山体滑坡等)，或油库设备设施出现故障(如油罐老化穿孔漏油等)，或前面几种情况兼而有之，并且防范措施失效(如监管失控、消防失控等)，当能量聚集到爆炸极限时，则油库发生事故。

安全事故机理研究揭示了安全向事故转化的过程，有助于识别危险源，有助于油库安全评价和制定油库安全保障体系，有助于从源头上切断引发事故的危险源。

二、油库安全保障体系

根据油库安全事故致因模式可以发现，油库处于安全状态的安全模式有两种，即安全模式1和安全模式2。要想从源头上切断安全隐患，采用安全模式1是最佳方法，即人的行为、物的状态、管理状况和环境因素四大要素均处于良好状态，但是这种模式的安全投入较高。采用安全模式2也是一种有效的安全管理方法，即人的行为、物的状态、管理状况和环境因素及其构成可能失控，但是如果采取的防范措施有效，则油库处于安全状态，这种模式的安全投入比安全模式1要低。由此看来，要保证油库处于安全状态，就必须加强屏蔽效果，必须保证人、物、管理、环境处于良好状态。因此，确保油库安全不能从某一个方面或要素来控制，而必须从系统(安全保障体系)的角度去控制。为此，需要建立安全保障体系，包括：①安全教育体系：树立“安全第一，预防为主”的人员安全意识，对油库安全事故进行预查、预测、预控；②安全技术培训体系：制定油库培训计划，学习油库安全技术；③安全法规体系：遵守国家安全法规；④安全监督体系：上级主管部门对油库安全实施监控；⑤安全预案与救援体系；⑥安全设施(报警、消防等)建设体系。这些体系相互作用，共同为油库安全提供保障。

第三章　油库事故后果分析

第一节　油库事故类型及事故后果分析程序

一、油库事故类型

本章所研究的油库事故是指由油品泄漏或能量意外释放而造成的人身伤亡、财产损失或环境污染等危害事件。油品具有易燃、易爆、有毒等特性，具有潜在的重大危险。如果由于管理、技术或人为失误造成油品泄漏，就可能发生事故。常见的油库事故类型分为火灾、爆炸两大类事故，每一类又可以分为不同的事故情景，如图3－1所示。

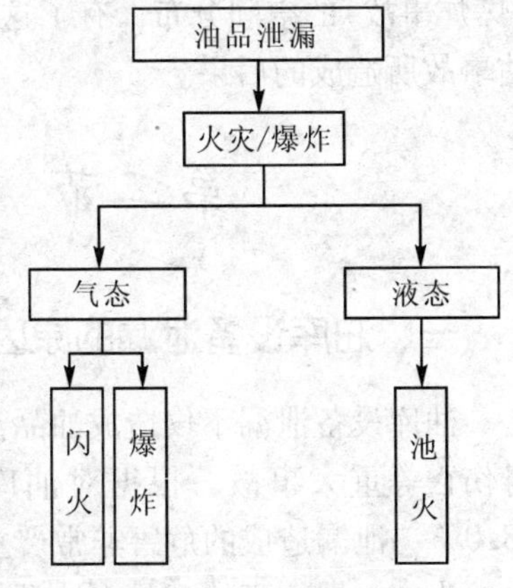

图3－1　油库事故情景

火灾事故是油品泄漏后被点火源点燃而引起的，火灾的重要特征是产生大量的热量，即热辐射。当油品泄漏到空气中，在传播时因扩散而形成蒸气云。如果遇到点火源，且浓度处于爆炸范围以内蒸气云就会燃烧；如果燃烧非常迅速且剧烈，就可能导致爆炸。根据火焰的蔓延速度，可以将蒸气云的燃烧分为两种情况：当火焰的蔓延速度很慢时称为爆燃；当蔓延速度较快时称为爆炸。爆炸的重要特征是释放出大量的化学能，在周围空间产生冲击波，能够造成极强的破坏和巨大的伤亡。

二、油库事故后果分析程序

事故后果分析能够定量地描述一个事故情景所造成危害的严重程度，也是定量风险评估的一个主要组成部分。事故后果分析是确定事故发生时受影响区域的一种方法，可以确定事故的影响范围，计算出死亡范围、受伤范围以及财产损失等情况。

油品泄漏引起的火灾、爆炸等事故情景是后果分析的重点，基本步骤如图3－2所示。

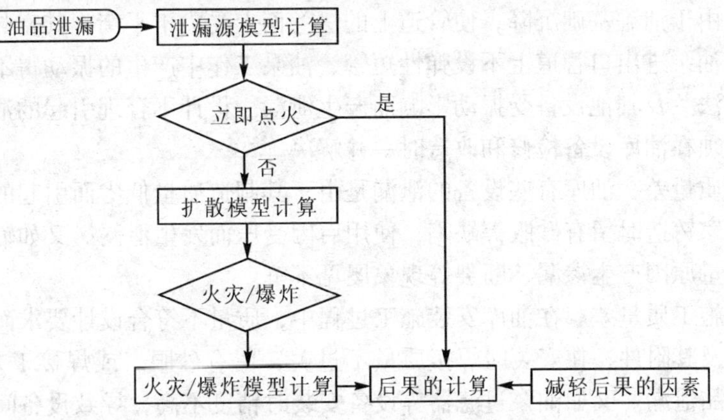

图3－2　油库事故后果分析程序

第 1 步，泄漏源模拟：建立泄漏模型，根据泄漏源的几何特征、压力、温度等计算出泄漏量和泄漏时间。

第 2 步，扩散模拟：建立扩散模型(如果油品泄漏后没有立即点火或爆炸)，分析危险油品蒸气在空中的浓度分布。

第 3 步，后果模拟：建立后果模型，如池火模型、闪火模型、蒸气云爆炸模型等，得到热辐射通量、冲击波超压等。

第 4 步，影响范围计算：根据事故后果准则，得到事故后果影响范围。

三、事故后果分析的结果

对于不同的事故情景，影响事故后果的物理量也是不同的：火灾事故是热辐射通量，爆炸事故是冲击波超压。事故后果分析的目的就是计算热辐射通量(火灾事故)、冲击波超压(爆炸事故)的空间分布，有了这些数据，就可以进一步确定人员伤亡或财产损失情况，评估事故所造成的后果。

第二节　油库泄漏事故后果分析

一、油库设备泄漏的原因

油库设备泄漏不仅造成油品流失，而且还可能导致火灾爆炸、设备损坏、环境污染和人身伤亡等重大事故。根据对油库 1050 例事故的统计分析表明，油品流失达 294 例，占 28.0%，泄漏造成的危害非常严重。

火灾、爆炸事故都是由油品的泄漏引起的，所以在确定油库事故后果时，要首先从油品的泄漏分析开始。油品的泄漏速度、泄漏时间和泄漏量是影响油库事故后果的重要参数，因而计算油品的泄漏速率和泄漏量，是计算事故后果的必要前提，是泄漏分析的主要内容。泄漏模型主要就是用于计算油品在不同泄漏模式下的泄漏速率和泄漏量，而这些参数又与泄漏物质的压力、温度等性质密切相关。

1. 油库设备泄漏的一般原因

造成油库设备泄漏的原因很多，主要有以下几个方面：

(1) 设计不合理。设计不合理是造成油库设备泄漏的重要原因。如油罐进出油管道上不设弹性短管，由于油罐基础沉降，使管道上的法兰面上受力不平衡，其密封垫受压不均，导致泄漏。同样油泵进出口管道上不设弹性短管，油泵工作中产生的振动得不到消除，使与之相连的阀门、法兰及其他设备受振动影响而产生泄漏。设计不合理引起的油库设备泄漏，一般较难治理，须在油库设备检修和改造时一并解决。

(2) 制造质量差。油库有些设备的泄漏是由于其制造质量低劣而引起的。如油泵、阀门等本体由于厂家铸造时留有砂眼等缺陷，使用后因受压而发生泄漏。又如输油管道及其连接附件因加工质量原因产生渗漏、断裂等现象屡见不鲜。

(3) 安装施工质量差。在油库安装施工过程中，质量不符合设计要求而发生泄漏。如输油管道、油罐及其附件，在安装时焊接质量不过关，留有砂眼，或焊接工艺不当引起裂纹、变形而导致油品泄漏。又如油泵过滤器等设备安装时精度不高，导致设备间隙过大，轴与孔偏心距大，振动冲击大，加速零件磨损、密封面粗糙而泄漏。又如油罐基础施工质量差，引起不均匀沉降或超限沉降，使油罐屈起钢板折裂、折断而导致泄漏。又如输油管在安装过程中下沟、回填时野蛮作业，被撞坏或被重物砸凹陷穿孔、裂纹而泄漏。

(4) 操作不当。操作人员技术不熟练或工作责任心不强，发生误操作酿成泄漏事故的实例司空见惯。一般表现在：不按时、按质、按量添加润滑剂，导致油泵磨损而泄漏；操作阀门时，用力过猛，产生水击，冲坏阀门或管道及其附件，用力过大时还会破坏阀门密封面；查库不按时、不认真，油罐、输油管等设备泄漏发现不及时，因堵漏不及时导致泄漏加重，酿成恶性事故。

(5) 维修不周。维修不遵守操作规程和技术要求，维修质量差，或者不善于选用密封件，不及时更换失效的垫片和填料；密封件安装得过紧或过松；密封面处理得不平整不光滑，影响其密封性；维修时蛮干，在无任何防范措施的情况下，换盘根、卸螺栓，造成设备泄漏；维修时焊接质量差，有气孔、砂眼、夹渣、裂纹等缺陷。

(6) 腐蚀破坏。油库设备绝大多数都由钢材制造，如油罐、输油管等均处于大气环境中，时时刻刻都遭受到大气中腐蚀介质的腐蚀，尤其是油罐底部以及埋地油管受到土壤腐蚀；洞库油罐等设备往往受到水中所含腐蚀介质的严重腐蚀。据统计，油库设备泄漏事故有近一半是由于腐蚀破坏所致。油罐底泄漏事故中腐蚀原因引起的比例更高。

(7) 密封失效。密封是预防泄漏的元件，也是容易出现泄漏的薄弱环节。密封失效的原因主要是密封的设计不合理、制造质量差、安装不正确等，如设计人员不熟悉材料和密封装置的性能，产品不能满足工况条件造成超压破裂，密封结构形式不能满足要求，密封件老化、被腐蚀、磨损等。

(8) 外力破坏。除了由于野蛮施工的大型机动设备的碾压、铲挖等人为因素引起设备泄漏外，各种自然灾害，如地震、滑坡、洪水、泥石流等也是造成管道破坏泄漏的重要原因。

2. 油库设备泄漏的具体原因

(1) 油罐泄漏。油罐泄漏是油罐较为普遍的破坏形式。油罐泄漏不仅使油品受到损失，而且轻油泄漏后对油罐外壁防腐层和罐底沥青砂垫层很不利，影响油罐的使用寿命，同时油蒸气积聚到洞库坑道及半地下油罐走道内，有引起人员中毒和火灾爆炸的危险。造成油罐泄漏的原因主要有腐蚀穿孔、裂纹、砂眼和外力误操作。

(2) 输油管道泄漏。由于输油管道中油品的不断流动，在腐蚀、冲刷、振动等因素影响下，在直管输送管段上、异径管段上、流体介质改变方向的弯头及三通处、管道的纵焊焊缝及环焊缝上，可能会引起油品泄漏。造成输油管道泄漏的原因主要有人为因素和自然因素，人为因素包括管材选材不当、结构不合理、焊缝缺陷、防腐蚀措施不完善、安装质量欠佳等；自然因素包括温度变化、地震、地质变迁、雷雨风暴、季节变化、非人为的破坏等。在人为因素中，腐蚀、焊缝缺陷、振动和冲刷是造成输油管道泄漏的主要原因。

(3) 阀门泄漏。油库中，阀门是不可或缺的重要设备，控制着油品在输油管道中的流动，起着开关、节流、止回等功能。由于受到油品温度、压力、冲刷、振动、腐蚀的影响，以及阀门生产制作中存在的内部缺陷，阀门在使用过程中不可避免地会发生泄漏。阀门的泄漏多发生在填料密封处、法兰连接处、焊接连接处、丝扣连接处及阀体的薄弱部位上。

(4) 法兰泄漏。法兰密封是油库广泛应用的一种密封结构形式。这种密封形式一般是依靠其连接螺栓所产生的预紧力，通过各种固体垫片(如石棉橡胶垫片等)或液体垫片(一定时间或一定条件下转变成一定形状的固体垫片)达到足够的工作密封比压，来阻止被密封油品的外泄，属于强制密封范畴。无论采用何种法兰类型、何种法兰密封面形式及相应法兰垫片，在操作使用中都可能发生泄漏。

二、油库设备典型损坏情况及裂口尺寸

油库设备种类繁多，泄漏情况非常复杂，可以将容易发生泄漏的油库设备归结为油罐、管道、挠性连接器、过滤器、阀门、泵等几大类。各类设备的典型损坏情况及裂口尺寸，见表3－1，这些数据可以用于事故后果分析时参考。

表3－1　油库设备典型损坏情况及裂口尺寸

类　别	包括部件	泄漏情况	裂口尺寸
管道	管道、法兰、接头	管道	管径的20%～100%
		法兰	管径的20%
		接头	管径的20%～100%
挠性连接器	软管、波纹管	连接器本体破裂	管径的20%～100%
		接头	管径的20%
		连接装置损坏	管径的20%
过滤器	过滤器本体、管道、滤网	过滤器本体	管径的20%～100%
		与过滤器连接的管道	管径的20%
阀门	球、阀门、球状物、栓、指针、蝶形螺母、阻气门、保险、超硬铝合金阀	阀壳体	与阀连接的管道管径的20%～100%
		阀盖	管径的20%
		阀杆损坏	管径的20%
泵	离心泵、往复泵	泵体损坏	与之连接的管道管径的20%～100%
		密封压盖	管径的20%
油罐	露天储存油品的容器，包括与之连接的管道和辅助设备	罐体损坏	本体尺寸
		接头	与之连接的管道管径的20%～100%

三、油品泄漏模型

1. 常压管道油品泄漏模型

在常压下，如果管线发生爆裂、折断或误拆盲板等，可造成油品经管口泄漏。以液面与管线断裂处为计算截面，根据伯努利方程(忽略储罐内液体流速)，有：

$$\frac{u^2}{2} + g\Delta h + F = 0 \tag{3-1}$$

式中　u——在管道泄漏处的流速，m/s；

g——重力加速度，9.8m/s²；

Δh——液面距管道泄漏处的高差，m；

F——总的阻力损失。

可以根据式(3－2)计算 F：

$$F = \lambda \frac{l}{d} \frac{u^2}{2} + \xi \frac{u^2}{2} \tag{3-2}$$

式中　λ——摩擦系数；

l——油罐到泄漏处的管长，m；

d——管内径，m；

ξ——局部阻力系数。

摩擦系数 λ 的计算与表征流体流动类型的参数——雷诺数有关。雷诺数是管径、流速、流体密度和黏度组成的无因次数群，以 Re 表示。根据雷诺数的大小，可以判断流体流动的类型为层流、湍流还是过渡流。Re 的表达式如下：

$$Re = \frac{\rho u d}{\mu} \tag{3-3}$$

式中 μ——液体的黏度，kg/(m·s)；

ρ——液体的密度，kg/m^3。

当 $Re \leqslant 2000$ 时，$\lambda = \frac{64}{Re}$ (3-4)

当 $2000 < Re \leqslant 4000$ 时，$\lambda = 0.0025\, Re^{1/3}$ (3-5)

当 $4000 < Re \leqslant 10^6$ 时，$\lambda = \frac{0.3614}{Re^{1/4}}$ (3-6)

将式(3-2)~式(3-6)代入式(3-1)中，用不同的 u 值进行试算，再根据式(3-4)的条件进行验证，从而确定 u 值并根据式(3-7)算出流量：

$$Q = \rho u A \tag{3-7}$$

式中 A——管道裂口面积，m^2。

在进行后果评价时，只要泄漏物质的性质和条件确定，则 l、d、ρ、μ、ξ 就可以确定。根据上述公式，就可以计算出油品通过管道泄漏的流速和流量。

2. 油品经管道上小孔泄漏模型

在油库中，由于外界的撞击或者设备的腐蚀、磨损，造成管道上出现裂缝或裂孔，油品从管道上的小孔泄漏，从而为事故的发生创造了基本条件。

油品从管道上的孔洞泄漏的速率方程为：

$$u = c_0 (2\Delta p/\rho)^{1/2} \tag{3-8}$$

式中 u——平均泄漏速度，m/s；

Δp——管道内压强与外界大气压之差，Pa；

ρ——管道内液体密度，kg/m^3；

c_0——泄漏系数，取0.61~1.0。

则泄漏的质量流量可以通过式(3-7) $Q = \rho u A$ 计算得出。

在进行后果评价时，只要泄漏液体的性质和状态确定，则 Δp、ρ 就可以确定。小孔的面积 A 可以根据实际情况将其换算成等效面积，或者在事前预测时做出假设(见表3-1)。

3. 储罐中的油品经小孔泄漏模型

油罐是油库中的主要设备，在使用中油品从油罐中泄漏是一种十分常见的泄漏源模式。油品泄漏速度可用流体力学的伯努利方程计算，其泄漏速度为：

$$Q_0 = c_d A \rho \sqrt{\frac{2(P - P_0)}{\rho} + 2gh} \tag{3-9}$$

式中 Q_0——油品泄漏速度，kg/ε；

c_d——油品泄漏系数，按表3-2选取；

A——裂口面积，m^2；

ρ——泄漏液体密度，kg/m^3；

P——容器内油品压强，Pa；

P_0——环境压强，Pa；

g——重力加速度，$9.8m/s^2$；

h——裂口之上液位高度，m。

表 3-2　油品泄漏系数 c_d

雷诺数(Re)	裂口形状		
	圆型(多边形)	三角形	长方形
>100	0.65	0.60	0.55
≤100	0.50	0.45	0.40

这个方法没有考虑泄漏速率对时间的依赖关系(压力随时间而降低以及液位高度下降)。因此，计算出的泄漏速率是保守的最大可能泄漏速率。

在进行后果评价时，只要泄漏油品的性质和状态确定，则 P、ρ、h、A 等就可以确定。小孔的面积 A 可以根据实际情况将其换算成等效面积，或者在事前预测时做出假设(见表 3-1)。对于常压下的油品泄漏速度，取决于裂口之上液位的高低。对于瞬时泄漏或者泄漏的流速较小时，油罐内的压强可看作不变，否则必须考虑压力变化对泄漏流量的影响。

油品出口速度 u(m/s)可按式(3-10)计算：

$$u = \frac{Q_0}{c_d A \rho} \tag{3-10}$$

持续时间按式(3-11)计算：

$$t_s = [u_0/(c_d g)](A_T/A) \tag{3-11}$$

式中，u_0 为初始流速，m/s；A_T为罐内液面积，m^2。

四、油品泄漏后的扩散

当油品从储输油设备中泄漏出来以后，将向周围扩散。油品泄漏后将向低洼处或人工边界，如防火堤、岸墙等地流动并形成液池。油品蒸发的蒸气将在大气中扩散，形成蒸气云。如果泄漏油品着火则形成池火灾；如果渗透进土壤，有可能对环境造成影响。当油品蒸发速度等于泄漏速度时，液池中的油品量将维持不变。

如果泄漏的油品是低挥发性的，则从液池中蒸发量较少，不易形成气团，对场外人员危险性较小；如果着火则形成池火灾：如果泄漏的是挥发性油品，泄漏后油品蒸发量大，在液池上面会形成蒸气云，容易扩散到场外，遇到火源则容易发生闪火、蒸气云爆炸等，对场外人员的危险性较大。液池蒸发是另一个重要的蒸气释放源。为了计算液池的蒸发速率，必须确定液池大小和单位面积液池的蒸发速率。扩散模型主要用于分析油品在一定环境下的浓度分布情况。

1. 液池面积

如果泄漏的油品已达到人工边界(如油罐的防火堤)，则液池面积即为人工边界围成的面积。如果泄漏的油品未达到人工边界(如管道泄漏)，则从假设油品的泄漏点为中心呈扁圆柱形在光滑平面上扩散，这时液池半径 r 用下式计算：

瞬时泄漏(泄漏时间不超过30s)时，

$$r = \left(\frac{8gm}{\pi p}\right)^{1/4} \times t^{1/2} \tag{3-12}$$

连续泄漏(泄漏持续10min以上)时，

$$r = \left(\frac{32gmt^3}{\pi p}\right)^{1/4} \tag{3-13}$$

式中 r——液池半径，m；

m——泄漏的液体质量，kg；

g——重力加速度，9.8m/s^2；

p——设备中液体压力，Pa；

t——泄漏时间，s。

2. 蒸发量

液池内液体蒸发按其机理可分为闪蒸、热量蒸发和质量蒸发三种，下面分别介绍。

(1) 闪蒸。过热液体泄漏后，由于液体的自身热量而直接蒸发称为闪蒸。发生闪蒸时液体蒸发速度 Q_t 可由式(3-14)计算：

$$Q_t = F_v \times m/t \tag{3-14}$$

式中 F_v——直接蒸发的液体与液体总量的比例；

m——泄漏的液体总量，kg；

t——闪蒸时间，s。

(2) 热量蒸发。当 $F_v < 1$ 或闪蒸量 $< m$ 时，则液体闪蒸不完全，有一部分液体在地面形成液池，并吸收地面热量而汽化，称为热量蒸发。热量蒸发速度 Q_t 按式(3-15)计算：

$$Q_t = \frac{KA_1(T_0 - T_b)}{H\sqrt{\pi\alpha t}} + \frac{K(NuA_1)}{HL}(T_0 - T_b) \tag{3-15}$$

式中 A_1——液池面积，m^2；

T_0——环境温度，K；

T_b——液体沸点，K；

H——液体蒸发热，J/kg；

L——液池长度，m；

α——热扩散系数，m^2/s，见表3-3；

K——导热系数，J/(m·K)，见表3-3；

t——蒸发时间，s；

Nu——努塞尔(Nusselt)数。

表3-3 某些地面的热传递性质

场面情况	K/[(J/m·K)]	α/(m^2/s)	场面情况	K/[(J/m·K)]	α/(m^2/s)
水泥	1.1	1.29×10^{-7}	湿地	0.6	3.3×10^{-7}
土地(含水8%)	0.9	4.3×10^{-7}	砂砾地	2.5	11.0×10^{-7}
干涸土地	0.3	2.3×10^{-7}			

(3) 质量蒸发。当地面传热停止时，热量蒸发终止，转而由液池表面之上气流运动使液

体蒸发，称为质量蒸发。其蒸发速度 Q_t 为：

$$Q_t = \alpha Sh \frac{A}{L}\rho \tag{3-16}$$

式中 α——分子扩散系数，m^2/s；

Sh——舍伍德(Sherwood)数；

A——液池面积，m^2；

L——液池长度，m；

ρ——液体的密度，kg/m^3。

第三节　油库火灾事故后果分析

易燃、易爆的油品泄漏后遇到引火源就会被点燃而着火燃烧，油品燃烧方式主要有池火和闪火两种。

一、池火

当可燃液体(如汽油、煤油、柴油等)泄漏到地面后，将向四周流淌、扩展，形成一定厚度的液池，或流到水中并覆盖水面；若受到防火堤、隔堤的阻挡，可燃液体将在限定区域内得以积聚，形成一定范围的液池，这时，若遇到火源，液池可能被点燃，形成池火灾。常见的池火灾有油罐火灾、油品泄漏至地面或水面遇到点火源形成的火灾。如果池火灾发生在室外，由于氧气供应充足，燃烧比较完全，产生的有毒、有害烟气也容易无害地消散掉。但是，池火灾产生的火焰能够向周围发出强烈的热辐射，使附近的人员受到伤害，并且可引燃周围的可燃物。火焰产生的热辐射是室外池火灾的主要危害。

影响室外池火灾事故严重度的关键参数有池面积、池火的火焰高度、油品燃烧速率、燃烧热、燃烧效率、池火火焰热辐射系数、人员伤亡和财产破坏的临界热通量、池火周围人员密度和财产密度等。火灾事故模型主要用于模拟火灾事故后果的严重度、危险等级和灾害影响范围。池火灾一般用圆柱来模拟，其特性可用几何尺寸及辐射参数来描述，计算步骤如下。

1. 燃烧速度

当液池中可燃液体的沸点高于周围环境温度时，液体表面上单位面积的燃烧速度 K_t 为：

$$K_t = \frac{0.001H_c}{C_p(T_b - T_0) + H} \tag{3-17}$$

式中 K_t——单位表面积燃料燃烧速度，$kg/(m^2 \cdot s)$；

H_c——液体燃烧热；J/kg；

C_p——液体的比定压热容，J/(kg·K)；

T_b——液体的沸点，K；

T_0——液池的环境温度，K；

H——液体的汽化热，J/kg。

燃烧速度也可从手册中直接得到，表 3-4 列出了一些可燃液体的燃烧速度。

表 3-4　一些可燃液体的燃烧速度　kg/(m^2·s)

物质名称	汽油	煤油	柴油	重油	苯	甲苯	乙醚	丙酮	甲醇
燃烧速度	81~92	55.11	49.33	78.1	165.37	138.29	125.84	66.36	57.6

2. 液池的直径

对于储罐或罐区，可以根据防护堤所围池面积 S(m^2)来计算池直径 D(m)：

$$D = \left(\frac{4S}{\pi}\right)^{\frac{1}{2}} \tag{3-18}$$

对于输油管道且无防护堤，假定泄漏的液体无蒸发并已充分蔓延，地面无渗透，则根据泄漏的液体量 M(kg)和地面性质，按式(3-19)可计算最大可能的池面积 S 为：

$$S = \frac{M}{H_{\min}\rho} \tag{3-19}$$

式中　S——液池的面积，m^2；

M——液池泄漏液体的质量，kg；

ρ——液池的液体密度，kg/m^3；

$H_{\min}$——液池的最小液层厚度，m，与地面性质和状况有关，见表 3-5。

表 3-5　不同地面的最小油层厚度

地面性质	草地	粗糙地面	平整地面	混凝土地面	平静的水面
最小油层厚度 $H_{\min}$/m	0.020	0.025	0.010	0.005	0.0018

3. 火焰高度

假设液池为一面积为 S 的圆池子，池火灾为圆柱形火灾且池面积恒定，则火焰半径 R_t 由式(3-20)确定：

$$R_t = \sqrt{\frac{S}{\pi}} \tag{3-20}$$

火焰高度可按式(3-21)计算：

$$h = 42D\left[\frac{K_t}{\rho_0\sqrt{(gD)}}\right]^{0.61} \tag{3-21}$$

式中　h——火焰高度，m；

D——液池直径，m；

ρ_0——周围空气密度，kg/m^3；

g——重力加速度，9.8m/s^2；

K_t——单位表面积燃料燃烧速度，kg/(m^2·s)。

4. 火灾持续时间

$$t = \frac{W}{K_t} \tag{3-22}$$

式中　W——燃料质量，kg。

5. 热辐射通量

液池燃烧时放出的总热辐射通量为：

$$Q_f = \frac{2\pi R_f{}^2\eta_1 K_f\eta_2}{2\pi R_f{}^2 + \pi R_f h} \tag{3-23}$$

式中 Q_f——总热辐射通量，W；

h——火焰高度，m；

R_t——火焰半径，m；

K_t——单位表面积燃料燃烧速度，kg/($m^2 \cdot s$)；

η_1——燃烧效率；

η_2——热辐射系数，可取0.15。

6. 目标入射热辐射强度

假设全部辐射热且由液池中心点的小球面辐射出来，则在距离池中心某一距离(X)处的入射热辐射强度为：

$$I = Q_f V(1 - 0.058\ln d) \tag{3-24}$$

式中 I——热辐射强度，W/m^2；

Q_f——总热辐射通量，W；

V——目标视角系数；

d——目标点到火焰表面的距离，m。

其中，视角系数 V 计算方法如下：

$$V = \sqrt{(V_v^2 + V_H^2)}$$

$$\pi V_H = A - B$$

$$A = (b - 1/s)\{\tan^{-1}[(b+1)(s-1)/(b-1)(s+1)]^{0.5}\}/(b^2 - 1)^{0.5}$$

$$B = (a - 1/s)\{\tan^{-1}[(a+1)(s-1)/(a-1)(s+1)]^{0.5}\}/(a^2 - 1)^{0.5}$$

$$\pi V_v = \tan^{-1}[h/(s^2 - 1)^{0.5}]/s + h(J - K)/s$$

$$J = [a/(a^2 - 1)^{0.5}]\tan^{-1}[(a+1)(s-1)/(a-1)(s+1)]^{0.5}$$

$$K = \tan^{-1}[(s-1)/(s+1)]^{0.5}$$

$$a = (h^2 + s^2 + 1)/(2s)$$

$$b = (1 + s^2)/(2s)$$

$$s = r/(D/2)$$

以上各式中，s 为目标到火焰垂直轴的距离与火焰半径之比，h 为火焰高度与直径之比，A、B、J、K、V_H、V_V 是为了描述方便而引入的中间变量，π 为圆周率。

二、闪火

闪火是可燃性气体或蒸气泄漏后与空气混合而被点燃的一种非爆炸性的燃烧现象，闪火的主要危害来自热辐射和火焰的直接接触。此种情况下，处于气体燃烧范围内的人员将会受到危害。

闪火发生的条件与第四节介绍的蒸气云爆炸很相似。事实上在很多时候，做实验研究蒸气云爆炸时却发生了闪火，而有时为了研究闪火所进行的实验却发生了蒸气云爆炸。这就表明两者之间存在紧密的联系。闪火同蒸气云爆炸一样，也必须要求泄漏物是可燃的，从发生泄漏到被点燃有一定的时间延滞，产生的蒸气云团处于燃烧极限范围内。唯一的区别是闪火发生后，火焰传播过程中没有自我加速的条件，即泄漏源不产生紊流，空间也不存在局部约束条件。因此，实验中观测到的火焰速度平均约为10m/s，这种速度不足以产生爆炸性超压。形成闪火或蒸气云爆炸的条件与过程，可用事件树来表示，如图3-3所示。

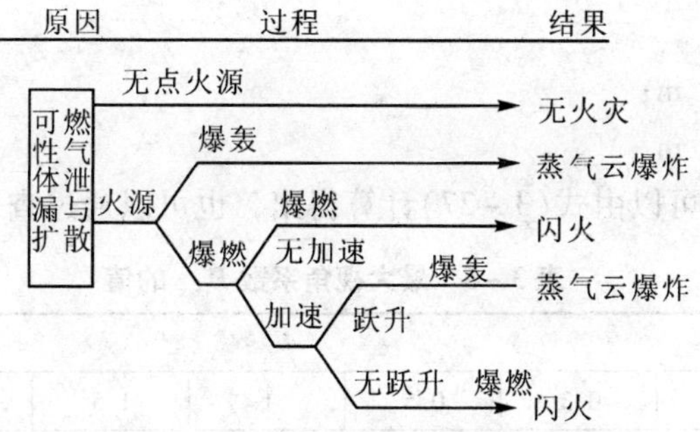

图 3-3　闪火与蒸气云爆炸形成的事故树

可燃物云团的大小决定了可能造成直接火焰接触危害的面积，此时分析的重点主要是确定可燃混合气体的燃烧上、下限的廓线及其下限跟随气团扩散到达的范围。闪火的热辐射的影响取决于目标物到火焰的距离、火焰高度、火焰的辐射能、局部大气传输率和云团的大小等。此时一般假定闪火是一个火焰以恒定速度传播的过程，其计算过程如下。

1. 计算火焰高度

火焰视高度可用近似的半经验公式计算：

$$H = 20d\left[\left(\frac{s^2}{gd}\right)\left(\frac{\rho_0}{\rho_a}\right)^2\left(\frac{\omega r^2}{(1-\omega)^3}\right)\right]^{\frac{1}{2}} \tag{3-25}$$

式中　H——火焰可视高度，m；

d——云团厚度，m；

s——燃烧速度，m/s；

g——重力加速度，9.8m/s^2；

ρ_a——空气密度，kg/m^3；

ρ_0——燃气混合物的密度，kg/m^3；

r——理想配比下空气与燃料的质量比；

ω——$\omega=[\varphi-\varphi_{st}]/[\alpha(1-\varphi_{st})]$（当$\varphi>\varphi_{st}$），$\omega=0$（当$\varphi\leqslant\varphi_{st}$），$\alpha$为恒定压力下理想配比时燃烧的膨胀比（对于碳氢化合物一般取$\alpha=8$），φ为燃料所占混合物的体积比，φ_{st}为理想配比时燃料所占的体积比。

2. 计算火焰宽度

火焰宽度 W 随时间变化的关系为：

$$W = 2\left[R^2-(R-St)^2\right]^{\frac{1}{2}} \tag{3-26}$$

3. 计算几何视角因子

假设辐射面和接受面是两个互相平行的平面，则 F 可用 F_{max} 表示，计算关系如下：

$$F_{max} = (F_h{}^2 + F_v{}^2)^{\frac{1}{2}} \tag{3-27}$$

其中：$F_h = [\tan^{-1}(1/X_r) - AX_r\tan^{-1}A]/\pi$

$F_v = [H_rA\tan^{-1}A + (B/H_r)\tan^{-1}B]/\pi$

$A = 1/(H_r{}^2 + X_r{}^2)^{\frac{1}{2}}$

$B = H_r/(1+X_r{}^2)^{\frac{1}{2}}$

$H_r = H/b$

$X_r = X/b$

$b = 1/2W$

式中 H——火焰高度，m；

W——火焰宽度，m。

最大视角系数 F_{max} 可以由式(3－27)计算得出，也可以通过查表3－6或图3－4得出。

表3－6 最大视角系数 F_{max} 的值

X_r	H_r								
	0.1	0.2	0.3	0.5	1	1.5	2	3	5
	最大视角系数 F_{max}								
0.1	0.3824	0.5251	0.5836	0.6317	0.6653	0.6743	0.678	0.6808	0.6832
0.2	0.2289	0.3809	0.4689	0.555	0.6209	0.6391	0.6465	0.6521	0.6551
0.3	0.1584	0.2862	0.3771	0.4826	0.5751	0.6021	0.6131	0.6216	0.6261
0.5	0.0944	0.1809	0.2546	0.3618	0.4841	0.526	0.5438	0.5577	0.5652
1	0.0407	0.0804	0.1181	0.1852	0.2986	0.3558	0.3849	0.4103	0.4248
1.5	0.0222	0.0441	0.0655	0.1058	0.1865	0.2385	0.2701	0.3019	0.3223
2	0.0137	0.0273	0.0407	0.0666	0.1229	0.1647	0.1938	0.2271	0.2517
3	0.0065	0.0131	0.0196	0.0325	0.0624	0.0881	0.1089	0.138	0.1654
5	0.0024	0.0049	0.0074	0.0123	0.0242	0.0355	0.0458	0.0631	0.0859

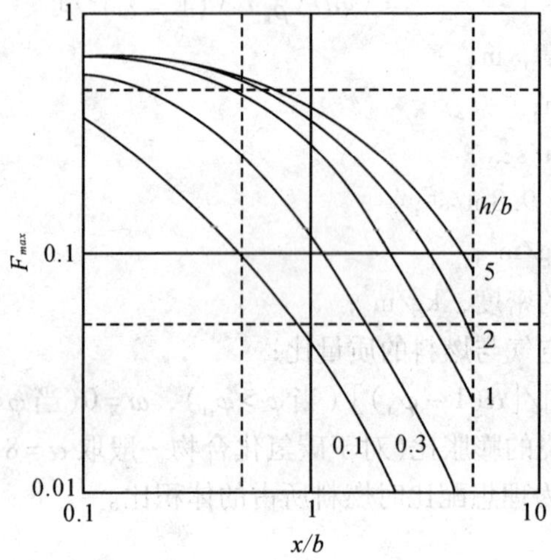

图3－4 最大视角系数 F_{max}

4. 计算热辐射能

平面物体单位面积上接收的辐射能由式(3－28)计算：

$$q = EF\tau_a \quad (3-28)$$

式中 E——辐射能，kW/m^2；

F——几何视角系数；

τ_a——大气传输率。

在保守计算场合，若是干燥晴朗的天气一般可取 $\tau_a = 1$，已知湿度时可用式(3－29)计算：

$$\tau_a = \lg(14.1R_H{}^{-0.108}X^{-0.13}) \quad (3-29)$$

式中 R_H——相对湿度；

X——到目标物的距离，m。

三、火灾损失

火灾通过辐射热的方式影响周围环境。当火灾产生的热辐射强度足够大时，可使周围的物体燃烧或变形，强烈的热辐射可能烧毁设备甚至造成人员伤亡等。根据计算出来的辐射热通量，依据稳态火灾作用下的热通量伤害准则来确定各个伤害及财产损失半径。若知道池火灾发生现场的人员密度和财产密度，即可评价确定人员的伤亡数量和财产损失大小。

1. 热辐射伤害准则

在热辐射作用下，目标(人、物)受到的伤害中，对物的破坏主要以热辐射引燃木材程度为主要参考标准，对人的伤害以对皮肤烧伤和视网膜烧伤为主要参考标准。其中人的烧伤程度一般分为三度四级：一度烧伤(烧伤深度小于0.12mm)、浅二度烧伤(烧伤深达真皮浅层)、深二度烧伤(烧伤深度小于2mm)和三度烧伤(烧伤深度大于2mm)。烧伤深度鉴别要点见表3-7。

表3-7　烧伤深度鉴别要点

烧伤程度	损伤深度	临床表现	创面愈合过程
一度	表皮层	红斑，轻度红肿、热、痛。感觉过敏，干燥无水泡	3~5天痊愈、脱屑，无疤痕
浅二度	真皮浅层	创面温度高，水泡形成，潮湿，水肿、剧痛，感觉过敏	如无感染，10~14天痊愈，不留疤痕
深二度	真皮深层	创面温度微低，湿润、水泡少，疼痛，白中透红，有小红斑点，水肿	如无感染，3~4周痊愈，有轻度疤痕
三度	全层皮肤，累及皮下组织或更深	创面皮革样，苍白或焦黄面化，凹陷，感觉消失，无水泡，可见皮下静脉网	3~4周后焦痂脱落，大范围烧烧时需植皮，有疤痕

分析热辐射的伤害效应必须首先确定辐射的伤害准则，常见的热伤害准则可以归纳为热通量准则、热剂量准则、热通量-热剂量准则、热能量-时间准则和热剂量-时间准则。热通量、热剂量和作用时间三个参量中知道任意两个就可以计算出第三个，所以热通量-热剂量准则、热能量-时间准则和热剂量-时间准则完全等价。

(1) 热通量准则。以热通量作为衡量目标是否被伤害的唯一指标参数。当目标接受到的热通量大于或等于引起目标伤害所需的临界热通量时，目标被伤害；否则，目标不被伤害。热通量准则的适用范围为：热通量作用时间比目标达到热平衡所需要的时间长。表3-8为不同入射通量造成伤害或损失的情况。

表3-8　稳态火灾下不同热通量的伤害效应

临界热通量/(kW/m^2)	人体伤害类别	周围设施破坏类别
37.5	在1min内100%的人死亡，10s内1%的人死亡	对周围设备造成损坏
25.0	在1min内100%的人死亡，10s内严重烧伤	没有引火，无限制长期暴露点燃木材的最小能量
12.5	在1min内10%的人死亡，10s内1度烧伤	木材被引燃，塑料管熔化的最小能量
4.0	超过20s引起疼痛，但不会起水泡	
1.6	长期接触不会有不适感	

从表3-8可看出，在较小辐射等级时，致人重伤需要一定的时间，这时人们可以逃离现场或掩蔽起来。

（2）热剂量准则。以目标接收到的热剂量作为目标是否被伤害的唯一指标参数。当目标接收到的热剂量大于或等于目标伤害的临界热剂量时，目标被伤害；否则，目标不被伤害。热剂量准则的适用范围为：作用于目标的热通量持续时间非常短，以至于接收到的热量来不及散失掉。有关文献认为，在瞬间火灾伤害下，人员三度烧伤、二度烧伤、一度烧伤、引起皮肤疼痛所需的临界热剂量分别为375kJ/m^2、250kJ/m^2、125kJ/m^2、65kJ/m^2，见表3－9。

表3－9　瞬态火灾下不同热通量的伤害效应

临界热剂量/（kJ/m^2）	人体伤害类别	临界热剂量/（kJ/m^2）	人体伤害类别
375	三度	125	一度
250	二度	65	皮肤疼痛

（3）热通量－热剂量准则。当热通量准则、热剂量准则的适用条件均不具备时，应该使用热通量－热剂量准则。热通量－热剂量准则认为，目标能否被伤害不能由热通量或热剂量单独一个参数决定，而应由它们共同决定。在多数情况下，热辐射对人体的伤害程度评价以裸露皮肤的烧伤程度为基础，Pietersen 按照一般人口考虑，假设人的暴露面积为皮肤表面积的20%，推导了下面的热辐射伤害方程：

一度烧伤：$Y = -39.83 + 3.0186\ln(tq^{\frac{4}{3}})$　　(3－30)

二度烧伤：$Y = -43.14 + 3.0186\ln(tq^{\frac{4}{3}})$　　(3－31)

死亡：$Y = -37.23 + 2.56\ln(tq^{\frac{4}{3}})$　　(3－32)

式中　q——人体接收到热辐射的热通量，W/m^2；

t——人体暴露于热辐射的时间，s；

Y——概率变量（当 $Y = 5$ 时，对应的烧伤率为50%，即人员伤害概率为0.5），%。

概率变量 Y 与死亡百分率 P 的关系可以用式（3－33）表示：

$$P = \frac{1}{\sqrt{2\pi}}\int_{-\infty}^{Y-5}\exp\left(-\frac{u^2}{2}\right)\mathrm{d}u \tag{3-33}$$

式中　P——死亡百分率；

Y——概率变量，是一个中间变量，无实际意义；

u——积分变量。

概率变量 Y 服从正态分布，其均值为5，标准差为1。式（3－33）也可用图3－5和表3－10表示。

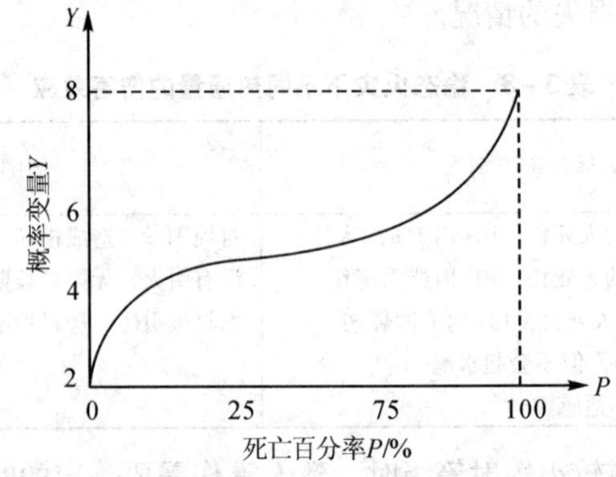

图3－5　死亡百分率 P 与概率变量 Y 之间的关系

表 3 - 10　死亡百分率 *P* 与概率变量 *Y* 之间的换算关系

死亡百分率 P/%	概率变量 Y									
	0	1	2	3	4	5	6	7	8	9
0	0	2.67	2.95	3.12	3.25	3.36	3.45	3.52	3.59	3.66
10	3.72	3.77	3.82	3.87	3.92	3.96	4.01	4.05	4.08	4.12
20	4.16	4.19	4.23	4.26	4.29	4.33	4.26	4.39	4.42	4.45
30	4.48	4.50	4.53	4.56	4.59	4.61	4.64	4.67	4.69	4.72
40	4.75	4.77	4.80	4.82	4.85	4.87	4.90	4.92	4.95	4.97
50	5.00	5.03	5.05	5.08	5.10	5.13	5.15	5.18	5.20	5.23
60	5.25	5.28	5.31	5.33	5.36	5.39	5.41	5.44	5.47	5.50
70	5.52	5.55	5.58	5.61	5.64	5.67	5.71	5.74	5.77	5.81
80	5.84	5.88	5.92	5.95	5.99	6.04	6.08	6.13	6.18	6.23
90	6.28	6.34	6.41	6.48	6.55	6.64	6.75	6.88	7.05	7.33
99	0.0	0.1	0.2	0.3	0.4	0.5	0.6	0.7	0.8	0.9
	7.33	7.37	7.41	7.46	7.51	7.58	7.58	7.65	7.88	8.09

当已知概率变量 Y 时，在表 3 - 10 中查找其对应的行和列的死亡百分率，两者相加即可得到该 Y 值对应的死亡百分率。如概率变量 $Y=4.80$ 时，在表中查得 4.80 对应的该行和该列的死亡百分率分别为 40 和 2，所以此时的死亡百分率(%)为：40 + 2 = 42。

当 $Y=5$ 时，考虑火灾发生时的人员疏散、撤离等因素，将暴露时间 t 分别取 $t=30\text{s}$ 和 $t=60\text{s}$ 两种情况，计算得到人员受各种伤害的热通量阈值，如表 3 - 11 所示。

表 3 - 11　火灾中人员伤害的热通量阈值　　kW/m²

伤害程度	暴露时间/s	
	30	60
死亡	18.42	10.95
二度烧伤	12.14	7.22
一度烧伤	5.34	3.17

国内研究人员认为，当暴露时间超过 180s 时，上述三个公式不适用。

当 $Y=5$ 时，对应的烧伤率为 50%，即人员伤害概率为 0.5。将所对应的距离定义为烧伤半径，则有关公式可变换为：

$$tq^{\frac{4}{3}} = C_n \tag{3-34}$$

其中，C_n 是常数，一度烧伤取 2.8×10^6，二度烧伤取 8.434×10^6，死亡取 1.459×10^7。其适用条件 $t<180\text{s}$。

Lawson 和 Simms 用式(3 - 35)来估计引燃木材所需的临界热通量：

$$q = 6730t^{-0.8} + 2540 \tag{3-35}$$

2. 室外池火灾事故严重度预测方法

(1) 基本假设。为了建立既有充分依据，又切实可行的室外池火灾伤害模型，必须作如下假设：

① 燃料池为圆形，面积恒定，池火灾发生地无风。

② 死亡半径、重伤半径、轻伤半径和财产损失半径分别指热辐射作用下的死亡半径、二度烧伤半径、一度烧伤半径和引燃木材半径。

③ 死亡区指以池火中心为圆心，以死亡半径为半径得到的圆形区域。并且假设死亡区的人员全部死亡，而死亡区外的人员无一死亡。

④ 重伤区指以池火中心为圆心，以死亡半径为内径，以重伤半径为外径得到的环形区域。并且假设重伤区的人员全部受重伤，而重伤区外的人员无一受重伤。

⑤ 轻伤区指以池火中心为圆心，以重伤半径为内径，以轻伤半径为外径得到的环形区域。并且假设轻伤区的人员全部受轻伤，而轻伤区外的人员无一受轻伤。

⑥ 财产损失区指以池火中心为圆心，以财产损失半径为半径得到的圆形区域。并且假设财产损失区的财产全部损失，而财产损失区外的财产无损失。

⑦ 假设池火周围人员和财产均匀分布，而不考虑它们随时间和空间的变化。

⑧ 预测池火灾事故严重度时，只考虑池火灾造成的直接财产损失和人员伤亡折合财产损失，而不考虑池火灾造成的间接财产损失。并且假设死亡一人相当于损失6000个工作日，重伤一人相当于损失3000个工作日，轻伤一人相当于损失105个工作日，6000个工作日创造的价值按20万元计算。因此，可以用事故严重度这个统一的参数来描述池火灾以及其他事故的总损失。

(2) 计算方法。所需模型计算参数：燃料质量燃烧速度 K_t [kg/(m^2 · s)]、池面积 S(m^2)、周围空气密度 ρ_0(kg/m^3)、人员密度 ρ_1(人/m^2)、财产密度 ρ_2(万元/m^2)、燃料质量 m(kg)等。

$$N_1 = \pi(R_1{}^2 - (D/2)^2)\rho_1 \tag{3-36}$$

$$N_2 = \pi(R_2{}^2 - R_1{}^2)\rho_1 \tag{3-37}$$

$$N_3 = \pi(R_3{}^2 - R_2{}^2)\rho_1 \tag{3-38}$$

$$S_1 = \pi R_4{}^2\rho_2 \tag{3-39}$$

$$S_2 = (N_1 \times 6000 + N_2 \times 3000 + N_3 \times 105) \times 20/6000 \tag{3-40}$$

$$S = S_1 + S_2 \tag{3-41}$$

式中 R_1、R_2、R_3、R_4——分别为死亡半径、重伤半径、轻伤半径和财产损失半径，m；

N_1、N_2、N_3——分别为死亡人数、重伤人数和轻伤人数，人；

S_1、S_2、S——分别为财产损失、人员伤亡折合财产损失和事故严重度，万元。

需要说明的是，无论是池火灾事故还是其他类型的事故，事故造成的损失是多方面的，包括人员伤亡、直接财产损失和间接财产损失。直接财产损失是指事故直接对设备、设施、物资等有形资产造成的损失。直接财产损失的大小可以比较容易地用损失金额来衡量。间接财产损失是指事故造成的停工、减产、产品质量下降、企业信誉降低、环境破坏等损失。尽管间接财产损失有时比直接财产损失还大，但间接财产损失形式多种多样，难以准确计量，与直接财产损失也没有确定的关系。因此，在实际的事故调查过程中，通常不提或者只简单提及间接财产损失情况，而不定量估计间接财产损失大小。

3. 计算示例

本例中危险单元为输油管道，且无防护堤。假定泄漏的液体无蒸发、已充分蔓延且地面无渗透。泄漏量为1000kg，环境温度为30℃。原油的性质为：比重0.85～0.89；相对密度(0.780～0.970(液)；闪点－6.67～32.22℃；自燃点350℃；爆炸极限1.1%～6.4%(体积)；沸点300～325℃；火焰温度1100℃；热值41870kJ/kg。

解：(1)计算池直径

假设事故发生处地面平整，则最小油层厚度 $H_{min}=0.010m$。已知泄漏量 $W=1000kg$，原油密度 ρ 取 $850kg/m^3$，则池面积 $S=W/(H_{min}\times\rho)=117.6m^2$，池直径 $D=(4S/\pi)^{\frac{1}{2}}=12.24m$。

(2) 计算火焰高度

先计算火焰高度系数。已经相对密度 $d=0.85$，温度 $t=300℃$，气化热 $H_{vap}=(60-0.09t)/d=162.4kJ/kg(38.8kcal/kg)$，热值 $H_c=41870kJ/kg(9969kcal/kg)$，则：

定压比热 $C_p=(0.403+0.00081t)/d^{0.5}=0.7kcal/kg\cdot℃$

燃烧速度 $m_f=\dfrac{dm}{dt}=\dfrac{0.001H_c}{C_p(T_b-T_c)+H_{vap}}=0.043$

由此有火焰高度系数 $h=L/D=42\left[\dfrac{m_f}{\rho_0\sqrt{gD}}\right]^{0.61}=1.2$，火焰高度 $L=14.7m$

火灾持续时间：　　　$t=1000/(0.043\times117.6)=199.6s$

建筑物破坏所需热通量：　　　$q=6730t^{-1/5}+25400=25.5kW/m^2$

根据上述计算可知，可以计算出距离火焰任意远处一目标接受的热辐射通量建立距离与热通量的对应关系，由此，根据表 3-11 中的热通量阈值，也可得到死亡、二度烧伤、一度烧伤和建筑物破坏的临界距离，即伤害/破坏半径。

(1) 暴露 30s 时：

死亡半径 $r=9.0m$，对应阈值 $a=18.42kW/m^2$；

二度烧伤半径 $r=12.6m$，对应阈值 $q=12.14kW/m^2$；

一度烧伤半径 $r=22.7m$，对应阈值 $q=5.34kW/m^2$；

(2) 暴露 60s 时：

死亡半径 $r=13.6m$，对应阈值 $q=10.95kW/m^2$；

二度烧伤半径 $r=18.3m$，对应阈值 $q=7.22kW/m^2$；

一度烧伤半径 $r=33.6m$，对应阈值 $q=3.17kW/m^2$；

对建筑的破坏半径 $r=6.6m$，对应阈值 $q=25.5kW/m^2$；

第四节　油库爆炸事故后果分析

一、爆炸事故的特点

爆炸是物质的一种非常急剧的物理、化学变化，也是大量能量在短时间内迅速释放或急剧转化成机械功的现象。它通常是借助于气体的膨胀来实现。

从物质运动的表现形式来看，爆炸就是物质剧烈运动的一种表现。物质运动急剧增速，由一种状态迅速地转变成另一种状态，并在瞬间内释放出大量的能。

一般说来，爆炸现象具有以下特征：

(1) 爆炸过程进行得很快；

(2) 爆炸点附近压力急剧升高，产生冲击波；

(3) 发出或大或小的响声；

(4) 周围介质发生振动或邻近物质遭受破坏。

一般将爆炸过程分为两个阶段：第一阶段是物质的能量以一定的形式(定容、绝热)转变为强压缩能；第二阶段强压缩能急剧绝热膨胀对外做功，引起作用介质变形、移动和破坏。

按爆炸性质可分为物理爆炸和化学爆炸。物理爆炸就是物质状态参数(温度、压力、体积)迅速发生变化，在瞬间放出大量能量并对外做功的现象。其特点是在爆炸现象发生过程中，造成爆炸发生的介质的化学性质不发生变化，发生变化的仅是介质的状态参数。例如锅炉、压力容器和各种气体或液化气体钢瓶的超压爆炸以及高温液体金属遇水爆炸等。化学爆炸就是物质由一种化学结构迅速转变为另一种化学结构，在瞬间放出大量能量并对外做功的现象。如可燃气体、蒸气或粉尘与空气混合形成爆炸性混合物的爆炸。化学爆炸的特点是：爆炸发生过程中介质的化学性质发生了变化，形成爆炸的能源来自物质迅速发生化学变化时所释放的能量。化学爆炸有3个要素，即反应的放热性、反应的快速性和生成气体产物。

总之，发生化学爆炸时会释放出大量的化学能，爆炸影响范围较大；而物理爆炸仅释放出机械能，其影响范围较小。本章仅研究油品蒸气在密闭空间的爆炸事故问题。

二、爆炸的危害机理及伤害

1. 爆炸的危害机理

发生爆炸时，爆破能量在向外释放时以冲击波、碎片和容器残余变形能量三种形式表现出来，其中空气冲击波占绝大部分，是爆炸的主要危害因素。

(1) 冲击波。冲击波是由压缩波叠加形成的，是波阵面以突进形式在介质中传播的压缩波。容器破裂时，内部的高压气体或蒸气大量冲出，使其周围的空气受到冲击而发生扰动，状态(压力、密度、温度等)发生突跃变化。若其传播速度大于扰动介质的声速，这种扰动在空气中传播时就成为冲击波。在离爆炸中心一定距离的地方，空气压力会随时间迅速变化：开始时压力突然升高，产生一个很大的正压力，接着又迅速衰减，在很短对间内正压降至负压。如此反复循环数次，压力逐渐衰减直至完全消失。开始时产生的这一最大正压力即为冲击波波阵面上的超压 ΔP，它可以达到数个甚至数十个大气压。

冲击波的伤害和破坏作用在多数情况下都是由超压所引起的。当冲击波的压力突然增加时会对人产生直接危害，主要是对人的敏感器官比如耳、肺的影响，如在超压为16500～84000Pa时，户外90%的人耳膜都会破裂；当冲击波的外部压力大于胸腔内部压力时，由于冲量的作用，可能将人的胸腔击碎。

爆炸压力随时间变化曲线如图3-6所示，爆炸产生迅速增高的压力并且沿途产生破坏性波。随后在压力返回大气前，会产生一个负压力波而引起更大的破坏。因而破坏取决于所达到的最大压力和传播速度，显然也依赖于环境的自然特性。在极短的持续时间有极大的峰压，但因持续时间太短而没有任何工程意义。实际脉冲(即曲线下的压力时间区)是测量爆炸强度更好的方法。爆燃能使压力增加1～8倍，而爆轰能产生更高的压力。压力增加率也同样重要，这取决于爆炸的方式及混合物的性质。

(2) 其他伤害。此外，由于爆炸使得建筑物倒塌，也会使建筑物内的人员受到伤害。爆炸气浪还会把人卷得很远，直至遇到障碍物，因此站立的人更容易受到伤害。另外，如果是容器发生爆炸，爆炸时容器碎片会被抛射到离爆炸中心较远的距离处，会对人畜和其他建筑造成破坏。这种危害的程度主要取决于碎片的数量、形状、初速度和质量等。

(3) 伤害破坏程度的计算。由于人的年龄、性别、体重、健康情况和建筑结构的强度、材料等的差别，不同的人和建筑暴露于同一爆炸环境中，会有不同的反应。通过大量的研究

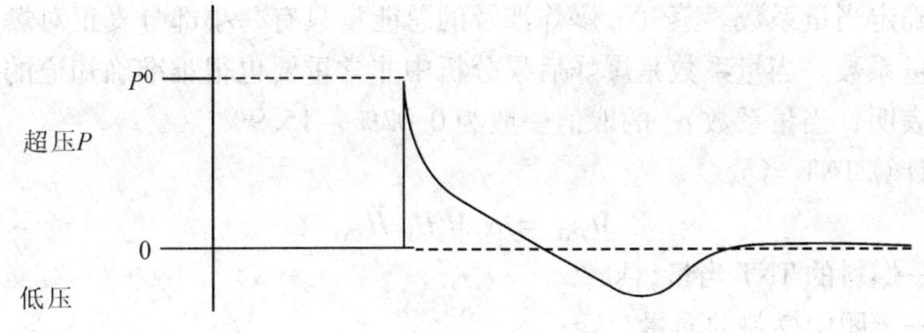

图3－6　压力时间曲线

发现，同一爆炸对不同人和建筑造成的危害和破坏服从正态分布。

2. 爆炸波对人的直接伤害

蒸气云爆炸波对人的直接伤害主要体现在对肺的伤害、对耳的伤害以及当整个身体发生位移时可能受到的撞击伤害。

（1）对肺的伤害。研究表明，人体中相邻组织间密度差最大的部位最易遭受爆炸波的直接伤害。对人而言，肺是最易遭受爆炸波直接伤害的致命器官，耳则是最易遭受爆炸波直接伤害的非致命器官。肺遭受伤害的生理－病理效应多种多样，如肺出血、肺气肿、肺活量减小等，严重时导致死亡。爆炸波对人的伤害程度除和爆炸波特性(波形、超压、冲量等)有关外，还和环境气压、人体与爆炸波的几何方位、人的体重和年龄以及人体附近有无障碍物等因素密切相关。

（2）对耳的伤害。人耳是最易遭受爆炸波伤害的非致命器官。遗憾的是，人们对爆炸波伤害耳的研究远不如对伤害肺的研究深入，而且不同研究人员得出的结果相差很大。例如，Eisenberg 认为，入射超压只需 44kPa 即可造成 50% 耳鼓膜破裂；而 Hirsch 则认为，入射超压只有达至 103kPa 时才能引起 50% 耳鼓膜破裂。

（3）整个身体位移时的撞击伤害。整个身体位移时的撞击伤害是指人体在爆炸超压和爆炸气流的作用下，被抛入空中并发生位移，在飞行中与其他物体发生撞击，从而受到伤害。这种伤害既可在加速阶段发生，也可在减速阶段发生，但在后一种情况下，伤害往往更严重。减速撞击伤害程度由撞击前后速度变化、撞击时间、距离、被撞击表面的类型、性质、被撞击的人体部位和撞击面积等因素决定。头部是最容易遭受机械伤害的致命部位。在减速撞击过程中，除头部伤害以外，其他致命的内部器官也可遭到伤害或发生骨折。应该指出，被撞击的人体部位是随机的。

三、油品蒸气在密闭空间的爆炸事故

在储油洞库、油罐间、泵房、管沟等密闭场所，由于油品泄漏与空气混合形成爆炸性混合气体(在爆炸极限范围内)，当遇到适当的点火能量，则可能引发爆炸事故。对于爆炸性混合物爆炸，可用蒸气云爆炸事故后果模型进行分析。

对于蒸气云爆炸，人们提出了 TNT 当量模型(TNT Eqivalence Method)、TNO 多能模型(TNO Multi－Energy Method)等来预测蒸气云爆炸的冲击波效应。

由于对 TNT 炸药的爆炸威力已经进行了大量的研究工作，目前人们已经能够有效地预测其爆炸场和对物体的破坏作用。TNT 当量模型设想把蒸气云爆炸的破坏转化为 TNT 爆炸的破坏作用，从而把蒸气云爆炸能量转化为 TNT 当量质量，由此来评估爆炸产生的冲击波超压。

第1步，确定当量系数。蒸气云爆炸涉及的总能量只有一小部分真正对爆炸有贡献，这一分数就是当量系数。当量系数是爆炸后果分析中非常重要也很难准确知道的参数，蒸气云爆炸统计资料表明，当量系数 α_e 的取值一般为0.02%～15.9%。

第2步，计算TNT当量。

$$M_{TNT} = \alpha_e M_f H_f / H_{TNT} \tag{3-42}$$

式中 M_{TNT}——燃料的TNT当量，kg；

M_f——云团中燃料的质量，kg；

H_f——燃料的燃烧热，MJ/kg，见表3-12所示。

H_{TNT}——TNT的爆热，MJ/kg，一般取值$(4.12 \sim 4.69) \times 10^6$ J/kg；

α_e——TNT当量系数，是蒸气云爆炸的效率因子，表明参与爆炸的可燃气体的分数。统计平均值为0.04%。

表3-12　某些气体的燃烧热　　kJ/kg

气体名称	高热值	气体名称	高热值
氢气	12770	乙烯	64019
氨气	17250	乙炔	58985
苯	47843	丙烷	101828
一氧化碳	17250	丙烯	94375
硫化氢(生成 SO_2)	25708	正丁烷	134026
硫化氢(生成 SO_3)	30146	异丁烷	132016
甲烷	39860	丁烯	212883
乙烷	70425		

第3步，确定云团中燃料的质量 M_f。在实际的热力学数据资料的基础上，确定燃料的闪蒸部分。可用式(3-43)来估算：

$$F = 1 - \exp\left[\frac{-C_p \Delta T}{L}\right] \tag{3-43}$$

式中 F——蒸发系数；

C_p——燃料的平均比热，KJ/kg·K；

ΔT——环境压力下容器内温度与沸点的温差，K；

L——汽化潜热，kJ/kg。

M_f 等于闪蒸系数乘以泄漏的燃料数量，考虑到喷雾状物和气溶胶的形成，云团总量应再乘以2。M_f 用式(3-44)来计算：

$$M_f = 2 \times F \times W \tag{3-44}$$

式中 M_f——云团燃料质量，kg；

W——泄漏的燃料数量，kg；

F——蒸发系数。

第4步，确定比拟距离。将实际距离转化为比拟距离：

$$Z = R / M_{TNT}^{\frac{1}{3}} \tag{3-45}$$

式中 R——离爆炸点的实际距离，m；

Z——比拟距离，$m/kg^{1/3}$。

第 5 步，查图确定超压。在离爆炸点距离为 R 处，根据相应的 Z 值，查图 3－7 可以得到超压，进而预测人员受伤害和建筑受破坏的情况。

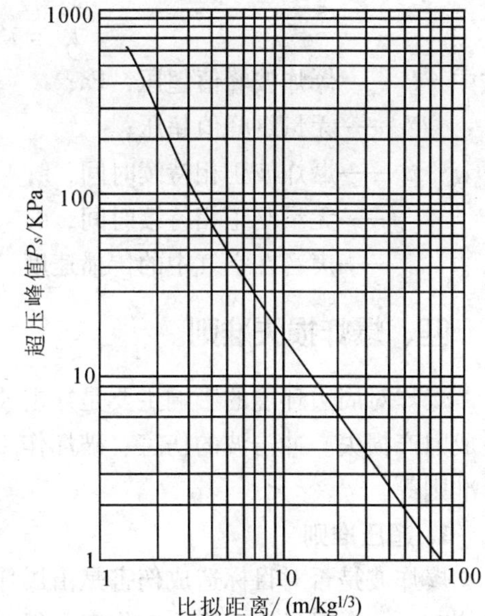

图 3－7　超压与比拟距离关系图

TNT 当量法最大的优点是概念简单、计算方便，因而长期以来在爆炸波强度预测以及事故调查中一直被广泛使用。但气体爆炸属于非理想爆源，它和 TNT 炸药的爆炸有很大的不同。在超压大于 30kPa 的爆炸近场，TNT 当量法计算得到的超压比实际蒸气云爆炸产生的超压高。由于这个原因，TNO 于 1985 年提出多能模型。

多能模型认为蒸气云爆炸的危害性主要由受约束的蒸气云决定，不受约束的那部分蒸气云对爆炸强度几乎没有贡献。多能模型的主要计算过程如下。

第 1 步，计算蒸气云体积。根据蒸气云质量，假定燃料与空气混合物的浓度为化学计量浓度，可得到蒸气云体积为：

$$V_c = W_f/(\rho\varphi_s) \tag{3-46}$$

式中　V_c——蒸气云体积，m^3；

W_f——蒸气云中的燃料质量，kg；

ρ——物质(气体)在环境温度下的密度，kg/m^3；

φ_s——燃料与空气混合物的化学计量浓度(体积分数)。

第 2 步，计算爆源半径。爆源半径与蒸气云的体积有关，计算公式如下：

$$R_0 = \left(\frac{3}{2} \times V_c/\pi\right)^{\frac{1}{3}} \tag{3-47}$$

式中　R_0——爆源半径，m。

第 3 步，计算爆源总能量。

$$E_0 = 2\pi R_0{}^3 H_c/3 \tag{3-48}$$

式中　E_0——爆源总能量，MJ；

H_c——碳氢化合物在化学计量浓度的燃烧热，对于典型的烃类燃料通常为 3.5MJ/m^3。

第 4 步，计算无量纲距离：

$$r' = \frac{x}{(E_0 \times 10^6/P_0)^{\frac{1}{3}}} \tag{3-49}$$

式中　r'——无量纲距离；

x——目标距爆源中心的距离，m；

P_0——大气压，Pa。

第 5 步，查表并计算爆炸参数。根据无量纲距离 r'，选取适当的爆源强度级别，从 TNO 多能模型的曲线图上读取无量纲峰值超压 P'_s、无量纲正相持续时间 t'_p，再计算出峰值超压和正相持续时间。

$$P_s = P'_s P_0 \tag{3-50}$$

$$t_p = t'_p[(E_0/P_0)^{\frac{1}{3}}/v_s] \quad (3-51)$$

式中 P_s——爆炸波峰值超压，Pa；

P'_s——无量纲峰值超压；

t_p——爆炸波正相持续时间，s；

t'_p——无量纲正相持续时间，s；

v_s——声音在空气中的传播速度，m/s。

四、爆炸损失准则

爆炸对周边环境的影响主要是冲击波超压，若冲击波超压足够大，就会引起人员伤亡，造成财产损失。冲击波的伤害、破坏作用的衡量准则主要有超压准则、冲量准则、超压－冲量准则等。

1. 超压准则

爆炸波是否对目标造成伤害是由爆炸波超压唯一决定的，只有当爆炸波超压大于某一临界值时，才会对目标造成一定伤害；很明显，超压准则没有考虑正相持续时间。理论和实验都表明，爆炸破坏效应不仅与爆炸超压有关，也与超压持续时间有关，持续时间长则破坏更大。尽管如此，由于爆炸波超压容易测量和估计，所以超压准则是衡量爆炸破坏效应最常用的准则。

2. 冲量准则

由于伤害效应不仅取决于爆炸波超压，而且与爆炸波持续时间有关，爆炸波冲量就是超压持续时间的函数，因此用爆炸冲量衡量伤害后果是合理的。冲量准则是指爆炸波能否对目标造成伤害，完全取决于爆炸波冲量大小，如果冲量大于临界值，则目标被破坏。但是，有一点是明显的，对于一个很小的超压，作用时间再长也不会产生任何伤害。因此，仅考虑冲量也是不完全的。

3. 超压－冲量准则

超压－冲量准则综合考虑了超压和冲量两个方面，如果超压和冲量的共同作用满足某一临界条件，目标就被破坏。图3－8表示产生破坏和不产生破坏的区间，超压准则和冲量准则可以视为超压－冲量准则的两个极限情况。当冲量小时，伤害主要由超压决定；当超压小时，伤害主要由冲量决定。

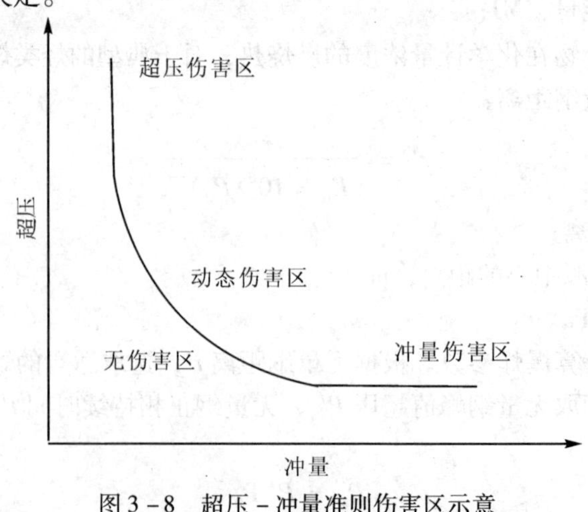

图3－8 超压－冲量准则伤害区示意

冲击波超压对人体的伤害情况见表3－13，冲击波超压对建筑物的破坏作用见表3－14。

表3－13　冲击波超压对人体的伤害作用

Δp/MPa	伤害作用	Δp/MPa	伤害作用
0.02～0.03	轻微伤害	0.05～0.10	内脏严重损伤或死亡
0.03～0.05	听觉器损伤或骨折	>0.10	大部分人员死亡

表3－14　冲击波超压对建筑物的破坏作用

Δp/MPa	伤害作用	Δp/MPa	伤害作用
0.004～0.006	门、窗玻璃部分破碎	0.06～0.07	木建筑厂房柱折断，房架松动
0.006～0.015	受压面的门、窗玻璃大部分破碎	0.07～0.10	砖墙倒塌
0.015～0.02	窗框损坏	0.10～0.20	防震钢筋混凝土破坏，小房屋倒塌
0.02～0.04	墙裂缝	0.20～0.30	大型刚架结构破坏，油罐开裂
0.04～0.06	墙大裂缝，屋瓦掉下	1.0～	油罐压坏

五、爆炸的伤害分区

1. 人员伤害分区

为了预测爆炸所造成的人员伤亡情况，这里将爆炸危险源周围由里向外依次划分为4个区域：死亡区、重伤区、轻伤区、安全区。

(1)死亡区：该区内的人员如缺少防护，则被认为将无例外地受到严重的伤害或死亡，其内径为零，外径记为 $R_{0.5}$，表示外圆周人员因冲击波作用导致肺出血而死亡的概率为50%，它与爆炸量间的关系由式(3－52)确定：

$$R_{0.5} = 13.6\,(W_{\mathrm{TNT}}/1000)^{0.37} \tag{3-52}$$

式中，W_{TNT}为爆源的TNT当量(kg)。该式是在大量爆炸案例的基础上推导出来的。如果认为该圆周内没有死亡的人数正好等于圆周外死亡的人数，则可以说死亡区的人员将全部死亡，而死亡区外的人员将无一死亡。

这一假设能够极大地简化危险源评估的计算而不会带来显著的误差，因为在破坏效应随距离急剧衰减的情况下，该假设是近似成立的。

(2) 重伤区：该区内的人员如缺少防护，则绝大多数人员将遭受严重伤害，极少数人可能死亡或受轻伤。其内径就是死亡半径 $R_{0.5}$，外径记为 $R_{e0.5}$。

代表该处人员因冲击波作用而耳膜破裂的概率为50%，它要求的冲击波峰值超压为44000Pa。冲击波超压 ΔP_s(atm)可按式(3－53)和式(3－54)计算：

$$\Delta P_s = 1 + 0.156Z^{-3} \tag{3-53}$$

$(\Delta P_s > 5)$

$$\Delta P_s = 0.137Z^{-3} + 0.119Z^{-2} + 0.269Z^{-1} - 0.019 \tag{3-54}$$

$(0.1 < \Delta P_s < 10)$

式中，$Z = R/(E/P_0)^{\frac{1}{3}}$，$R$ 为目标到爆源的水平距离，m；E 为爆源总能量，J；P_0 为环境压力，Pa。

(3) 轻伤区：该区内的人员如缺少防护，则绝大多数人员将遭受轻微伤害，少数将受重伤或平安无事，死亡的可能性极小。该区内径为 $R_{e0.5}$，外径为 $R_{e0.01}$，表示外边界处耳膜因冲击波作用而破裂的概率为 1%，它要求的冲击波峰值超压为 17000Pa。

（4）安全区：该区内人员即使无防护，绝大多数人也不会受伤，死亡的概率几乎为零。该区内径为 $R_{e0.01}$，外径为无穷大。

2. 建筑物及设施的破坏分区

爆炸能不同程度地破坏周围的建筑物和设施等，造成直接经济损失。根据爆炸破坏模型，可估计建筑物和设施的不同破坏程度，据此可将危险源周围分为几个不同的区域。

第五节　油库爆炸事故后果分析实例

一、长辛店油库火灾事故后果分析实例

1. 油库概况

长辛店油库地处北京市丰台区与房山区相交的边缘地带，位于丰台区北港洼地区，东侧为周口店路，与京石高速平行，相距 2km，西北侧为云冈地区，南侧为北京市规划最大的物流中心。长辛店油库经营汽油、煤油、柴油及润滑油，现有立式钢油罐 43 座，总库容 $6.43\times10^4m^3$。其中，汽油罐 16 座/$4.35\times10^4m^3$，柴油罐 4 座/$1.6\times10^4m^3$，煤油罐 2 座/$0.1\times10^4m^3$，润滑油 21 座/$0.38\times10^4m^3$。油库收发系统有：铁路专用线、栈桥及卸油鹤管 22 组，汽车发油泊位 21 个，占地 12.15 公顷。改扩建一期拆除一部分旧、小型油罐，保留 20 座/$5.05\times10^4m^3$，新建 32 座/$16.38\times10^4m^3$，共计 52 座/$21.43\times10^4m^3$；二期 11 座/$14.0\times10^4m^3$，建成后总计库容 $35.43\times10^4m^3$，占地 19.1 公顷。汽油罐及部分柴油罐采用内浮顶，其他柴油机润滑油油罐采用拱顶罐。其中汽油罐总共 22 座（$4\times5000m^3$，$6\times20000m^3$，$12\times10000m^3$）/$26\times10^4m^3$，柴油 12 座（$9\times3000m^3$，$3\times20000m^3$）/$8.7\times10^4m^3$。

该区年平均气温：11.6℃，极端最高气温：40.6℃，极端最低气温：－27.4℃；平均相对湿度：59%，最多风向：NE。年降雨量：627mm；地震烈度为八级。下面对油库发生爆炸伤害、火灾产生的热辐射及火灾产生的烃类、SO_2 等污染物对大气的污染进行分析。

2. 火灾热辐射影响分析

对于辐射热可由辐射能量来衡量，故在此采用前面介绍的方法估算燃烧速度、辐射热和入射热，并由此定出辐射等级和损害等级。

当液体沸点高于周围温度时，液体表面单位面积的燃烧速度可用公式计算或查表 3－4。

H_{vap} 为汽化热（J/kg），既可直接从有关手册中查得，也可用公式来计算：

已知汽油罐（以 $20000m^3$ 为例）的直径为 40.5m，其半径为 20.25m，汽油的燃烧速度为 $0.0225kg/(m^2\cdot s)$，则汽油燃烧的火焰高度为：

$$H = 84\times20.25\times[0.0225/1.2\times(2\times9.8\times20.25)^{0.5}]^{0.5} = 25.99m$$

液池燃烧时放出的总辐射通量计算。已知汽油罐的半径 $r=20.25m$，汽油的燃烧热 $H_c=46892kJ/kg$，汽油的燃烧速度为 $0.0225kg/(m^2\cdot s)$，火焰高度 $H=25.99m$，$\eta=0.24$，则汽油罐发生池火灾产生的热辐射通量为：

$$Q = (3.14\times20.25^2+2\times3.14\times20.25\times25.99)\times0.0225\times0.24\times46892/[72\times(0.0225)^{0.61}+1] = 14.33\times10^4kW$$

目标入射热辐射强度（即入射通量）假设全部辐射热量由液池中心点的小球释放出来，

在距液池中心某点距离 X 处的入射热辐射强度计算。当入射热辐射通量一定的情况下，可以计算出目标受害距离，即：

当入射通量 $I=37.5\text{kW/m}^2$ 时，$X=[14.33\times10^4/(4\times3.14\times37.5)]^{\frac{1}{2}}=17.44\text{m}$

入射通量 $I=25.0\text{kW/m}^2$ 时，$X=[14.33\times10^4/(4\times3.14\times25.0)]^{\frac{1}{2}}=21.36\text{m}$

入射通量 $I=12.5\text{kW/m}^2$ 时，$X=[14.33\times10^4/(4\times3.14\times12.5)]^{\frac{1}{2}}=30.21\text{m}$

入射通量 $I=4.0\text{kW/m}^2$ 时，$X=[14.33\times10^4/(4\times3.14\times4.0)]^{\frac{1}{2}}=53.41\text{m}$

入射通量 $I=1.6\text{kW/m}^2$ 时，$X=[14.33\times10^4/(4\times3.14\times1.6)]^{\frac{1}{2}}=84.44\text{m}$

当目标与池火中心距离一定的情况下，可计算出目标所受到的入射热辐射通量。根据入射热辐射通量的大小，查热辐射的不同入射通量所造成的损失表，可知目标受到的危害程度。汽油罐与最近油罐的距离为24.5m，那么相邻最近油罐所受到的入射通量为：

$$I=14.33\times10^4/(4\times3.14\times24.5^2)=19.01\text{kW/m}^2$$

表面热通量算出后，附近物体的入射热即可确定。对地面池，在距离池子中心 r' 处的入射热计算，为保险起见可取热传导系数 $t_c=1.0$，由此可计算出储罐区汽油燃烧时产生的辐射热。当储罐容积分别为 20000m^3、10000m^3、5000m^3 和 1000m^3 时，总热通量为143313kW/s、76667kW/s、48149kW/s、14157kW/s。不同入射热通量所造成的损失情况见表3－8，储罐区火灾的可能损害距离见表3－15。

表3－15　储罐火灾的伤害程度和距离　　m

入射热通量/kW/m²	储罐容积/m³			
	20000	10000	5000	1000
37.5	17.44	12.76	10.11	5.48
25.0	21.36	15.63	12.38	6.71
12.5	30.21	22.09	17.51	9.49
4.0	53.41	39.06	30.96	16.78
1.6	84.44	61.77	48.95	26.54

从表3－15看出，储罐区火灾的严重影响距离约为6.71～21.36m，各油罐间的距离若小于此值，就有可能引起连锁反应，因此，必须建立严格而规范的防火堤，并配置泡沫、自动喷淋等灭火设备和设施，以防重大火灾的发生。同时，应以火灾对“无影响”的损害距离作为安全防护距离，即最近的建筑物到各类储罐的距离应分别为84.44m、61.77m、48.95m和26.54m，也要求各储罐到油库场界达到以上距离。

二、东营原油库爆炸事故后果分析实例

1. 油库概况

东营原油库始建于1986年，位于山东省东营市东营区济宁路17号，西临管道储运公司东营输油站，东临南里村，北临济宁路、南里集团，占地面积 $33\times10^4\text{m}^2$。主要担负着胜利油田9个采油厂来油计量、沉降放水、加温加压及向管道储运公司、齐鲁石化外输外销等任务。拥有总容量 $52\times10^4\text{m}^3$ 的大型储油罐14座，其中6个 $2\times10^4\text{m}^3$，8个 $5\times10^4\text{m}^3$，设计年输转能力 $4000\times10^4\text{t}$，是胜利油田原油集中和输销中心。我们对其中一个 $5\times10^4\text{m}^3$ 的储油罐爆炸伤害区域和破坏区域进行定量计算。该大型油罐的计量岗现有工作人员8个，均是

持证上岗，其中5个高级工，3个技师，工作年限分别为：2个15年，1个16年，1个17年，2个18年，1个22年，1个27年。

该油罐中原油物性参数：原油密度：20℃，914.2kg/m^3；50℃，897kg/m^3。黏度：30℃，751.0mm^2/s；40℃，166.5mm^2/s；50℃，104.8mm^2/s；60℃，68.5mm^2/s。闪点：82℃，pH值：7.48。

设计参数如下：进站油量：5×10^{4}t/d，来油温度：40℃，储油温度：31～40℃，外销供油温度：40～45℃。

东营市的气象概况：该市属北温带半湿润大陆气候。四季温差分明，春季降水少、风速大，气候干燥；夏季降水集中，气候温热；秋季气温急降，雨量骤减；冬季寒冷干燥，雨雪稀少。主要气象数据如下：年平均气温12.5℃，气压101.69kPa，最冷月平均气温－3.6℃，最热月平均气温26.5℃，累年最大风速24m/s，历年平均风速3.3m/s，年平均降水量366.2mm，最大积雪厚度24cm，最大冻土深度64cm。

该油罐的主要参数如下：

罐内径/m	高/m	最高液位/m	有效容积/m^3	隔堤面积/m^2
60	19.13	17.8	50328	10475.1

2. 爆炸后果分析

输入参数后，软件输出结果如图3－9所示。

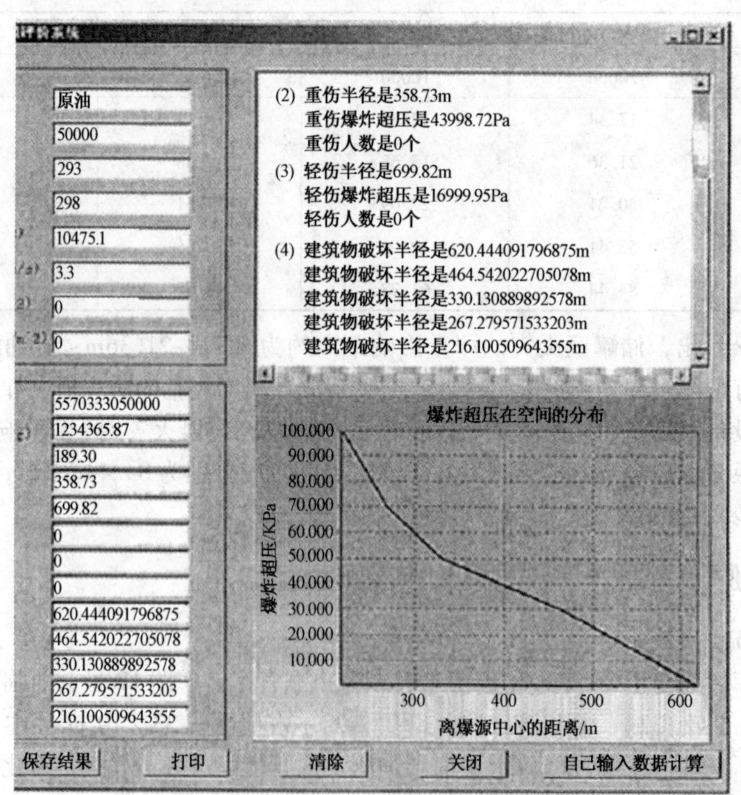

图3－9　评价结果显示

从结果可以得到冲击波超压对人员伤害的评价结果，见表3－16。

表3－16　冲击波超压对人员伤害的评价结果

序　号	名　称	伤害半径/m	伤害范围/m
1	死亡区	189.39	0～189.39
2	重伤区	358.73	189.39～358.73
3	轻伤区	699.82	358.73～699.82
4	安全区	+∞	699.82～+∞

冲击波对设施的破坏半径，见表3－17。

表3－17　冲击波超压对周围设施破坏的评价结果

超压 $P_s/(\times10^5 P_a)$	0.2	0.3	0.5	0.7	1.0
破坏半径/m	620.44	464.54	330.13	267.28	216.10

离爆源中心的距离与超压的关系如图3－10所示。

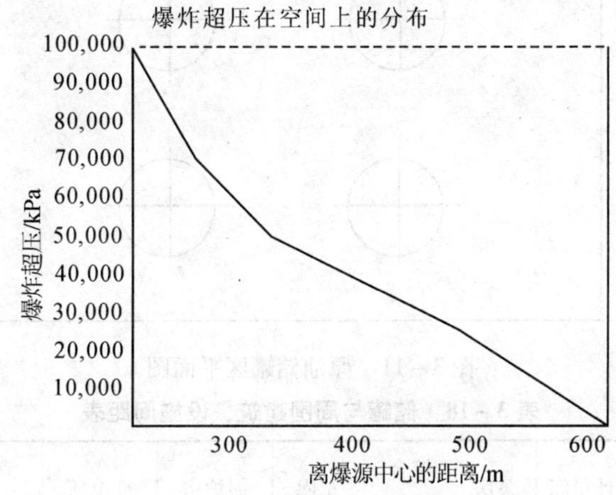

图3－10　冲击波超压随距离的变化

从表3－15和表3－16的评价结果可以看出：

（1）当一个$5\times10^4 m^3$的原油储罐发生大规模爆炸事故时，距储罐爆炸中心189.39m内的人员可能大部分死亡；距中心189.39～358.73m的暴露人员内脏将严重损伤，可引起死亡；距中心358.73～699.82m内的暴露人员将会出现轻度或中度损伤。其伤害范围覆盖了整个库区。

（2）对于周围的建筑物、构筑物、设备和设施的破坏情况是：距储罐爆炸中心216.10m以内的将遭到严重的破坏，油罐被压坏；距中心216.10～267.28m内的砖墙将全部破坏；距中心267.28～330.13m内的民用建筑物全部损坏；距中心330.13～464.54m内的油罐开裂、钢柱倒塌；距中心464.54～620.44m内的钢筋混凝土柱扭曲，90%的树木倾倒。对建筑物破坏范围覆盖整个库区，库内原油储罐可能全部破坏，消防系统的清水罐将遭到不同程度的破坏，库内的设备和设施大部分损坏。

三、某油库石油储罐火灾爆炸事故后果分析

1. 项目概况

某公司$100\times10^4 m^3$原油储备库。库内建有2个罐组，储罐选用单罐容积为$10\times10^4 m^3$

的双盘外浮顶罐10台，其中一个罐组设6座$10\times10^4m^3$原油储罐，一个罐组设4座$10\times10^4m^3$原油储罐，预留2座原油储罐的位置。

原油储罐区以东是炼油成品油罐区。储罐区平面图见图3－11，储罐与其他建筑、设施的间距见表3－18，储罐主要设计参数及结构尺寸见表3－19。

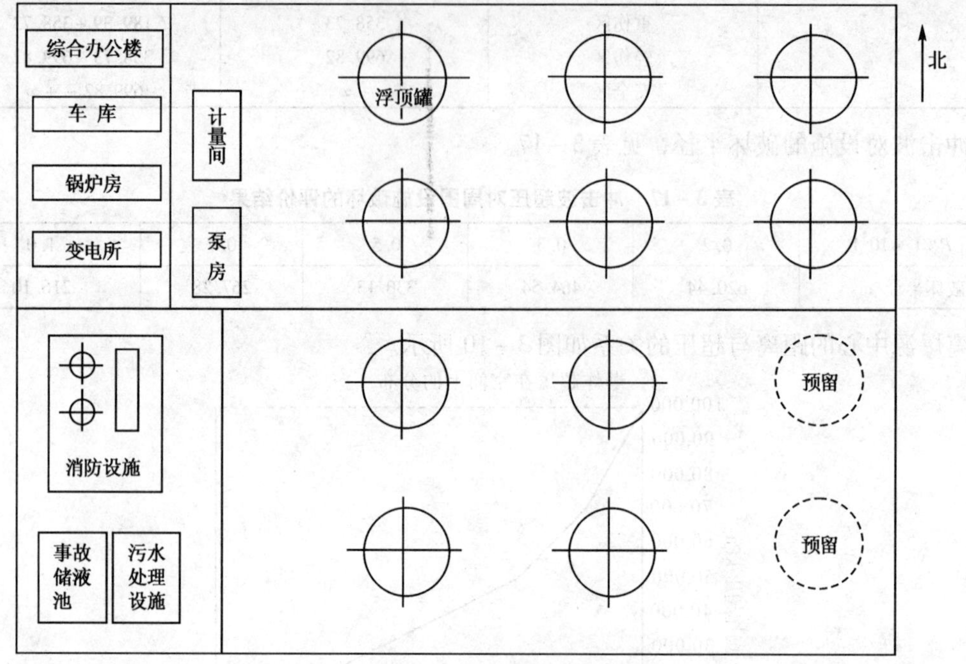

图3－11 原油储罐区平面图

表3－18 储罐与周围建筑、设施间距表

建筑名称	储罐	计量间	泵房	综合办公楼	车库	锅炉房	变电所	消防设施	炼油成品油罐区	炼油中间原料罐区
与最近储罐间的防火间距设计值/m	32.6	32.6	32.6	83	83	83	83	41.5	112.6	112.6

表3－19 主要设计参数及结构尺寸表

设备类型及规格		主体尺寸		介质相对密度	设计温度	基本风压	地震烈度	场面土类别	地面粗糙度	腐蚀裕度	
		罐体内径D/m	罐体高度/m							罐底	罐壁
外浮顶	$10\times10^4m^3$	80	21.8	0.95	60℃	400Pa	7度(0.15g)	Ⅳ类	A类	2mm	1mm

罐周长251.20m，罐壁表面积$5526.40m^2$，罐底表面积$5024m^2$，罐体积$110528m^3$，浮顶泡沫堰板与罐壁环形面积$248.06m^2$，储罐充装系数0.85。

罐区采用固定式消防冷却水系统及固定式泡沫灭火系统，每年罐顶设12个PC8的泡沫发生器。储备库内设消防加压泵站，站内设有消防水泵房及消防水罐。在罐区设置火灾报警装置，发现火灾及时发出报警。

2. 石油储罐火灾爆炸事故后果分析

(1) 池火灾状态下事故后果分析

石油储罐池火灾热辐射考虑两种情况。一种为储罐爆炸，罐顶掀掉后，形成开放燃烧

(以下简称罐内池火灾)，对外产生热辐射；另一种为外部池火灾对储罐(不包括泄漏罐)的热辐射作用。

石油储罐开放燃烧的池火灾形式。对石油储罐罐区其他储罐的热辐射形式为开放燃烧的池火灾，通过储罐间距来影响相邻储罐受到的辐射热强度。

石油储罐外部池火灾形式对石油储罐罐区其他储罐的热辐射有两种形式，一种池火灾离储罐一段距离，另一种是池火灾直接作用于储罐上(包围或部分包围)。

为便于分析，本例选择石油储罐开放燃烧的池火灾形式作为研究的目标，依据池火灾的相关理论进行计算与讨论。

① 计算池当量半径 R(m)：依据选择项目给定的石油储罐类型与设备选型的条件，罐内池火灾的池当量半径 R 为 40m。

② 计算火焰高度 H(m)：

$$H = 84R\left(\frac{\mathrm{d}m/\mathrm{d}t}{\rho_a(2gR)^{0.5}}\right)^{0.61} = 84\times 40\times\left(\frac{0.073}{1.293\times(2\times 9.81\times 40)^{0.5}}\right)^{0.61} = 76.21(\mathrm{m})$$

式中 H——火焰高度，m；

$\mathrm{d}m/\mathrm{d}t$——燃烧速度，kg/m^2·s。原油的燃烧速度为 0.027～0.1187kg/m^2·s。取中间值 0.073kg/m^2·s。

ρ_a——空气密度，1.293kg/Nm^3；

g——重力加速度；9.81m/s^2。

③ 计算池总热辐射通量 Q(kW)：

$$Q = \frac{(\pi R^2 + 2\pi RH)\times(\mathrm{d}m/\mathrm{d}t)\times\eta\times H_C}{72\times(\mathrm{d}m/\mathrm{d}t)^{0.61}+1}$$

$$= \left(\frac{3.14\times 40^2 + 2\times 3.14\times 40\times 76.21)\times 0.073\times 0.3\times 43890}{72\times 0.073^{0.61}+1}\right)$$

$$= 1400512.332(\mathrm{kW})$$

式中 Q——池辐射总热量，kW；

η——效率因子，在 0.13～0.35 之间，这里取 0.3；

H_C——液体燃烧热，kJ/kg；原油燃烧热 43890kJ/kg。

④伤害半径的确定：依据热辐射强度与伤害/破坏的关系，依照式(3－55)的计算结果，表 3－20 列出了热辐射伤害下，不同等级的安全距离。

$$r = (TQ/4\pi I)^{0.5} \quad (3-55)$$

式中 I——目标接受的热强度，kW/m^2；

T——空气路径的热辐射透过率，这里取 1；

r——目标到池中心的距离，m。

表 3－20 热辐射、伤害/破坏、安全距离关系

入射热强度/(kW/m^2)	目标到火球中心的距离/m	对设备的损害	对人的伤害
37.5	54.53	操作设备全部损坏	1%死亡/10s 100%死亡/1min
25.0	66.78	在无火焰，长时间辐射下，木材燃烧的最小能量	重大烧伤/10s 10%死亡/1min

续表

入射热强度/(kW/m^2)	目标到火球中心的距离/m	对设备的损害	对人的伤害
12.5	94.45	有火焰时，木材燃烧、塑料熔化的最低能量	1度烧伤/10s 1%死亡/1min
4.0	166.96		20s以上感觉疼痛，未必起泡
1.6	264.00		长期辐射无不舒服感

该罐区内不同的位置的储罐影响到的设施不同，例如罐区东侧储罐以东为炼油成品油罐区，东侧储罐发生火灾爆炸事故除了影响相邻原油储罐，还会波及到炼油成品油罐。而西侧储罐距离办公区较近，相比其他位置储罐而言，对人员的威胁较大。本案例假设东北角和西北角两处典型位置的储罐发生池火灾，对其热辐射的影响进行分析。

假定发生罐内池火灾的为罐区东北角储罐，其热辐射的影响分析如下：

① 东北角储罐的西侧、南侧相邻储罐与东北角储罐间距32.6m，该处距离池火灾中心72.6m，东北角储罐罐内池火灾产生的热辐射在此距离处热辐射强度小于$25kW/m^2$，对西侧、南侧相邻储罐不会造成严重影响。

② 东北角储罐的东侧炼油成品油罐区与东北角储罐间距112.6m，该处距离池火灾中心152.6m，东北角储罐罐内池火灾产生的热辐射在此距离处热辐射强度约为$4kW/m^2$，对成品油储罐基本构不成影响。

③ 在距离东北角储罐134.45m以内的人员都有死亡的危险，跟离东北角储罐207m以外的人员会有起泡、疼痛等现象，但没有死亡的危险。

假定发生罐内池火灾的为罐区西北角储罐，其热辐射的影响分析如下：

① 西北角储罐的东侧、南侧相邻储罐与西北角储罐间距32.6m，该处距离池火灾中心72.6m，西北角储罐罐内池火灾产生的热辐射在此距离处热辐射强度小于$25kW/m^2$，对东侧、南侧相邻储罐不会造成严重影响。

② 西北角储罐的西侧计量间、泵房与西北角储罐间距32.6m，该处距离池火灾中心72.6m，西北角储罐罐内池火灾产生的热辐射在此距离处热辐射强度小于$25kW/m^2$，对计量间、泵房及更远处的办公楼等建筑、设施不会造成严重影响。

③ 在距离西北角储罐134.45m以内的人员都有死亡的危险，距离西北角储罐207m以外的人员会有起泡、疼痛等现象，但没有死亡的危险。办公楼距离西北角储罐83m，西北角储罐罐内池火灾产生的热辐射会对办公楼内的工作人员构成生命威胁。

(2) 蒸气云爆炸伤害分析与研究

蒸气云爆炸事故所形成的爆炸波作用、云雾区外的冲击波作用、高温燃烧作用和热辐射作用，以及缺氧造成的窒息作用，是造成对周围人员、建筑物、储罐等设备的伤害、破坏的主要方面。

蒸气云爆炸热辐射作用的计算模型目前普通采用普适火球模型，蒸气云爆炸冲击波作用的计算模型目前应用较广的有TNO模型和TNT模型。

TNO模型基本观点是：约束条件是增强蒸气云爆炸威力的关键因素，只有受约束的那部分蒸气云才对爆炸强度有作用，而不受约束的那部分蒸气云几乎对爆炸强度没有贡献；TNO模型以半球形蒸气云为模型，假设中心点火，火焰以恒定的速度传播，从而以数值方法计算不同燃烧速度下的蒸气云爆炸强度，获得一组爆炸强度曲线。TNO 模型虽然在理论上比较合理，但在具体应用中存在一些缺点，例如：如何确定受限区域的尺寸是个难以解决的问题；忽略了处于开敞空间的蒸气云对爆炸强度的贡献，而在实际中，当蒸气云形成时间较长，反应激烈的蒸气云，在开敞空间形成了均匀混合物，则对蒸气云爆炸强度作用很大；如果将整个蒸气云分成几个爆炸源，它们的爆炸强度有叠加问题等。

TNT 模型的应用条件也存在着一定的局限。TNT 爆炸过程形成的冲击波强度大，但衰减速度快，而蒸气云爆炸多属爆燃过程，正压作用时间较强，负压作用时间较长。因此 TNT 模型只适用于很强的蒸气云爆炸，且用于模拟爆炸远场时偏差较小，模拟爆炸近场时高估蒸气云爆炸产生的超压。

基于上述的应用条件，拟选择 TNT 蒸气云爆炸模型以及热辐射伤害模型开展大型原油储罐火灾爆炸事故对人员的伤害情况研究。

① 蒸气云爆炸热辐射伤害分析与研究：根据普适火球模型，可以得到蒸气云爆炸的火球公式如下：

$$D = 4.54\text{w}^{0.320} \tag{3-56}$$

$$t = 1.54\text{w}^{0.320} \tag{3-57}$$

本案例 w 按照单罐储存的情况进行分析。储罐储存最大量为 9.5×10^7kg。

火球中消耗的燃料质量 $w = 50\% \times 9.5 \times 10^7\text{kg} = 4.75 \times 10^7\text{kg}$

火球直径 $D = 4.54w^{0.320} = 4.54 \times (4.75 \times 10^7)^{0.320} = 1298.97\text{m}$

火球持续时间 $t = 1.54w^{0.320} = 1.54 \times (4.75 \times 10^7)^{0.320} = 440.62\text{s}$

假设火球的持续时间作为人员暴露于热辐射的时间，即 440.62s，可知分析目标的热剂量 Q。再通过热辐射传播公式以及之前计算出 Q 值便可确定临界安全距离，见表 3-21。

表 3-21　热辐射、伤害/破坏、安全距离关系

入射热强度/(kW/m^2)	火球持续时间内目标热剂量 $Q/(\text{J/m}^2)$	目标到火球中心的距离/m	对设备的损害	对人的伤害
37.5	1.65×10^7	883.13	操作设备全部损坏	1%死亡/10s 100%死亡/1min
25.0	1.1×10^7	1084.02	在无火焰，长时间辐射下，木材燃烧的最小能量	重大烧伤/10s 10%死亡/1min
12.5	5.51×10^6	1535.03	有火焰时，木材燃烧、塑料熔化的最低能量	1 度烧伤/10s 1%死亡/1min
4.0	1.78×10^6	2704.78		20s 以上感觉疼痛，未必起泡
1.6	7×10^5	4315.01		长期辐射无不舒服感

② 蒸气云爆炸冲击波伤害分析与研究：参照表 3-21 中计算出来的不同伤害程度的临界距离，再运用 TNT 当量法计算这些距离下，冲击波造成的伤害。将相同距离下，冲击波与热辐射对人员造成的伤害程度进行比较。

$$W_{\text{TNT}} = 0.04 \times \frac{43890 \times 10^3}{4500 \times 10^3} \times 4.75 \times 10^7 = 1.85 \times \times 10^7\ \text{kg}$$

依据爆炸波超压对人体的伤害程度的数据，得到相同距离下冲击波对人员造成的伤害，见表3－22。

表3－22 相同距离下冲击波对建筑物、人员造成的伤害

目标到火球中心的距离 R/m	R处的爆炸特征长度值 z	R处的爆炸超压峰值 P_i	R处因冲击波对建筑物造成的破坏	R处因冲击波对人造成的伤害
883.13	3.34	0.57	较大型钢架结构破坏更为严重	大部分人员死亡
1084.02	4.10	0.41	较大型钢架结构破坏更为严重	大部分人员死亡
1535.03	5.08	0.24	大型钢架结构破坏	大部分人员死亡
2704.78	10.23	0.10	防震钢筋混凝土破坏，小房屋倒塌	内脏严重损伤或死亡
4315.01	16.32	0.05	墙大裂缝，屋瓦掉下	长期辐射无不舒服感

根据蒸气云爆炸伤害死亡半径、重伤半径、轻伤半径、破坏半径的计算方法，确定了该案例中蒸气云爆炸的伤害半径，见表3－23。

表3－23 蒸气云爆炸伤害——破坏半径表

死亡半径 R_1/m	重伤半径 R_2/m	轻伤半径 R_3/m	破坏半径 R_c/m
515.69	1100.06	2229.38	1481.08

③ 蒸气云爆炸冲击波和热辐射对人员造成伤害情况比较与分析。在本案例中计算了蒸气云爆炸产生的热辐射对周围人员造成不同伤害的距离值，根据前面计算在该距离下冲击波对人员的影响，通过两者的比较可以看出，蒸气云爆炸产生的冲击波作用对人员的伤害威力要远远大于热辐射对人员的伤害，见表3－24。

表3－24 相同距离下冲击波和热辐射对人员造成的伤害情况对比

目标到爆炸源的距离 R/m	火球持续时间内目标热剂量 $Q/(J/m^2)$	R处的爆炸超压峰值 P_i	R处因冲击波对人造成的伤害	R处因热辐射对人造成的伤害
883.13	1.65×10^7	0.57	大部分人员死亡	1%死亡/10s 100%死亡/1min
1084.02	1.1×10^7	0.41	大部分人员死亡	重大烧伤/10s 10%死亡/1min
1535.03	5.51×10^6	0.24	大部分人员死亡	1度烧伤/10s 1%死亡/1min
2704.78	1.78×10^6	0.10	内脏严重损伤或死亡	20s以上感觉疼痛，未必起泡
4315.01	7×10^5	0.05	人员严重伤害	长期辐射无不舒服感

通过对 $10\times10^4m^3$ 原油储罐泄漏形成蒸气云爆炸事故的后果分析，得出事故形成的火球直径可达1298.97m，只有距离爆炸源4315m以及更远处的人员才不会受到热辐射的伤害，但这个距离对于蒸气云爆炸产生的冲击波来说，爆炸超压峰值仍然可达到0.05，会对人员造成严重伤害。

此外，对于本案例来说，储罐成组布置，无论是蒸气云爆炸事故形成的热辐射还是冲击波都会严重影响相邻储罐的安全，一旦相邻罐受到威胁，火势就有扩大的危险，后果将不堪设想。

由此可见，蒸气云爆炸是一种非常严重的事故状态，其产生的冲击波以及热辐射强度大，会在相当广的范围内对人员、设备、建筑等形成严重威胁，而且蒸气云爆炸产生的冲击波造成的伤害远远大于热辐射对人员造成的伤害。

运用蒸气云爆炸模型对可能发生的火灾爆炸事故进行预测、对事故的影响范围和伤害程度进行定量评价，尤其要重点考虑蒸气云爆炸产生的冲击波对人员造成的伤害，可以指导针对性地制定安全管理措施及救援预案，最大限度地减少事故危害，确保人员生命的安全。

第四章 油库事故管理

第一节 油库事故管理的任务

由于各种随机因素和不可抗拒因素的作用，事故的发生是不可能完全避免的。通过严格的安全管理，充分发挥人的主观能动作用，积极改善油库作业环境，提高油库设备设施的可靠性，可以减少或消除油库事故的发生。事故管理就是在事故发生后，通过现场管理、调查分析，总结经验教训，尽可能减少事故损失的过程。事故管理的宗旨是减少损失、吸取教训，主要手段是调查分析(包括实施模拟分析)和技术与行政处理。

事故管理是油库安全管理的重要组成部分，其主要任务是：

(1) 收集信息，积累资料。凡是油库的各类事故、危险因素、事故隐患等，不管其发生原因如何，都应加以收集，分类整理。特别应注意收集采用新技术、新材料、新工艺、新设备出现的新问题。

(2) 深入调查，研究规律。对油库发生的重大事故或典型事故，应深入现场，调查事故发生的全过程，透过事故前后的各种表面现象，研究分析危险存在和事故发生的本质原因及客观规律，为事故处理、安全决策以及安全技术规范的建立和完善提供可靠的科学依据。

(3) 完善安全技术和安全管理系统。根据积累的事故资料，分析危险存在和事故发生的本质原因及客观规律，运用安全系统工程和现代安全管理方法，完善油库安全技术和安全管理措施，为油库提供具体的整改方案。

(4) 为油库的科研提供研究课题。实践证明，危险和事故可增强科学研究的活力，为科学研究指明方向，提出新的研究课题。应用科学的发展，几乎都源于危险及事故。可以这样说，应用科学发展的动力和源泉，是生产实践中的危险及事故。生产实践中出现危险或发生事故，经过研究找到了防止危险、事故的方法，实践中又出现新的危险或事故，再经过研究解决新的危险或事故。这样循环往复，推动应用科学不断发展。

第二节 油库事故现场管理

一、油库事故现场管理的原则

油库事故现场管理是事故发生后首先要进行的工作，也是减少事故危害和损失不可缺少的一个重要环节，对于事故的调查、分析及处理尤为重要。搞好事故现场管理必须坚持以下原则。

1. 科学组织，防止蛮干

事故发生后，必须以科学务实的态度，以减少损失为根本目的进行事故的现场管理。尤其是对油库火灾爆炸事故，在阻止事故继续发展的过程中，要以“科学的战术组织、科学的人员安排、科学的防护方法”实施有效的事故处理。坚决反对不了解事故现场情况，没有合理技术方案，一味强调“勇敢、不怕牺牲”的蛮干作风，否则，不仅不能有效地阻止事故的发展，而且还可能造成新的伤亡。

2. 实事求是，认真负责

事故的发生是人们所不希望的，但事故一经发生，其损失不可挽回。要教育大家吸取教训，不可再犯类似错误，这是非常必要的。要达到这一效果，实事求是、认真负责地进行事故现场管理是必要的前提条件，这样做不仅能正确地分析事故发生的原因，而且能教育当事人、教育大家。应该指出的是，有时会出现为了推卸单位和个人的事故责任而故意“修正”事故现场，使事故现场管理失去意义，更达不到吸取教训、教育大家的目的。

3. 沉着冷静，及时处置

事故发生后，由油库领导及时组织有关人员进行现场救护和管理，并依据现场的具体情况，及时进行科学的安排和布置。沉着冷静，及时处置是油库事故现场管理的基本原则和要求。尤其是油库火灾爆炸事故，更需要以认真负责的态度，及时组织对事故现场的强有力管理，尽可能将火灾消灭在初起阶段，防止灾害扩大。尤其要防止那种不负责任、消极应付，甚至是贪生怕死、逃跑主义现象的发生，这不仅会造成事故现场管理的混乱，而且会动摇军心，造成事故的持续发展，扩大事故的损失，甚至造成更大的事故。

二、油库事故现场管理的组织实施

油库事故现场管理就是在事故发生的初始阶段采取科学有效的管理手段，减少一切损失和危害，为事故的进一步处理奠定基础和创造条件。根据油库事故的特点和历史经验的总结，油库事故现场管理包括人员救护、阻止火情发展、疏散物资、现场保护等环节。在接到事故发生的报告后，油库领导应迅速赶赴事故现场，进行事故现场管理的组织实施。

1. 立即报警

发现火灾不要惊慌失措，要沉着、镇定，现场人员应立即进行扑救，同时发出火警讯号，及时报告首长(或值班员)。报告时，要着重说明何地起火、何物燃烧、火势大小等事项。报警可采用电话、有线广播、手动报警系统等。

2. 救护伤员

接到事故发生的报告后，如有人员伤亡情况，应迅速调集医务人员和救护车辆赶赴现场，进行伤员救护。如果没有人员伤亡，而是持续性正在发生的事故，如火灾、洪灾，在事故的阻止过程中有可能造成人员伤亡时，也应派遣医务人员和救护车辆到场。

3. 阻止灾情发展

接到报警后，要立即组织本库人员奔赴失火地点，及时使用本单位的灭火器材、设备进行扑救。有手动灭火系统的应立即启动。必要时，可联络地方消防队、驻地群众、友邻部队前来支援。

到达事故现场后，油库领导应调查现场当事人或已经提前到达现场的人员，迅速了解灾情或事故的进展情况，对事故的继续发展做出合理判断，而后组织在场人员对其进行抢救，防止灾情进一步扩大。在组织人员阻止灾情继续发展时，应根据具体情况做好人员的防护工作，防止有新的人员伤亡情况。

对于持续性正在发生的事故，阻止其继续发展是事故现场管理的首要任务。火灾初起阶段，一般燃烧面积小，火势较弱，现场人员如能采取正确的方法，就能迅速将火扑灭。如油罐呼吸阀、量油口、油槽车口部等初起火灾，用石棉毡盖住容器口，火便会因窒息而熄灭，也可用小型灭火器材迅速灭火。油库火灾蔓延速度快，如油罐火灾，一般仅需 10min 左右，油罐强度可能破坏，导致油品流散，火灾蔓延。因此，油库发生火灾后，采取及时有效的处理措施十分重要。

4. 疏散物资

发生火灾后，首先应关闭阀门，切断流向燃烧点的油品；油罐管线等破裂时，应砌筑防火堤，阻止油品的流淌，切断通向燃烧区域的电源；组织对周边油罐等设备的冷却保护；疏散燃烧区的物资；发生火灾时，如有人员被火围困，应及时采取措施救人。

5. 现场保护

事故现场是调查分析事故发生原因、确定事故责任的重要依据，保护事故现场原貌是义不容辞的责任。现场保护应做好以下几方面的工作：

(1) 划定事故现场警戒区域，无关人员禁止入内；

(2) 事故现场内的库房、物资、设施设备等有关情况在未记录的情况下，一般不得移动和清理现场；

(3) 对于库房结构破损又不能清理的事故现场，设置警戒人员昼夜执勤，保护库内物资安全和事故现场不被破坏；

(4) 对于盗窃事故现场，应严禁人员出入，严禁触摸盗窃人员出入口部位；

(5) 对于自然灾害事故，如雷灾、洪灾、电气火灾等，在查明现场情况、记录有关问题后，可组织人员进行现场清理和抢救物资。

第三节　油库事故管理程序

事故管理是油库安全管理工作的一项重要的内容，其任务是对油库发生的事故进行调查、登记、统计和报告。它以调查、统计和分析的方法查清事故的原因，认识事故发生的规律，然后采取有效措施，消除隐患，防止同类事故的再次发生。其具体工作程序如下。

1. 保护事故现场

一旦发生事故，必须保护好事故现场，未经上级主管部门或安全部门同意之前，任何人不得变动、破坏和撤除。发生死亡事故或火灾爆炸事故的现场，须经当地劳动监察部门同意后方可撤除。

2. 事故现场的测量

发生事故后，要准确无误地测量事故现场的有关数据，如平面、立面位置。有时还要测定温度、风向、风力以及有害物质在空气中的浓度，测量后要做好记录，并进行核对，以防记错。

3. 事故现场照相

对事故现场应进行拍照，要求有全貌照和局部照。在冲洗和印刷时要标上有关标记和数据。并将现场照片进行编号。

4. 绘制事故现场示意图

根据事故现场位置的测量结果，正确地绘制事故现场示意图，要标出方位、间距、标记，写上事故名称、事故单位名称和事故发生时间。

5. 事故调查

其中包括：

（1）成立调查组，坚持“三不放过”原则进行事故调查。

（2）对当事人和现场目击者调查经过情况。

（3）对事故进行技术性调查，调查原始记录；搜集事故物件；进行技术鉴定（如做理化检验、金相分析、强度试验等）。

（4）根据测量结果和化验情况，进行必要的计算（如爆炸时最高压力和温度的计算等）。

（5）提出结论意见。

6. 事故处理

其中包括：

（1）根据调查结论，提出处理意见，报请上级主管部门批准。

（2）对事故责任者提出处理意见，报请上级主管部门批准。

（3）抚恤伤亡者家属。

（4）对事故抢救有功人员进行表扬或奖励。

7. 事故报告

根据事故管理制度，按等级上报。如果是人身伤亡事故，按《工人职员伤亡事故报告规程》上报。

8. 事故统计

事故统计以文字表格形式进行，要正确计算事故率，并要求用图表形式绘制事故动态表。事故动态要与上年度同期进行比较，署有与历史事故最低水平的比较数据，并注明上升或下降幅度。

第四节　油库事故分类与损失计算

一、油库事故分类

根据《油库事故管理规定》，油库事故分类如下。

1. 按事故性质分

按事故性质分为：责任、技术、责仟技术、行政、自然灾害和外方责任等6种。

（1）由于责任心不强，没有严格遵守规章造成损失的，属责任事故；

（2）由于规章制度未作规定和观念难以预见的技术原因，如设备突然失灵或工程隐患而造成损失的，属技术事故；

（3）由于缺乏业务知识，设备设施失修而未采取有力措施而造成损失的，属责任技术事故；

（4）由于被动地受到外界原因破坏而造成油库人员伤亡和财产损失的，属外方责任事故；

（5）由于洪水、泥石流、地震、雷击、暴风雨等人力难以抗拒的原因造成损失的，属自然灾害；

（6）非业务作业中发生的各种工伤、财产损失事件、交通肇事，属行政事故。

以上责任、技术、责任技术三类事故统称油库业务事故，外方责任事故、自然灾害统称灾害事故。

2. 按事故表现形式分

按事故表现形式为：着火爆炸、跑(漏、冒)油、混油、设备损坏、人身伤亡等5类。

(1) 由于火灾、爆炸造成伤亡和财产损失的，称着火爆炸事故；

(2) 由于某种原因造成油品流失的，称跑(漏、冒)油事故；

(3) 由于非人为有意识原因造成二种以上油品相混(包括油品中混入杂质、水分)而造成油品变质、报废处理的，称油品变质事故；

(4) 由于某种原因造成油罐、管道、工艺设备、建筑物、构筑物等设施损坏的，称设备损坏事故；

(5) 由于各种原因造成人员伤亡、致残、重伤住院的，称人身伤亡事故。

3. 按其损失程度分

一等事故：造成人员死亡2人(含)以下者；造成油品损失、变质或设备损坏等，价值在20万元以上者；

二等事故：造成人员受伤致残3人(含)以下者；造成油品损失、变质或者设备损坏等，价值在10万元(含)以上者；

三等事故：造成人员受伤致残2人(含)以下者；造成油品损失、变质或者设备损坏等，价值在6万元以上者；

四等事故：造成人员受重伤、住院治疗一月以上者；造成油品损失、变质或者设备损坏等，价值在1万元以上者；

另外，发生火灾、爆炸造成经济损失1万元(不含)以下者；造成油品损失、变质或设备损坏等，经济损失2000～10000元(不含)以下者；外来工程施工队在油库作业中发生人员伤亡事故的；造成油罐吸瘪、变形，但未造成严重破坏者，称为等外事故。

二、油库事故损失计算

1. 伤害人数及总损失工作日计算

伤亡人数是指某时期内，工伤事故造成轻伤、重伤、死亡人数的总和。

即：伤害人数 = 轻伤人数 + 重伤人数 + 死亡人数

2. 经济损失计算

事故经济损失可分为直接经济损失和间接经济损失两大类。其计算范围应按GB6721—86《企业职工伤亡事故经济损失统计标准》执行。

(1) 直接经济损失包括人身伤亡所支付费、善后处理费和财产损失三部分。

人身伤亡费：医疗和护理费、丧葬费、抚恤费、补助费、救济和歇工工资。其中丧葬费按规定审批，抚恤费按规定从开始支付日至停发日的累计；歇工工资为被伤害人日工资与事故结案前的歇工日和延续歇工日总和的乘积。

善后处理费：处理事故的事务性费用，现场抢救费用，清理现场费用，事故罚款和赔偿费用。

财产损失费：固定资产损失价值和流动资产损失价值。其中固定资产损失价值：对报废的固定资产，以固定资产净值减残值计算；对损坏的固定资产，以修复费用计算。流动资产损失价值：对原材料、燃料、辅助材料等均按账面值减去残值计算；对成品、半成品、在制品等均以企业实际成本减去残值计算。

(2) 间接经济损失包括停产和减产损失、工作损失、资源损失、新职工培训、环境污染处理及其他费用。

(3) 经济损失 = 直接环境损失 + 间接经济损失。

3. 火灾损失计算

火灾损失包括火灾烧毁及因灭火破拆、水渍损失的建筑物、构筑物、设备、物资等造成的直接损失。其计算方法按公安部批准、1986 年开始采用的《火灾损失额计算方法》计算。

(1) 火灾损失按完全价值折旧方法计算。

火灾损失 = 重置完全价值 ×(1 - 年平均折旧率 × 已使用年) × 烧损率。

上式说明：①建筑物火灾损失计算：重置完全价值是指新建或购置所需金额，或者现行固定资产调拨价计算。如建筑物的完全重置价 = 失火时该类建筑物的每平方米造价 × 建筑物总面积。年平均折旧率为建筑物规定使用年限的倒数。②机器、车辆、飞机、船泊、仪器仪表等火灾损失计算：重置完全价值为当地新购价格；年平均折旧率的使用年限，由《国营企业固定资产分类折旧年限表》查得。③客货运输车、大型设备、大型施工机械等火灾损失计算：重置完全价值为当地新购价格；年平均折旧率为平均工作量折旧率，其值是规定总工作量倒数；已使用年为已完成工作量。

(2) 流动资产的火灾损失：按其购入价扣除残值计算；成品、半成品、在制品按实际成本计算。

三、事故损失伤亡统计指标

事故评价指标

(1) 事故频率。是指单位时间内发生事故的频(次)数，即：

$$P = \frac{A}{T} \tag{4-1}$$

式中 P——事故频率；

A——事故频(次)数；

T——时间。

(2) 千人负伤率。表示统计期内每 1 千人中负伤的人数，即：

$$K = \frac{A}{H} \times 1000‰ \tag{4-2}$$

式中 K——千人负伤率；

A——统计期内负伤人(次)数；

H——统计期内平均在册人数；

统计期一般是以年、月、季算。K 值相应为年、月、季千人负伤率。

(3) 严重度。是指一次事故严重程度，即：

$$E = \frac{Q}{A} \tag{4-3}$$

式中 E——严重度；损失金额/次、死亡人数/次、损失工作日/次；

Q——经济损失与劳动力损失；

A——事故次数。

（4）损失率。是指单位时间的事故损失，即：

$$U = EP = \frac{EA}{T} = Q/T \quad (4-4)$$

式中 U——损失率，损失金额/单位时间、死亡人数/单位时间、损失工作日/单位时间；

P——事故频率，次/单位时间；

E——严重度，损失金额/次。

第五节　油库事故统计分析

一、油库事故统计分析方法

事故统计分析是事故的宏观分析方法，根据事故统计的原始资料，从占有的大量事故实例中探求事故发生的基本原因和基本规律。从而有效地评价安全程度，确定安全管理工作的重点。为使统计分析具有较高的准确性、科学性、可靠性，要求：一是必须大量地占有资料；二是占有资料要新；三是资料要近，要紧密结合所要统计的范畴去收集本部门、本系统的资料；四是标准要统一，不要经常变动；五是资料要准确无误。在具有上述前提下，就比较容易对事故进行统计分析。统计分析的方法主要有下面几种。

1. 分组法

分组法是将事故进行分类组合，是一种对事故整理，进行事故规律研究的基本方法。是事故分析的第一步。可以根据发生事故的地点、单位、年龄结构、工作年限、时间、事故性质、事故原因、损失、金额、人数等不同关联关系进行分类，不同的分类方法将从不同角度给人以启迪。具体分组又可分别采用以下几种形式。

（1）列表法。将所发生的事故按分组要求以表格的形式进行排列组合，方法简单易行。见表4－1所示。

表4－1　油库事故分类统计表

序号	分类项目	频率/%	累计频率/%	相对频率/%	累计相对频率/%
1	跑油	85	85	45	45
2	着火、爆炸	44	129	23	68
3	混油	35	164	19	87
4	设备、器材损坏	19	183	10	97
5	其他	6	189	3	100

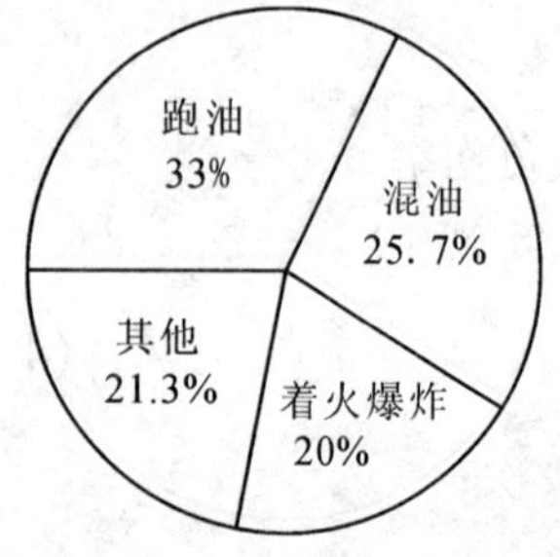

图4－1　油库事故分类统计圆图

（2）圆图法。将统计期内发生的事故划成一个圆，定为100%，按照事故分组、分类的要求确定出该类事故占总事故的百分比，依此做出大小不同的扇形面积来代表各构成的部分，并组成圆图（见图4－1）。这种方法对统计的结果给人以更直观的感觉。

（3）直方图。按分组、分类的要求，将各类或其他组分的事故指标用相同宽度的直条方块的高矮表达出来，给人以清晰的直观感。如图4－2所示。

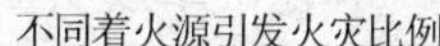

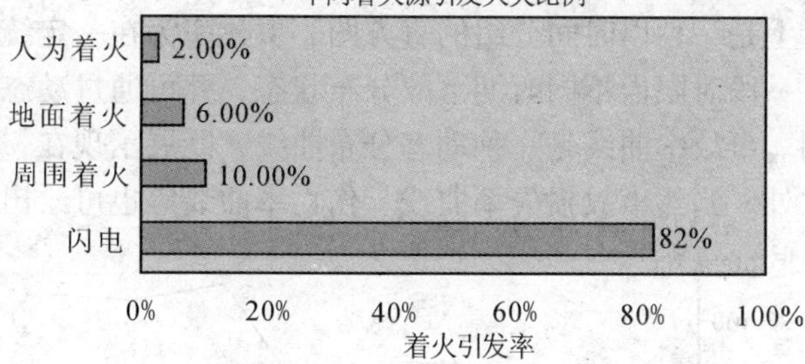

图 4－2　242 例油罐区火灾着火引发原因直方图

2. 排列图法

排列图也称主次图或称巴雷特曲线。它是分析影响产品质量主次因素的一种统计图。将它用于安全管理主要是抓住“极其重要的少数和无关重要的多数”，抓住安全管理的关键环节和主要因素。作图步骤如下(如图 4－3)：

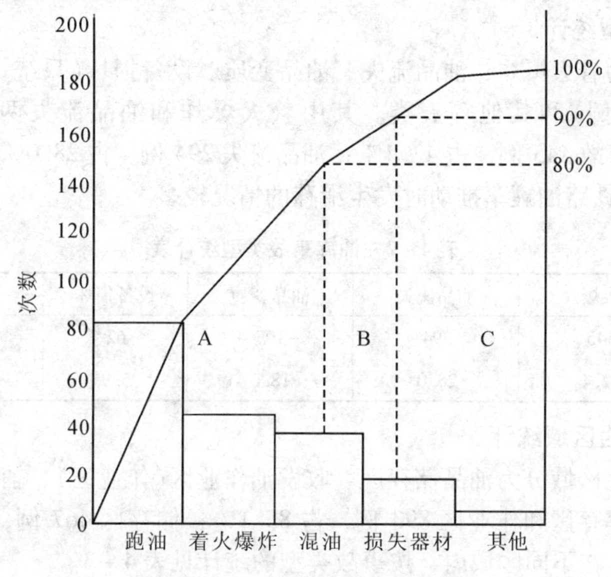

图 4－3　油库事故巴雷特曲线

(1) 收集资料。收集一段时间的事故资料，按分析目的和要求进行分类、分组是绘制巴雷特曲线的前提。

(2) 按重要程度和影响大小列出数据表。将分类、分组的项目按数据的大小顺序排列，把分类项目的频率(次)等数据进行累加，并求出相对频率和累计相对频率。所谓频率即一般时间所发生的事故次数，累计频率则是按排列次序对频率的累加。相对频率按下式计算：

相对频率＝(事故频率/事故总频数)×100%

(3) 绘制巴雷特曲线。左边纵坐标表示事故频率，横坐标表示分类、分组项目，绘制直方图。右边纵坐标表示累计相对频率，沿分类项目直方图右上角标定其累计相对频率，并将标定点连成折线。其折线终点即最高点应为 100%，从相对累计频率的 80%、90% 各点分别作水平线与折线相交，并从交点向下做垂线，交横坐标。

通常把累计相对频率的百分数分为三类：0～80% 是主要事故，80%～90% 是次要事故，90%～100% 是一般事故。

3. 事故率曲线

事故率曲线实际上是一种以时间分组的直方图。事故率为在一定统计时间内事故发生的次数，它可以反映在一段时限内不同时期事故分布状态，并可通过动态看发展趋势，以便采取有效措施实施控制。事故率曲线是一种动态分布曲线，既展示现在，也可以预测未来。这是与直方图的不同之处。当然事故损失率曲线、伤亡率曲线等也可绘出，如图4-4所示。

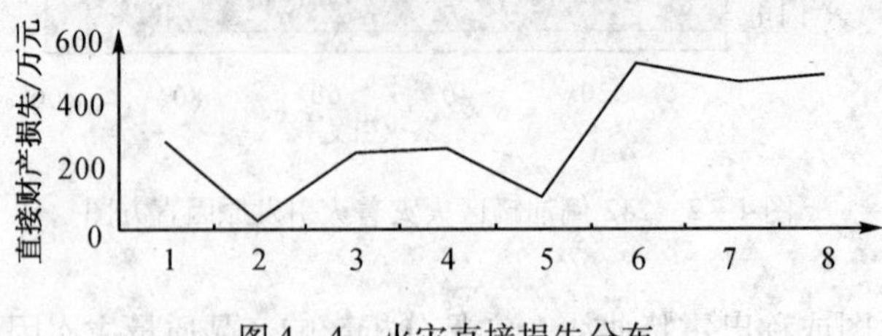

图4-4　火灾直接损失分布

二、油库事故统计分析实例

1. 油库事故类型统计

将油库事故分为着火爆炸、油品流失、油品变质、设备损坏(只统计造成设备损坏而未引发其他事故的案例)和其他等五类。其中着火爆炸和油品流失两类事故739例，占70.4%；着火爆炸事故445例，占42.4%；油品流失294例，占28.0%，具体统计见表4-2。其他类事故中，铁路油罐车推动时发生滑移的情况较多。

表4-2　油库事故类型统计表

类型	着火爆炸	油品流失	油品变质	设备损坏	其他	合计
案例数	445	294	195	62	54	1050
案例比例/%	42.4	28.0	18.6	5.9	5.1	100

2. 油库事故发生区域统计

将油库事故发生区域分为油品储存区、收发油作业区(作业区)、辅助作业区(辅助区)、其他等四种，其中储存区和作业区893例，占85.1%；储存区467例，占44.5%；作业区426例，占40.6%。在不同区域内，按事故类型的统计见表4-3。

表4-3　油库事故发生区域统计表

项　目	储存区		作业区		辅助区		其他		合计	
	数量	比例/%	数量	比例/%	数量	比例/%	数量	比例/%	数量	比例/%
着火爆炸	106	23.8	225	50.6	39	8.8	75	16.8	445	42.4
油品流失	171	58.2	109	37.1			14	4.7	294	28.0
油品变质	116	59.5	65	33.3			14	7.2	195	18.6
设备损坏	54	87.1	7	11.3			1	1.6	62	5.9
其他	20	37.0	20	37.0	1	1.9	13	24.1	54	5.1
合计	467	44.5	426	40.6	40	3.8	117	11.1	1050	100

注：各类事故中的比例是占本类型事故的百分数；合计中的比例是占事故总数的百分数。

3. 油库事故发生部位统计

油库事故发生部位主要分作油罐、油车(含铁路油罐车、汽车油罐车、油船等)、油泵、管线、油桶、其他六个部位，其中前五个部位有905例，占86.2%。按发生事故类型依不同部位的统计见表4-4。

表 4-4 油库事故发生部位统计表

项　目	油罐		油车		油泵		管线		油桶		其他		合计
	数量	比例/%	数量	比例/%	数量	比例/%	数量	比例/%	数量	比例/%	数量	比例/%	
着火爆炸	114	25.6	88	19.8	54	12.1	41	9.2	26	5.9	122	27.4	445
油品流失	165	56.1	8	2.7	15	5.1	104	35.4	2	0.7			294
油品变质	129	66.2	38	19.5	12	6.2	7	3.6	6	3.0	3	1.5	195
设备损坏	50	80.7	9	14.5			1	1.6			2	3.3	62
其他	22	40.7	2	3.7	5	9.3	6	11.1	1	1.9	18	33.3	54
合计	480	45.7	145	13.8	86	8.1	159	15.2	35	3.4	145	13.8	1050

注：各类事故中的比例是占本类型事故的百分数。

4. 油库事故性质统计

油库事故性质分为责任、技术、技术责任、外方责任、自然灾害和案件(仅收集了几例与业务管理关系密切的事故)等几种进行统计。另外，还统计了11例坚持按作业程序和操作规程办事，检查核对、取样化验、逐只油桶和逐台罐车检查底部水分、杂质、乳化物，预防不合格油品入库，防止了事态扩大的事例。责任和技术责任事故817例，占77.8%。其中责任事故654例，占62.3%；技术责任事故163例，占15.5%。按发生事故类型依不同责任的统计见表4-5。

表 4-5 油库事故性质统计表

项　目	责任		技术		技术责任		处方责任		灾害		案件		合计
	数量	比例/%	数量	比例/%	数量	比例/%	数量	比例/%	数量	比例/%	数量	比例/%	
着火爆炸	242	54.4	81	18.2	92	20.7	26	5.8			4	0.9	445
油品流失	190	64.6	51	17.4	35	11.9	12	4.1	3	1.1	3	1.1	294
油品变质	166	85.1	3	1.5	11	5.7	15	7.7					195
设备损坏	30	48.4	17	27.4	15	24.2							62
其他	26	48.1	5	9.3	10	18.5	2	3.7	11	20.4			54
合计	654	62.3	157	15.0	163	15.5	55	5.2	14	1.3	7	0.7	1050

注：各类事故中的比例是占本类型事故的百分数。

5. 油库人员伤亡统计

油库事故后果中只收编了人员伤亡和中毒的情况，因时间跨度大、资料不全、事故损失可比性差，而未统计事故损失。着火爆炸类事故伤亡人数多，其他类型事故伤亡人数较多；油品变质事故伤亡是煤油中混入汽油，销售后发生着火爆炸造成的；每起事故平均伤亡1.5人，按发生事故类型依伤亡程度的统计见表4-6。

表 4-6 油库人员伤亡统计表

项　目	死　亡	重　伤	轻　伤	合　计
着火爆炸	390/2	175	775/25	1340/27
油品流失			/28	/28
油品变质	5	14	77	96
其他	37/21	20/25	57/49	114/85
合计	432/23	209/15	909/102	1150/140

注：伤亡总数/中毒伤亡人数。

6. 油库着火爆炸事故中燃烧物统计

油库中油品和油气失控是油库着火爆炸事故中燃烧物的主要来源，统计的事故中这两类燃烧物占93.7%，见表4－7。

表4－7 油库着火爆炸事故中燃烧物统计表

项 目	油 气	油 品	其 他	合 计
案例数	337	80	28	445
比例/%	75.7	18.0	6.3	100

7. 油库着火爆炸事故中点火源统计

点火源分为电气火、明火、发动机、焊接和其他。其中电气火包括了电器、静电和雷电；明火包括库内、库外（油品流到库外引起）和吸烟；发动机是指发动机热表面、电器、火星等；其他点火源中包括冲击、摩擦等。具体统计见表4－8。

表4－8 油库着火爆炸事故中点火源统计表

项 目	电气火			明 火			发动机	焊接	其他	合计
	电 器	静 电	雷 电	库 内	库 外	吸 烟				
案 例	88	54	21	50	19	32	53	71	57	445
比例/%	19.8	12.1	4.7	11.2	4.3	7.2	11.9	16.0	12.8	100

8. 油品流失事故的原因统计

油品流失的原因主要有阀门使用管理（阀门）、脱岗失控和主观臆断（脱离失职）、设备腐蚀穿孔（腐蚀穿孔）、施工和检修遗留的隐患（工程隐患）、发动机机油泵胶管脱落（胶管脱落）、其他六类，统计情况见表4－9。其中前五类249例，占统计事故294件的84.7%。

表4－9 油品流失事故的原因统计表

项 目	阀 门	脱岗失职	腐蚀穿孔	工程隐患	脱管脱落	其 他	合 计
案 例	119	44	19	58	9	45	294
比例/%	40.5	15.0	6.5	19.7	3.0	15.3	100

9. 油品变质事故的原因统计

油品变质事故的原因主要是阀门管理使用不当（阀门）、检查核对不到位（检查化验）、没有取样化验和逐个油罐检查罐底水分杂质及主观臆断和不负责任、储油容器标志不清和无标志及共用管线没有放空（标志不清、共用管线）、设备不清洁、来油不合格（外方责任）、其他七类，统计情况见表4－10。其中前三类126例，占统计事故195件的84.7%。

表4－10 油品变质事故的原因统计表

项 目	阀 门	检查化验	不负责任	标志不清共用管线	设备不洁	处方责任	其 他	合 计
案 例	59	40	27	11	18	21	19	195
比例/%	30.3	20.5	13.9	5.7	9.2	10.7	9.7	100

10. 油库设备损坏事故的原因统计

油库设备损坏的原因分为油罐凹陷、设备没有排水冻裂和其他三类，具体统计见表4－11。从表4－11可以看出，油罐凹陷是设备损坏的主要原因。

表 4-11 油库设备损坏事故的原因统计表

项　目	油罐凹陷	设备冻裂	其　他	合　计
案　例	49	8	5	62
比例/%	79.0	12.9	8.1	100

11. 其他类型事故统计

油库其他类事故中主要包括中毒、伤亡、自然灾害和其他四类，具体统计见表 4-12。

表 4-12 油库其他类型事故统计

项　目	中　毒	伤　亡	灾　害	其他	合　计
案　例	19	18	11	6	54
比例/%	35.2	33.3	20.4	11.1	100

从上述 11 组数据来分析，油库预防事故的重点是着火爆炸和油品流失事故；预防事故的重点区域是储存区和作业区；预防事故的重点设备设施是油罐、管线(含阀门)和油泵；主要是预防责任和责任技术事故。

第六节　油库事故档案管理

一、事故档案的作用

油库事故档案是记载事故发生经过、事故损失状况、事故调查分析、事故结论与处理等事故全过程的文字材料。它是研究油库事故发生规律、总结经验、吸取教训、对事故统计分析的重要依据；是研究油库安全管理措施，制定规章制度、工艺规程，落实全过程、全系统安全管理的重要组成部分。其作用表现在：

(1) 油库事故档案是事故历史的证据，它为油库安全决策提供基本参考。油库事故档案记录了以往的事故，要想了解油库的历史，事故档案就是最好的途径。而且对于安全生产工作的决策来说，通过回顾历史可以了解事故的发生变化规律，对采取适当的措施确保不发生同类事故有积极的帮助。

(2) 油库事故档案具有教育后人的作用。事故毕竟不是好事情，所以人们往往都不愿意多提，但从防止人的不安全行为以及倡导安全的行为规范来看，开展事故案例的宣传教育很有必要，能唤起人们的危机意识，提高人们对事故的警觉。

(3) 油库事故档案资料是事故原因分析和事故责任确定的依据和凭证。事故发生后很多物证可能都消失了，而档案资料却能够长期保留，让事故原因的分析和确认让人信服。

二、事故档案的基本内容

油库事故档案的内容主要包括事故经过、事故损失状况、事故调查、事故结论、事故处理和其他有关情况。

(1) 事故经过。包括时间、地点，什么人参与什么作业，事故是如何引发的，事故是如何发展的等，通常要附当事人或在场其他人员的自述材料。

(2) 事故损失。事故损失包括 3 个方面：人员伤亡登记表，设施设备损失登记表，环境污染登记表。

(3) 事故调查。事故调查的人证、物证材料，事故现场的照片录像片等，发生事故时的工艺条件、操作情况和设计资料。

(4) 事故结论。事故的性质区分、责任区分；事故的技术鉴定或试验报告等。

(5) 事故处理。处分决定和受处分人的检查材料，有关事故的通报、简报及文件。有时还要附事故调查人员的有关情况或有关部门的指示情况。

上述档案文字记录的内容，不一定按上述分类来登记，但必须全面记录上述内容，以保证档案的真实、完整。

三、事故档案的登录

事故档案登记应做到及时、完整、准确、真实。及时登录、及时归档是保证档案完整、准确的前提，档案的真实是档案管理的本质所在。档案的登录应做到以下几点：

(1) 档案中的自述材料应有本人的签字或盖章，并予以装订，防止丢页。

(2) 人员伤亡、设备设施的损失、环境污染应由相应单位(如医院、仓库、环保部门等)盖章核实登记。

(3) 事故经过的描述、调查与分析应做到详细、完整，并尽可能附有现场照片或有关证明材料。

(4) 事故档案材料的登录由有关人员填写，并经调查组核实，不得有涂改等现象。

四、事故档案的保管

事故处理完毕，有关事故档案材料经整理后分别由发生事故的油库、主管业务部门归档保存，并将事故简况形成文字材料报上级机关。

主管业务部门应定期对油库事故进行统计分析，统计分析的内容包括：

(1) 事故类别和主要原因的分析；

(2) 事故发生时间(季节、昼夜、假日等)分析；

(3) 事故发生地点的统计分析；

(4) 事故发生的作业内容统计分析；

(5) 事故损失的统计等。

通过统计分析，找出本单位油库事故发生的规律性和特殊性，从而采取有效措施，指导油库做好安全管理、预防事故的工作。

第五章 油库事故预防

第一节 油库事故预防与控制的原则

一、油库事故预防的原则

（1）替代原则。在不可能消除或控制危险性因素及有害因素的条件下，可以相应地用机械设备等代替人员操作。比如，以油罐自动测量设备代替油库操作人员上罐进行手工测量等。

（2）消除潜在危险原则。以完善的管理方式、先进的科学技术和合理的安全措施，消除油库人员的作业对象和作业环境中的各种危险性因素。如利用机械通风或自然通风手段，排出储油洞库、泵房、库房等作业场所的油气；使用不产生火花的工具等。

（3）控制危险性数值原则。这种方法只能保证提高油库安全管理水平，而无法实现最大限度地防止和消除各种危险性因素带来的事故。如采用双层绝缘工具、降低用电电压，减少储存场所空气中油气浓度等方法。

（4）坚固原则。以确保油库安全为目的，充分提高安全系数，增加安全裕量。如提高油库作业、防护和储存设施的结构强度等。

（5）连锁原则。主要是通过一些设备及其元器件的机械连锁或电气互锁，作为保证油库安全的固有条件。

二、油库事故控制的原则

（1）屏障防护原则。是指在有危险因素作用的范围内增设各种障碍，以防止操作人员受到伤害、财产遭受损失及限制事故影响范围，如阻火器等。

（2）距离防护原则。当某种危险因素的伤害作用随距离的增加而递减时，这项原则可以控制受害程度。如设置油库防火距离、防火道，利用防护门、防护栅把人员与危险区隔开等。

（3）时间防护原则。是将油库人员和物资受危险因素作用的时间缩短到安全的限度内。

（4）薄弱环节原则。设置薄弱环节，在事故时自动保护设备安全，防止设备损坏。比如油库用电设备中的保险丝、自动跳闸装置、各种报警装置、透气阀、油罐罐顶弱连接结构等，它们在还未达到危险数值之前，便以自身的损坏换取系统的安全。

（5）警告信息原则。即在油库中以光、声、色或标志等，设置传递组织或信息的目标，以保证系统安全。

（6）个人保护原则。根据不同的油库作业性质、自然环境和使用条件，为油库人员配备相应的防护用品和器械。

（7）避难救护原则。这一原则也是控制有害程度的一项重要内容，虽是被动的，但在油库安全管理中务必要引起重视。

第二节　油库静电事故预防

一、油库静电事故的一般规律

我们知道，当两种不同性质的物体相互摩擦和接触时，由于它们对电子的吸力大小各不相同，就会发生电子转移。如果物体对大地绝缘，电荷无法泄漏，就会停留在物体内部或表面呈相对静止状态，这种电荷就被称为静电。

油品产生静电有几种形式：流动带电，液体流动时与管壁或容器壁摩擦而带上电荷；喷射带电，当有压力的液体从喷嘴或管口喷出后呈束状，在与空气接触时分裂成许多雾状小液滴而带上电荷；冲击带电，液体从管道口喷出后遇到壁或板，使液体向上飞溅形成小液滴而带上电荷；沉降带电，当油品中含有固体颗粒杂质或水分时，会聚集向下沉，也会带上电荷。

影响油品静电电位的因素大致有10种：油品的黏度越大，静电电位越高；油品的绝缘性能越好，静电电位越高；油品中含有一定量的杂质或含有1%～15%的水分时，容易产生静电；油品的流速越大，产生的静电电位越高；输油管路的摩擦阻力越大，管子越长、越细、越粗糙，产生的静电电位越高；管路中附件越多，产生摩擦阻力越大，则产生的静电电位越高；油料对管壁、容器的冲击力越大，静电电位越高；储输油设备接地不良，不能使静电尽快消除，也会使静电电位增高；另外，空气中相对湿度越小，空气越干燥，静电电位越高。

静电引燃必须具备一定的条件：一是必须有足以产生火花的静电电荷的积聚；二是必须有合适的间隙，使积聚的电荷以引燃的火花形式放电；三是必须有适当浓度的易燃可燃液体蒸气与空气的混合物。

石油产品有易产生静电的特性，油料在储运、装卸、加注、调和等过程中，会与油罐、油管、油罐车、加油车、过滤器等接触、摩擦而产生静电。当静电积累到一定程度时，其周围产生的电场强度就可能超过空间介质的击穿强度而放电。若放电能量大于油品最低的引燃能量，且油气混合气体达到一定的浓度范围，就会发生静电着火或爆炸事故。这不仅会造成油料及设备设施的损失和人员的伤亡，甚至可能造成整个油库的毁坏。

油库静电事故也是有一定规律的，通常在气候干燥地区（湿度在15%左右）和炎热季节（气温在37℃以上），静电失火事故较多；向加油车、油罐车灌装油料时，静电失火事故较多，而且多发生在灌油开始的1～2min以内；采取明流加油，管口绑有过滤绸套时，容易发生静电失火事故。

二、油库防静电基本措施

油库防止静电事故，采取的主要措施有：减少静电的产生；加速静电的泄放，防止静电积聚；防止爆炸性气体的形成；防止人体带电等。

1. 减少静电的产生

要减少油料静电电荷的产生，应从控制油料流速、改进油料灌装方式、防止不同闪点的油料混合及避免杂质、流经过滤器的油料有足够的漏电时间、防止油料混入水分、减少管路上的弯头和阀门、选择合适的鹤管等方面来考虑。

（1）控制油料流速。由于油料在管道中流动产生的流动电荷和电荷密度的饱和值与油料流速的二次方成正比，故控制流速，特别是控制油料进罐、灌装、加油时的流速是减少油料产生静电的有效方式。国外经过实验提出的油品在管内流速控制的计算公式为：

$$V^2D \leqslant 0.64$$

式中　V——油品流速，m/s；

D——管径，m。

符合上式的油品流速 V，即不易产生静电灾害。不同管径最大允许流速见表 5-1。

表 5-1　不同管径最大允许流速

管径/mm	V^2D 值	最大流速/(m/s)	管径/mm	V^2D 值	最大流速/(m/s)
10	0.64	8	200	0.648	1.8
25	0.6003	4.9	400	0.676	1.3
50	0.6125	3.5	600	0.600	1.0
100	0.625	2.5			

（2）改进装油方式。装油方式包括两种：①从底部潜流装油；②从顶部喷溅装油。一般地说，油料从顶部喷溅灌装比从底部潜流装油产生的静电高一倍，故从底部进油的方式较好。若采用顶部进油的灌装方式，则应把鹤管插入罐的底部。

喷溅灌装时，会因油料从鹤管内高速喷出而导致液体迅速分离，从而产生较多的静电电荷；同时，油品冲击到罐壁，也会造成喷溅飞沫而产生静电。当然，电荷产生的多少与装油鹤管的直径、油品流速、管口形式、管端距油面高度等密切相关。

从顶部装油除因喷溅产生静电电荷外，还会产生油雾，使油气、空气混合物易达到爆炸浓度范围。另外，顶部灌装还会使油面局部电荷较为集中，从而易引发火花放电。从底部潜流装油可减少油品的喷溅，降低挥发和损耗，以及避免油流流经电容较小的罐车中部，不致产生较大的油面电位。但是，底部进油方式也可能产生新电荷。若罐底有沉降水，底部进油会搅起沉降水而产生很高的静电电位。

据有关资料介绍，使用不同形式的鹤管分流头，能有效降低喷溅带电。目前国内外普遍使用圆筒形平口、T 形、锥形和 45°斜口等数种分流头，如图 5-1 所示，使油品分散下落，避免局部电荷过多，减少静电的产生。某公司研究了以上四种管口形式，并试验两种不同注油管注油的作用（见图 5-2），结果发现 T 形和锥形管口注油静电电位小得多。

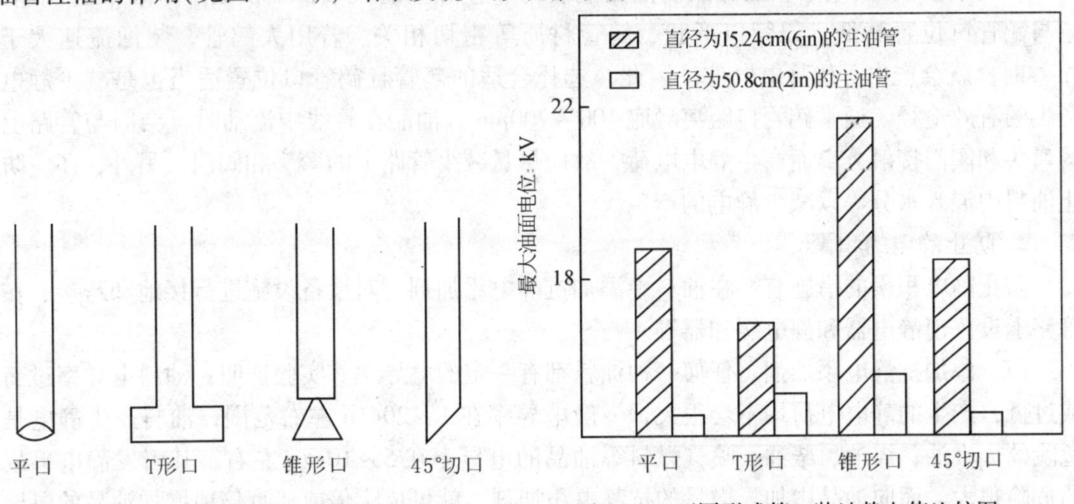

图 5-1　鹤管出口形式图

图 5-2　不同形式管口装油静电值比较图

试验条件：油罐容量 8t；落差 1.5m；导电单位 1.5×10^{-12}S/m；线速度 6.6m/s

（3）防止不同闪点的油料混合及避免杂质。国内外都有不少因不同闪点的油料混合而发生重大事故的案例。油品相混一般出现在调和、切换或两条管线同时向油罐注送不同油品的时侯，以及向汽油或其他轻油的容器注送重油的时侯。油料混合引发事故的原因除混油可能增加带电能力外，还因柴油、煤油、燃料油等都属于低蒸气压油品，其闪点均在38℃以上。正常情况下，在低于其闪点温度下输送油品不会发生事故。但是，若将这种油品注入装有低闪点油品的容器内，重质油就会吸收轻质油的蒸气而减小容器内压力，使空气易进入，从而导致未充满液体的空间由原来充满轻质油气体转变为爆炸性油气－空气混合物。一旦出现火源，即可引发火灾爆炸事故。

杂质的存在也是引发静电事故的原因之一。如某单位用管线向一油罐输送喷气燃料，同时又开放另一管线送油，由于后者管线内残存的残渣也被送入罐中，虽然输送流速不高，仅为2m/s，却因静电造成了爆炸事故。因此，避免油品中混入杂质，也是减少静电产生的方法之一。

（4）流经过滤器的油品要保证足够的漏电时间。要减少静电的产生，应使流经过滤器的油品有足够的漏电时间。因油品流经过滤器时，会与过滤器剧烈地摩擦而使带电量增加10～100倍，且不同材质的过滤芯产生静电的大小不相同，如表5－2。因此，为避免大量带电油品进入油罐、油罐车，流经过滤器的油品漏电时间应为30s以上。

表5－2　不同材质过滤芯产生的静电值

滤芯类别	测量点最高电位/V			备注
	过滤器前	过滤器后	油面电位	
四对毡绸滤芯			22500	一级滤芯
四对纸质滤芯	350	8100	18000	一级滤芯
七对纸质滤芯	140	15000	28000	一级滤芯
四对玻璃棉滤芯	130	10000	24000	二级滤芯

（5）其他减少静电产生的方式。油品灌装时产生静电的大小，不仅取决于装油的流速，还与鹤管口位置高低、鹤管口形状、鹤管材质等密切相关。若用大鹤管，装油流速大于5m/s时，就会产生万伏静电电位。因此，选择合适的鹤管且鹤管口位置适当也是减少静电产生的有效途径，通常鹤管口距离罐底100～200mm。油品在管线中流动时，会因与管路上的弯头和阀门接触分离而产生静电电荷，故应尽量减少管路上的弯头和阀门。另外，还应防止油料中混入水分等以减少静电的产生。

2. 防止静电的积聚

防止静电积聚的措施有：在油料中添加抗静电添加剂、对设备设施进行接地和跨接、在管路上设置消静电器和静电缓和器等。

（1）添加抗静电添加剂。任何一种油料都有一定的电导率。实验证明：油料电导率过高或过低，产生的静电电荷均不会很大，一般电导率在1～20c. u左右范围，油料产生静电是危险的。汽油、煤油、柴油、喷气燃料等油品的电导率在5～10c. u左右，其引发静电事故的危险很大。而向油品中加入微量的抗静电添加剂，就可成十倍或成百倍地增加油品的电导率，从而加速油品静电的泄漏，减少静电电荷的积聚并降低油品的电位，且不影响油品质量。目前使用的添加剂主要有国产T1501型抗静电剂和荷兰壳牌石油公司研制的ASA—3抗静电剂。

T1501 型抗静电剂包括烷基水杨酸铬、丁二酸二异辛酯磺酸钙和“603”的共聚物三种组分，前二组分是改变油品电导率的基本组分，“603”为稳定增效剂。不同油品对抗静电剂降低电阻率的效果是不同的，但总的规律是：油品电阻率随抗静电剂含量的增加而降低，且近似线性变化。抗静电剂含量与油品电导率的关系见表 5－3。

表 5－3　添加剂含量与油品电导率的关系

T1501 含量/10^{-6}	0	0.1	0.2	0.4	0.5	0.8	1.0
电导率/c. u	5	60	110	210	275	415	520

该添加剂的用量一般为百万分之一的重量（即 1μg/L），如国产各牌号的航煤只要加入 1μg/L 的 T1501，就可使电导率维持在 140～210 个导电单位，这对铁路装车是足够安全的。由于抗静电剂本身为易燃品，宜储存于铁桶内，避免与强氧化剂、酸类接触，周围严禁烟火。

（2）设施设备接地与跨接。油品是非静电导体（电阻率 $10^6\Omega\cdot m$）或亚静电导体（电阻率大于 $10^6\Omega\cdot m$ 或小于 $10^6\Omega\cdot m$），在其运输、灌装、调和等作业中，会因各种接触分离的相对运动而产生、积聚静电。由于静电感应，油库设施设备内壁出现与油品相反的电荷，设施设备外壁出现与内壁相反的电荷。

静电接地与跨接是消除静电危害最有效的措施。静电接地是指将设施设备通过金属导线和接地体与大地连通而形成等电位。跨接是指将金属设施设备之间用金属导线相连接，形成等电位。接地与跨接的目的，一是把产生的静电导走，避免因静电积聚而引起放电着火；二是人为地使设施设备形成等电位，避免因静电电位差而造成火花放电。

在油库中，应进行静电接地的设施设备有两大类：一类是固定设施设备，如储油罐、输油管线、铁路装卸油栈桥等；另一类为移动设备，如铁路油罐车、油船和油桶等。油库设施设备静电接地通常采用焊接的方法，按照技术要求将静电接地系统与设施设备的外壁相连。据《石油库设计规范》（GBJ74—84）和《石油化工企业设计防火规范》（GB50160—92）的规定，防静电接地装置的接地电阻不宜大于 100Ω。

① 油罐防雷防静电系统设计。地上金属油罐外壁应设不少于两个的防静电接地点（小于 $50m^3$ 的油罐可设一个），对称设置，接地点间距不大于 30m，并应连接成闭合回路。测量孔应设接地端子。洞库油罐接地点数量要求同地上油罐。洞库内同侧平行敷设的输油管线，每隔 50m 跨接一次（当平行管线相距 10cm 及 10cm 以内时，每隔 20m 应加以跨接线；当输油管线与其他管线交叉间距小于 10cm 时，也应进行类似的跨接），输油管线上每个法兰盘应进行跨接。风机进出口软管两端用多股软铜线跨接，金属通风管法兰盘处用铜线跨接，最后用接地线与接地干线多处连接（金属通风管宜与储罐防静电接地干线多处跨接），使风机与进出通风管等成为等电位体。油罐、输油管、呼吸管、管件、金属通风管和非金属管的金属件等，均应用不小于 $\phi8$ 圆钢作导静电引线引至主巷道与干线相连，干线引至洞外适当位置接静电接地体。贯通式洞库的干线可就近向两个口部引出，每个口部设一组接地体。在洞库主坑道门口设置一个手握接地扶手，并用接地线与防静电接地干线相连接。仅用于导静电的接地体的接地电阻不宜大于 100Ω。各类油罐接地装置如图 5－3～图 5－6 所示。

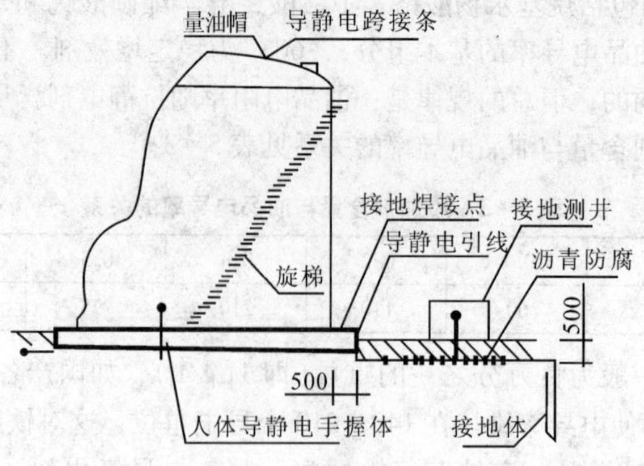

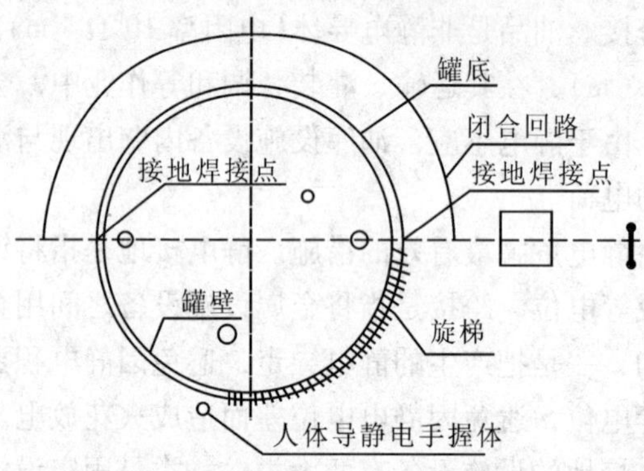

图 5－3　地上立式油罐防雷防静电接地装置

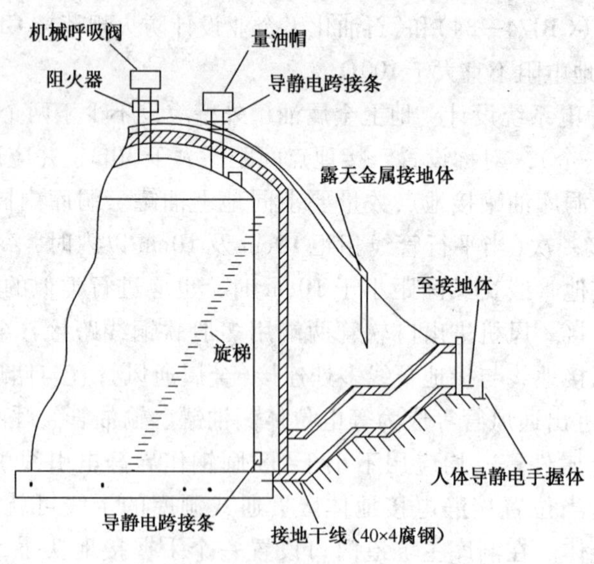

图 5－4　覆土油罐防雷防静电接地装置

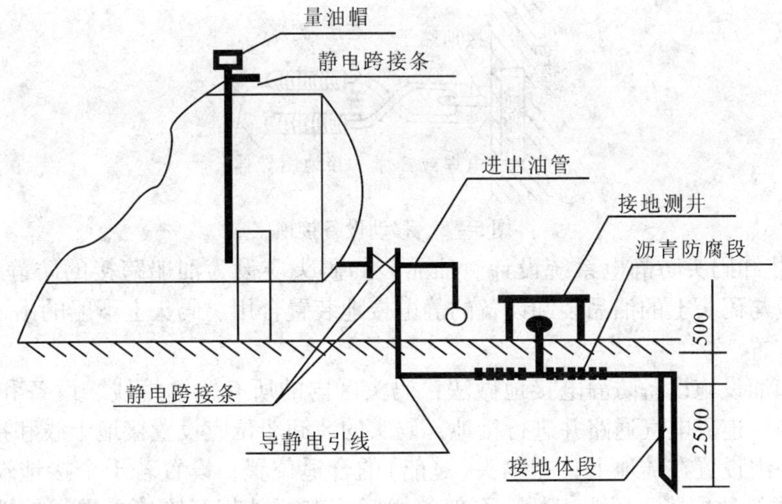

图 5－5　地上卧式油罐防雷防静电接地装置

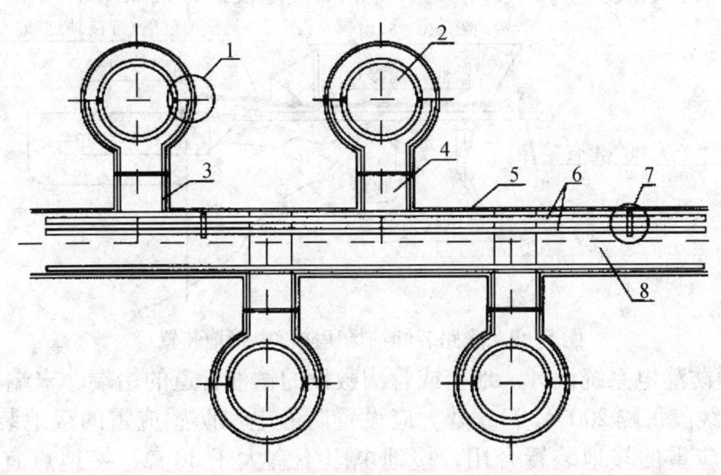

图 5－6　洞库油罐防静电接地装置

1—接地端；2—油罐；3—接地支线；4—支引道；5—接地干线；6—输油管；7—平行管路跨接；8—主引道

甲、乙类油品(原油除外)作业场所，如地面储罐的上罐扶梯入口处、人工洞石油库的洞口处、覆土油罐的入口处、装卸作业区内操作平台的扶梯入口处以及泵房入口处等，应设置专用的导静电手握体或手柄，手握体或手柄应可靠接地。在一级场所及油罐上作业时，应穿防静电鞋和防静电服。若油罐内壁涂刷防腐涂料时，应选用能导静电的涂料。

② 公路装卸油场所防静电系统设计。甲、乙、丙 A 类油品的汽车油罐车或油桶的灌装设施，应设置与油罐车或油桶跨接的防静电接地装置。公路装卸油场所防静电接地设计方案如图 5－7 和图 5－8 所示。

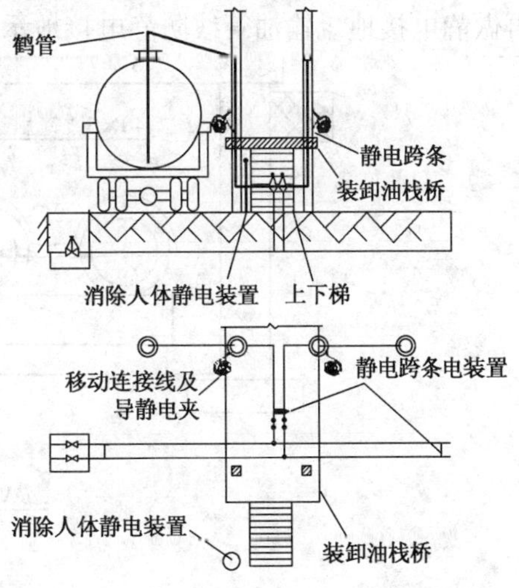

图 5－7　公路装卸油场所防静电接地装置

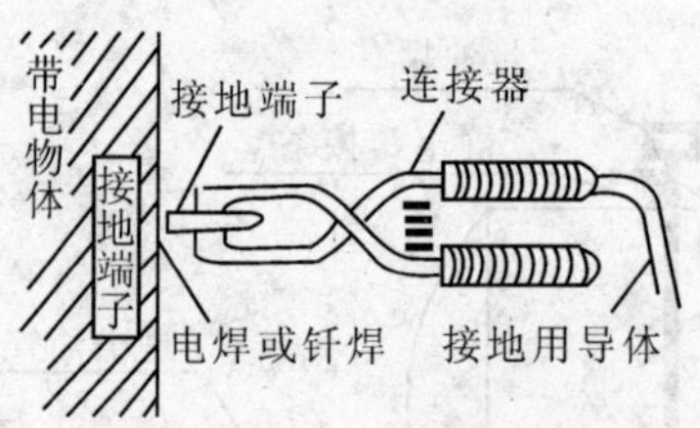

图 5-8　移动设备接地

③ 油品装卸码头防静电系统设计。油品装卸码头应设为油船跨接的防静电接地装置。此接地装置应与码头上的油品装卸设备的静电接地装置合用。码头上下船的出入口处应设消除人体静电装置。

码头装卸油设施设备防静电接地做法：码头区内的所有输油管线、设备和建（构）筑物的金属体，均应连成电气通路并进行接地；码头的装卸船位应设置接地干线和接地体，接地体应至少有一组设置在陆地上；在码头（趸船）的合适位置，设置若干个接地端子板，以便与油船（驳）作接地连接；码头引桥、趸船等之间应有两处相互连接并进行接地，连接线可选用 35mm² 多股铜芯电线。水路装卸油场所防静电接地设计方案如图 5-9。

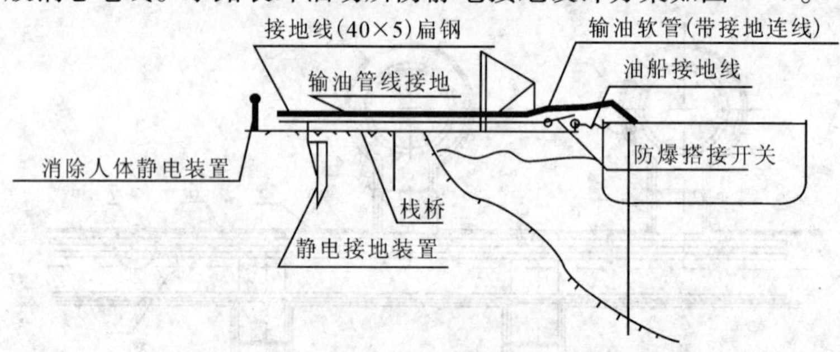

图 5-9　水路装卸油场所防静电接地装置

④ 输油管道防静电系统设计。地上或管沟敷设的输油管道的始端、末端、分支、变径、阀门等处以及直线段每隔 200～300m 处，应设置防静电和防感应雷的接地装置。防静电接地装置可与防感应雷的接地装置合用，接地电阻不宜大于 30 Ω，接地点宜设在固定管墩（架）处。输油胶管的外壁应有金属绕线。所有管件、阀门的法兰处都应设导静电跨接。平行敷设的管线之间在管道支架（固定座）处应做跨接。输油管线已装阴极防护的区段，不应再做静电接地。输油管线防静电接地示意图见图 5-10～图 5-13 所示。

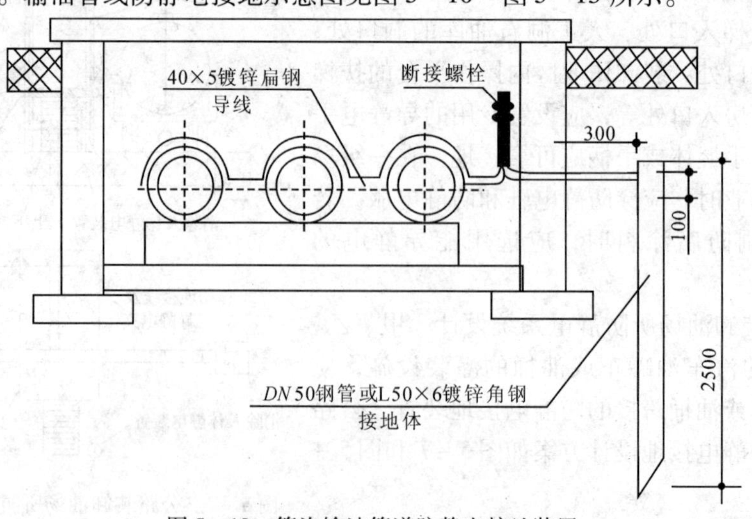

图 5-10　管沟输油管道防静电接地装置

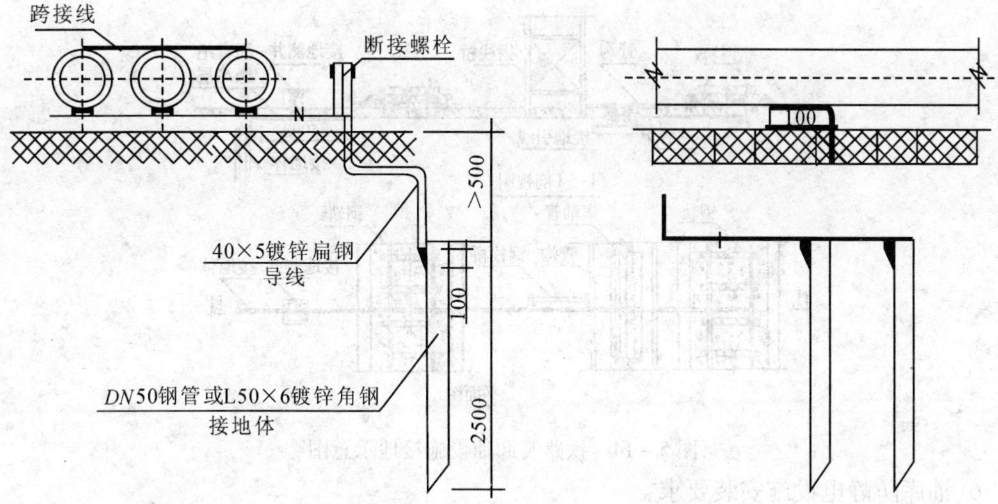

图 5－11　地上输油管道防静电接地装置

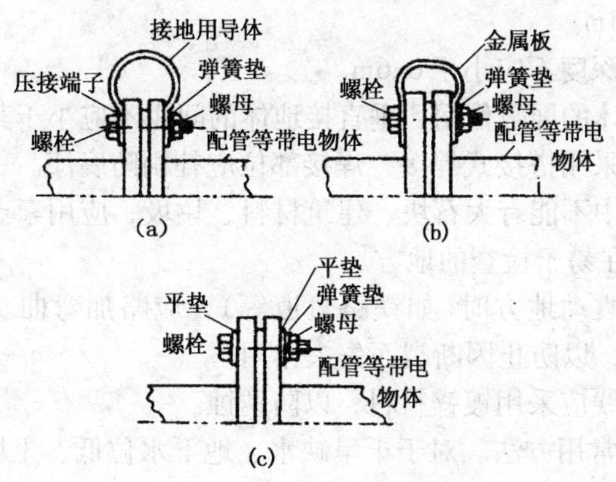

图 5－12　输油管道的跨接

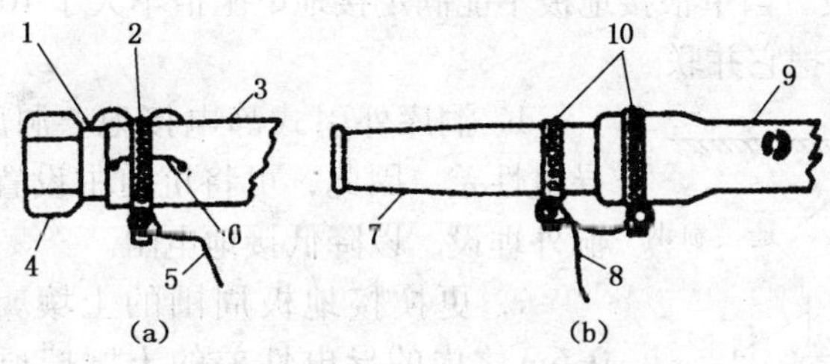

图 5－13　输油软管的跨接和接地

1—锡焊或钎焊的金属线；2—金属制软管卡子；3—内有金属线或金属网的软管；
4—连接金具；5—接地用导体；6—金属线或金属网；7—金属制喷嘴；
8—接地用导体；9—软管；10—金属制软管卡子

⑤ 铁路装卸油设施防静电系统设计。铁路装卸油场地的设施设备，如钢轨、钢制装卸油栈桥、集油管、鹤管、油槽车等都应做防静电连接，并设接地体。每座装卸油栈桥的两端至少各设一组连接线及接地体。具体做法见图 5－14。图 5－14 主要示意铁路收发油场的钢轨、油管、钢栈桥等防静电接地。每个收发油系统至少应设两组接地，一般设在栈桥的两端。

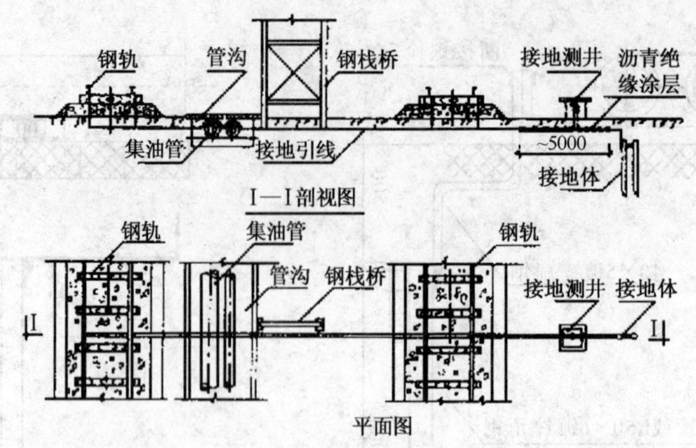

图 5－14　铁路装卸油设施接地示意图

⑥ 油库防静电设施安装要求：

a. 一般接地体与建筑物距离不小于 1.5m，独立避雷针及其接地装置与道路或建筑物的出入口等的距离应大于 3m。

b. 接地体顶端埋置深度不应小于 0.6m。

c. 为减少相邻接地体的屏蔽作用，垂直接地体的间距不应小于其长度的 2 倍。

d. 接地体连接必须采用搭接式焊接，焊接部位应补刷防腐漆。

e. 接地体的回填土中不能有大石块、建筑材料、垃圾，应用素土。

f. 接地线应该敷设在易于检查的地方。

g. 当接地线跨过有震动地方时(如铁路轨道等)，应略加弯曲。在易受到破坏的部分，应加保护装置(如套管)，以防止因断裂而失去作用。

h. 各种接地体、引线应采用镀锌材料，以防锈蚀。

⑦ 降低接地电阻的常用方法。对于干旱缺水、地下水位低、土壤电阻率较高的地区(特别是北方高原地区)，可采用以下几种方法降低电阻。

a. 安装重复接地极。当单根接地极不能满足接地电阻值不大于 100 Ω的要求时，可再安装一根或多根接地极，把它并联。

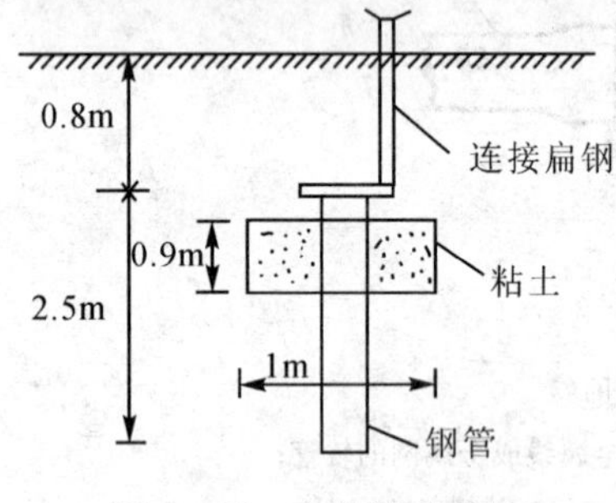

图 5－15　在埋设垂直接地体的坑内换土

b. 洞库外引式静电接地。洞库一般都是岩石地质，导电性差。因此，可将坑道中设置的静电接地装置引出洞外埋设，以降低接地电阻。

c. 更换接地极周围的土壤。将接地极周围 0.3 ~ 0.6m 之内的导电性差的土壤挖掉，换上导电性好的土壤，可以较好地改善土壤的导电性。如图 5－15 所示。

土壤电阻的大小一般以土壤电阻率来表示。土壤电阻率是以边长 lcm 的正方体的土壤电阻来表示。不同性质土壤的电阻率见表 5－4。

表 5－4　不同性质土壤的电阻率

土壤种类	土壤电阻率/Ω·cm		土壤种类	土壤电阻率/Ω·cm	
	水分占土壤质量分数 10% ~20%时	变动范围		水分占土壤质量分数 10% ~20%时	变动范围
砂土	7×10^4	4×1^4 ~ 7×10^4	黏土	0.4×10^4	0.08×10^4 ~ 0.7×10^4
砂质土壤	3×10^4	1.5×10^4 ~ 4×10^4	黑土	2×10^4	0.1×10^4 ~ 5.3×10^4

d. 给土壤增湿。土壤含水量的多少对其导电性能有很大影响。绝对干燥土壤几乎是不导电的，若土壤含水量达到15%左右时，土壤的电阻率显著降低，但若含水量超过75%时，电阻率反而增大，因此土壤增湿应当适量。一般在接地极周围的土壤中，加适量的不纯洁的水(如含有盐分的水)，可使土壤电阻率降低1—3倍，但不能维持很久，要定期加注。

e. 在接地极回填土中加入易导电的物质，在接地极周围土壤中加入煤渣、木炭、炭黑、炉灰等，可提高接地极周围土壤的导电性。若加入食盐水溶液，效果更好。具体方法是：在接地极周围挖一个深为接地极长度的一半、直径为0.5m的圆坑，然后分别把食盐和土壤一层隔一层地填入坑中，每层盐厚约1cm左右，每层盐加水1~2kg，边回填盐土，边用接地电阻测量仪检测，直到合格为止。如果接地极周围为砂质土壤，盐层容易流散时，可先回填另一种导电性能好的细密性土壤，再填放食盐。也可以同时填入木炭，以增加土壤的吸水性。

f. 将接地极再埋深，直至埋到挖出湿土的深度为止。

g. 对于油库、加油站，导静电接地装置应在每年3~5月和11月前后分别检测一次，日常也应该加强检查，如果发现有松脱、锈蚀，电阻值不合格的地方，应立即进行检修，直到复检合格为止。

(3) 设置消静电器和静电缓和器。消静电器即静电中和器，是消除和减少带电体电荷的金属容器。美国从20世纪70年代就研制了为油槽车装油时消除静电的消电器，并被许多国家所采用。80年代后，我国也着手研制类似的消静电器。消静电器安装于管道末端，通过不断向管道注入与油品电荷极性相反的电荷来达到消除静电的目的。

目前，用于油品储运系统的主要为感应式消静电器。它具有结构简单、使用方便、消除静电效率高等优点。其工作原理为：消电器产生的与带电物体极性相反的电子和离子，可向周围带电物体移动，并与带电物体的电荷进行中和，从而达到消除静电的目的。该类消电器由接地钢管及法兰、内部绝缘管、放电针及镶针螺栓三部分组成，其结构见图5-16。消静电器样品规格见表5-5。

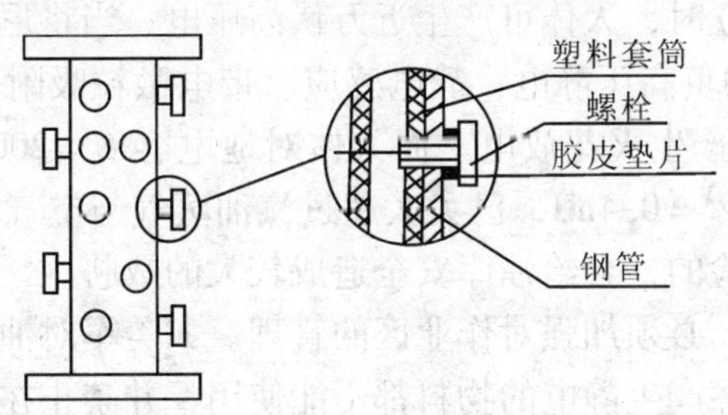

图5-16　消静电器

表5-5　消静电器样品规格

钢管直径/mm	管长/mm	电介质层厚/mm	管线直径/mm	通过流量/(L/min)
194	1000	41	102	>200
184	800	36	102	>1000
159	1000	25	102	>1000

静电缓和器是结构简单、消除静电效果较好的装置，其结构见图5-17。

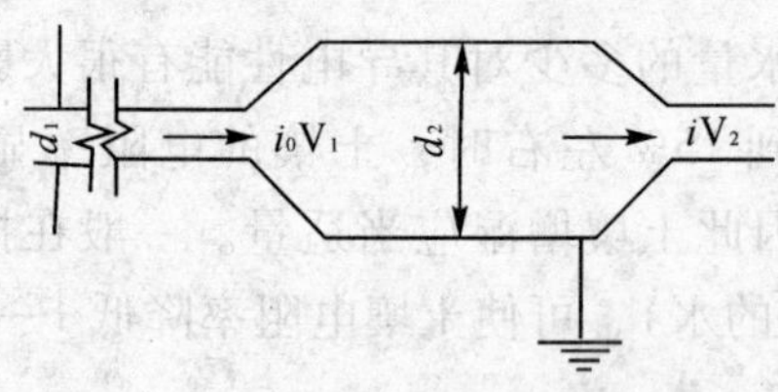

图 5-17　静电缓和器示意图

由于静电缓和器需占用一定的空间，故其使用受到一定的限制。为解决这一矛盾，可与某些设备结合起来设计，如在过滤器的尾部加大空间，使之成为过滤器与缓和器的组合体，以及利用罐体本身加以改进以达到缓和器目的等。

3. 消除火花放电现象

在油罐、油罐车中有导电物，如导线、量油器具等，均会因静电感应而带电，易与罐壁产生火花放电而构成静电危害。因此，必须清除储油容器中的导电物。另外，为防止由于静电感应而造成金属尖端火花放电，制造、检修储油罐、油罐车时，其内壁不应遗留突出物，特别应注意清除焊疤。

4. 防止爆炸性气体形成

由于油品的挥发性，不可避免地会产生油蒸气－空气的可燃性混合气体。当可燃性混合气体浓度低于着火下限或高于着火上限时，均不会造成混合气的燃烧爆炸。因此，应加强通风或采用通风装置及时排出可燃性混合气体，使其浓度不处于着火爆炸范围内，以防止静电火灾爆炸事故。对于储油罐，可采用充惰性气体的方法来防止可燃性混合气的形成。如20世纪70年代苏联的图—144超音速客机和英美等国某些军用飞机，为防止油箱燃料发生静电着火爆炸事故，在油箱的蒸气空间注入惰性气体以隔离氧气及抑制可燃性混合气的形成。另外，还可采用浮顶罐、内浮顶罐来消除储油罐浮盘以下的油气空间，但浮盘上部的可燃气体火花放电也应引起重视。

5. 预防人体静电

人在活动过程中，特别是穿着化纤衣服时，会产生、积聚大量静电；在橡胶板或地毯等绝缘地面上走路时，会因鞋底与地面不断的接触、分离而发生接触起电；穿尼龙、羊毛、混纺衣服从人造革面椅上起立时，人体可产生近万伏高压电；当将尼龙纤维的毛衣从外面脱下时，人体可带10kV以上的负高压静电；静电感应、带电微粒吸附也可使人体带电等。人体静电通常可达2～4kV，能产生火花放电。而人体对地电容 $C = 200\text{pF}$，人体电位 $V = 2000\text{V}$ 时，其放电能量 $W = 1/2CV^2 = 0.4\text{mJ}$，已大大超过汽油蒸气与空气混合气体0.2mJ的点燃能量，因此，人体静电是危险的，会给油库安全造成较大的威胁。

预防人体静电的危害，必须加强对作业区的管理。如美军对油料加注作业操作人员的服装有严格的规定，凡能摩擦产生静电的物料都不能使用，并禁止在现场更换衣服等。我国也要求进入油库危险爆炸场所的工作人员应穿防静电服或棉布工作服及防静电鞋、袜；进入危险爆炸场所入口处应设人体排静电装置；在危险爆炸场所，工作人员严禁穿脱化纤服装，不得梳头、拍衣服、打闹等；工作人员不宜坐人造革之类高电阻材料制造的座椅；以及危险爆炸场所应设导电性地面等。

三、油库各种作业的防静电措施

1. 铁路油罐车装油作业防静电措施

（1）排除气体。装过汽油的油罐车，如未经清洗又装煤油、柴油等油料，会因吸收汽油蒸气而使混合气体进入爆炸浓度范围。从注入柴油开始，经 10 ~ 15s 左右便进入这个状态，所以对这类油罐车必须进行清洗。

（2）消除人体静电。装卸油料作业人员，需先用空手接触接地的裸金属进行人体放电后再从事操作。作业人员应穿防静电服、鞋和防静电手套。

（3）接地。装油前，油罐车必须可靠接地，使鹤管、油罐车和钢轨成为等电位体。

（4）装油方法。应将鹤管插入到距油罐底部 200mm 处。

（5）控制流速。装易燃液体时，初始流速要慢，不得大于 1m/s，直到鹤管口完全浸入在油中以后才可逐渐提高流速。总后物油部规定，该流速应符合下列关系：$v^2D \leqslant 0.8$（D 为管路直径）。

（6）过滤器的设置。要求过滤器至装油栈台间留有足够的间距或者采取设置消电器等措施，以便消除过滤器所产生的电荷。

（7）检测、测温及采样。检尺、测温、采样等工作除了需要待装完油且静置 2min 后进行外，还需对作业器材作可靠的接地。严禁灌装作业中进行检尺、测温和采样作业。

2. 油船装油作业防静电措施

（1）限制流速。在装油之初，由于管内多少总有存水，故应低速进行，一般不应超过 1m/s。

（2）合理使用过滤器。一般油料只能使用粗孔的过滤器，管线产生的静电较小。当使用精密过滤器时，则必须采取相应的消静电措施。

（3）防止气体和水的混入。当用空气或惰性气体将管线内、软管内及输油金属管内残油驱向油舱内时，应注意不要将空气或惰性气体放入油舱。另外，油船上应有防雨水浸入设施，以防止水混入油中。

（4）注意加油方式。禁止通过外部软管从舱口直接灌装挥发性油料以及超过其闪点温度作业的其他油料，这种灌装法只限于高闪点油料。

（5）油船上禁止使用化纤碎布或丝绸去擦抹油船舱内部，并要合理使用尼龙绳索。

（6）良好的接地。在有可燃性油气混合物的场所，为防止金属面之间或金属面与地面之间发生火花，这些金属部件均需良好的接地。

（7）防止人体带电。在油船上工作的人员必须避免穿化纤衣服并要穿防静电服、鞋。

（8）检尺、测量和采样。油船装完油后，须经充分静置后方可进行测温、检尺和采样。

3. 汽车油罐车装油作业防静电措施

（1）卸油之前，必须将车体进行可靠接地。

（2）加油鹤管必须作可靠静电接地，且与汽车油罐车的静电接地是同一静电接地体。

（3）灌装速度不宜大于 4.5m/s（总后物油部规定）。

（4）加油鹤管必须插入罐底，距底部不大于 100mm 为宜，其出油口宜制成 45°斜面切口。

（5）加油完毕后，必须经过规定的静置时间才能提升鹤管和拆除静电接地线。

（6）改装不同品种的油料时，特别是装有汽油的罐车改装煤油、重柴油时，必须放尽底油并清洗，在确认无爆炸混合气体后才能进行装油作业。

4. 油罐装油作业防静电措施

（1）收油前，应尽可能把油罐底部的水和杂质除净。

（2）严禁从油罐上部注入轻质油料。

(3) 通过过滤器的油料，在接地管道中继续流经30m以上后方可进入油罐。

(4) 加大伸入油罐中的注油管口径，以便流速减慢，在条件允许的情况下，可设置静电缓和器。

(5) 进入油罐的注油管尽可能地接近油罐底部，管口呈45°斜面切口。

(6) 在空罐进油时，初流速度应小于1m/s，当入口管浸没200mm后可逐步提高流速。

(7) 收油时，罐顶除留有定时观察油面高度的人员外，其他人员应尽量避免在罐顶活动。

(8) 检尺、测温和采样作业必须待罐内油料充分静置后，方可进行，且检尺、测温和采样工具还须作可靠地静电接地。严禁在进油时进行检尺、测温和采样作业。

(9) 作业人员应穿戴防静电服、鞋、手套。

5. 检尺、测温和采样作业防静电措施

(1) 禁止让未经专业训练的人员进行检尺、测温和采样作业。

(2) 轻质油料进入储油罐后，须经静置一段时间后，方可检尺、测温和采样作业。

(3) 测量人员在检尺、测温和采样时，必须清除人体所带静电，作业时必须穿着防静电服、鞋。

(4) 凡是用金属材质制成的测温和采样器，必须采用导电性质良好的绳索，并与罐体进行可靠接地。

(5) 检尺、测温和采样时不得猛拉猛提，上提速度应不大于0.5m/s，下落速度应不大于1m/s。

(6) 储罐测量口必须装有铜(铝)测量护板，钢卷检尺进入油罐时必须紧贴护板下落和下提。

(7) 严禁在测量时用化纤布擦拭检尺、测温盒和采样器。

(8) 测量人员不准携带火柴、打火机作业，上衣口袋内不得装有金属物件，以防跌落在罐口上产生火花或跌落入罐内。

(9) 进行上述作业时，应背风进行，避免吸入油蒸气，作业后应立即将罐盖盖严。

第三节　油库雷击事故预防

一、雷电的形成与分类

1. 雷雨云和雷电的形成

人们通常把发生闪电的云称为雷雨云(或称积雨云)，雷雨云是热气流在强烈垂直对流过程中形成的。由于地面吸收太阳的辐射热量远大于空气层，近地面的大气温度由于热传导和热辐射作用，温度也跟着升高，气体温度升高必然膨胀，密度减小，压强也随着降低，根据力学原理，气体就要上升，上方的空气层密度相对说来就较大，就要下沉。热气流在上升过程中膨胀降压，同时与高空低温空气进行热交换，于是上升气团中的水汽凝结而出现雾滴，就形成了云。在强对流过程中，云中的雾滴进一步降温，变成过冷水滴、冰晶或雪花，并随高度逐渐增多。由于过冷水大量冻结而释放潜热，使云顶突然向上发展，达到对流层顶附近后向水平方向铺展，使云中水滴分裂成较小的水滴或较大的水滴，分别带负电和带正电。较小的水滴被气带走，形成带负电的雷云，较大的水滴留下来形成带正电的雷云。

随着电荷的积累，雷云的电位逐渐升高。当带不同电荷的雷云在空气中互相接近到一定的距离时，便发生激烈的放电，出现强烈的闪光。由于放电时温度高达20000℃，空气受热急剧膨胀，发出爆炸的轰鸣声，这就是空中闪电和雷鸣，如图5－18(a)所示。当带电雷云离地面较近时，还会对地面突出物直接放电，这就是直击雷，如图5－18(b)所示。

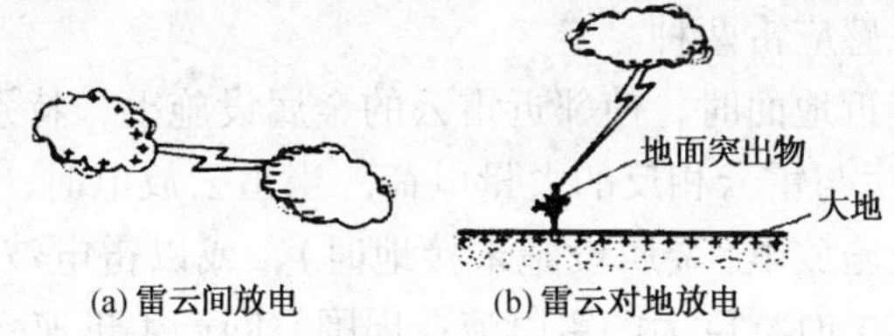

图5－18　雷云放电现象

2. 雷电的分类

(1) 雷电按照放电形式不同分为：线形雷、片形雷和球形雷。

① 线形雷。线形雷是一种蜿蜒曲折的巨型电气火花，长2～3km，也有的长达10km。线形雷是闪电中最强烈的一种，对电力、电讯系统及人畜和建筑物等威胁最大。线形雷大多是雷云与大地间的放电，但也有的是雷云之间的放电。这种闪电可以同时击在不同的地方，一般分为前导放电和主放电等阶段。在大多数情况下(约50%～70%以上)，雷云与大地间的放电过程不是单一的，而是多重的，也就是说由若干个先后在同一通道上发展的单一的放电所组成。重复放电的数目一般为1～27次，单次放电的延续时间一般为0.001～0.02s，各次放电的间隔时间为0.01～0.05s。

② 片形雷。片状闪电是出现在云的表面上的闪光，它有时可能是被云块遮没的火花闪电的延光，也可能是在云的上部发出来的丛集的、若隐若现的一种特殊的放电作用的光。这种闪电，表示云中电场的能量虽然已经足够产生放电作用，但是新加入的电量却太少，以致在闪烁放电尚未转变到火花(线状)放电以前，原有的储电量已经用完了，片形雷对电力系统一般只会引起感应过电压。

③ 球形雷。球形雷是一种特殊的雷电现象，简称球雷。是橙色或红色，或似红色火焰的发光球体，也有带黄色、绿色、蓝色或紫色的，直径一般约为10～20cm，最大的直径可达1m，存在的时间大约为百分之几秒至几分钟，一般是3～5s，其下降时有的无声，有的发出嘶嘶声，一旦遇到物体或电气设备时会产生燃烧或爆炸，其主要是沿建筑物的孔洞或开着的门窗进入室内，有的由烟囱或通气管道滚进房内，多数沿带电体消失。球形雷形成的原因：一是等粒子体；二是小范围的急促气旋造成；三是核反应。到目前试验室未完满重复这一现象。

(2) 雷电按传播方式不同分为：直击雷、感应雷和雷电侵入波。

① 直击雷。带电的云层与大地上某一点之间发生猛烈的放电现象，称为直击雷。直击雷的放电过程为：当雷云接近地面时，在地面感应出异性电荷，两者组成一个巨大的电容器。雷云中的电荷分布是不均匀的，地面也是高低不平的。因此，其间电场强度也是不均匀的。当电场强度达到25～30kV/cm时，即发生雷云向大地发展的跳跃式先驱放电，延续时间为0.005～0.01s，平均速度为100～1000km/s，每次跳跃前进约50m，并停顿30～50μs。当先驱放电达到大地时，即发生大地雷云发出的极明亮的主放电，其放电电流可达数十至数百千安，放电时间仅50～100μs，放电速度约为光速的1/5～1/3，即约为6～10^4km/s。主放电向上发展，到云端即告结束。主放电结束后继续有微弱的余光，余光延续时间约0.03～

0.15s。约50%的直击雷有重复放电性质。平均每次雷击有三、四个冲击，最多能出现几十个冲击。第一个冲击的先驱放电是箭形先驱放电，其放电时间仅约0.001s。全部放电时间一般不超过500ms。

② 感应雷。感应雷也称间接雷电感应或感应过电压，亦可称为雷电的二次作用。感应雷分为静电感应雷和电磁感应雷两种。

静电感应雷是雷云接近地面时，使邻近雷云的金属设施上，特别是较长的金属设施(如架空线路)上，能感应产生与雷云相反的大量电荷。当雷云放电时，如金属设施上的感应电压较高，就会向邻近的设施放电(金属设施未接地时)，或以雷电波的形式沿线路极快地传播。电磁感应雷是由于雷击时，巨大的雷电流在周围空间产生迅速变化的强磁场，使处于这个磁场中对地绝缘的金属构件、建筑设施感应出很高的电位。当这个电压足够大时，就可能对地或向邻近的设施放电。

③ 雷电侵入波。由于雷电电流有极大峰值和陡度，在它周围出现瞬变电磁场，处在该瞬变电磁场中的导体会感应出较大的电动势，而此瞬变电磁场都会在空间一定的范围内产生电磁作用，也可以是脉冲电磁波辐射，而这种空间雷电电磁脉冲波(LEMP)是在三维空间范围里对一切电子设备发生作用。因瞬变时间极短或感应的电压很高，以致引起电气设备的过电压。

二、雷电的危害

1. 直击雷的危害

直击雷的破坏作用主要是：电效应破坏、热效应破坏和机械效应破坏。

(1) 电效应破坏。电性质的破坏作用，表现在雷击形成的数十万乃至数百万伏的冲击电压，产生过电压作用，可击穿电气设备的绝缘，烧断电线而发生短路放电，其放电火花、电弧可能造成火灾或爆炸；绝缘的损坏，还会造成高压窜入低压和设备漏电的隐患，可能引起严重的触电事故；巨大的雷电流流入地下，会在雷击点接地周围的5~10m范围内形成极高的电压，可直接导致接地电压和跨步电压的触电事故。

(2) 热效应破坏。热性质的破坏作用，表现在巨大的雷电流通过导体时，在极短的时间内转换出大量的热量，高温作用造成易燃品燃烧或金属熔化、飞溅而引起火灾或爆炸。如果直击雷击在易燃物上，更容易引起大面积的火灾。

(3) 机械效应破坏。机械性质的破坏作用，表现为被击物直接遭到破坏，甚至爆裂成碎片，这是由于巨大的雷电流通过被击物时，使被击物缝隙中的气体剧烈膨胀，缝隙中的水分也急剧蒸发为大量气体，致使被击物破坏或爆炸。此外，同性电荷之间的斥力、电流拐弯处的电磁推力、发生雷击时的气浪都有较强的破坏作用。

2. 感应雷的危害

感应雷是在直击雷基础上发生的，在建筑物上设置的避雷针、避雷网、避雷带只能对付直击雷，对感应雷不起作用。

感应雷虽然没有直击雷猛烈，但其发生的几率比直击雷高得多。直击雷只发生在雷云对地闪击时才会对地面造成灾害，而感应雷则不论雷云对地闪击或者雷云对雷云之间闪击，都可能发生并造成灾害。此外直击雷一次只能袭击一个小范围的目标，而一次雷闪击可以在较大的范围内、多个小局部同时产生感应雷过电压现象，并且这种感应高压可以通过电力线、电话线等传输到很远，至使雷害范围扩大。

三、雷电的分布特点

我国地域辽阔，从南到北跨越 30 多个纬度，大部分地区位于北温带和亚热带，都处于雷雨区，只是受高度等不同因素的影响雷暴日不同（雷暴日指一年听到雷声的天数）。我国西北地区的雷暴日在 20 天以下，属少雷区，雷害较轻；东北 30 天左右，华北和中部地区多在 40 ~ 50 天，长江以南至北纬 23°大部分地区在 40 ~ 80 天，属中等雷区；23°线以南，包括广东、广西、福建的大部分多在 80 天以上，属雷害严重地区。从雷害发生的地区看，我国人口居住密集、经济较发达的大中城市处在中等以上雷雨地区。

我国各地区雷雨季节相差较大，南方约从二月开始，长江流域一般从三月开始，华北和东北地区迟至四月开始，西北可延至五月开始。总体上，雷电活动呈现以下基本规律：

（1）热而潮湿的地区比冷而干燥的地区雷暴多。

（2）从纬度看，雷暴的频数总是由北向南增加，到赤道最高，以后又向南递减。在我国递减的顺序大致是：华南、西南、长江流域、华北、东北、西北。

（3）从地域看，雷暴的频数是山区大于平原，平原大于沙漠，陆地大于湖海。

（4）从时间看，雷暴高峰月都在七八月份，活动时间大都在 14 ~ 22 时，各地区雷暴的极大值和极小值多数出现在相同的年份。

四、避雷针

1. 避雷针的避雷原理

由于直击雷是雷云和大地间的直接放电，突出地面的高耸建筑物最易首先接触先驱放电而遭到破坏。因此，在许多需要保护的构筑物或建筑物附近都安装有避雷针。避雷针的避雷原理是：利用避雷针的接闪器高出被保护物的突出地位，把雷电引向自身，然后通过引下线的接地装置，把雷电流泄入大地，以使被保护物免遭雷击。

2. 避雷针的构造与技术要求

避雷针的构造（如图 5 - 19 所示），由接闪器、引下线、接地体和支持物四部分组成。

（1）接闪器。接闪器使整个地面电场发生畸变，但其顶端附近电场局部的不均匀程度，由于范围很小，对于雷云向地面发展的先驱放电几乎没有影响。因此，作为避雷针接闪器的端部尖不尖、分叉不分叉对其保护效能几乎没有影响。接闪器是否涂漆，对其保护作用也没有影响，但为了防腐蚀接闪器一般应热镀锌或涂漆。

接闪器所用的材料及其尺寸，应满足机械强度和耐腐蚀的要求，还应有足够的热稳定性。以能承受雷电流的热破坏作用。避雷针接闪器，一般采用长为 1 ~ 2m 左右的热镀锌圆钢或顶部打扁并焊接封口的热镀锌钢管制成。针长在 1m 以下时，圆钢直径不应小于 12mm，钢管直径不应小于 20mm；针长为 1 ~ 2m 时，圆钢直径不应小于 16mm，钢管直径不应小于 25mm。在腐蚀性较强的场所，还应适当加大其截面积或采取其他防腐措施。

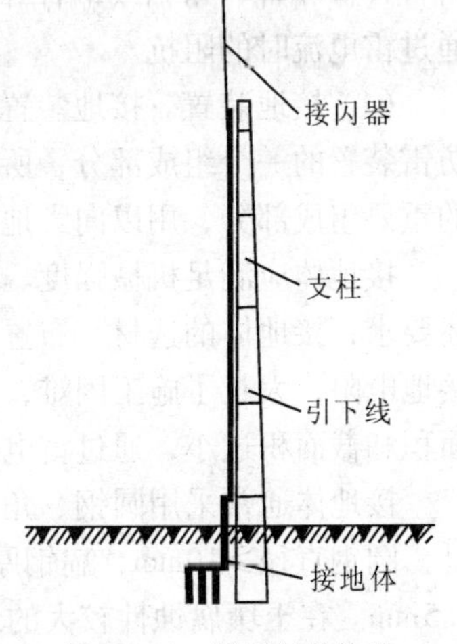

图 5 - 19　避雷针的构造

（2）支持物。避雷针的接闪器固定在支持物的顶部，通过支持物将接闪器伸向一定高度的空间，从而构成避雷针的保护范围。避雷针按支持物的不同分为独立避雷针和附设避雷针。

独立避雷针是离开建筑物一定距离单独装设，通常采用水泥杆、木杆、钢塔架、多节不等直径的钢管或圆钢焊接的钢柱作为支持物。非金属支持物(水泥杆、木杆)通过引下线将接闪器的雷电流引入接地体；金属支持物通过本身的导电性能与接闪器和接地体构成通路，不需设引下线。但金属支持物的所有金属构件均应连成电气通路。独立避雷针的支持物，在结构上应满足一定的强度和刚度要求。

附设避雷针是以建筑物和构筑物本身作为避雷针的支持物，将接闪器和引下线直接装设在建筑物上，它是相对独立避雷针而言，故称为附设避雷针。

避雷针按照支持物上接闪器离水平面的高度不同，保护同一目标避雷针数量不同，以及避雷针的布局结构不同，分为单支、双支等高、双支不等高、三支等高、三支不等高等多种形式。

(3) 引下线。引下线是连接接闪器和接地体的金属导体，以使雷电流泄入大地。引下线应满足机械强度、耐腐蚀和热稳定性的要求，一般采用镀锌圆钢或扁钢，也可采用镀锌钢绞线，其尺寸要求分别是：圆钢直径≥8mm；扁钢厚度≥4mm，截面积≥48mm^2；钢绞线截面积≥25mm^2。

引下线、接闪器和接地装置应确保连接牢固可靠，以减小连接处的电阻。连接的方法一般采用焊接，圆钢引下线与接闪器、接地装置的焊接长度为圆钢直径的6倍，扁钢引下线与接闪器、接地装置的焊接长度应为扁钢宽度的2倍。

引下线沿支持物敷设方式分为明装和暗装两种，明装是沿支持物(避雷针支柱或建筑物墙)敷设，暗装是在建筑要求较高的情况下，将引下线布设在建筑结构内部。油库专用建筑物防雷装置的引下线一般都采用明装，以避雷针金属支持物或建筑物的金属件代替引下线时，应保证所有金属构件之间连接成电气通路。

引下线应经最短途径接地，弯曲处的角度应大于90°。引下线距离支持物表面间隙为15mm。引下线每隔1.5～2m距离设支持卡与支持物固定。采用多根引下线时，为了便于测量其接地电阻和检查引下线、接地线的连接情况，宜在各引下线距地面1.8m处设置断接卡。

在易受损坏处(地面上约1.7m至地面下0.3m)的一段引下线和接地线，应加竹管、塑料管、橡胶管、角钢或钢管等保护。采用角钢或钢管保护时，应与引下线连接起来，以减小通过雷电流时的阻抗。

(4) 接地装置。接地装置通常是指接地体和接地线的总称。因为已经把引下线单独作为防雷装置的一个组成部分，所以，防雷接地装置主要是指接地体而言。接地装置是防雷装置的重要组成部分，用以向大地泄放雷电流，限制防雷装置的对地电压不致过高。

接地体应满足机械强度、耐腐蚀性、热稳定性和接地电阻的要求。为了满足接地体的上述要求，接地体的选材、布置、埋入深度及土壤性质等都必须合理选择。接地体太短了增加接地电阻，太长了施工困难，增加钢材的消耗量，而且对接地电阻的减小甚微。接地体的表面积和截面积过小，通过雷电流时，将使周围过热或本身温度过高，土壤电阻变大。

接地体通常采用圆钢、角钢、钢管等钢质材料制成人工接地体，所用钢材的尺寸要求是：圆钢直径≥10mm，扁钢厚度≥4mm，截面积≥100mm^2，角钢厚度≥4mm，钢管壁厚≥3.5mm。在土壤腐蚀性较大的地方，接地体应热镀锌或加大截面积。

接地体的结构布置，通常有垂直布置和水平布置两种形式。

垂直接地体，用于土壤电阻率较高或接地体易打入地下的情况。垂直埋设的接地体，通常采用直径 40 ~ 50mm 的钢管或 40mm × 40mm × 5mm ~ 50mm × 50mm × 5mm 的角钢，长度以 2.5m 左右为宜。垂直接地体一般由两根以上的钢管或角钢组成，可成排成一字形布置或环形布置。为了减小接地体的屏蔽效应，相邻钢管或角钢之间的距离以 5m 为宜，多根钢管或角钢上端用扁钢或圆钢焊接成一个整体。

垂直接地体的几种典型布置如图 5 – 20 所示。图中箭头所指之处连接接地线。

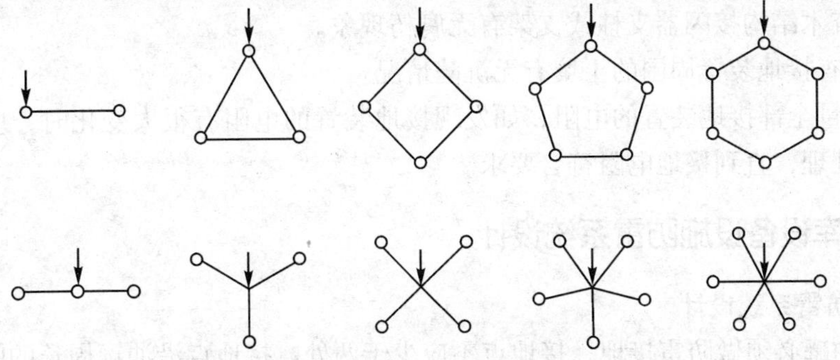

图 5 – 20　垂直接地体的布置

水平接地体，适于土壤电阻率较低，不用打入垂直接地体就能满足接地电阻值要求，或地质坚硬，很难打入垂直接地体的情况采用。水平埋入的接地体，通常采用 40mm × 40mm 的扁钢或直径为 16mm 的圆钢。水平接地体通常采用放射形布置或封闭形布置，相邻扁钢或圆钢间的距离以 5m 为宜，各连接点焊接成一个整体。水平接地体的几种典型布置如图 5 – 21 所示。

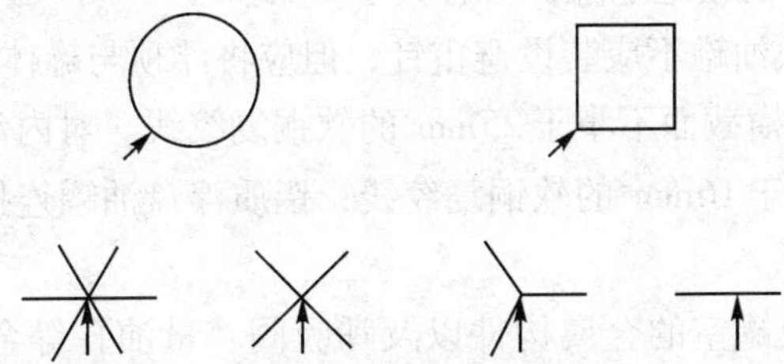

图 5 – 21　水平接地体的布置

当建筑物附近没有良好导电地质时，为了降低接地电阻，可采用外引接地装置。即将接地体引伸到土壤电阻较小的地点，但外引长度不应大于 $2\sqrt{\rho}$(m)。ρ 为埋设外引线处的土壤电阻率(Ω · m)。

接地体在满足接地电阻要求的前提下，防雷装置的接地体可以和其他接地装置共用(独立避雷针除外)，也可以采用钢筋混凝土基础等自然导体作为防雷装置的接地体。

为了避免接地体受到机械损伤，以及减少气象条件对接地电阻的影响，接地体通常应埋入地下 0.5 ~ 0.8m。为了降低跨步电压，安装防直击雷接地装置时，距建筑物出入口和人行道的距离不小于 3m。

五、防雷装置的检测

防雷装置应在每年雷雨季以前进行检查。主要检查如下事项：

(1) 检查建筑物维修或改建后的变形，是否使防雷装置的保护情况发生改变。

(2) 检查有无因挖土方、敷设其他管线或种植树木而挖断接地装置。

(3) 检查各处明装导体有无开焊、锈蚀后截面积减小过大、机械损伤、折断的情况。

(4) 检查接闪器有无因接受雷击而熔化或折断情况。

(5) 检查避雷器瓷套有无裂纹、碰伤、污染、烧伤痕迹。

(6) 检查引下线距地 2m 一段的绝缘保护处理有无破坏情况。

(7) 检查支持物是否牢固，有无歪斜、松动。引下线与支持物固定是否可靠。

(8) 检查断接卡子有无接触不良情况。

(9) 检查木结构接闪器支柱或支架有无腐朽现象。

(10) 检查接地装置周围的土壤有无沉陷情况。

(11) 测量全部接地装置的电阻，如发现接地装置的电阻有很大变化时，应将接地装置挖开检查并处理，直到接地电阻符合要求。

六、油库设备设施防雷系统设计

1. 油罐防雷系统设计

(1) 钢油罐必须做防雷接地，接地点不应少于两处。接地点沿油罐周长的间距，不宜大于 30m，接地电阻不宜大于 10Ω。钢油罐的防雷接地装置可兼作防静电接地装置。石油库内防雷接地、防静电接地、保护接地，宜共用一个接地装置，接地电阻不宜大于 4Ω。

(2) 储存易燃油品的油罐防雷设计，应符合下列规定：

① 装有阻火器的卧式油罐的壁厚和地上固定顶钢油罐的顶板厚度≥4mm 时，不应装设避雷针。铝顶油罐和顶板厚度 <4mm 的钢油罐，应装设避雷针(网)。避雷针(网)应保护整个油罐。避雷针(网、带)的接地电阻，不宜大于 10Ω。

② 浮顶油罐或内浮顶油罐不应装设避雷针，但应将浮顶与罐体用两根导线做电气连接。浮顶油罐连接导线应选用横截面不小于 25mm^2 的软铜复绞线。对内浮顶油罐，钢质浮盘油罐连接线应选用横截面不小于 16mm^2 的软铜复绞线；铝质浮盘油罐连接导线应选用直径不小于 1.8mm 的不锈钢钢丝绳。

③ 覆土油罐的罐体及罐室的金属构件以及呼吸阀、量油孔等金属附件，应做电气连接并接地，接地电阻不宜大于 10Ω，并应和电气设备的接地装置共用。但是此接地装置与独立避雷针接地装置之间的距离应满足规定要求。接地干线与防雷电感应接地装置的连接不应少于两处。

④ 地上非金属油罐，应装设独立避雷针(线)，油罐的金属附件和罐体外露金属件应做电气连接并接地，当电气连接有困难时，整个罐顶应采用直径不小于 8mm 的圆钢做成不大于 6m×4m 的网格加以铺盖并接地。这一接地装置和独立避雷针接地装置不能合用，并应保持规定的距离。

(3) 储存可燃油品的钢油罐，不应装设避雷针(线)，但必须做防雷接地。

(4) 装于地上钢油罐上的信息系统的配线电缆应采用屏蔽电缆。电缆穿钢管配线时，其钢管上、下两处应与罐体做电气连接并接地。

(5) 油罐上安装的信息系统装置，其金属的外壳应与油罐体做电气连接。

(6) 甲、乙类油品(原油除外)作业场所，如地面储罐的上罐扶梯入口处、人工洞石油库的洞口处以及覆土油罐的入口处等，应设置专用的导静电手握体或手柄，手握体或手柄应可靠接地。在一级场所及油罐上作业时，应穿防静电鞋和防静电服。

2. 人工洞石油库防雷系统设计

储存易燃油品的人工洞石油库，应采取下列防止高电位引入的措施：

1. 进出洞内的金属管道从洞口算起，当其洞外埋地长度超过 $2\sqrt{\rho}$m(ρ 为埋地电缆或金属管道处的土壤电阻率，Ω·m)且不小于15m时，可仅在进入洞口处做一处接地。在其洞外部分不埋地或埋地长度不足 $2\sqrt{\rho}$m时，除在进入洞口处做一处接地外，还应在洞外做两处接地，接地点间距不应大于50m，接地电阻不宜大于20Ω。

(2) 电力和信息线路应采用铠装电缆埋地引入洞内。洞口电缆的外皮须与洞内的油罐、输油管道的接地装置相连。若由架空线路转换为电缆埋地引入洞内时，从洞口算起，当其洞外埋地长度超过 $2\sqrt{\rho}$m时，电缆金属外皮可仅在进入处做接地。当埋地长度不足 $2\sqrt{\rho}$m时，电缆金属外皮除在进入洞口处做接地外，还应在洞外做两处接地，接地点间距不应大于50m，接地电阻不宜大于20Ω。电缆与架空线路的连接处，应装设过电压保护器。过电压保护器、电缆外皮和瓷瓶铁脚，应做电气连接并接地，接地电阻不宜大于10Ω。

(3) 人工洞石油库油罐的金属通气管和金属通风管的露出洞外部分，应装设独立避雷针，管口上方2m应在保护范围内，避雷针的尖端应设在爆炸危险空间之外。避雷针(网、带)的接地电阻，不宜大于10Ω。独立避雷针应有独立的接地装置，每一引下线的冲击接地电阻不宜大于10Ω，接地装置至埋地金属管道的距离应符合下式的要求，但不得小于3m。

$$S_{e1} \geqslant 0.4R_i$$

式中 S_{e1}——接地装置至埋地金属管道的距离，m；

R_i——避雷针接地装置的冲击接地电阻，Ω。

3. 油库信息系统防雷系统设计

(1) 石油库内信息系统的配电线路首、末端需与电子器件连接时，应装设与电子器件耐压水平相适应的过电压保护(电涌保护)器。

(2) 石油库内的信息系统配线电缆，宜采用铠装屏蔽电缆，且宜直接埋地敷设。电缆金属外皮两端及在进入建筑物处应接地。当电缆采用穿钢管敷设时，钢管两端及在进入建筑物处应接地。建筑物内电气设备的保护接地与防感应雷接地应共用一个接地装置，接地电阻值应按其中的最小值确定。

(3) 石油库的信息系统接地，宜就近与接地汇流排连接。

4. 油品泵房(棚)防雷系统设计

(1) 易燃油品泵房(棚)的防雷，应符合下列规定：

① 油泵房(棚)应采用避雷带(网)。避雷带(网)的引下线不应少于两根，并应沿建筑物四周均匀对称布置，其间距不应大于18m。网格不应大于10m×10m或12m×8m。

② 进出油泵房(棚)的金属管道、电缆的金属外皮或架空电缆金属槽，在泵房(棚)外侧应做一处接地，接地装置应与保护接地装置及防感应雷接地装置合用。

(2) 可燃油品泵房(棚)的防雷，应符合下列规定：

① 在平均雷暴日大于40d/a的地区，宜装设避雷带防直击雷。避雷带的引下线不应少于两根，其间距不应大于18m。

② 进出油泵房(棚)的金属管道，电缆的金属外皮或架空电缆金属槽，在泵房(棚)外侧应做一处接地，接地装置宜与保护接地装置及防感应雷接地装置合用。

油品泵房(棚)防雷系统设计方案如图5－22和图5－23所示。

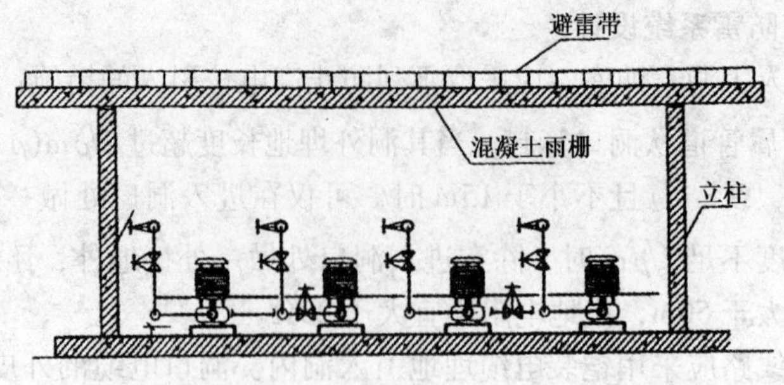

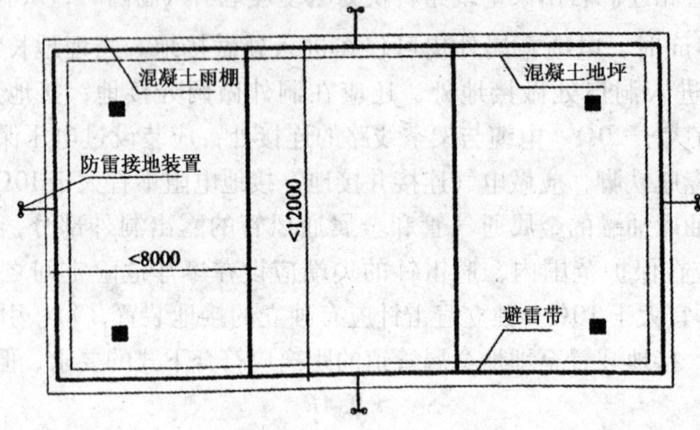

图 5－22　油品泵房(棚)防雷系统设计

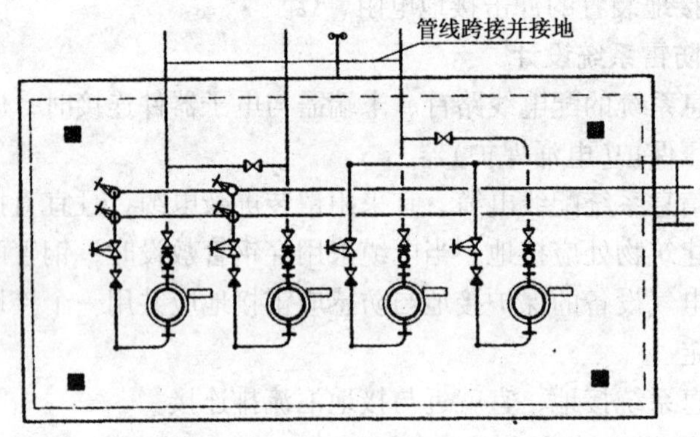

图 5－23　油品泵房(棚)进出管线防雷接地

5. 鹤管及栈桥防雷系统设计

装卸易燃油品的鹤管和装卸油栈桥的防雷应符合下列规定：

(1) 露天装卸油作业的，可不装设避雷针(带)。在棚内进行装卸油作业的，应装设避雷针(带)。避雷针(带)的保护范围应为爆炸危险 1 区。

(2) 进入装卸油作业区的输油管道在进入点应接地，接地电阻不应大于 20 Ω。

(3) 铁路油品装卸栈桥的首、末端及中间三处，应将钢轨、输油管道、鹤管、钢栈桥等相互作电气连接并接地。

6. 供配电系统防雷系统设计

石油库生产区的建筑物内 400V/230V 供配电系统的防雷应符合下列规定：

(1) 当电源采用 TN 系统时，从建筑物内总配电盘(箱)开始引出的配电线路和分支线路必须采用 TN－S 系统。

（2）建筑物的防雷区，应根据现行国家标准《建筑物防雷设计规范》划分。工艺管道、配电线路的金属外壳（保护层或屏蔽层），在各防雷区的界面处应做等电位连接。在各被保护的设备处，应安装与设备耐压水平相适应的过电压（电涌）保护器。

7. 输油管道防雷系统设计

（1）在爆炸危险区域内的输油管道应采取下列防雷措施：

① 输油管道的法兰连接处应跨接。当不少于 5 根螺栓连接时，在非腐蚀环境下可不跨接。

② 平行敷设于地上或管沟的金属管道，其净距小于 100mm 时，应用金属线跨接、接点的间距不应大于 30m。管道交叉点净距小于 100mm 时，其交叉点应用金属线跨接。

（2）地上或管沟敷设的输油管道的始端、末端、分支、变径、阀门等处以及直线段每隔 200～300m 处，应设置防静电和防感应雷的接地装置。防静电接地装置可与防感应雷的接地装置合用，接地电阻不宜大于 30 Ω，接地点宜设在固定管墩（架）处。

第四节　油库油气中毒事故预防

石油产品由烃类化合物及少量非烃化合物组成，对人体有不同程度的毒性。因此，为了保护油库工作人员的身体健康，为劳动者创造一个良好的工作环境，有必要采取积极的措施，预防中毒事故的发生。

一、油料及其他有害物质的毒性

1. 油料

研究表明，各种烃类化合物都具有一定的毒性，而且不饱和烃和芳烃比饱和烃的毒性更大。一般来说，汽油和煤油（特别是裂化汽油）中的烯烃和芳烃较多，因此毒性大。此外，汽油有较大的挥发性，易于从呼吸道侵入人体而引起中毒，而且能溶解皮脂，从皮肤侵入人体，使人体器官受害，引起急性和慢性中毒。当空气中汽油蒸气的含量达 0.03%（体积）时，就会闻到它的气味；当空气中油蒸气含量为 0.28% 时，经过 12～14min，人就会感到头昏；当空气中油蒸气含量达到 1.13%～2.22% 时，会发生急性中毒，使人难以支持，当达到 350mg/m^3 时，就会使人迅速失去知觉。油料蒸气慢性中毒会使人出现头晕、思睡及疲倦等症状。若皮肤经常与油料接触，则会出现脱脂干燥、裂口、皮炎及局部神经麻木。若油料进入口腔或落到眼睛黏膜上，则会使黏膜枯萎。汽油蒸气对人体的危害性如表 5－6 所示。

表 5－6　汽油蒸气对人体的危害性

可燃气体测试仪刻度	浓度/（mg/m^3）（质量）	浓度/%（体积）	作用结果
1	500	0.01	无现象
2	1000	0.02	2h 内眼睛受到刺激，出现头晕、目眩
4	2000	0.04	1.5h 内眼睛、鼻子、喉咙受到刺激，出现失常；喉咙受到刺激，出现失常
14	7000	0.14	15min 内出现"喝醉酒"症状
20	10000	0.2	喝醉酒症状很快出现，时间延长，失去知觉，出现死亡
40	20000	0.4	瘫痪（死亡）很快出现

2. 四乙基铅

车用汽油及部分航空汽油通常加有四乙基铅和溴乙烷等组成的混合液，以提高辛烷值，改善抗爆性。四乙基铅能溶于脂肪和类脂体内。其毒性作用主要是使人体含类脂体最丰富的中枢神经系统的机能发生障碍，另外，还可能引起贫血。

四乙基铅是一种积蓄性毒物，积蓄到一定数量后才发现中毒。中毒的严重程度，随人体内含铅量、每次吸铅数量、排铅能力和人体健康程度的不同而异。一般情况下，铅进入人体后，严重的经 10 ~ 12 小时，轻微的经过 6 ~ 8 天才会生病。

慢性中毒的症状是头痛、失眠、食欲不振、精神兴奋和体质虚弱等。急性中毒的症状是视觉、听觉错乱、性格改变、记忆力衰退、周身震颤或个别肌肉群痉挛、语言困难等，甚至精神失常。慢性和急性中毒最典型的症状是好象有毛、发、线等沾在舌头下的感觉。脉搏缓慢，血压及体温下降。严重中毒时，神态不清，行动无拘束，突然痉挛，手足忙乱等。

3. 沥青

沥青有石油沥青、页岩沥青、煤焦油沥青和天然沥青四种，其中以煤焦油沥青的毒性最大。沥青常用于油库中管道等防腐以及建筑物的防水处理等。沥青组成复杂，将其加热至200℃左右时，会放出大量的蒸气和挥发物，其毒性主要表现在对皮肤、黏膜、上呼吸道的刺激作用和光感作用。因此，在熬煮和涂刷时，尤其是在夏季日光下操作，更易引起急性皮炎。主要症状通常是人体裸露部分如面、颈、背及四肢等部位出现红斑、肿胀、水泡及眼结膜炎等皮炎症状。

4. 合成树脂

合成树脂涂料如环氧树脂、酚醛树脂等是油库设备设施防腐所采用的主要涂料品种，这些涂料也具有一定的毒性，主要是易刺激皮肤和呼吸道而引起皮炎、皮肤骚痒及慢性咽炎。

5. 苯、甲苯、二甲苯

苯、甲苯、二甲苯在油库中主要用作防腐涂料的溶剂或稀释剂，其毒性较大，且具有易挥发、易燃、蒸气扩散远、能与空气混合形成爆炸性混合物等特点。人吸入后，急性中毒能导致中枢神经系统麻醉，慢性中毒主要损害造血系统。最高容许浓度：苯为 $40mg/m^3$；甲苯、二甲苯为 $100mg/m^3$。

二、油气中毒的症状

在油库工作中，大都有过油味很大的头痛及油气很浓刺眼的体验。在这种环境中工作，如不及时通风或离开现场，就有油气中毒的危险，甚至造成中毒死亡。

(1) 在油气浓度大于 $300mg/m^3$ 的环境中长期工作，就会逐渐引起慢性中毒。其症状是贫血、头痛、精神萎靡、易疲乏、易瞌睡或失眠、体重下降等。另外，受油气刺激还会引起眼黏膜慢性炎症，喉头、支气管、声带等呼吸系统发炎，嗅觉变坏。

(2) 在油气浓度 $500 \sim 1000mg/m^3$ 的环境中时间不长，就会出现头痛、咽喉不适、咳嗽等症状，进而发展到走路不稳、头晕、精神紊乱等急性中毒症状。急性中毒初期还出现体温下降、脉搏缓慢、血压下降、肌肉无力等症状。

(3) 在油气浓度 $3500 \sim 4000mg/m^3$ 或更高浓度的环境中，在极短的时间内（3 ~ 5min）就会失去知觉、抽搐、瞳孔放大、呼吸减弱，直至停止呼吸。

(4) 汽油会溶解皮肤表面油脂。油库工作者大多有过汽油洗手或手沾上汽油的经历。手沾汽油后，汽油很快蒸发，皮肤变白而干燥，甚至产生裂口。有的接触了汽油的皮肤还会发炎或出现湿疹等慢性皮肤病。

（5）含铅汽油接触皮肤，汽油和四乙基铅可通过皮肤渗入人体。据资料介绍，双手浸入汽油5min，血液中汽油含量就会有0.5mg/L，15min之后，含量达31mg/L。一般人体内无积存汽油的条件，汽油可通过肺部迅速排出体外。但四乙基铅则积蓄在人体内。另外，皮肤接触汽油后，汽油蒸发四乙基铅残留于皮肤上，如吸烟、喝水、进食等，四乙基铅便通过食道进入人体，久之会造成铅中毒。其症状是容易疲乏、鼻孔出血、头痛、消瘦，血压下降等。

三、易发生油气中毒的场所

据测试，油库收发油作业排出的油气混合气体中，油气含量为500～1200g/m³。工作场所的安全油气浓度为300mg/m³。这就是说，收发油作业排放气体中含油气量为安全含量的1667～4000倍。在油库作业现场空气中油气极易超过安全界线，有造成中毒或中毒事故的危险。

（1）洞式油库中储输油设备渗漏或收发油作业通风不良时，易造成油气积聚，可能发生油气中毒。

（2）测量油罐储量时，打开测量孔的瞬间，可能发生油气中毒。特别是洞室油罐，以及无风测量或位于下风方向测量，具有更大的危险性。

（3）呼吸阀附近，特别在收油作业时，具有较大的油气浓度，久停此地可能造成油气中毒。

（4）油泵房、灌装间、阀井、管沟、桶装油库房等场所，如设备渗漏、通风不良时，容易积聚油气，是容易发生油气中毒的场所。

（5）清洗油罐、检修储输油设备，发生跑、溢、滴、漏油的场所，以及着火爆炸事故处理过程中，容易发生中毒或中毒事故，尤其是清洗油罐时发生中毒事故较多。

（6）油库设备涂装作业时，易发生涂料中毒事故。

综上所述，凡是易于逸散积聚油气的场所，如油船、油槽车、油罐车、真空泵、高位罐、回空罐、储油罐等油蒸气产生源附近，通风不良的罐室、巷道、灌装间、泵房、检查井和阀井、管沟等，易于积聚油气；储过油品的罐内作业时，更易发生油气中毒或中毒事故。

四、毒物进入人体的途径

油料及其他有害物质只有进入人体并与人体的新陈代谢发生作用后，才能对人体造成伤害。研究毒物进入人体的途径，可以为预防中毒事故发生寻找到有效办法。毒物进入人体主要有以下三条途径：

（1）通过呼吸道吸收。油蒸气、有机溶剂等气体、蒸气毒物可以通过呼吸道进入人体而引起中毒。呼吸道是油库生产过程中毒物进入人体的主要途径。

（2）通过皮肤吸收。油库中的某些毒物，如四乙基铅、沥青等，可以通过人的表皮毛孔、汗腺、皮脂腺等侵入人体，皮肤吸收后不需经肝脏而直接进入血液循环系统，分布到全身，引起中毒。

（3）通过消化道吸收。消化道吸收可发生在口腔黏膜、胃、小肠等部位，而以小肠吸收为主，油库中由于消化道吸收而引起中毒的事故较少见。主要原因是由于不遵守操作规程和不良卫生习惯，如用嘴吸汽油、接触毒物后未清洗口腔就吸烟、进食等。

五、预防油气中毒的基本措施

(1) 加强对油库作业场所的管理和检查监督，对工作人员加强防毒安全教育，定期测定作业场所内空气中有毒气体含量，使其不超过规定的最大允许浓度。

(2) 加强对储输油设备的管理，使其处于完好状态，做到不渗漏，减少空气中油蒸气的浓度，特别应防止含铅汽油的跑、冒、渗、漏。

(3) 加强工作场所的通风管理，充分利用自然通风和机械通风，将泵房、灌桶间、桶装库房以及储油洞库等易于积聚油气场所的有害气体及时排放到安全地带，减少这些场所有害气体的积聚，降低工作场所的油气浓度。

(4)严禁用嘴从胶管内吸取油料，禁止用含铅汽油洗手、洗机械零件、洗衣服或其他日常生活需要。

(5)收发油作业时，应穿戴工作服和手套，并站在顺风向的上方，避免油料洒在皮肤或衣服上。作业中如需进食、饮水等离开现场，应用热水和肥皂洗漱后，在指定地点进行。作业结束后，应对沾有含铅汽油的工具、器材、工作服等及时消毒处理。金属工具、器材可用煤油或洗涤汽油进行擦洗，皮肤、衣物可用1∶3 的漂白粉水溶液进行消毒，再用肥皂水进行洗涤。消毒用的抹布、锯末以及从罐底清出的含铅沉淀物等，应选择安全地方将其埋掉。工作完毕后，脱下的工作服等应在专门地点保管，不准穿工作服回宿舍、吃饭等。吃饭、抽烟前必须用热水和肥皂仔细洗浴，养成良好的卫生习惯。

(6) 量油、取样及监视罐(车)内液面应站在上风方向或侧风方向。

(7) 从事含铅汽油作业的人员，不宜吸烟、饮酒，因为它们会刺激神经系统，加速铅在人体的溶解，且不易排铅。要定期检查身体，及时治疗中毒病状。

(8) 油罐清洗作业前，应检测罐内油气浓度，如果罐内油气浓度超过爆炸下限的1%，则进罐作业人员应装备整套的防护衣服、靴子和手套，以及佩戴合适、质量合格的通风防毒装具，并系好安全绳。如无可靠的防护措施禁止入罐作业。如果罐内油气浓度超过该油品爆炸下限的40%时，即使有可靠的防护措施，也不宜进罐作业。在任何情况下进入含铅汽油罐作业均应着防护服装及佩戴通风防毒装具。英国石油学会《销售安全规范》3.8.1“油罐内的工作条件”规定如表5-7 所示。

表5-7　英国石油学会《销售安全规范》3.8.1“油罐内的工作条件”规定

可燃气体测试仪刻度	浓度/(mg/m^3)(质量)	浓度/%(体积)	工作条件
1以下	500	0.01	不必配戴呼吸器具
	500	0.01	不配戴呼吸器具短时间内工作是安全的
1~4	500~2000	0.01~0.04	
4~25	500~2000	0.01~0.04	不配戴呼吸器具不安全，并应注意使用不产生火花的工具
25	25000	0.25以上	除特殊情况外，不准进入作业

通常应分组进罐作业，每次作业时间一般不超过15min。罐外人孔设有专人监护，并与罐内作业人员经常保持联络。每次进罐作业前，都应对通风防毒装具进行检查、试验、清洗、消毒，并检查风管连接是否可靠。

(9) 在泵房、库房、管沟以及洞库等场所进行涂装作业时，应充分利用自然通风和机械通风，尽量排出油气及其他有害气体，防止积聚。同时，针对各种涂料的不同毒性，采取相应的防护措施，进入罐内或洞库油罐间内涂装作业时，应配备必须的劳动防护用具，如口罩、防毒口罩、橡胶手套、工作服、防护鞋等；加强劳动保护及安全教育，提高自我保护能力，掌握有关的防护知识；对长期担当涂料工作的操作人员应定期体检，发现症状及时对症治疗；改善操作工艺，减少刷涂红丹，少用喷涂，以减少飞沫及气体吸入人体，操作时站在上风向。

(10) 加强对防毒面具的检查维护，确保防毒面具质量完好、安全可靠。

六、中毒人员的急救处理

当油库发生急性中毒事故时，应立即组织救护，救护者在进入有毒区域之前，如进入油罐内，首先应做好个人防护措施。否则，由于匆忙没有采取安全可靠的防护措施，不但不能救起中毒者，还可能使救护者中毒，导致事故扩大。同时，应尽快查明毒物来源，采取有效的措施。

当中毒者被救出后，应立即将中毒者抬到空气新鲜的地方，松开衣领，解开扣子、腰带等(冬天要注意防冻)，以保证呼吸畅通。若失去知觉，应使其闻氨水、渴浓茶(不能喝酒)，进行人工呼吸，随后急速送往医院治疗。

汽油中毒急救方法：汽油中含有芳香族烃、不饱和烃类、硫化物均有毒性，此外添加防震剂四乙基铅则具有强烈毒性。当发生汽油中毒事故后，应采取以下急救措施：

(1) 立即向“120”急救中心呼救；

(2) 使中毒者脱离中毒环境，并去除污染衣裤鞋袜；

(3) 静卧、保暖、吸氧；

(4) 地塞米松静脉滴入；

(5) 抗生素防肺部感染；

(6) 口服中毒者立即服色拉油 200mL 以减少吸收，若口服汽油量较多时，可用色拉油洗胃。

七、油罐清洗作业防中毒

油罐在储存油品的过程中，罐底及内壁随着时间的推移会附着许多油污垢，它会影响油品质量，造成油品质量下降，不及时清除会加速油罐底板及底部圈板的腐蚀，降低油罐使用寿命，而且由于罐底杂质和水分增多，容易产生静电积聚，甚至造成静电事故。因此，油罐清洗作业是油库的一项经常性工作。

油品及其油蒸气都具有一定的毒性，特别是含硫油品及加铅汽油对人的毒性更大。油蒸气主要通过人的呼吸系统和皮肤进入人体，使人体器官因受害而发生急性和慢性中毒。清洗油罐时，尽管油罐经过通风和吹扫作业，但仍然不能全部清除罐内的油气混合气，因此，若操作中不注意做好防护措施，仍然可能发生中毒事故。为了保证人身安全，在清洗油罐作业中应该做到以下几点。

(1) 所有与油罐相连的阀门(包括膨胀管)必须加盲板断开，绝不允许用关闭阀门来代替盲板。

(2) 应对要进入的油罐进行气体检测取样分析，使有毒有害物质不超过国家规定，保证设备内部任何部位的可燃气体浓度合格（测试仪器必须采用两台以上相同型号规格的防爆型可燃气体测试仪），内浮顶油罐尤其要注意测试浮盘的上方以及密封圈的周围。

（3）明确监护人和作业人员，并制定每个人的岗位职责。每次作业前，施工负责人要对监护人和作业人员进行安全教育。主管部门对参与清洗油罐的人员必须进行有关防油气中毒和安全知识的短期培训，从而提高洗罐人员作业技术水平和自身保护，避免中毒的安全意识，为做好油罐清洗工作打下较好的基础。

（4）油罐出入口内外不得有任何障碍物，应保证畅通无阻。清罐现场应悬挂警示牌，禁止与清罐作业无关人员进入现场。

（5）每次进罐前和作业期间，应定时进行油气浓度的测试，确保油气浓度在规定的范围内。当作业场所的油气浓度超过该油品爆炸下限的40%时，严禁进入油罐清洗作业。气体检测应沿油罐圆周方向进行。特别要注意易于积聚油气的低洼部位和死角，对于浮顶罐还应测试浮盘上方的油气浓度，每次通风前即使是间歇通风后再通风都应认真进行油气浓度的测试，在正常作业中每8h内不少于两次，并应做好记录。

（6）进罐人员必须穿戴防毒面具、信号绳和保险带，进罐时间不宜过长，一般以15～20min为宜，不允许长时间在罐内作业。经测量罐内油气浓度低于300mg/m^3，持续24h不再上升时，作业人员方可不戴防毒面具进罐操作，但罐外要指定专人监督，并要继续检测罐内油气浓度的变化情况，发现问题应立即处理，不得迁就作业和带险作业。

（7）含铅汽油罐，在任何油气浓度下进罐进行操作的人员都必须穿戴好防毒面具、防护帽和整体防护服装。清罐时使用的防毒面具有隔离式防毒面具和压缩空气型防毒面具。

（8）参加油罐清洗的工作人员，每天下班或饭前，应在指定地点更衣洗澡，防止毒从口入。

（9）呼吸器具每次使用前应做详细检查、试验、清洗和消毒。器具的规格和配戴要合适，并要保证使用性能的良好性。

（10）对于那些不适宜清洗油罐作业的人员，要严格禁止其进行洗罐作业。这些人员主要包括：处在经期、孕期和哺乳期的女工；有聋、哑、呆等生理缺陷的人；患有深度近视、癫痫、过敏性气管炎、哮喘、心脏病、高血压等其他慢性疾病者。同时对外伤疮口尚未愈合者也禁止参与洗罐作业。

八、油库涂装作业防中毒

涂料产品不仅易燃易爆，而且还含有对人体中枢神经系统、呼吸系统等有严重刺激和破坏作用的有机溶剂和其他化学物质。常引起头痛、恶心、胸闷等症状，长期接触可引起食欲减退和造血器官损伤而慢性中毒。因此，涂装作业时应采取相应的防中毒措施。

（1）加强防毒安全教育。使作业人员了解涂料的毒性及危害，以及中毒后的急救方法等科学知识。认真贯彻防毒措施，搞好个人劳动保护。同时，还应克服恐惧心理，以科学的态度，采取科学的措施，避免中毒事故的发生。

（2）涂料对人体的危害，除了通过呼吸道以外，还可以通过皮肤和胃的吸收而中毒。长期接触涂料及溶剂能溶去皮肤上的脂肪，造成皮肤干燥、开裂、发红，并引起皮肤病。因此，在涂装过程中最好不要用手直接接触涂料和溶剂。若皮肤上沾有涂料时，不要用苯类、酮类溶剂擦洗，可以用皂(由25份肥皂，10份乙酸丁脂，55份高岭土和10份糠麸混合调制而成)或去污粉、肥皂水及少量松香水的混合物洗涤。

(3) 严格限制挥发性有机化合物蒸气在空气中的浓度。涂装作业场所必须安装通风设备，保持空气流通，保证涂装场所中有机溶剂蒸气在空气中的含量低于最高允许浓度。作业人员应搞好个人防护，佩戴口罩、防毒面具等个人防护用品。

(4) 采取科学的施工方法。综合考虑涂料的性质、作业场所等因素，确定合适的施工方法。如含有红丹、铅铬黄等有毒颜料的涂料，能引起急性和慢性铅中毒，由于有剧毒，所以不宜采取喷涂的方式。又如对地下或山洞内油罐、管路等设备涂装作业，由于通风条件差，应采用刷涂的方法施工较合适。

(5) 搞好涂装过程中的监护工作。涂装作业时，应指定专门的监护人员，尤其是进入油罐内作业时，人员不要太多，作业时间不要太长，罐外至少应留有2人进行监护，进罐人员必须采取可靠的防护措施、罐内外应有可靠的联络手段，一旦发生事故能采取紧急措施将人员救出，并及时组织抢救。对高处作业人员，应防止中毒后从高处摔下。

(6) 做好善后工作。每次作业完毕后，工作服等应放在指定地点，专门保管，不得穿工作服回家或穿工作服吃饭。作业完后，应用肥皂洗手或用漂白粉消毒。

(7) 对长期担当涂料工作的操作人员应定期体验，发现症状及时对症治疗。

第五节　油库设备损坏事故预防

一、防止油罐吸瘪的措施

油罐内部的正负压力的调节是由呼吸阀进行的，若由于设计或使用方面的问题，造成油罐的呼吸不畅，则在油罐验收、发油或气温聚降时就会发生油罐吸瘪。吸瘪的部位多发生在油罐的顶部，轻则引起油罐变形，重则引起油罐严重凹瘪，不能继续使用，影响油库的正常工作，而且修复油罐也是比较麻烦的。因此，在油罐的日常管理上，应严格遵守操作规程，防止事故的发生。防止油罐吸瘪的措施主要有：

(1) 地面立式油罐和半地下立式油罐的呼吸系统，一般由呼吸短管、阻火器和机械呼吸阀组成，在寒冷地区通常采用全天候防冻机械呼吸阀或采用普通机械呼吸阀与液压呼吸阀并联。凡是储存轻质油品的地面、半地下立式油罐，都必须独立安装阻火器和机械呼吸阀，且必须安装在露天场所。

(2) 坑道式油罐的呼吸系统主要由呼吸管、排渣口、U形压力计、管道式呼吸阀、大呼吸控制阀、放液栓、绝缘短管、阻火器等组成。呼吸系统的安装要求是：从立式油罐顶部接出的呼吸管沿罐壁伸向地面，在其下端安有排除锈渣的排渣口；在排渣口的上面是水平的呼吸管，其上接有U形压力计，压力计后面并列安装有管道式呼吸阀和大呼吸控制闸阀；呼吸总管在低凹处应设置放液栓；呼吸管出口顶端安装阻火器和防雨防尘罩，距洞口水平距离不少于20m；在洞口内侧处串联有一节绝缘短管，以防雷电危害。

(3) 油罐呼吸阀的呼吸量应与油罐进出油流量相匹配。按油罐的收发作业流量，选用相应的机械呼吸阀规格。具体见表5－8。

表 5-8 机械呼吸阀选择表

油罐的收发量/(m^3/h)	呼吸阀数量/个	呼吸阀口径/mm
≤25	1	50
26~100	1	100
101~150	1	150
151~250	1	200
251~300	1	250
>300	2	200

(4) 计算机械呼吸阀负压阀盘的重量和检测油罐负压时，应考虑阻火器压降的影响，因为油罐上的机械呼吸阀与阻火器串联安装在一起。

(5) 对于洞库油罐，其承受的正负压力除与油罐的材质、结构、施工质量等有关外，还与收发油时呼吸管路的总摩擦阻力有关。如果呼吸管路总摩擦阻力增大，发油时油罐呼吸阻力增大，吸气量减少，就可能使油罐真空增大而吸瘪。

(6) 机械呼吸阀的阀盘椭圆度及导杆的偏心度，要求不应超过 0.5mm，安装必须垂直，其水平面倾斜误差为 ±1mm。

(7) 要保证呼吸管路的设计坡度最小不得少于 3‰，并在最低处设置放水阀。

(8) 安装在呼吸管路上的所有附件，都要经过检查试压，呼吸管路不仅要做强度、严密性试验，最后还应进行吹扫。呼吸阀、阻火器等设备的安装应在吹扫工作之后进行。

(9) 在日常管理中，要保证呼吸管路的完好、畅通，并做好防护工作。除了防火、防冻外，还要防止昆虫、禽、兽做巢堵塞。

(10) 在维护保养呼吸阀时，不得在机械呼吸阀的阀盘与阀座、导杆与导杆套加润滑油。

(11) 要定期对呼吸阀压力进行校正，特别是使用年限较长的油罐，呼吸阀的负压值应适度降低。

(12) 液压安全阀由液封油品密度和高度决定其控制压力。添加、更换液封油品时允许高度超限，或者使用不同密度的油品而未计算注液高度，都会使罐内压力超限而影响油罐安全运行。另外，液压安全阀底部积水不及时排除，或使液封高度增加，或冬季结冰也会影响其安全运行。

(13) 定期清理、吹扫呼吸阀、阻火器或呼吸管路，以防其堵塞。

(14) 对埋地式和管沟式洞库油罐呼吸管道应进行改装，尽量安装在地面上，以方便检查和操作。

(15) 可在呼吸管路上安装真空度警报装置。

(16) 如果已经发生了油罐被吸瘪的情况，要冷静正确的处理，要做到慢慢打开检尺口，关闭出(入)口阀门，停止收发油作业。对于洞库油罐，应立即停止收发油作业，查找原因。如果是呼吸阀失灵或堵塞，可以慢慢打开放水阀，放入空气，平衡罐内压力；如果是呼吸管道积油或积水造成了堵塞，应慢慢排除呼吸管内的油料或水，逐渐使罐内外压力达到平衡。从以往发生事故的情况分析，在发生了油罐被吸瘪事故后，不要慌张，应及时报告，查清原因，冷静处理，防止引发二次事故。

(17) 加强油罐各种附件的检查维护。

油罐主要附件的检查周期见表 5-9。

表 5-9　油罐主要附件的检查周期表

附件名称	检查周期
人孔及采光孔	每月一次(不必打开)
量油孔	每月不少于一次
机械呼吸阀	每月两次，气温低于0℃时，每次作业前均应检查
液压呼吸阀	每季度一次
阻火器	每月两次，气温低于0℃时，每次作业前均应检查
通风管	每季度一次，冰冻季节每月一次
活门操纵装置	结合清洗油罐进行
升降管	结合清洗油罐进行
放水阀	每季度一次和清洗油罐时
进出油阀门	每年不少于一次和清洗油罐时
消防泡沫室	每月一次
加热器	每年冰冻期前检查一次，冬季每月一次
接地装置	每季度一次

油罐主要附件的检查维护内容见表5-10和表5-11。

表 5-10　油罐主要附件的检查维护表

序号	附件名称	检查内容	维护内容
1	阻火器	波纹板是否清洁畅通，有无冰冻，垫片是否严密，有无腐蚀现象	清洁波纹板，螺栓加油保护
2	通风管	防护网是否破损	清洁防护网
3	活门操纵装置	试验灵活性，检查填料函是否渗漏，检查钢丝绳是否完好	活动关节加油润滑，上紧并调整填料，必要时更新钢丝绳及填料
4	放水阀	试验转动灵活性，填料函处有无渗漏，检查内部放水管段的完整情况	如活门不灵，卸下整修，修整填料函，冬季要放净管内积水
5	罐前阀	检查填料函是否渗漏，检查阀体的内部	螺杆加油润滑，清除底部积污，发现关闭不严及时更换
6	人孔、采光孔	是否渗油、漏气	
7	量油孔	盖与座间密封垫是否严密	密封垫每3年更换一次，板式螺帽及压紧螺栓活动关节处加油
8	机械呼吸阀	阀盘和阀座接触是否良好，阀杆上下的灵活情况，阀壳网罩是否完好，有无冰冻，压盖衬垫是否严密	清除阀盘上的灰尘、水珠，螺栓加油，必要时调换阀壳衬垫
9	液压呼吸阀	从外面检查保护网是否完好，有无巢窝，测量液面高度	清洁保护网，添注油品，清洁阀壳内部，必要时更新油品
10	消防泡沫室	玻璃是否破裂，有无油气泄出，护罩是否完好	换装已损玻璃，调整密封垫，修理护罩
11	加热器	阀门有无漏气，油水分离器性能是否良好，排水有无带油现象。检查内部支架有无损坏，管道接头外部检查	清理油水分离器积污，不使用时应打开排水阀，每年冰冻期前按试验压力作水压试验

表 5－11　内浮顶油罐主要附件的检查维护表

序号	附件名称	检查内容	维护内容
1	带芯人孔	芯板弧度必须同罐壁一致，且边缘无尖角、毛刺，孔盖密封不漏	清理、除锈
2	浮盘人孔	盖板紧闭不漏	清理、除锈
3	量油导向管	导向部分转动灵活，间隙适宜	清理、除锈
4	自动通气阀	开关灵活，阀盖关闭时密封良好	清理、除锈
5	浮盘支柱	完好无严重锈蚀	清理、除锈
6	密封装置	密封胶带无折皱，无破损，密封良好	修理或更换
7	罐壁通气孔	金属网完好，防雨罩不漏水	更换
8	导静电装置	接地良好，对地电压为零	紧固或更换
9	自动检测报警装置	是否安全、可靠、准确	修理或更换

二、防止油库设备冻裂的措施

油库设备冻裂多发生于输油管、阀门和机动设备。主要是由于内部积水，气温变化结冰将设备胀裂。

（1）输油管道冻裂。输油管冻裂大都由于试压后未及时放水，或者排水不净，冬季结冰后胀裂、胀断；另一种情况是油品含水沉积于罐底进入排污管，结冰将有缝排污管焊缝胀开。这类情况虽然较少，但也忽视不得。另外，埋地输油管因不均匀下沉断裂。穿越道路未设套管断裂的情况也有发生。

（2）阀门冻裂的原因。阀门冻裂都是由于阀内积水造成。寒区、严寒区热力系统阀门冻裂较多，储输油系统的阀门也有冻裂的。冻裂的阀门基本都是铸铁阀。这里应指出的是油罐排污阀、灌装系统阀门，有不少采用铸铁阀门的，这是油库安全管理的隐患。

（3）机动设备冻裂的原因。油库常用的发动机油泵、空压机、车载泵等，由于间断性使用，或库存设备在试运转后未及时放水，入冬前又没有检查，冬季结冰胀裂的情况时有发生，在设备损坏中占有较大的比例。

油库设备冻裂都是由于设备内积水引起，解决办法就是入冬之前排水。凡是油库设备进行水压试验时，试验完成后应及时排水；库存设备试验运转后应马上将水排放，入冬前进行检查，在用机动设备入冬前检查排水，冬季使用后立即排水；油罐底部积水及铸铁阀门入冬前应检查排水；热力管道（指油品加热部分）入冬前应检查排水，冬季使用后应及时排水。总之，凡是易积存水的设备或部位，入冬前都应检查排水，必要时采取保暖措施。

三、油库设备防腐蚀措施

金属的腐蚀就是金属和周围介质发生化学反应或电化学反应而受到破坏的现象。金属的腐蚀不仅造成设备损坏，而且不利于自然资源和能源的保护，有时甚至酿成事故，危及人身安全。据统计，在一些工业发达国家，每年腐蚀生锈的钢铁约占其年产量的20%，约有30%的设备因腐蚀而报废。除了造成上述直接损失外，因腐蚀而造成的停工停产、效率降低，原料产品跑冒滴漏产生的污染以及人身事故等间接损失更是惊人。

油库设备多为金属设备，腐蚀对设备的破坏作用较大，尤其是处于洞库的设备和埋地敷设的管线等，由于其环境潮湿，腐蚀造成的油罐及管线的穿孔漏油、污染环境事故时有发生。如某油库库区有一条长达3784m的地下输油管线，由于施工质量差以及缺乏认真细致的检查验收，结果造成地下输油管道的腐蚀穿孔，在长达一年的时间内一直出现油料短少现象，但未引起重视，后经检查发现管道漏点，据初步计算，共漏掉喷气燃料59374kg；又如某油库$25m^3$卧式油罐底部锈蚀1个4mm小洞，由于平时测量不够，没有及时发现，后来发现海面有油，经检查方才发现油罐漏油，漏损轻柴油2767kg。

油库设备的腐蚀不仅造成设备的损坏，而且还影响油库的正常生产，造成设备的效率降低，影响油品质量，油料的跑冒滴漏还污染环境，危及人身安全，增大油库环境的危险性，这常常成为发生重大事故的导火索。

1. 油罐的腐蚀与防范措施

（1）油罐腐蚀现象及腐蚀机理。油罐罐壁的内外两面，罐底板与罐顶板的上、下两面都会发生腐蚀。只是腐蚀的原因和程度不同而已。油罐罐壁外面和罐顶板上面，若是地面油罐，直接与大气接触，经常受到雨、雪、霜、雾和潮湿空气的侵袭。在这种气候下，油罐上述部位将形成一层薄水膜。这类薄水膜中可能溶有酸、碱或盐类，形成电解液，发生电化学分解。但这种大气作用造成罐壁外面或罐顶上面的电化学腐蚀(电解层)是不均匀的，一般地说钢板凹陷处、焊缝处和其他易积水的部位比较严重些，其他部位则比较轻微。同时由于油罐罐体外部直接与大气接触，空气剧烈流动和受到日光直照，其电化学腐蚀容易缓解。地下隐蔽油罐和山洞内油罐，所处环境比较潮湿，特别是某些洞库油罐洞顶不断滴水，而这些水滴又往往含有酸、碱、盐、硫等化学成分，这类油罐所处环境又不易得到改变。因此，罐体外部的腐蚀程度要比地面油罐严重很多。

油罐底板的腐蚀程度要比罐体外部严重。油罐底板腐蚀常表现在以下部位：底板接缝处，因为原有的涂料往往在焊接时被烧毁，使金属直接暴露出来；罐底板周边处，是由于沥青封固不严浸入了雨水，或由于油罐基础不均匀沉陷，发生裂痕，进入空气或雨水浸入，造成了对底板的氧化腐蚀。

油罐罐体内部(包括罐壁内面、罐顶板下面和罐底板上面)的腐蚀，首先是由于油品含水含氧化物和金属表面直接接触空气所造成的化学腐蚀。油品中常含有一定的水分和氧、硫化合物，油罐在油品收发作业中形成的大呼吸使罐内的空气和水分不断通过呼吸阀得到补充。而正是油品中含的水分和氧、硫化合物以及罐内空间的空气和水分都是罐体内部金属表面氧化腐蚀的主要因素。汽油罐腐蚀最为严重，比一般重油罐要高出20倍。油品中的胶质能对罐壁起保护作用，汽油属精馏油品，含胶质少，因此储汽油罐腐蚀程度就严重。油品中含有的水溶性酸、碱和有机酸性物，也会对金属起腐蚀作用。某些油品中含有硫化氢，不仅能造成化学腐蚀，而且由于腐蚀物H_2SO_4存在还可能进一步造成电化学分解。某些轻质油料(如裂化汽油)中挥发出来的不饱和气态烃，对油罐罐体内表面也会起化学腐蚀作用。由此可见，金属油罐在使用中，其内部各部位都会发生腐蚀，只是程度不同而已。在一般情况下，内部腐蚀最严重的部位是经常不储油的顶部内表面和罐壁上部、油品上下变动频繁的罐壁部分以及油罐底板。经常被储油浸没的部分和不接触水分、空气的部分，腐蚀较轻。油罐各部位的腐蚀情况见表5－12。

表 5-12 油罐各部位的腐蚀情况

<table>
<tr><th colspan="2">腐蚀部位</th><th>油罐类型</th><th>腐蚀类型</th><th>主要影响因素及情况</th></tr>
<tr><td colspan="2" rowspan="5">油罐外部腐蚀</td><td rowspan="2">罐室油罐和掩体内油罐</td><td>大气腐蚀</td><td>受温度、湿度、大气成分等影响，湿度愈大腐蚀愈快；大气中含有尘埃、二氧化碳、硫和氮的氧化物、氯化物时腐蚀严重</td></tr>
<tr><td>渗漏水腐蚀</td><td>受渗漏水化学组成影响，一般含活性物多时腐蚀严重</td></tr>
<tr><td rowspan="2">地上油罐</td><td>大气腐蚀</td><td>湿度小，腐蚀轻</td></tr>
<tr><td>自然腐蚀</td><td>受雨、霜、露、雪等影响，腐蚀轻重主要决定于空气成分和尘埃含量</td></tr>
<tr><td>掩体油罐（含罐底）</td><td>土壤腐蚀</td><td>受土壤的成分、性质、电阻率及杂散电流的影响。通常比大气腐蚀严重</td></tr>
<tr><td rowspan="3">油罐内部腐蚀</td><td>储油部分</td><td>各类油罐</td><td>化学、电化学腐蚀</td><td>受油品中的腐蚀性物质、含气量等影响。腐蚀比较轻</td></tr>
<tr><td>气体空间</td><td>各类油罐</td><td>化学、电化学腐蚀</td><td>受空气中水分、尘埃、二氧化碳、硫和氮的氧化物，以及油品蒸发物等的影响，腐蚀比较严重</td></tr>
<tr><td>罐底内壁</td><td>各类油罐</td><td>化学、电化学腐蚀</td><td>受沉积物、沉淀水、锈渣等影响，腐蚀严重</td></tr>
</table>

某石油基地对油罐腐蚀情况进行了调查分析，该基地地处海边，自1976年投产以来，先后建成各类油罐95座，总容积$60\times10^4m^3$，大部分油罐投入使用前内壁用红丹粉、外壁用调和漆进行防腐处理，经测试，各种油罐不同部位的腐蚀速率如表5-13所示。

表 5-13 金属油罐不同部位的腐蚀速率 mm/a(a 为设计寿命)

油罐类别	罐底(内表面)	油相罐壁	油气或油水两相交界处	油罐项部
轻油油罐	0.1~0.2	≤0.1	0.3~0.5	0.3~0.4
重油油罐	0.2	0.1	0.3~0.5	0.3~0.4
石脑油罐	≤0.1	≤0.1	0.3~0.5	0.3~0.4
汽油罐	≤0.1	≤0.1	0.3~0.5	0.3~0.5
柴油罐	0.1	<0.1	0.1~0.2	0.12
渣油罐	0.1~0.2	0.1	0.1~0.2	0.2
重油罐	0.1~0.2	≤0.1	0.1~0.2	0.2
原油罐	0.2~0.3	0.1	0.2~0.3	0.1~0.2

从表5-13中可以看出，轻质油罐的腐蚀速率一般大于中、重质油罐的腐蚀速率；轻质油罐顶部气液相交界处腐蚀速率大于罐壁。另外，油罐气相部位的腐蚀一般为均匀腐蚀，而罐底则为不均匀的点蚀；油罐内壁比外壁的腐蚀速率高；当油罐所处环境空气湿度大，四季温差大，空气中氯离子、二氧化碳、硫化物含量高时，则油罐腐蚀速率大。罐底外表与土壤电解质接触，其腐蚀速率约为0.8mm/a。

（2）油罐常用的防腐方法。油罐腐蚀，不仅影响储油质量，而且是造成油罐损坏、缩短使用年限的主要原因。所以必须认真做好防腐工作。

由于油罐内部与外部的腐蚀机理有一定的差异，因而采取的防腐措施也不一样，理想的设计是各个部位同寿命。但由于具体情况差异很大，一般对油罐的内壁分为三部分，即底部、中部和顶部；罐体外部可分为两部分，即罐地板与底部及罐体侧部与顶部。

油罐常用防腐方法主要有：

① 在油罐内外壁表面涂刷防腐涂料。这是油库目前应用较多的防腐蚀方法。金属表面防腐蚀涂装与许多因素有关，如涂料的选择、涂料的质量、金属表面的处理质量、涂刷质量以及施工时的各种环境因素等。涂刷质量的好坏，直接影响到油罐的使用寿命。

② 对油罐除了涂刷防腐涂料外，还应采用牺牲阳极保护法。

③ 在油罐中投入少量的缓蚀剂，可以防止或减轻油罐内壁的腐蚀。但添加缓蚀剂的办法只适合于长期储存的油品，如果油品周转快，油底水也经常更新，要保持一定的缓蚀剂浓度，就必须不断地添加。否则，如果添加量不变，反而会使腐蚀情况更加恶化。

④ 做好洞库防潮工作。影响洞库潮湿的因素很多，主要有：洞内渗漏水；被覆层散湿；潮湿空气的进入；物质和人员带入洞库的水分等。解决的办法是：排水堵漏；通风降湿；密闭防潮；吸湿；涂防潮涂料等。

此外，用于油罐内壁防腐方法还有很多，如表面镀、渗相应的耐腐蚀材料等。近年来，油罐内壁制备喷铝复合涂层技术也已成熟，受到了用户欢迎。但当前国内油罐内壁多采用防腐涂料，因为成品油是高绝缘性物质，油料在流动、过滤、搅拌、喷射、灌注等过程中，可能产生静电荷，携带静电荷的流体进入储罐后，则发生电荷的积聚，引起电位的升高。该电位是否会上升到超过安全极限值，取决于油料中静电荷是否能够迅速释放，否则由于静电荷的积聚，可能发生火灾或爆炸事故。因此，所选涂料除应具有良好的耐油、耐水性、附着力强、柔韧性好、抗冲击、抗老化等性能外，还必须满足GB13346—92《液体石油产品静电安全规程》的要求。

为获取理想的油箱内壁涂料，近十几年来，我国许多科研生产单位进行了大量研究工作，取得了丰硕的成果。现已研制出近20种抗静电涂料，如1900聚氨脂导电漆、PU－91－2弹性导静防腐涂料、036—3导静电耐油防腐涂料、SFZ—909导静电防腐涂料、IIE52—5耐油防静电防腐涂料等。

油罐的设计寿命一般为20年，采用漆类防腐不能达到防腐层同油罐的设计寿命相一致，在我国的重腐地区，这类涂层的寿命仅为3～5年，甚至更短。因此近年来，能长效防腐的电弧喷涂复合涂层得到了广泛的应用，采用这种涂层可以做到防腐层同油罐的设计寿命相一致，大大节约油罐的维护费用，提高设备的利用率，减小由于设备维护造成的减产或停产。电弧喷涂复合保护层能够有效地保护储油罐的内壁，特别是阴极保护不能实现的部位，在油罐的内壁气相腐蚀部位，采用电弧喷涂锌做基础，外部涂覆抗静电封闭剂，在海洋大气及工业大气复合污染的环境下，采用铝醛复合涂层，能够使外壁获得长效抗腐蚀保护。

2. 油库管道的腐蚀与防范措施

油库输油管路无论是安装在室内、室外，还是安装在地上、地下或管沟内，都会由于与外界介质加大气、水分、土壤、油料接触，以及杂散电流的影响，不可避免地会发生化学或电化学腐蚀。管沟中的管路处于潮湿的环境中，一些有害气体易于溶入管路表面的水膜中，造成局部的电化学腐蚀，而埋地管路直接跟土壤接触，腐蚀非常严重。经过长时间的化学或电化学反应，各类管路的腐蚀和防腐层老化等问题会日趋严重，而且，油库在现阶段对地下管路无可靠的检漏技术。因此，输油管路由于腐蚀穿孔而出现的跑、冒、漏油事故时有发生，并由此引起火灾、爆炸、环境污染等问题，给企业和社会带来巨大损失。因此，加强输油管路的防腐工作，延长管路的使用寿命，对于防止跑漏油事故的发生具有重要意义。

目前输油管路的防腐主要采用涂料防腐和电化学防腐两种方法。涂料防腐的原理是将防腐涂料均匀致密地涂于已除锈的金属管道表面，使其与各种腐蚀环境相隔绝，切断电化学腐蚀的回路，以达到金属管道防腐绝缘的目的。

管道涂料防腐因管路布置方式的不同而各有特点，地面管道和管沟管路由于腐蚀较轻，多用红丹防锈漆打底，再用银粉漆或多色调和漆作为面漆防腐，而地下管道腐蚀比较严重，一般采用绝缘层防腐的方法。目前地下管路的防腐绝缘漆种类甚多，有沥青、聚氯乙烯包扎带、塑料薄膜涂层、酚醛泡沫树脂等。沥青层是地下管路应用较多的防腐材料，而塑料绝缘层由于强度高、弹性好、化学性质稳定，以及防水性、电绝缘性均较强等优点，是应该大力发展的防腐涂料。

电化学防腐法就是对被保护的金属管路进行外加阴极的极化处理，以减少或消除金属管路的腐蚀。电化学防腐法主要有两种：一种是牺牲阳极的阴极保护法，一种是外加电源的阴极保护法。

牺牲阳极的阴极保护法是在要保护的金属管道上连接一种电位更低的金属或合金，该金属或合金叫牺牲阳极。管路连接牺牲阳极后，形成一种新的腐蚀电池，整个输油管路便为阴极，从而使输油管路得到保护。牺牲阳极的阴极保护法的优点是：构造简单、施工管理方便，不需要外加电源，比较适用于需要局部保护的场合，但其保护距离短，不过几千米，当土壤电阻率较高时，保护距离更短。

外加电源的阴极保护是利用外加直流电源，将被保护的金属与电流电源负极相连，使金属管道成为阴极，以减轻或防止腐蚀。其优点是保护距离长，缺点是需外加电源，并且要日常维护。实践证明这是一种行之有效的防腐手段，它不但可以减轻或防止腐蚀的发生，而且所用设备也比较简单，它在埋地输油管路较长的一些油库正逐步得到应用。

四、防止油罐浮顶沉没的措施

1. 油罐浮顶沉没的主要原因

目前，油库使用的内浮顶油罐较多，内浮盘沉没是一种常见事故，造成内浮盘沉没的主要原因如下。

（1）浮盘变形。浮盘变形后，在运动中由于各处受到的浮力不同，以致出现一边浸油深，一边浸油浅，浮盘倾斜，浮盘导向管滑轮卡住，浮盘运动倾斜逐渐增大。当浮盘所受浮力不能克服其上升阻力时，油品就会从密封圈及自动呼吸阀孔跑漏到浮盘上而沉盘。

（2）浮盘立柱松落失去支承作用。一般内浮盘立柱为 22 根，均匀分布在浮盘底部。若立柱销轴安装不当，或开口销没有反脚时，浮盘就会失去立柱的支承，使浮盘受力不均，浮盘变形而沉盘。

（3）液泛问题。液泛就是指油气夹带液沫喷溅到内浮盘上的过程。它之所以会造成内浮盘沉没，是因为：一方面油料输送到油罐中后压力降低，使原来的相平衡破坏，在常压下为了达到新的平衡，就会产生大量的油气。另一方面，对于炼油厂油库，由于油料进罐温度可能较高，或油料未经稳定脱气，致使一部分轻组分汽化，产生大量气体，这些气体在罐内形成气泡，聚积在内浮顶下和密封装置处。而且在输油作业中，由于油料在罐内的剧烈湍动，使得内浮顶倾斜、旋转，此时若在罐壁与密封装置处有一微小缝隙，气体便会夹带液沫从缝隙中喷出，并在内浮顶上聚积，从而造成浮盘沉没。

（4）浮盘密封圈损坏并撕裂翻转。出现这类事故的原因有：浮盘密封圈内的软填充物没有填充均匀；罐壁局部凸凹度超标；密封圈老化龟裂等。

（5）中央排水管升降不灵活。中央排水管在安装时尺寸不正确，导致排水管升降不灵活，浮盘运行受阻而沉盘。

（6）浮盘和船舱腐蚀。随着浮顶罐运行时间的增加，浮顶单盘就会出现腐蚀穿孔，严重时浮顶船舱进油，压沉浮盘。

（7）操作管理不当、责任心不够、维护不及时等造成浮盘沉没。

（8）浮盘、罐体建造质量有缺陷。如油罐的基础、油罐罐体的制造、内浮盘的安装等方面若有缺陷，就会增大油罐沉盘的可能性。

（9）内浮顶油罐内静电接地软铜覆绞线缠绕浮顶支柱。

（10）浮舱与单盘角钢焊接连接处的疲劳破坏。

（11）单盘的凸凹变形引起的积水过多。

2. 预防措施

（1）在设计方面：

① 改进浮舱与单盘的连接形式，增加其连接强度，提高其抗疲劳破坏的能力。

② 采取有效措施，增加单盘的刚度，防止或减轻单盘的变形。

③ 增加浮顶导向管，避免浮顶运行时产生偏移、卡阻现象，确保浮顶上下自由运行。

④ 对炼油厂油库，降低进油温度，增设油料稳定和脱气设施，保证进油蒸气在 80kPa 以下。

⑤ 改进单盘立柱支撑套管的结构形式，加强其强度，提高其抗疲劳破坏能力。

⑥ 对安装浮顶的油罐应进行内壁防腐处理，避免罐壁铁锈落到浮顶上加重罐顶腐蚀以及增大浮顶运行阻力或产生不均匀阻力。

⑦ 在浮顶罐建设施工和质量验收上把好关，要求按浮顶罐施工质量要求和今后使用要求，由工程设计、使用、建设等单位共同参与验收，以保证油罐整体施工质量。

⑧ 内浮顶罐设外浮标，以便操作人员及时掌握浮盘的运行状况及油面高度。

⑨ 设内浮顶油罐高、低液位报警器，以便操作人员及时引起警觉，减少失误。

⑩ 在进油管上合理设置缓冲扩散管，以减少油品进罐时对浮盘的冲击，使浮盘平稳运行。

（2）在日常管理方面：

① 制定浮顶油罐的操作、维护、保养和修理规程，严格按规程管理，确保油罐的正常运行。

② 浮顶油罐实际储存油品高度严禁超过油罐的安全储油高度。

③ 油罐浮顶不得有积水、积油等，发现积油（水），及时排除。

④ 空罐进油时，管内的流速应不大于 1.5m/s。当油罐液位超过油罐进油口后可加大流速，但流速不得大于 4m/s。

⑤ 严禁使用压缩气体或蒸气向罐内扫线，需要用蒸气吹扫时，必须倒空油罐。

⑥ 内浮顶油罐储存油量低于规定值时，不得倒油或循环作业。

⑦ 当浮顶罐清罐或新罐投入使用时，要对浮顶罐的浮盘密封装置、倒向轮完好情况、浮盘面的凹凸情况、浮盘平稳情况、呼吸孔活动情况、支柱完好情况等进行一次全面、认真、细致地检查，发现问题，及时处理。

⑧ 在油罐正常运行情况下，在浮顶上积水达到相当于 75mm 降雨量之前，就应打开排

水管出口阀。当排水管保持开启状态时，应经常检查，防止油品泄漏。

⑨ 调节内浮顶支撑高度时，必须将浮顶上的自动通气阀阀杆连同所有浮顶支撑一起调节，不得有遗漏。

⑩ 在新建罐投入使用的最初 3 年内，每年均应测定罐基础的沉降情况。沉降量超过设计要求时，应对基础进行返修。3 年后应定期检查。

⑪ 冬季油罐运行时，必须保证除蜡装置的供热，以避免因罐壁结蜡脱蜡而砸坏浮船或造成浮顶倾斜变形。

第六节　油库跑冒混油事故预防

一、油库跑冒油事故的预防

1. 油库跑油事故原因

（1）油库设备、工艺管线设计、安装不合理

① 阀门选用设置不当。如离油罐第一道阀门未采用钢阀；有横向位移的管段设置阀门，因管道横向位移时阀门受损或法兰连接密封破坏。

② 不放空管线未设泄压装置，管路中存油受热膨胀，阀门或法兰垫片被胀裂。

③ 管道未设补偿器，在管道热胀冷缩时损坏阀门法兰，或阀门法兰因受弯曲应力倾斜裂缝。

④ 油库明渠未设油品外流防范设施，致使油品跑出库外引发污染或着火爆炸事故。

（2）油库施工问题

① 油库库址未避开有可能遭受洪水淹没的地带。

② 油罐或管线选用钢材低劣、防腐处理不当，过早腐蚀穿孔。

③ 焊缝未按技术要求烧焊或者未焊透，投用后，在外力作用下，油罐底板受压变形而开裂或输油管线受外力作用焊缝开裂。

④ 油罐基础处理不好，回填沙、土、石渣未压实，投用后基础下沉，罐底板受力不均，焊缝开裂，管线拉断。

（3）设备维修检查问题

① 阀门维修保养不及时，以及未定期检修试压，以致失修渗漏。

② 阀门检修后未关闭，或者拆除的阀门未及时封堵，引起跑油现象。

（4）设备操作和管理问题

① 操作人员由于对油库收发作业工艺不熟悉以及责任心不强，错开阀门以及作业后未及时关闭阀门或关闭不严，作业前未注意检查而造成跑油，在油库作业中极易忽视的是进气支管的控制阀门忘记关或关闭不严。

② 油罐区防火堤排水阀以及明渠防油品外流控制阀未及时关闭，致使油品流出库外。

③ 油罐放水时，现场值班和监护制度不落实，大量油品跑出。

④ 输油作业中，看罐者脱离岗位，擅离职守。

⑤ 输油管线连接不牢，或胶管没有留出足够的长度，不能适应需要，致使收发油作业时管线滑脱或拉断，造成跑油。

⑥ 作业中出现不正常现象时，未立即停泵、关闸、查明原因，以致酿成事故。

⑦ 阀门或管线出口堵塞，致使作业时管线内压力增大，胀裂管线。

⑧ 维修作业与作业区值班室之间缺乏严格的联系制度，维修设备尚未装复就进行输油作业。

⑨ 管线破裂损坏未及时发现造成跑油。造成管线破裂损坏的原因较多，如管线被车辆压破、施工中被挖坏、管线施工结束后回填土时砸坏、冬季防冻措施不好、山洪或山体塌方破坏等。

⑩ 阀门未定期检修试压，甚至使用多年未进行清洗、试压和技术鉴定，致使杂物沉积于阀内，关闭不严，严重渗油、窜油。

⑪ 阀门法兰垫片使用了不耐油、不耐压的材料而造成跑油。

⑫ 放任新手或非本岗位人员去操作阀门。

⑬ 作业中突然停电，中断输转时，未及时关阀、停泵。

⑭ 由于寒冷季节未做好防冻工作。

2. 油库冒油事故原因

(1) 油罐装油时未计算安全容量或考虑安全容量有误，致使气温较低时使罐内油料装得太满，在温度上升时，体积膨胀而造成溢油。

(2) 收油前未按制度测取罐内原存油高度或测量时马虎，过低估算了罐内原存油数，致使装油时造成溢油。

(3) 收发油作业时，作业人员擅离工作现场，或虽在现场却精力不集中，不注意监视油罐的进油情况。

(4) 业务不熟练，不能及时关闭有关阀门或错开阀门，使油料进入其他存油较多的油罐。

(5) 自动控制装置失灵或油位指示器不灵、储存区与泵房失去联系等。

(6) 值班人员在交接班时，未交接清楚。

(7) 未坚持查库与油料测量制度。

3. 油库跑冒油事故的预防

(1) 新建油库或老油库改造、检修必须严格按照《石油库设计规范》及有关专业标准规程要求，从设计、设备材料选用、施工以至竣工验收，层层把好技术质量关，使新项目投产不留任何安全隐患，为以后设备安全运行打好基础。

(2) 输油作业时要巡查管线，看罐或监视油面人员应注意观察罐内的进油情况，现场值班员每隔 10 ~ 15min 了解一次各岗位上的作业情况，全面掌握，督促检查。作业人员在值班期间，绝不允许擅离职守，并不得从事与本职工作无关的其他事情。

(3) 连续作业时，库领导和现场指挥员要组织好交接班，一般不应中途停止作业，必须停止作业时，应将输油管内的油料放出一部分，以防止升温时胀裂管线。

(4) 作业完毕后，应关闭所有阀门，并认真检查有无不安全因素。

(5) 油船上的缆绳禁止挂在管线及阀门上，防止拉断油管，损坏阀门。码头与油船连接的胶管应有足够的长度，以免由于潮水的涨落，船身起伏，拉断胶管。

(6) 油罐进油或油罐之间相互倒装油料时，应对原油罐装油高度进行准确的测量（装有报警和液面指示器的油罐除外），计算出实际的装油高度，以免装油时发生冒油事故。当油面接近安全高度时，应减慢流速，及时换罐。

(7) 装油容量应严格控制在安全高度之内，装油过满会使油料在容器内因温度升高膨胀而从容器口冒出。

（8）维修油罐、阀门、管线及其附件时，修理人员要与有关人员密切联系。离开现场或暂时停止修理时，应将拆开的管道用堵头堵住，并将修理情况向有关人员交待清楚。修理结束应经技术人员或值班员检查无误后，方可使用。

（9）对严寒地区的储油罐、管线、阀门等，在严冬季节到来之前，应充分做好防寒准备工作，如放尽罐底及管线内的水分，以防气温骤变而使容器、管线、阀门等冻裂或折断。

（10）对容易遭受山洪、暴雨影响的油罐、管线等，应及时采取防洪等安全措施。

（11）油库应定期维修并使用管理好所有阀门，使阀门技术状况完好。

（12）坚持阀门操作检查登记制度，防止错开、漏关阀门。

（13）要认真执行查库制度。查库不认真，到点不到位是造成事故的直接原因。

（14）作业人员对本岗位职责、设备操作规程和安全管理制度必须做到应知应会，同时熟悉油库作业工艺流程和熟练掌握操作技术。培养作业人员对工作认真负责的态度和一丝不苟的工作作风，坚守工作岗位，确保收、发、输转作业顺利进行。要加强安全教育，增强油库工作人员的责任感，充分认识到安全工作的重要性。凡新上岗位的保管员、司泵员等，都要现场进行工艺流程、安全操作规程等业务考核。

（15）要落实岗位责任制。真正做到按级负责，各负其责，尽心尽责。

（16）平时坚持每月两次对输油管线的检查，每次输油时，应将检查结果和情况记入值班记录，以备后查。

（17）输油前后，都应对油罐安全设施进行检查，尤其是进出油管线上的阀门，油罐呼吸阀、计量口等，发现问题，应及时报告有关部门解决。

（18）在装卸和倒装油料作业之前，应仔细检查冒油报警装置和自动停泵装置是否良好，检查管线连接是否牢固严密。

（19）油罐防火堤、隔油池排水阀等关键部位，平时处于关闭状态，并实行上锁管理。

二、油库混油事故的预防

1. 油库混油事故的原因

混油就是指两种或两种以上不同牌号或不同产地的油料混装在一起，结果轻则造成降质，重则变质，需要更生。混油虽不造成数量的损失，但却造成油料质量的下降。造成油库混油事故的主要原因有：

（1）接收油料时，油料化验人员不在位或业务技术不熟悉，致使卸油作业前没有按规定作入库化验及核对证件和车号，没有逐车检查外观及罐底水杂，或仅仅检查部分来油情况，而凭主观臆断，草率从事，造成混油事故。

（2）现场值班人员不核对证件，化验结果不明确即收油；没有随车来油证件，按进油预报计划接卸；化验结果不符合质量标准，主观臆断仍认为是新产品；铁道部门误调车，不化验不核对证件卸车；发现油色不对，不详究原因，盲目卸油，已发现混油，怕负责任，又将油品再次输转造成多次多种油品相混；不等化验结果即行卸油造成混油。

（3）设备进行维修后，没有做好善后检查等工作，使用前又未做检查致使收油或倒油作业时发生混油事故。尤其是在同一组油罐装不同品种的油料的输油作业时最容易发生。

（4）因阀门方面的问题造成油库混油事故，主要是阀门内渗、内窜及操作使用问题。如阀门安装前没有按规定清洗试压，内渗、内窜未被发现，留下了隐患；阀门失修或因杂物沉积于阀内使阀门关闭不严，或因密封面磨损封闭不严造成内渗、内窜：由于执行制度不严，缺乏知识，储油容器标记不清等造成阀门错开、误开、未关，或者关闭不严，甚至怕难开而有意不关严等造成混油。

(5) 储油容器标记不清或无标记，有时则标记与实际储油品种不符，也极易发生混油事故，这种情况往往在接收铁路油罐时容易发生。

(6) 同一管线输送不同品种的油料，管线内的存油未放净就输送另一种油料。

(7) 阀门渗漏，高位罐的油品流入低位罐。

(8) 错发油料，造成收油单位混油。

(9) 加(退)油(一般为航空油料)手续不严。加(退)油车进库加(退)油时，油料保管员没有进行认真的检查，或司机未经油料保管员同意，擅自进行加(退)油作业。

2. 油库混油事故的防范措施

(1) 接收铁路油罐车(油船)油料时，要认真核对证件，逐车(仓)检查油名、车号、铅封等，经测量和化验合格后方可卸油。发油时，亦应逐罐检查是否存在其他不同品种和残油，严禁不同油名、牌号的油料混装。在任何情况下，不得以进油计划、凭油色和油味判断来油品种，必须以科学态度(如化验油品、与发油单位联系、核对证件等)确定来油品种，否则不得接卸。化验员必须经培训、考试合格后，才允许单独上岗工作。

(2) 同一条管线的管组，严禁混装不同品种、牌号的油料。如因设备有限，必须混装时，应先将管线冲洗干净，并在管线的有关连接处用隔板隔开或用堵头堵住。

(3) 保持阀门严密，防止罐与罐窜油。阀门使用中，混入油料中的机械杂质沉淀在闸板与密封圈之间，使用一定时期后在密封圈上出现伤痕而使密封圈不严密，因此油料腾空时，应对阀门进行试压检查。

(4) 落实油库阀门挂牌制度及操作核对制度。

(5) 变质(降质)油料的掺和和质量调整，需经上级有关部门的批准。油料掺和作业前，应做小型试验，经化验合格后，在技术人员或化验员的参加下，进行正式掺和。

(6) 在发油、倒装作业中，发现有混油疑点或已经混油时，应立即停止作业，并将混油单独存放，待化验和上级主管部门批准后再作处理。

(7) 加强保管员、司泵员的责任心。进行收发油作业时，严禁擅自离岗，参加作业的人员不宜中途更换，如需更换时，须将整个作业的有关情况和注意事项向接替人员交待清楚。

(8) 收发桶装油料时，应逐桶检查和逐桶标记。储存保管时，应设立堆朵卡片，并按油名、牌号、批次、来油日期等分别存放。

(9) 加强技术培训，严禁技术不熟练的人或让他人操作泵房、阀门。

(10) 完善装油容器标记。无论是油罐还是其他装油容器，都应在明显部位标明装油品种。灌桶后应及时喷刷标记。

第七节　油库电气火灾事故预防

一、油库作业场所配电安全要求

(1) 架空线路。架空线路严禁跨越爆炸危险场所，其两者最小水平距离应符合下列要求：与0级、1级场所为30m；与2级场所为电杆高度的1.5倍。

（2）电压为 10kV 以上的变配电间，应单独设置；电压为 10kV 及以下的变配电间可与油品泵房相毗邻，当与易燃油品泵房相毗邻时，应符合下列要求：

① 隔墙应为非燃烧材料建造的实体墙。与变配电间无关的管线，不得穿过隔墙。所有穿墙的孔洞，应采用非燃烧材料严密填实。

② 变配电间的门、窗应向外开，其门窗应设在泵房的爆炸危险区域以外，如窗设在爆炸危险区域以内时应设密闭固定窗。

③ 变配电间的地坪，应高于泵房地坪 0. 6m。

（3）石油库的生产作业区供配电电缆宜直接埋地敷设，直埋深度在一般地段不应小于 0. 7m；在耕种地段不宜小于 1m；在岩石地段不应小于 0. 5m。

当电缆采用桥架架空敷设时，电缆可与地上输油管线同架敷设，电缆与管线或其绝缘层之间的净距，不应小于 0. 2m。电缆不得与输油管线、热力管线敷设在同一管沟内。

二、油库防爆电气设备的管理

1. 油库防爆电气设备的选型

（1）选型的原则

① 根据危险场所的类别及爆炸性混合物的级别、组别选用。防爆电气设备的级别、组别不得低于所在场所内爆炸性气体混合物的级别和组别；当场所内有两种以上爆炸性气体混合物时，应以危险程度高的级别、组别选用。

② 选用时应考虑安全可靠、维护方便、经济合理。

③ 选用的每台防爆电气设备，都必须有国家指定防爆检验单位发给的防爆合格证明文件。

④ 对选用的防爆电气设备应进行外观检查，看设备外壳上是否有“EX”标志、铭牌内容是否有防爆合格证编号、防爆类型及级、组标志。

（2）类型选择

气体爆炸危险场所防爆电气设备的类型按表 5 – 14 选择。

表 5 – 14　气体爆炸危险场所防爆电气设备的类型选择

爆炸危险场所	适用的防护型式 电气设备类型	符号
0 级	1. 本质安全型	ia
	2. 其他特别为 0 级场所设计的电气设备（特殊型）	s
1 级	1. 适用 0 级场所的防护类型	
	2. 隔爆型	d
	3. 增安型	e
	4. 本质安全型	ib
	5. 充油型	o
	6. 正压型	p
	7. 充砂型	q
	8. 其他特别为 1 级场所设计的电气设备（特殊型）	s
2 级	1. 适用 0 和 1 的级场所的防护类型	
	2. 无火花型	n

(3) 设备选择

油库各级危险场所防爆电气设备的选型见表5－15。

表5－15 油库各级危险场所防爆电气设备选型

场所等级 / 防爆结构类型 / 设备名称	1级场所		2级场所	
	隔爆	增安	隔爆	增安
三相鼠笼感应电机	○	×	○	○
单相鼠笼感应电机	○	×	○	○
固定式白炽灯	○	×	○	○
移动式白炽灯	△	×	○	○
固定式荧光灯	○	×	○	○
固定式高压水银灯	○	×	○	○
便携式电池灯（含手电筒）	○	△	○	○
空气开关	○	×	○	×
操作用小型开关、按钮	○	×	○	○
磁力启动器	○	×	○	○
挠性管	○	×	○	○
接线盒、管接件	○	×	○	○
插销、电磁阀	○	×	○	○
热敏电阻、热电偶	○	×	○	○
传感器类	○	×	○	△
仪表类	○	×	○	△
指示灯类	○	×	○	○
通讯设备类	○	×	○	○
操作柱、盘	○	×	○	○

注：符号意义：○适用；△尽量避免；×不适用。

2. 防爆电气设备的运行检查

防爆电气设备的检查可分为日常运行维护检查、专业维护检查和安全技术检查三种。专业维护检查一般每半年一次，安全技术检查每半年或一年一次。

(1) 日常运行维护检查：日常维护检查由运行操作人员进行，主要内容有：

① 防爆电气设备应保持其外壳及环境的清洁，清除有碍设备安全运行的杂物和易燃物品，应指定化验分析人员经常检测设备周围爆炸性混合物的浓度。

② 设备运行时应具有良好的通风散热条件，检查外壳表面温度不得超过产品规定的最高温度和温升的规定。

③ 设备运行时不应受外力损伤，应无倾斜和部件摩擦现象。声音应正常，振动值不得超过规定。

④ 运行中的电机应检查轴承部位，须保持清洁和规定的油量，检查轴承表面的温度，不得超过规定。

⑤ 检查外壳各部位固定螺栓和弹簧垫圈是否齐全紧固，不得松动。

⑥ 检查设备的外壳有无裂纹和有损防爆性能的机械变形现象。电缆进线装置应密封可靠。不使用的线孔，应用厚度不小于 2mm 的钢板密封。观察窗的透明板要完整，不得有裂缝。

⑦ 检查充入正压型电气设备内部的气体，是否含有爆炸性物质或其他有害物质，气量、气压应符合规定，气流中不得含有火花，出气口气温不得超过规定，微压(压力)继电器应齐全完整，动作灵敏。

⑧ 检查充油型电气设备的油位应保持在油标线位置，油量不足时应及时补充，油温不得超过规定，同时应检查排气装置有无阻塞情况和油箱有无渗油漏油现象。

⑨ 设备上的各种保护、联锁、检测、报警、接地等装置应齐全完整。

⑩ 检查防爆照明灯具是否按规定保持其防爆结构及保护罩的完整性。检查灯具表面温度不得超过产品规定值。

⑪ 在爆炸危险场所除产品规定允许频繁启动的电机外，其他各类防爆电机不允许频繁启动。

⑫ 正压型防爆电气设备，启动前均须先行通风或充气，当通风或充气的总量达到外壳和管道内部空间总容积的 5 倍以上时，才准许送电启动。正压型防爆电气设备停用后，应延时停止送风。

⑬ 防爆电气设备的接地线应牢固，接地端子无松动，无明显腐蚀，无折断，凯装电缆的外绕钢带无断裂。

⑭ 电气设备运行中发生下列情况时，操作人员应采取紧急措施并停机，通知专业维修人员进行检查和处理。

a. 负载电流突然超过规定值时或确认断相运行状态；

b. 电机或开关突然出现高温或冒烟时；

c. 电机或其他设备因部件松动发生摩擦，产生响声或冒火星；

d. 机械负载出现严重故障或危及电气安全；

⑮ 设备运行操作人员对日常运行维护和日常检查中发现的异常现象可以处理的应及时处理，不能处理的应通知电气维修人员处理，并将发生的问题或事故登记在设备运行记录上。

(2) 专业维护检查。专业维护检查应由电气专职维护人员进行，检查维护项目除日常运行维护项目检查外，还包括下列主要项目：

① 更换照明灯泡、熔断器和本安型设备的电源电池，更换时必须符合设计的规格型号，不得随便变更。

② 清理电气设备的内外尘土，进行除锈防腐；根据环境条件，更换电缆钢管吸潮剂或排水。

③ 检查设备和电气线路的完好状况及绝缘情况。

④ 检查接地线的可靠性及电缆、接线盒等完好状况。

⑤ 停电检查电气内部动作机件是否有超过规定的磨损的情况，以及接线端子是否牢固可靠。

⑥ 检查各类防爆电气设备的防爆结构参数及本安电路参数。

⑦ 检查控制、检测仪表、电讯等设备及保护装置是否符合防爆安全要求；是否齐全完好、灵敏可靠；有无其他缺陷。

⑧ 检查设备运行记录或缺陷记录上提出的问题，能及时处理的应及时处理，消除隐患。不能处理的应及时上报。

(3) 安全技术检查。油库主管安全工作的领导组织有关的专业人员，按照各分工管理范围，进行定期的电气防爆安全技术专业检查。除日常维护和专业维护检查的项目外，还应检查下列项目：

① 检查爆炸危险场所设备运行操作、化验分析、电气、仪表、通讯、设备维修等有关人员是否熟知电气防爆安全技术的基本知识。

② 检查防爆电气设备和线路的运行操作、维修等规程制度是否齐全及执行情况。

③ 依据本规程的技术要求，检查爆炸危险场所存在哪些问题。

④ 针对存在的问题提出解决的措施，并检查措施的落实情况。

(4) 检查时的注意事项。在检查防爆电气设备时，应注意下述事项；

① 日常运行维护检查时，严禁打开设备的密封盒、接线盒、进线装置、隔离密封盒和观察窗等。

② 专业维护检查时，必须切断电源后才能打开设备盖子检查，并在电闸上悬挂警告牌。

③ 不得用带压力的水直接冲洗防爆电气设备。

④ 非防爆的移动型、携带式电气仪表禁止在爆炸危险场所使用。

⑤ 尽量少打开隔爆型设备的隔爆外壳。

⑥ 严禁带电更换灯泡，必须在隔爆外壳紧固后才准送电。

三、油库铁路专用线电火花的防护

油库铁路装卸油区在作业时有大量的油蒸气散发出来，在一定空间内形成爆炸危险场所，当遇到点燃源时，就可能发生火灾或爆炸事故，造成不可估量的损失。随着我国电气化铁路的发展，电气化铁路给油库铁路专用线带来了严重的安全问题，如果处理不好，随时都有可能产生电火花，发生油气燃烧爆炸的危险。油库铁路专用线电火花的防护应强调整体防护，即包括高压隔离开关、铁路绝缘轨缝和相应的回流开关、控制系统及等电位均压接地装置等(见图 5-24)。

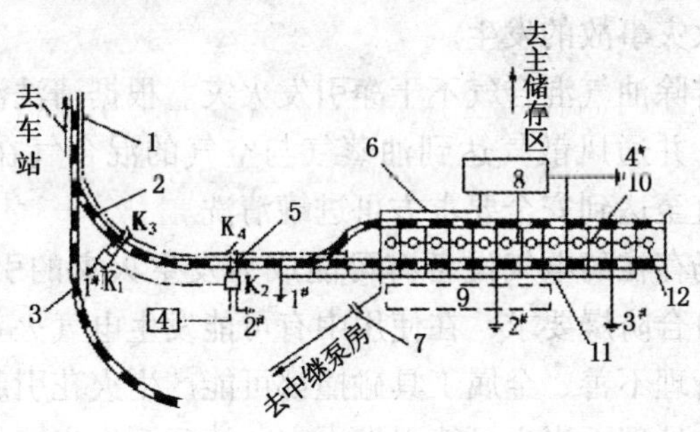

图 5-24　油库铁路专用线安全防护系统

1—供电接触网；2—油库铁路专用线；3—电气化铁路干线；4—控制室；5—绝缘轨缝；6—输油管道；7—绝缘法兰；8—泵房；9—站台；10—集油管；11—均压装置；12—鹤管

1. 接地网

在引入油库的电气化铁路专用接触网上设置两组高压隔离开关 K_3、K_4(又称抗电弧分段绝缘器)。此开关在电力机车进库取送油罐车时接通，平时断开。高压隔离开关的基本要求是其额定电压为30kV，额定电流为400A。两组高压隔离开关的间距应大于150m。

2. 铁路钢轨

由于电气化铁路的钢轨作为传导电流的一个组成部分，在铁路装卸油作业区就可能产生电火花。所以，在引入油库的电气化铁路专用线(库区外)钢轨中设置两组(或称两道)绝缘轨缝，并安装回流开关 K_1、K_2 和回流开关的电气控制装置。当电力机车取送油罐车时，将回流开关接通(即短接钢轨的绝缘轨缝)，平时则断开。这样，既可保证电力机车取送油罐车作业中构成接触网、电力机车和钢轨的电气回路，又可防止平时钢轨上的电流窜入铁路装卸油作业区。绝缘轨缝的基本要求是绝缘电阻大于或等于2MΩ，回流开关箱接地电阻不大于4Ω，两组绝缘轨缝间距大于150m。

同时，对于进出铁路装卸油作业区的输油管线，也要采取隔离措施，即安装绝缘法兰。绝缘法兰的电阻值应大于2MΩ。

3. 等电位均压接地

由于铁路专用线钢轨传导电流产生的电位与鹤管、输油管线等设施设备间形成电位差，当彼此接触时就可能产生电火花。为消除这一电位差，必须将钢轨、鹤管、输油管线(包括集油管)、钢质栈桥、油槽车等设施设备进行可靠的等电位均压电气连接，在钢轨与鹤管间设等电位连接线(带)和等电位均压接地极，接地装置的敷设应满足电气保护接地的要求。等电位均压专用接地极应不少于两处，其专用接地引线宜设置4条，且不得与作业区防雷引线同处设置，两引线平行时，间距应不小于3m。凡有法兰连接的均进行跨接，使油库设施与大地形成等电位体。均压接地基本要求：均压接地带间距 < 12m；均压接地极接地电阻 < 4 Ω；法兰距接电阻值 < 0. 03 Ω，油库设施设备对地交变电位低于1. 2V，油库设施设备间电位差 < 1. 2V，均压接地后，油库设施设备间电位差 < 10mV。

四、油罐清洗作业防电气火灾措施

由于油罐清洗作业操作不规范而引起的事故占较大比例。油罐清洗作业是一项安全要求很高的工作，如果清洗操作制度不规范或不严格执行，防范措施采用不当和操作失误，都会发生较大的事故，诸如人身中毒，甚至引发火灾，造成严重损失。因此，油罐清洗作业时应采取有效措施防止电气火灾事故的发生。

(1) 清洗油罐前的排除油气混合气不干净引发火灾。根据清洗油罐的安全规定，在清洗前，必须排净罐内余油，并通风散气达到油蒸气与空气的混合气在符合安全的规定范围内时，再用蒸气进行清扫直至达到安全要求方可进罐清洗。

(2) 清洗油罐时现场存在的电气设备有可能成为发生火灾的引火源。如果在清洗油罐时，使用的电气设备不符合防爆要求，在使用中有可能发生电气火花，成为发生火灾的引火源；同时对照明设备的管理不善、金属工具碰撞都可能产生火花引起火灾。

(3) 清洗出来的废物处理不当也可能引发火灾。清理罐底出来的油垢、硫化物等都是易燃易爆物品，如果不将这些废物及时妥善的处理，都会成为引发重大火灾的隐患。

(4) 清罐所需的照明设备、通讯设备以及其他必要的电器设备，均应符合防爆要求；检查和试验电器设备距离油罐应在35m以外进行；引入油罐的气管、水管、蒸气管道及其喷嘴等金属部件以及排油胶管和有关机械设备，均应与油罐进行电气连接，有可靠的接地。

(5) 清洗后修焊动火的安全管理要严格执行。在动火前，必须对罐内油气浓度进行测量，气体允许浓度以低于该油品爆炸下限的50%方为合格。为防意外，必须严格动火法规，办理动火许可证，落实监督制度和责任人，并做好应急救援的准备工作。

第八节　油库维修作业事故预防

一、油库用火作业安全管理

在油库的检修、改造、扩建、系统调整中，经常需要对管道和储油容器进行焊接和热切割作业，或者进行其他明火和易产生火种的作业。这些作业都可能因燃烧三要素的结合而引发着火爆炸事故。从上述事故分析可以看出，油库用火作业由于组织者和检修人员缺乏安全常识，违反用火作业安全制度，忽视安全管理而发生着火爆炸事故为数不少，教训十分深刻。

1. 用火的含义

在油库作业中，凡是动用明火或可能产生火种的作业都属于用火作业的范围。诸如焊接和热切割、烘砂、熬沥青、喷灯、烧毁枯草等明火作业；拆凿混凝土基础、墙壁打眼开洞、撬动搬运设备和设施、手工或机械清除油污或旧漆、电气设备耐压试验、电烙铁锡焊、开坡口或键槽等易产生火花或高温的作业，以及机动车辆行驶等。油库用火应当遵守下列基本要求：

（1）收发作业期间，禁止用火；

（2）在储油区、作业区，禁止烧荒；

（3）在节假日，凡不是特急的，原则上一律停止用火；

（4）凡是可用可不用的火，一律不用；

（5）凡能拆下来施工的，一律拆下来移到安全地带动火；

（6）带油、带压容器和管线，一般不允许动火。确需动火时，必须采取严格防范措施，作为特殊动火处理。

油库应当对储油区、作业区内的检修车间、锅炉房、配电间、发电厂、宿舍等划为固定用火点，设立明显区域标志，并进行严格管理。

2. 临时用火管理

油库临时用火，是指在非固定点危险区域内使用各种明火、电加热、电钻、砂轮、风镐、钢锯、非防爆电器、机动车辆及进行爆破作业等。

（1）分级方法。油库在非固定用火点用火，根据用火场所、部位的危险程度，分为三级用火：在储油洞库内、地面、半地下油罐罐室内和罐体上、带油管道及设备上动火，属一级用火；在油泵房、灌油亭（间、棚）、库房内、铁路（码头）装卸油区、阀组井、管沟内、油污水处理站内和输油（气）管线上动火，属二级用火；在储油区、作业区内除上述一、二级用火以外的一切用火，属三级用火。

（2）审批权限。油库一级用火由各大单位审批；二级用火由油库安全领导小组审批；三级用火由油库主任审批；外来施工队在油库内用火，由业务处负责审核，按照用火等级和审批权限办理用火手续。

（3）动火作业证。油库用火申请批准后，业务处应当办理《动火作业证》，由油库主任签发，方可动火。每张《动火作业证》只限于一处动火。一级用火的《动火作业证》有效期不得超过一个工作日，需延续动火的，必须再次办理动火作业证；二级用火的《动火作业证》

有效期不得超过3天；三级用火《动火作业证》有效期不得超过7天；固定用火点用火审核周期为1年；《动火作业证》用后，油库业务处负责收交，存入业务资料室。

(4) 防火监护人。油库应当在动火期间设立防火监护人；一级用火的防火监护人必须由库领导担任；二级用火的防火监护人由业务处领导担任；三级用火的防火监护人由用火单位领导担任。防火监护人必须亲临动火现场，及时掌握动火现场情况，检查防火措施，发现异常情况，应当采取措施，防止失火事故发生。

3. 用火作业的安全要求

(1) 严格用火手续。禁火区内用火时，应办理用火的申请、审核和批准手续，明确动火的地点、时间、范围、方案、安全措施。动火作业手续不齐，安全措施没有落实，动火内容、地点变更，动火作业时间过期等都不准动火。

(2) 协作联系。动火作业前应由审批单位通知协作作业单位和相关单位，有关动火作业的设备、部位、时间和协作(调)内容；动火单位应主动与协作和相关单位联系，协调有关事宜；动火负责人和安全负责人应共同组织各项动火作业的安全措施，并做好全面记录。

(3) 拆迁封堵。凡是可以拆迁至非禁火区或其他安全地方进行动火作业的设备、零部件等，不应在禁火区内动火，尽量减少在禁火区动火的工作量。拆迁设备、零部件后的孔洞应封堵，以防油品跑失或散发油蒸气。

(4) 隔离封堵。凡与动火设备、工艺管道相连的运行设备、工艺系统都必须可靠隔离封堵，以防油品、油蒸气泄漏到动火设备、工艺管道和动火作业场所；必要时应将动火区与其他区域用防火墙等措施隔开，防止油品、油蒸气窜入动火作业现场遇火星而引起事故。

(5) 移去可燃物。将动火地点周围10m内的一切可燃物，如溶剂、润滑油、未清洗的盛放过易燃液体的容器、木框、棉纱、棉布等都应移至安全场所。

(6) 灭火措施。动火期间作业点附近的水源应充足，不中断；灭火器材数量足够，性能好；按安全措施派消防车和消防人员到现场，并作好灭火的充分准备。

(7) 动火分析。动火分析一般在动火前30min进行，如动火中断30min以上应重新分析。分析数据应做记录，分析结果应填写分析化验报告并签字。重要的动火作业应留试样保存到动火结束之后。从理论上讲，爆炸性混合气体浓度小于爆炸下限时不会发生燃烧、爆炸事故，但考虑取样的代表性、分析化验的误差、测试分析仪器的灵敏度等因素，动火合格标准为：国内要求小于爆炸下限的4%，国外标准有取爆炸下限的20%。

(8) 检查监护。根据动火作业性质、范围及场所的重要程度和可能发生事故的严重程度，检修作业指挥机构、项目和安全负责人应会同有关人员，按照动火作业方案和安全措施，逐项检查落实，进一步明确和落实动火现场的指挥和监护人，交待安全事项。

(9) 动火作业

① 动火作业应由经考试合格的人员担任，无合格证的人员不得独立从事焊接工作；

② 动火时应注意火星飞溅方向，采用不燃材料挡板控制火星，防止落入危险区域；

③ 高空动火作业时应戴安全帽、系安全带，遵守高空作业安全规定；

④ 氧气瓶、乙炔发生器或乙炔气瓶不得泄漏，两者间距不小于5m，距明火10m以上；

⑤ 电焊机火线和接地线应完整无损，连接牢固。禁止用铁棒代替接地线或搭接于固定接地点，接地线应接在靠近焊接处的设备上，不准采用远距离接地回路；

⑥ 动火作业超过半小时以上，宜检测现场油蒸气有无变化；

⑦ 在动火作业中，相邻设备一般应停止收发、灌装等作业，以防逸散的油蒸气威胁

安全；

⑧ 动火作业中如遇跑油或大量油蒸气逸散等不正常情况时，监护人员立即命令停止动火，待恢复正常，重新进行动火分析、办理动火手续后，方可继续动火作业；

⑨ 动火作业中如遇六级以上大风时，一般不应在高处动火，也不宜继续动火；

⑩ 动火作业结束时，应清理现场，熄灭余火，做到不遗留火种，切断电源。

二、油库涂装作业安全管理

油库设备防腐涂装是油库的一项重要工作，对于保证油库设备完好、延长设备使用寿命、保证油库安全具有重要意义。但是，由于油库设备所处环境的危险性以及涂料本身具有易燃、易爆、易挥发及毒性等特点，油库设备防腐蚀涂装施工，往往具有极大的危险性。因此，在油库设备防腐蚀涂装中，必须加强安全管理，对涂装作业的每一项进行认真细致的分析，找出可能存在的各种不安全因素，采取改进措施，防止事故发生。

1. 防火防爆措施

油库中由于油料的蒸发、渗漏等原因，在空气中含有大量的油蒸气，加之涂料组成中含有易燃易爆物质，使油库发生着火和爆炸的危险性增大，因此，在涂装过程中必须采取有效的安全措施。

(1) 涂装作业中应排除一切火种。涂装现场的火种主要来源于自燃、明火、撞击火花、电气火花、静电等，在进行涂装作业时均应予以排除。

① 自燃。凡浸过清油、油漆或松节油以及擦洗油罐、浸过油料的棉纱、破布等，若不及时清理，乱堆乱放，堆放物将发生放热反应，达到其燃点时即自燃。所以，擦过油漆和溶剂、油料的破布等，必须放在专用的金属桶内，及时予以清理烧毁。

② 明火。涂装现场应严格控制人员进出，严禁吸烟，禁止携带各种火种入内，严禁使用明火，作业人员应自觉遵守油库管理的各项安全规定。

③ 撞击火花。在涂装现场禁止进行可能产生火花的工作，不许用铁棒等易产生火花的工具敲打油漆桶或其他金属设备。除锈用的工具必须是有色金属。严禁穿钉子鞋及其他易产生火花的服装入内。

④ 电气火花。涂装现场必须使用符合规定等级防爆要求的电气设备。电气设备不能超负荷运行，并应经常进行检查。不准使用能产生火花的电气工具和仪器。不准在涂装现场带电检修电气设备。电气设备的接地应牢固可靠。在油罐内作业时，必须使用符合防爆要求的照明灯。悬挂灯具时，不能使导线承受张力，只能用附属的吊具来悬挂。灯具外表必须装有金属防护罩，使用中严禁摔打，电线中间不得有接头。

⑤ 静电。在涂装作业中产生静电的因素较多，如穿化纤衣服进入工作场所、用化纤破布擦洗设备等，这些常常成为火灾和爆炸事故的根源，因此应采取相应预防措施，并把设备进行可靠接地。

(2) 加强涂装作业场所通风，将可燃气体浓度降到爆炸极限以下。涂装作业中，应利用固定机械通风设备或移动机械通风设备，及时对涂装作业场所进行通风，以降低可燃气体的浓度，防止油气积聚，对密闭场所，如洞库涂装作业时，要关闭其他油罐间的密闭门，减少收发作业次数，对涂装的设备及坑道、罐间等进行通风。对地面油罐内壁涂装时，应接临时通风设备对罐内进行通风，排出可燃气体。

(3) 加强组织领导，对作业人员进行安全教育，明确安全注意事项。油库设备防腐蚀涂装作业前，应成立组织领导小组，明确各类人员的安全职责，分工负责，并对有关人员进行安全教育，明确安全注意事项，认真分析涂装作业中存在的不安全因素，防患于未然。在涂装作业中，及时进行安全检查，发现不安全因素和不安全行为，采取措施，予以制止。涂装作业后，认真总结经验教训。

（4）配置足够的灭火器材。在涂装作业前，应制定消防安全措施，规定在出现意外事故时的应急措施，检查固定灭火设备设施的完好情况，配置足够的灭火器材。

2. 防毒安全措施

涂料产品不仅易燃、易爆，而且还含有对人体中枢神经系统、呼吸系统等有严重刺激和破坏作用的有机溶剂和其他化学物质，常引起头痛、恶心、胸闷等症状，长期接触可引起食欲减迟和造血器官损伤而慢性中毒，因此，涂装作业时，应采取相应的防毒安全措施。

（1）加强防毒安全教育。使作业人员了解涂料的毒性及危害，以及中毒后的急救方法等科学知识。认真贯彻防毒措施，搞好个人劳动保护。同时，还应克服恐惧心理，以科学的态度，采取科学的措施，避免中毒事故的发生。

（2）严格限制挥发性有机化合物蒸气在空气中的浓度。涂装作业场所必须安装通风设备，保持空气流通，保证涂装场所中有机溶剂蒸气在空气中的含量低于最高允许浓度。作业人员应搞好个人防护，佩戴口罩、防毒面具等个人防护用品。

（3）采取科学的施工方法。综合考虑涂料的性质、作业场所等因素，确定合适的施工方法。如含有红丹、铅铬黄等有毒颜料的涂料，能引起急性和慢性铅中毒，由于有剧毒，所以不宜采取喷涂的方式。又如对地下或山洞内油罐、管路等设备涂装作业，由于通风条件差，应采用刷涂的方法施工较合适。

（4）搞好涂装过程中的监护工作。涂装作业时，应指定专门的监护人员，尤其是进入油罐内作业时，人员不要太多，作业时间不要太长，罐外至少应留有 2 人进行监护，进罐人员必须采取可靠的防护措施，罐内外应有可靠的联络手段，一旦发生事故能采取紧急措施将人员救出，并及时组织抢救。对高处作业人员，应防止中毒后从高处摔下。

（5）做好善后工作。每次作业完毕后，工作服等应放在指定地点，专门保管，不得穿工作服回家或穿工作服吃饭。作业完后，应用肥皂洗手或用漂白粉消毒。

3. 环境保护安全措施

油库设备防腐蚀涂装中，必然产生大量的废气、废水和废料，这些物质如不进行及时处理，会对环境造成严重污染。

（1）废气。涂装作业时有大量的雾和有机溶剂蒸气产生，可采取活性炭吸附法、气液传质吸附法、触媒燃烧法及直接燃烧法等措施进行处理。

（2）废水。在涂装之前，清洗油罐等设备要产生大量的含油污水；表面处理时酸洗要产生大量的含酸废水；钝化时也要产生大量的含有重金属铬离子等的废水。据估计，喷洗一个 $1000m^3$ 立式油罐至少要配制浓度为 18% 的酸液 7 ~ 8t，钝化液 8 ~ 10t。冲洗 200L 油桶 1500 ~ 2000 个需酸洗液 1 吨左右。在喷涂排放的污水中含有溶剂、树脂、颜料、重金属等污染物，这些物质的排放将造成严重的水质污染。所以必须采取措施，净化处理，使之符合工业废水最高允许排放浓度和地面水质卫生要求。油库中含油污水处理的方法主要有物理方法、化学方法和生物方法，其中采用最广泛的是物理方法和物理化学方法。

（3）废料。对擦洗油罐等设备的破布以及沾过油料及油漆的棉纱、破布等，应收集起来，运到安全地方焚烧处理。

三、油罐清洗作业的安全措施

1. 油罐清洗前期准备

为确保清罐工作的顺利完成，应制定工作计划，计划应避开严冬和盛夏季节，同时制定油罐清洗方案，注意做到一罐一案。该方案主要内容应包括：清罐的指挥系统和安全组织；所清油罐的基本情况及清洗的时间、任务；确定排除底油和处理污油的工艺；安全教育培训的内容、对象及时间安排；必须采取的安全措施等有关内容。方案经所属上级单位批准后，方可组织实施。

2. 现场作业前的安全措施

(1) 按照国家和企业的规范、规定(如中国石化集团公司下发的《进入设备作业的安全管理制度》、《油罐清洗安全技术规程》、《施工企业安全监督制度》等内容)，组织对作业人员、监护人员进行有针对性的安全教育和专业安全知识教育，并进行考试，合格后方可上岗。

(2) 所有与油罐相连的阀门(包括膨胀管)必须加盲板断开，决不允许用关闭阀门来代替盲板。油罐的防雷、防静电接地及阴极保护系统、自动计量等与油罐相连的电气线路要全部断开。

(3) 对要进入的油罐进行气体检测取样分析，使有毒有害物质不超过国家规定，保证设备内部任何部位的可燃气体浓度合格(测试仪器必须采用两台以上相同型号规格的防爆型可燃气体测试仪)，内浮顶油罐尤其要注意测试浮盘的上方以及密封圈的周围。

(4) 进入油罐作业除必须按规定办理进入设备作业票外，还必须遵守动火、临时用电等有关安全规定，进入设备作业票不能代替上述作业各票，所涉及的相关作业均必须按规定办理相关作业票。施工负责人应同时在作业票上签字后方可生效。

(5) 准备清罐作业人员的服装及必须的防毒面具、空气呼吸器、防护用品和清罐工具等。清罐现场严禁使用化纤等易产生静电的物品，所用工具必须符合防爆要求。对于一般油品储罐，当油气浓度超过该油品爆炸下限的4%并且低于40%时，进入罐内的作业人员必须佩戴隔离式防毒面具。

(6) 应在作业场所的上风向配备适量的消防器材和应急救护器具，油库值班人员应充分作好灭火准备。

(7) 进入油罐作业的照明应使用安全电压和安全行灯，电压不得超过12V，且保证灯具、线路符合防爆要求。采用挂灯，其最低悬挂高度一般不小于2.5m，注意保持绝缘良好，悬挂稳固可靠，防止落下。

(8) 明确监护人和作业人员，并制定每个人的岗位职责。每次作业前，施工负责人要对监护人和作业人员进行安全教育。

3. 现场作业中的安全措施

(1) 进入油罐内作业，现场必须有监护人。还应注意按规定的时间进行轮换，一般以30min左右的时间轮换一次，不允许长时间在油罐内作业。

(2) 清洗丙类油罐，进罐作业人员须佩戴口罩和防护工作服，可不佩戴呼吸器。

(3) 进罐作业人员应系有救生信号的绳索。绳的末端留在罐外，以便随时抢救作业人员。

(4) 油罐出入口内外不得有任何障碍物，应保证畅通无阻。

(5) 清罐现场应悬挂警示牌，禁止与清罐作业无关人员进入现场。

(6) 底油排空后，宜采用手摇泵将罐底存水抽吸至排污池等处，严禁直接排入下水道。污水排放应符合国家环保要求。油罐污染要妥善处理，防止污染农田、地下水等。

(7) 油库领导必须到现场跟班作业，遇有不安全情况及时处理，并按要求作好相关记录。

(8) 每次进罐前和作业期间，应定时进行油气浓度的测试，确保油气浓度在规定的范围内。当作业场所的油气浓度超过该油品爆炸下限的40%时，严禁进入油罐清洗作业。气体检测应沿油罐圆周方向进行，特别要注意易于积聚油气的低洼部位和死角。对于浮顶罐还应测试浮盘上方的油气浓度，每次通风前即使是间歇通风后再通风都应认真进行油气浓度的测试，在正常作业中每8h内不少于两次，并应做好记录。如需动火且作业时间较长，在动火过程中必须进行复测，以防油气浓度回升超过规定值。

(9) 清洗汽油、煤油、-35号柴油罐时，禁止使用压缩空气驱除油气。并尽量不要采用喷嘴喷射蒸气及使用高压水枪或从罐顶部进行喷溅式注水。

(10) 作业人员应严格执行操作规程，按作业票所规定的有效时间内进行作业，不得超越作业票的内容进行操作。

(11) 现场监护人必须履行职责，对进入油罐的人员、使用工具、材料等做到心中有数，作业前后应及时清点，防止遗留在油罐内。

(12) 每天工作完毕，大家要统一行动，对现场进行全面的检查清理，在确认已消除各种不安全因素的情况下，统一离开现场，清罐负责人应最后离开。

(13) 遇有雷雨天和风力在5级以上的大风天禁止油罐清洗作业。

(14) 在罐内作业，工作人员必须佩戴安全帽。在罐内清洗作业时，应防止罐顶构架、罐内附件、工具或其他构件落到作业人员身上。

4. 清罐作业后的安全措施

(1) 油罐作业完成后应复查、清点所使用工具、材料，防止无关物品遗留在罐内。

(2) 要组织有关人员进行验收，并作好相关记录。

(3) 验收合格后立即封闭人孔，光孔等处、连接好有关管线。对恢复的设备应进行认真复查，防止遗漏。

(4) 验收后将清罐方案、清罐作业测试记录、作业记录、油罐清洗验收报告、各种作业票等及时归档保存。

四、高空作业的安全管理

在油库常有从高处坠落事故发生，原因是没有设置平台、扶手、栏杆，或设置不符合安全要求，或检修中移去盖板、临时拆除栏杆而没有设警示标志；高空作业不挂安全网、不戴安全帽、不系安全绳；脚手架搭设不牢、跳板强度不够或超载、用力不当而失去重心；梯子不符合安全要求、滑移、使用不当；不采取安全措施在石棉瓦之类不牢固结构上作业等。因此，做好预防高空坠落工作，对落实油库安全检修具有很大的作用。

1. 高空作业的一般安全要求

在油库设备检修中，凡是在离地面3m以上、在散发油蒸气或其他危险环境离地面2m以上位置进行作业，都应视为高空作业。在高空作业中，凡是能在地面进行的工作，绝不应在高空进行，以减少高空作业的工作量和时间。

(1) 作业人员。凡是患有精神病、癫痫、高血压、心脏病等疾病的人员不准参加高空作业；高度近视眼的人也不宜从事高空作业；酒后、精神不振时禁止登高作业。

(2) 作业条件。高空作业均应先搭脚手架，采取防坠落措施，方可进行作业；在没有脚手架或脚手架无栏杆时，应使用安全带或采取其他安全措施；登高人员不宜穿易滑的塑料或硬底鞋；移动式脚手架(特制带轮弧形脚手架)移动时架上不应有人，也不准放置工具和材料。

(3) 现场管理。高空作业现场应设围栏或其他明显标志；不准闲杂人员在作业点下面通行或逗留，作业人员也不宜在脚手架下面休息；进入高空作业现场的所有人员都应戴安全帽。

(4) 防工具材料坠落。高空作业应一律使用工具袋，不准随意散放，较大的工具用绳拴在构件上；格栅式平台上应铺设木板或其他材料；不准用投掷的方式上下递送工具、材料，应用绳索上下吊送；上下层同时作业时，中间必须有严密牢固的隔离设施；工作中除指定的、已设围栏或落料处、槽可倒物料外，严禁向下抛掷物料。

(5) 防触电和中毒。脚手架搭设应避开高压线，无法避开时应保证高空作业中电路不带电，或者操作人员在脚手架上带工具、材料活动范围与导电线间的最小距离大于安全距离(电压≤110kV 时 2m，220kV 时 4m)；高空用电作业，导线必须绝缘良好、无接头，用金属脚手架时尤应重视。高空作业点附近如有油蒸气或其他有害物排放时，除作业期间不宜排放外，应向作业人员交待清楚，讲明危害，提出安全要求，并制定意外情况下的应急安全措施。

(6) 气象条件。在6级以上大风及暴雨、雷雨、大雾等恶劣天气时，应停止高空作业，冬季在 -10℃以下从事露天高空作业时，应采取防冻伤措施，必要时可在附近设取暖休息场所(但应符合防火、防爆要求)。

(7) 注意结构性能。在罐顶、屋顶等设备或建(构)筑物上作业时，临空面应有牢固、可靠的栏杆或安全网。严禁直接在无安全措施的石棉瓦、油毡等易碎裂材料的屋顶上作业，此类结构宜在显眼处设警告标志。

2. 脚手架的安全要求

高空作业的脚手架和吊架应具有承载人员和材料等重量的强度，通常脚手架板荷载不得超过 270kg/m^2，使用时禁止超载。

(1)脚手架材料。脚手架柱、板应本着就地取材的原则，选用竹木或金属板、管等材料。木材应采用杉木或其他坚韧的硬质木料，禁止使用杨木、柳木、桦木、油松等易折断的木料；竹杆应采用坚固无伤的毛竹，不准使用青嫩、枯黄、裂纹、虫蛀、受过机械损伤的毛竹；金属管应无腐蚀、连接部分完整无损，不得使用弯曲、压扁、裂缝的管子。木质脚手架踏板厚度不应小于4cm。

(2) 脚手架的连接与固定。脚手架与建筑物连接应牢固。禁止将脚手架直接搭靠在建筑的木楞及未经计算附加荷载的结构上，也不得搭靠于固定栏杆、管道等不牢固结构上；立杆或支杆底部(埋入地下和地面)应根据土质设置防沉装置；连接各构件间的铰链螺栓一定要拧紧，用铁丝绑扎一定要牢固。

(3) 脚手板、斜道和梯子。脚手板的两头应放在横杆上，不准在跨度中间有接头。斜道板要满铺在架子的横杆上；斜道两边、拐弯处和脚手架工作面外侧应设 1m 高的栏杆；通行手推车的斜道坡度不应大于 1:7，其宽度单向通行时不小于 1m，双向通行时大于 1.5m；斜道板厚度不小于5cm。脚手架一般应装设牢固的梯子，以方便人员上下。使用起重装置吊重物时，不准将起重装置和脚手架结构相连接。

(4) 照明和防滑。脚手架上禁止乱拉电线。夜间施工设照明线路时，木、竹脚手架应加绝缘子，金属脚手架应加设横担，布线整齐。冬季施工应及时清除脚手架上的冰雪，撒上砂子、锯木、炉灰，或铺草垫等防滑。

(5) 悬吊式脚手架和吊篮。悬吊式脚手架和吊篮应经设计和试验，所用吊绳(含钢丝绳、麻绳等)直径须由计算决定。计算中的安全系数，吊物用不小于6，吊人用不小于14；吊绳应作1.5倍工作荷载的静荷载试验，吊篮作1.1倍工作荷载的动荷载试验；每次使用前应对挂钩、绳索、固定点等进行认真检查；悬吊式脚手架之间严禁用跳板跨接使用；绳索不允许与吊篮边缘、房檐等棱角相摩擦；人力卷扬机应有安全制动装置，其固定锚的耐拉力必须大于吊篮设计荷载的5倍；吊篮作业时应系安全带，安全带应栓在牢固可靠处。

(6) 脚手架拆除。拆除脚手架前应在其周围设栏杆，悬挂警告标志；脚手架上设置的水、电系统，应先断源后再拆除；拆除作业应由上而下进行，不准上下同时作业，拆下的构件不准随手抛掷，应用工具吊下；不准用推倒整个脚手架或先拆除下层主柱的方法拆除；栏杆、扶梯不应先行拆除，应与拆除工作配合进行。

(7) 其他安全问题。同时，应注意与脚手架、高空作业相联系的安全带、梯子等的安全使用，以及起重作业安全、电气安全、机械安全操作、运输安全技术等。

五、动土作业安全管理

油库地下各种管道、电缆等设施较多，在动土作业中，往往由于没有完善的技术资料和安全管理制度、不明地下设施情况，而将电缆挖断、电缆受损击穿、土石塌方损伤管道、渗水跑水威胁地下设施、人员坠落受伤等事故发生。因此，动土作业应是油库安全检修的一个不可忽视的内容。

1. 动土作业的含义

在油库安全检修中，凡是可能影响到地下电缆、管道等设备、设施安全的地上作业都应视为动土作业。诸如挖土、打桩、埋设接地极等土工作业；绿化植树、园林化建设等美化绿化环境的作业；用推土机、挖运机、压路机等工程机械挖土、推土、运土、填土等开挖沟槽和场地平整作业；场地的物料堆放和运载工具行走(可能超压损及地下设施)，以及施工作业中土石方堆放堵塞排水系统和大量污水排放等可能对地下设施安全构成威胁的作业，都应视为动土作业。

2. 动土作业的安全要点

为保证地下设施的安全，油库应绘制地下设施分布总图，划分不同区域的动土作业要求，并及时修改，使其准确反映地下设施情况，作为安全检修和动土作业的依据。

(1) 审核批准。凡进行较大的动土作业时都应填写动土作业申请表，写明作业地点、时间、内容、范围、施工方法、土方堆放场所及安全措施，经主管部门审核，领导批准。审核时应与《地下设施分布总图》对照，明确动土作业范围内的地下设施情况，应注意的问题和安全要求，提出同意与否的结论性意见，供领导批准时考虑。

(2) 防止破坏地下设施。动土作业中对地下电缆、管道及埋设物，不准用锹、镐、棍等作业工具撬动，也不准用机械挖土；在挖掘中发现事先未预料到的设施或不可辨认物时，应立即停止工作，报告有关部门，严禁敲击、玩弄或私自处理；机械作业在建(构)筑物附近时，距离至少应在1m以上，防止碰撞。

（3）防止塌方和水害。开挖沟、坑、池等时，必须根据土壤性质和湿度决定边坡或设置支撑。开挖前应根据地面排水系统设计土方堆放场地，必要时构筑临时排水系统，湿陷性黄土地区尤应重视。沟、坑、池挖至地下水位以下时，应考虑排水措施和排出水的方向。施工中应经常检查支撑的安全状况，有危险征兆时应及时加固；已挖的基槽、基坑遭水害时，应检查土壤变化情况，采取技术措施，以保基础质量。土方有陷塌、滑坡的危险时，下面工作人员必须离开工作面，组织力量挖去滑动部分或采取防护措施后，再进行工作，雨季和化冻期更要注意陷落。上下基坑时不准攀登水平支撑，禁止一切人员在基坑内休息。在铁塔、电杆、地下埋设物及铁路等附近挖土时，必须在周围加固后方可进行作业。更换支撑时，必须先安后拆；拆除支撑时应先上后下，一般土壤同时拆除的木板不得超过三块，松散和不稳定土壤一次不得超过一块。车辆和行人在开挖处通行时，一般应离开2m以上。

（4）防止机械工具伤害。人工开挖的各种工具必须坚实，手柄应用坚硬木料，并加倒楔使其安装牢固；挖土作业时，人员应保持安全距离。机械开挖作业时，应规定开机音响信号；挖土作业中禁止任何人在举重臂、吊斗下面逗留或通过，不准在回转半径内进行辅助工作；机械停止作业时，应将吊斗放在地上，不准使其悬空；消除吊斗内泥土或卡石，应停机并经司机允许；夜间作业时，必须有照明。

（5）防止坠落。挖掘的沟、坑、池等应在周围设置围栏和警语标志，夜间设红灯示警；人员上下沟、坑、池时应铺设防滑板；挖土作业中预留人行土堤应根据土壤性质放坡或支撑加固，顶宽至少70cm。

（6）防止中毒。在可能有油蒸气或其他有害物处开挖时，应事前做好防毒准备，派技术人员现场指导，准备必要的消防器材。必要时应佩戴防毒口罩或面具进行工作，并禁止一切烟火，遵守有关安全规定。

六、油库施工现场的安全管理

（1）通往施工现场的道路，始终要保持畅通无阻；要保证通信联络设备完好。

（2）施工所用的各种材料、构件及设备等物要堆放在指定地点，要求堆放整齐，既便于使用时方便，又要保证安全，不倒塌发生事故。

（3）施工现场周围的悬崖、陡坡等危险地域应设置围栏防护；工地内的沟、坑应填平，或设置围栏及盖板，以防发生意外事故。

（4）在危险区域进行气热性施工、电热性施工和在爆炸危险施工场所，应有明显警示标志，诸如“禁止通行”、“危险”等牌子立于明显处。

（5）大型设备吊装场所，禁止闲杂人员进入，并应设立警示标志和派专人负责安全监视工作。

（6）参加石油库施工的所有人员，要树立牢固的安全意识，要清楚和熟悉施工现场的所有信号、警示牌、警报所表示的内容。施工中要遵守施工制度，禁止通行的地方不去，不许动的部件不要碰，不是自己的专职作业未经允许不得随便去干。不得在设备管线、电线、变压器等危险地方休息。

（7）工作时间内，不得随意擅离职守，有事需请假并有专人接替工作后方可离开。工作时不准干其他与本职工作无关的事，也不能在施工现场打闹玩耍。

(8) 做好现场清洁、工具和仪表的管理、消防和保卫工作等。要严防工具、配件及其他物件遗落在设备内，埋下事故隐患，致使设备受损或其他重大事故发生。

(9) 施工下班后，应检查和清理施工现场，收拾清洁工具，确认安全无误后方可离去。

第九节　油库自然灾害事故预防

一、油库洪水灾害事故预防

(1) 必须充分认识防大洪是油库安全之必需。油库应从思想上真正重视防大灾、抗大洪，真正把它纳入安全管理范畴，视为必须重点关注的问题。并根据抗大洪的需要，增加投入，搞好建设，做好防范准备。

(2) 认真做好油库防大洪设施的安全评估。就是对油库现有防洪设施能否抗拒大洪灾的总体估价。这是搞好今后防洪安全建设的基础，是实施安全建设的主要依据。此项工作应由主管部门牵头，聘请专家主持，实现系统评定。

(3) 油库建设必须注意防洪需要。油库建设除依据油库建设规范外，还须考虑防大洪的需要，注重水文地质资料的收集利用。山区油库建设，更应针对山洪频繁的实际，把防大洪摆到重要位置。

(4) 油库洪灾抢险，特别要注意防火防爆。油库受灾不同于其他仓库，油品是易燃、易爆，如果在洪灾时发生油品泄漏，后果非常严重。因此，发生洪灾时，应控制油料外送，全力疏导排水，严格管制火源，加强安全警戒，防止连锁事故，确保万无一失。

二、油库森林火灾事故预防

(1) 库区电网(铁丝网)两侧各5米内开设防火道，定期割除杂草，每年不少于两次。

(2) 围墙内侧5米内不种树，留有检查道，围墙下部排水口的杂草定期清除。

(3) 无电网(或铁丝网)和围墙的油库，周边应设20米左右的防火隔离带(长江以南地区的油库可种植木荷防火林带)，也可利用现有铁路专用线、道路、水沟等开辟防火线。

(4) 地面油罐30米以内不种含易燃油脂多的植物，拦油池内要定期消除杂草。

(5) 半地下油罐组上部不种含油脂多的树木，油罐组周围应清除5米宽的隔离带，油罐透气管出口应安装阻火器。

(6) 洞库口部直径30米以内不种含易燃油脂多、耐火性能差的树木，透气管口部周围5米内无树木杂草，并安装阻火器。

(7) 地面桶装油料库房、泵房、化验室等场所周围5米内无油污、无杂草、无易燃物。

(8) 半地下库房、泵房上部不得种含易燃油脂多的植物，库房、泵房周围应设防火道。

(9) 油库应认真贯彻执行《中华人民共和国消防法》，坚持“以防为主，防消结合”的方针，尽快建立健全和认真落实各项消防安全制度。

(10) 油库应成立义务消防队，并与专业消防部门挂钩，共同制定灭火预案，定期组织演练。油库消防员应经过专业训练，取得公安消防部门的合格证，建立军警民消防联防，共保油库山林安全。

(11) 各类人员特别是警卫值班人员应坚守岗位，一旦发现火情，立即向有关部门和领导报告。

（12）要做好灭火后的善后处理工作，如清理现场、派出观察哨等，以防暗火复燃。

三、油库地震事故预防

1. 地震对油罐的破坏类型

（1）罐壁板最下一层局部外凸，这是最为常见的一种破坏形式，它是由于地震时在水平加速度的影响和作用下，因倾倒力矩使得罐壁一侧压应力超过其失稳临界压应力值，罐壁屈曲造成的。

（2）罐壁与罐底间角缝开裂。这种破坏形式也不少，这是由于地震中在水平加速度作用下水平惯性力使角缝中的剪应力超过剪切强度极限而造成的。

（3）罐壁板最下一层沿圆周形成圆环状凸出，这种现象又称为象腿现象。

（4）油罐在液位较高的情况下，在地震时由于液面剧烈晃动，浮顶导向失效，扶梯破坏，浮顶来回碰撞最终导致沉没。还有一种是固定顶油罐中罐顶支柱倾倒，罐顶破坏和最上一层壁板及包边角钢破坏等。

（5）油罐基础液化、滑坡等造成油罐局部或全体沉陷。

（6）与油罐相连接的管线和其他设备由于地震时有相对位移而造成的破坏。

2. 临震期间油库的防范措施

（1）尽可能将罐内的油品发出去，以减少储存量，减轻对油罐的静压力，降低液位，防止溢油。

（2）关闭联火堤排水管阀门，堵塞防火堤排水口，以便在地震时拦住溢油或跑油。

（3）有条件的油库，作业结束后放空管线。高架罐中的油品要尽可能放净。

（4）作业结束后，应立即关闭罐前阀门。对洞库、半地下库临震期间可考虑关闭罐前钢阀，但要注意不得同时关闭两道阀门，以防胀坏阀门等管件。

（5）尽可能在罐前接管上加装金属软管。对没装软管的油罐，临震前可考虑把暂不发油的罐前出入口管线法兰断开，待需要进出油品时再连接好。

（6）对油罐、管线、阀门、罐前软管、高架罐座等重点设备要定时检查，并做好记录，发现问题及时处理。

（7）做好抢险救灾的准备工作。准备好抢险用具，如电筒、铁锹、木塞（与输油管直径差不多的锥体木塞）、管线卡子、机动油泵（或加油车）、软管、铜网、大桶等。

（8）油罐汽车和消防车要停放在车库外面的空地上，司机轮流值班。

（9）做好抗震防灾的宣传教育，使员工把抗震防灾工作和本职工作结合起来，按照地震时的事故操作规程和处理方案，做好岗位练兵，结合检修和抢修作业，搞好抗震防灾演习，以提高员工的抗震防灾意识。

（10）制订油品储罐区在地震时的灭火作战计划。包括消防道路的畅通和合理行驶；消防车辆的配备应能满足灭火作战的需要，并确定其所行驶路线和停靠位置；地下消火栓的合理利用，并保证完好；针对可能发生火灾的着火点制定扑救方法和需要采取的措施；合理起用相邻油罐的冷却水装置；起用储罐本身的冷却喷淋装置；做好消防力量的合理安排；制作油品储罐区灭火作战图等。

第六章　油库应急管理

油库油料储存量大，收发作业频繁，易发生各类事故。一旦发生重大事故，不仅会造成人员伤亡、财产损失和环境污染，而且会造成不利的社会和政治影响。因此，应加强油库应急管理，建立健全应急管理制度，制订应急处置预案，注重应急设施建设，开展应急处置演练，规范应急行动，有效预防和妥善处置各类突发事件，最大限度地控制、减轻和消除油库突发事件引起的危害，确保油库人员、财产和环境安全。

第一节　油库应急管理概述

一、油库应急管理的内涵

从安全学的角度看，应急是指为避免事故发生或减轻事故后果而需立即采取超出正常工作程序的行动。应急管理是指政府及其他公共机构在突发公共事件的事前预防、事发应对、事中处置和善后管理过程中，通过建立必要的应急机制，采取一系列必要措施，保障公众生命财产安全，促进社会和谐健康发展的有关活动。其目的是将突发事件对人员伤亡、财产损失、环境影响以及其他影响降低至最小程度。

油库应急管理是指为了应对油库突发性事故而进行的一系列有计划有组织的管理活动。其主要任务是有效地预防和处置各种突发事件，最大程度地减少突发事件的负面影响；主要目标是对突发事故灾害做出预警，控制事故灾害发生与扩大，开展有效救援，减少损失和迅速组织恢复正常状态。由于通过安全设计、操作、维护和检查等措施可以预防事故，降低风险，但还不能达到绝对安全。因此，油库应根据实际情况，对预计可能发生的重大事故，预先制定所需要采取的紧急措施和应急方法，通过事先计划和应急措施，与当地消防等部门建立联系，与当地大型企事业单位建立联防机制，充分利用一切可能的力量，在事故发生后迅速控制事故发展并尽可能排除事故，保护人员的安全，将事故对人员、财产和环境造成的损失降至最低程度。

二、油库应急管理过程

油库应急管理是对油库突发事件的全过程、动态管理。根据事故生命周期模型理论，油库事故应急管理包括潜伏期、爆发期、影响期和结束期四个阶段，形成由预防、准备、响应和恢复四个管理工作阶段组成的事故应急管理工作过程，并依据各管理阶段的具体要求，完成与之相应的管理工作任务，如图6－1所示。

预防，就是从应急管理的角度，防止油库突发事件或事故发生，避免应急行动。如制定安全法律、法规、安全技术标准和规范，进行安全规划，强化安全管理措施，控制危险(危害)源，消除安全隐患，对人员进行应急宣传与教育等。

预备又称准备，是在事故发生前进行的预备性工作，主要是建立油库应急管理能力。它把目标集中在发展应急操作计划及系统上，如制订应急预案、建立完善的应急救援系统、统一协调应急事务等。

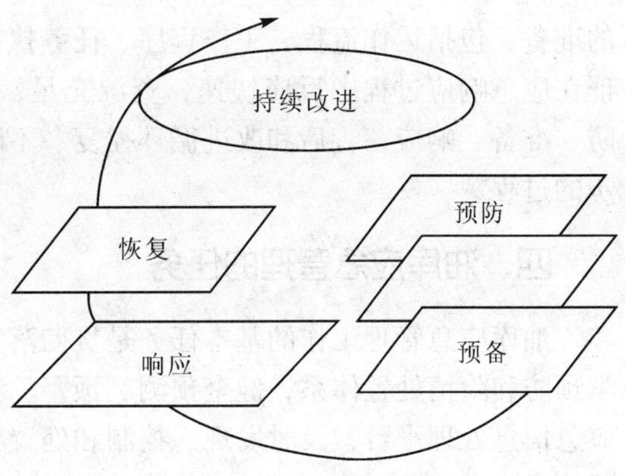

图6－1 油库应急管理模式

响应又称反应，是在事故发生前、事故期间和事故后立即采取的挽救生命和减少损失的行动。响应的目的主要是实施应急预案，启动应急救援指挥中心，进行抢险、疏散、搜寻和营救等行动，实行交通管制，提供避难所和医疗救护等紧急援助功能，使人员伤亡及财产损失减少到最小。

恢复，应在事故发生后立即进行，它首先是使事故油库恢复最基本的秩序，直至恢复到正常状态。要求开展的恢复工作包括事故调查和损失评估、清理废墟、修理设施设备、泄漏油品回收、污染治理等；长期恢复工作包括库区重建以及修改完善并实施健全的安全减灾计划等。

油库应急管理是一个不断循环的过程。在应急行动产生之前，预防和预备阶段可持续几年、几十年乃至几百年，然而，如果应急发生则导致随之的恢复阶段，新的应急管理又以预防工作开始。这样，周而复始，重新又开始一个新的应急管理过程。

三、油库应急管理的特点

1. 突发性

油料易挥发，有毒性，易流动，容易发生设备损坏、火灾爆炸、人身伤亡等业务事故，以及洪灾、泥石流、地震等自然灾害事故，而且油库发生事故的时机具有很大的不确定性与随机性，无任何可查的先兆，一旦触发，迅速发展蔓延，甚至失控。为此，要求必须在极短的时间内做出应急反应，在造成严重后果之前采取各种有效的防护、急救或疏散措施。

2. 复杂性

主要表现在：一是油库事故影响因素、演变规律和后果估计的不确定性和不可预见的多变性，事故发生的时机、场所、部位难以确定，诱因多源，一旦发生事故，往往会引起连锁反应，如油罐发生爆炸，就有可能引起油料火灾、人员中毒、管沟爆炸等多种后果；二是参与救援的力量多元，既有油库自身的救援力量，又有政府部门、公安消防、武装警察以及其他大中型企业救援力量，组织指挥复杂；三是油库事故复杂多样，往往是火灾爆炸、设备损坏、跑油漏油、人员伤亡等多种情况交织，处置行动任务多样，处置救援十分复杂。因此，应对事故引发的各种复杂情况做出足够的估计，制订出随时应对各种复杂变化的相应方案。

3. 预防性

油库应急管理应以预防为主，在事故潜伏期或爆发之前，通过各种行之有效的工具和手段，消除引发事故的导火索，或者通过引导方式使其逐渐释放积累的能量，不能形成事故，以避免事故爆发后造成巨大危害。从某种意义上讲，预防是一种事前控制行为，是一种积极主动出击的工作方式，将危害消灭在萌芽之中；而响应是一种事中控制行为，是一种防御性的做法，危害已经造成，只是如何减少危害的问题。可见，预防是油库应急管理最重要的一环。

4. 具体性

油库事故爆发突然，危害严重，具有不确定性，因此，要求油库应急管理应做周密细致的准备，包括运作流程、工作程序、任务执行、资源调动等需要提前进行设计和安排，以保证在应急响应过程中反应快速，资源充足，职责明确。油库应急管理过程本身就是一个预防、准备、响应、善后和改进循环往复、不断重复的连续过程，也是一个逐步完善、不断进步的过程。

四、油库应急管理的任务

油库应急管理工作的基本任务是贯彻落实法规制度，全面开展应急教育和训练，构建科学预防和险情处置体系，健全预测、预警、预防和处置机制，制订应急情况处置预案，建立应急信息处理平台，及时发现、控制和处置各类突发情况，最大限度减少损失，提高综合保障能力。

1. 建立油库应急情况处置机制

针对油库突发情况建立应急处置与救援工作机制。根据油库实际情况，建立健全应急信息报告机制、应急决策和协调机制、分级响应机制、应急处置程序、应急资源配置等。处置油库突发情况，遵循以人为本、减少危害、加强领导、分级负责、依法规范、加强管理、快速反应、协同应对、依靠科技、提高素质的原则。通过健全应急预案体系，建立精干实用的应急救援队伍，完善应急响应和处置机制，尽量消除突发情况风险隐患，最大限度地减轻突发情况的影响。在健全完善油库应急准备的基础上，制订油库应急情况处置预案，掌握油库周围地方(专业)救援力量情况，依托中心油库建立应急抢险救援分队，配备完善应急装备器材、人员、技术等保障要素。

2. 严格落实法规制度

油库要设置或明确专(兼)职应急管理领导机构，配备专(兼)职应急管理人员开展应急管理工作。要建立健全应急动员、应急预测预警、应急救援、政府与企业协调配合领导体制和安全隐患责任追究、安全检查责任联系、安全整治优先、应急信息传递、应急决策指挥、应急资源保障、恢复与重建、评估与奖励等机制，建立完善突发事件预防监测制度、应急准备制度、安全风险评估办法、安全技术防范标准、应急经费物资管理制度、信息沟通反馈等制度，逐步使应急管理工作走向规范化、制度化、法制化轨道。

3. 维护更新应急设备设施

良好的设备设施是搞好应急管理工作的物质基础。一是要严格落实设备设施维护保养制度，加强设备设施的维护保养，勤检查、勤保养、勤维护，确保始终处于良好的技术状态；二是要及时更新、淘汰应急装备器材，确保应急装备器材与应急情况处置预案相配套，满足应急情况处置的需要；三是要积极稳妥地应用新技术、新设备、新材料，不断提高应急管理工作的科技含量。

4. 完善应急情况处置预案

油库应制订应急情况处置预案，预案应客观分析、准确判断，情况设想、科学合理，要素齐全、内容简洁，措施具体、管用实用，分工负责、责任到人，注重检验、不断完善。油库应急情况处置预案主要内容包括编制依据、组织领导、分析判断、任务分工、情况想定、力量编成、处置办法、保障措施、善后处理、有关要求及附录等，以文字表述为主，并附必要的图、表和说明。预案每年应当修订一次，如有情况变化，及时进行修订完善。油库应急情况处置预案是油库平时进行演练的依据，油库全体人员要熟练掌握预案内容，油库每年应组织进行两次演练，并对演练情况进行登记和总结。

5. 加强应急训练

油库应积极开展应急训练，提高人员的安全防范和应急处理突变能力。首先要定期组织人员学习预案，熟练掌握预案内容；其次要根据可能出现的突发事件，积极开展应急训练，明确单项训练和综合演练的时机、内容和方法，突出防护技能训练、设备操作训练、应急处置训练、紧急避险训练、自救互救训练等，提高应急情况处理突变能力；最后要通过应急训练，不断修订完善预案，并对演练情况进行登记和总结。

6. 建立应急信息处理平台

为充分利用现有资源，有效预防和妥善处置事故和突发事件，应当按照统筹规划、分级实施，注重内容、讲求实效，技术先进、安全可靠，立足当前、着眼长远的原则，建立油库应急信息处理平台。通过采集、分析和处理应急救援信息，快速进行突发事件受理，及时有效地进行应急处置、调度指挥。同时要建立健全运行、维护、管理制度，及时更新信息，确保高效安全运行。

第二节　油库应急预案

油库应急预案主要包括以下内容：

1. 油库基本情况

主要包括油库隶属关系、油库类型、所在地址、从业人数、油库布局、储存油品种类及储量、油库主要设施及其分区和总体布置、油罐容量及分布等内容；周边区域的单位、社区、重要基础设施、交通道路等情况。

2. 应急救援预案的组织机构及职责

成立油库应急组织，指定现场指挥人及各行动负责人，说明各职位替补人员，明确各自职责。

3. 装备及材料配备

列出油库及各应急单位（小组）的应急抢救装备和器材、围堵洗消物资等明细。

4. 制定报警程序及规定

列出24h有效的报警方式及通讯联络手段；明确报警程序及步骤；说明报警内容。

5. 紧急事故的处理措施

列出各紧急事故（突发事件）的具体处理措施，内容应具体、步骤清晰，人员职责明确，可操作性要强。内容涉及报警接警、人员到位、携行装备器材使用、具体处理措施、场外应急救援力量协调、区域隔离限行、人员疏散撤离等。

6. 医疗救护

制订现场紧急抢救方案、伤员转运及转运中的救治方案、伤员治疗方案、医院救治机构确定及联络入院方案；药物、器材、设备储备信息，医疗人员配备和职责。

7. 应急救援保障

确定场内应急队伍，包括抢修抢险、现场救护、医疗、治安警戒、消防、交通管理、通讯、物资供应、运输、后勤等人员，应急通信系统，应急救援装备、器材、物资、药品等，应急电源、照明等；协调场外应急救援力量，包括场外应急队伍人员、携行装备器材及物资力量，协调联络程序、方式及到位时间；联络应急专家。

8. 培训和演练

确定应急救援人员行动和员工应急响应的培训方法、时间及内容；制定应急训练计划，确定应急演练范围与频次。

9. 预案编制与改进

明确预案编制方法、编制人员，制定预案审定、实施和改进方法。

具体制订应急救援预案的步骤可参考《危险化学品事故应急救援预案编制导则(单位版)》编制。

应急预案中可能列举的支持附件和附图表包括：

(1) 专家名录；

(2) 重大危险源登记表分布图；

(3) 重大事故灾害影响范围预测图；

(4) 重要防护目标一览表；

(5) 应急机构、人员通信一览表、分布图；

(6) 消防队等应急力量一览表、分布图；

(7) 医院、急救中心一览表；

(8) 应急装备、设备设施、物资一览表；

(9) 应急物资供应企业名录；

(10) 外部机构通讯联络一览表；

(11) 通讯系统；

(12) 信息网络系统；

(13) 警报系统分布及覆盖范围；

(14) 技术参考(手册、后果预测、评估模型及有关支持软件)；

(15) 战术指挥图；

(16) 疏散路线图；

(17) 蔽护安置场所一览表、分布图。

油库应急预案示例

一、适用范围

本预案适用于×××销售公司油库。

二、油库概况

1. 油库概况

×××销售公司油库始建于1965年，位于×××市国道218线70千米处，占地面积470亩。油库现有员工24名，其中管理人员7名(设备管理人员1名，安全管理人员1名，油品质量管理人员2名)，岗位操作人员9名，警消人员9名。

油库拥有10300m^{3}的储量，2000m^{3}立式储油罐3座，其中有2座内浮顶油罐，储存90$^\#$汽油，1座固定顶油罐储存0$^\#$轻质柴油，1000m^{3}立式储油罐4座，3座储存0$^\#$轻质柴油，1座储存−20$^\#$轻质柴油，50m^{3}卧式高架罐6座，1座储存93$^\#$汽油，2座储存煤油，3座储存柴油，油库年周转三次。

油库拥有一套中倍数固定式消防灭火系统，2台冷却水泵，1台泡沫泵，储存2t水成膜泡沫液，两座500m^{3}地下消防水池。另外，在卸油区有4具50kg手推车式干粉灭火器，4具8kg手提式干粉灭火器，发油区有3具50kg手推车式干粉灭火器，8具8kg手提式干粉灭火器。

油库设备设施分布情况：储油区有7座立式储罐，6座50m^{3}卧式储油罐，1座消防泵房，输油管线消防管线，装卸油区有6座50m^{3}零位罐，1座4货位卸油平台，1座4货位6鹤管的装油台，1座5台自吸式离心泵的输油泵房，生产辅助区有1座总配电室，1台150kWA的变压器，1座深井泵房（每小时补水50m^3），两座500m^{3}的地下水池。库外设施有：办公室300m^2，1台80t的电子衡，1座化验室。

2. 油库周边概况

油库围墙以外500m范围内，西侧有一座民营骨粉加工厂，厂房面积150m^2，均为土木结构的建筑物，北侧为油库家属区，住有12户职工家属，面积为720m^2，砖混结构的住房。除此之外均为农田。

3. 油库周边社区概况

油库距市区12km，远离城镇，基本都是农田，周边不可能有提供救援的单位。离油库最近的公安部门是×××派出所，距油库10km，消防队伍距油库12km，最近的×××医院距油库6km。

三、应急组织及职责

（一）应急组织

应急组织见图6－2。

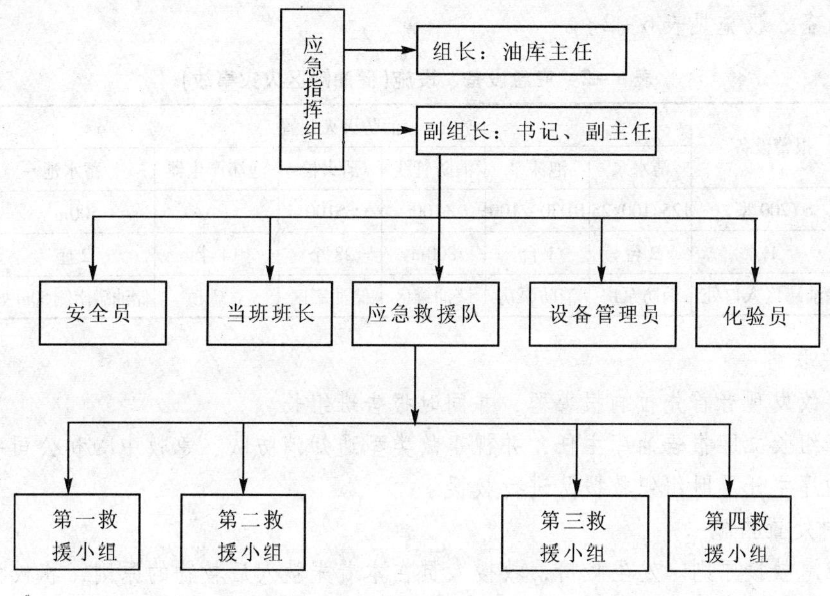

图6－2 应急组织

（二）职责

（1）油库主任。现场总指挥，发生事故后，负责油库内外各部门的协调和全局的事态控制，组织指挥事故处理工作，督促各责任人将职责落实到位。

（2）书记、副主任。负责指挥具体生产、工艺控制措施的落实，结合现场情况制定相应的应急处理措施。

（3）安全员。负责消防灭火，伤员抢救，防护措施，人员安全，保卫工作，负责在现场对制定的相关应急措施进行监督。

（4）设备管理员。具体负责关键设备、要害部位的抢救材料、物资、工具、机具、施工组织、车辆供应工作，结合现场情况制定相应的应急措施。

(5) 当班班长。负责组织各班人员对事故发生时的初步处理，防止事态扩大。

(6) 各救援小组的职责：

① 听从指挥，发生险情，坚持先救人后救物的原则，积极控制，消除初起险情；

② 熟悉油库储油工艺流程和消防工艺流程；

③ 熟练掌握各种应急器材，防护设备；

④ 根据不同类型的事故，采取相应的应急救援措施。

四、应急联络

(一) 应急联络图(略)

(二) 应急通讯联络表(见表6-1)

表6-1 应急通讯联络表

联络人	安全总监	消防队	急救中心	应急指挥组长	第一救援小组	第二救援小组	第三救援小组	第四救援小组
联络方式	×××	119	120	×××	×××	×××	×××	×××

五、应急救援方案

(一) 储油罐区火灾事故

1. 应急设备、设施

应急设备、设施见表6-2。

表6-2 应急设备、设施(储油罐区火灾事故)

设 备	报警设备	消防灭火装置						通讯设备
		清水泵	泡沫泵	消防管线	消火栓	泡沫产生器	蓄水池	
型号	SY200型	125/100/25	BD30-100	ϕ100	SS100		500m^2	固定电话
数量	1	2台	1台	800m	28个	14个	2座	3部
存放地点	储油罐区入口处	消防泵房	消防泵房	储油罐区	储油罐区	立罐顶	储油罐南侧50m处	大门口处

2. 应急联络

(1) 事故发现者首先拉响报警器，并同时报告班组长。

(2) 班组长立即报告油库主任，并视事故类型通知消防队、急救中心和公司安全总监。

(3) 油库主任及时组织救援队进行救援。

3. 应急处置措施

(1) 应急救援原则。发生险情，救援人员在本着先救人后救物的原则，积极控制。消除初起险情，当险情无法控制，对抢险人员有生命威胁时，应立即撤出险情现场。

(2) 工艺处理措施。假设1#储油立罐发生着火，储油罐区工作人员以最快的速度拉响警报器，对外联络人员立即向“119”报警，向“120”急救中心救护，同时油库主任组织应急救援队迅速到达现场，进行灭火。

若着火油罐尚在进行作业，岗位操作人员迅速关闭输油阀门Y0098-Y0100，如无法关闭阀门，可在消防队员水枪的掩护下强行关闭。其他岗位人员关闭所有进出油作业阀门。

消防泵工启动清水泵和泡沫泵。

应急救援队立即进行救援：

第一救援小组：迅速拉开清水管线阀门X0028和X0029，对着火罐进行泡沫灭火，同时拉开3#消防水带箱，取出2盘消防水带，接通消火栓X0005和X0007，准备应急。

第二救援组：迅速拉开清水管线阀门 X0027 和 X0030，对着火部位进行喷淋降温，同时根据风向及火势，对位于下风的邻近油罐(2#罐)进行喷淋降温。为防止跑油而使火势蔓延，同时应就地取土进行覆盖，并筑堤防止油火蔓延。

第三救援组：负责警戒、疏散工作。

① 油库门卫指挥库外车辆有序地疏散到安全地带，保证道路畅通。

② 将库内车辆疏散及非抢险人员疏散至库外安全地带。

③ 在大门口迎接消防车辆，并带往着火现场。

第四救援小组：

① 负责现场发生人身着火的自救，制止着火人员跑动或将其按倒，用石棉被、衣服、水或用干粉灭火器灭火(不要对准面部)。

② 迅速将伤病员转移到安全地带，保障伤员的呼吸畅通，并送往医院抢救。

③ 听从指挥，如有意外情况，随时补充到其他战斗小组参加救援。

(3) 环保措施。事故处理过程中产生的环境污染及时处理，废水收集及排入下水道，废渣倒入指定地点，不得把污染物乱排、乱放；事故处理过程中损坏的花草等绿化设施，及时铲除，并将污染的土壤清理到指定地点，回填土壤种植花草；事故处理过程中，拆卸和损坏的设备及时更换，废旧设备统一回收。

(二) 输油泵房火灾事故

1. 应急设备、设施

应急设备、设施见表 6－3。

表 6－3 应急设备、设施(输油泵房火灾事故)

设备	报警设备	消防灭火装置										通讯设备
		清水泵	泡沫泵	消防管线	消火栓	蓄水池	8kg 干粉灭火器	50kg 干粉灭火器	1211 灭火器	石棉被	消防砂	
型号	SY200 型	125/100/25	BD30－100	100	SS100	500m³	MF8	MYT	MY4		2m³	固定电话
数量	1 具	2 台	1 台	100m	2 个	2 座	12 具	3 具	2 具	4 条		3 部
存放地点	泵房门口	消防泵房	消防泵房	油泵房门口	油泵房门口	储油罐南侧 50m	发油区、油泵房	油泵房门口	油泵房配电间	油泵房门口	油泵房门口	大门口处

2. 应急联络

(1) 事故发现者首先拉响报警器，并同时报告班组长。

(2) 班组长立即报告油库主任，并视事故类型通知消防队、急救中心和公司安全总监。

(3) 油库主任及时组织救援队进行救援。

3. 应急处置措施

(1) 应急救援原则。发生险情，救援人员在本着先救人后救物的原则，积极控制，消除初起险情。当险情无法控制，对抢险人员有生命威胁时，应立即撤出险情现场。

(2) 工艺处理措施。输油泵房发生火灾，岗位作业人员以最快的速度拉响手摇报警器，对外联络人员立即向“119”报警，向急救中心“120”求救，同时油库主任组织应急救援队迅速到达现场，进行灭火。

情况一：输油设备发生火灾时

① 各岗位工作人员关闭本岗位所有进出油阀门，配电室值班人员切断除消防用电之外的库内所有电源。

② 消防泵工启动消防泵。

③ 应急救援队进行救援。

第一救援小组：

迅速拉开16#消防水带箱，取出两盘消防水带，接通31#泡沫消火枪、32#清水消火栓，打开消火栓阀门，对准着火部位进行灭火。

第二救援小组：

为防止跑油而使火势蔓延，第二救援小组应用消防砂进行覆盖，防止油外流，同时就地取土筑堤，防止油火蔓延。

第三救援小组：负责警戒、疏散。

① 油库门卫指挥库外车辆，有序地疏散到安全地带，保证道路畅通。

② 将库内车辆及非抢险人员疏散至库外安全地带。

③ 大门口迎接消防车辆，并带往着火现场。

第四救援小组：

① 负责现场发生人身着火的自救，制止着火人员跑动或将其按倒，用石棉被、衣服、水或用干粉灭火器灭火(不要对准面部)。

② 迅速将伤病员转移到安全地带，保障伤员的呼吸畅通，并送往医院抢救。

③ 听从指挥，如有意外情况，随时补充到其他战斗小组参加救援。

情况二：电气设备发生火灾时

① 各岗位工作人员关闭本岗位所有进出油阀门，配电室值班人员切断除消防用电之外的库内所有电源的。

② 消防泵工启动消防泵

③ 应急救援队进行救援：

第一救援小组：如带电灭火，应用211灭火器和二氧化碳灭火器，对准着火部位进行扑救。

第二救援小组：用干粉灭火器进行灭火。

第三救援小组：负责警戒、疏散。

① 油库门卫指挥库外车辆，有序地疏散到安全地带，保证道路畅通。

② 将库内车辆及非抢险人员疏散至库外安全地带。

③ 大门口迎接消防车辆，并带往着火现场。

④ 如遇带电导体断落地面，要划出一定警戒区，防止跨步电压伤人。

第四救援小组：

① 负责现场发生人身着火的自救，制止着火人员跑动或将其按倒，用石棉被、衣服、水或用干粉灭火器灭火(不要对准面部)。

② 迅速将伤病员转移到安全地带，保障伤员的呼吸畅通，并送往医院抢救。

③ 听从指挥，如有意外情况，随时补充到其他战斗小组参加救援。

(3) 环保措施

① 事故处理过程中产生的环境污染及时处理，废水收集及排入下水道，废渣倒入指定地点，不得把污染物乱排、乱放。

② 事故处理过程中损坏的花草等绿化设施，及时铲除，并将污染的土壤清理到指定地点，回填土壤种植花草。

③ 事故处理过程中，拆卸和损坏的设备及时更换，废旧设备统一回收。

（三）装卸油区火灾事故

1. 应急设备、设施

应急设备、设施见表6-4。

表6-4 应急设备、设施(装卸油区火灾事故)

设　备	报警设备	消防灭火装置								通讯设备
		清水泵	泡沫泵	消防管线	消火栓	蓄水池	8kg干粉灭火器	50kg干粉灭火器	石棉被	
型号	SY200型	125/100/25	BD30-100	ϕ100	SS100	500m^3	MF8	MFT		固定电话
数量		2台	1台	120m	5个	2座	12具	7具	8条	3部
存放地点	卸油区 装油区	消防泵房	消防泵房	卸油区 发油区	卸油区发油 区高架罐前	储油罐南 侧50m处	卸油区 发油区	卸油区 发油区	卸油区 发油区	卸油区 发油区

2. 应急联络

(1) 事故发现者首先拉响报警器，并同时报告班组长。

(2) 班组长立即报告油库主任，并视事故类型通知消防队、急救中心和公司安全总监。

(3) 油库主任及时组织救援队进行救援。

3. 应急处置措施

(1) 应急救援原则。发生险情，救援人员在本着先救人后救物的原则，积极控制。消除初起险情。当险情无法控制，对抢险人员有生命威胁时，应立即撤出险情现场。

(2) 工艺处理措施。卸装油区发生着火，岗位作业人员以最快速度拉响手摇报警器，对外联络人员立即向“119”报警，向急救中心“120”救护，同时油库主任组织应急救援队迅速到达现场进行灭火。

① 现场作业人员立即停止全部装卸作业，关闭电源、阀门，取出装油鹤管或卸油胶管，迅速关闭人孔盖，将着火罐车拖离装卸区。

② 装油鹤管或卸油胶管取出困难时，应迅速用石棉被覆盖堵塞，同时使用泡沫封口。

③ 封口无效时，采用泡沫钩管灭火。

④ 车体外部着火，应先把罐车孔盖关闭，并设法把车辆拖出火区，用泡沫扑救。对没有拖走的车辆及附近的建筑物要进行冷却。

⑤ 如果油罐爆炸，油料漫流成灾，应采用消防砂覆盖，用泡沫扑救。

⑥ 应急救援小组救援：

第一救援小组：迅速提起8kg干粉灭火器和50kg干粉灭火器对准着火部位进行扑救。

第二救援小组：打开消防水带箱(发油区16#，卸油区17#、15#)，取出消防水带，接通消火栓(发油区31#、32#，卸油区29#、30#、33#)，打开消火栓阀门，对准着火部位进行扑救。

第三救援小组：负责警戒、疏散工作。

油库门卫指挥库外车辆有序地疏散到安全地带，保证道路畅通；将库内车辆及非抢险人员疏散至库外安全地带；大门口迎接消防车辆，并带往着火现场。为防止跑油而使火势蔓延，应用消防砂进行覆盖，防止油外流，同时就地取土筑堤，防止油火蔓延。

第四救援小组：负责现场发生人身着火的自救，制止着火人员跑动或将其按倒，用石棉被、衣服、水或用干粉灭火器灭火(不要对准面部)；迅速将伤病员转移到安全地带，保障伤员的呼吸畅通，并送往医院抢救；听从指挥，如有意外情况，随时补充到其他战斗小组参加救援。

(3) 环保措施

① 事故处理过程中产生的环境污染及时处理，废水收集及排入下水道，废渣倒入指定地点，不得把污染物乱排、乱放。

② 事故处理过程中损坏的花草等绿化设施，及时铲除，并将污染的土壤清理到指定地点，回填土壤种植花草。

③ 事故处理过程中，拆卸和损坏的设备及时更换，废旧设备统一回收。

(四) 零位油池火灾事故

1. 应急设备、设施

应急设备、设施见表6－5。

表6－5　应急设备、设施(零位油池火灾事故)

设　备	报警设备	消防灭火装置								通讯设备
		清水泵	泡沫泵	消防管线	消火栓	蓄水池	8kg 干粉灭火器	50kg 干粉灭火器	石棉被	
型号	SY200 型	125/100/25	BD30－100	ϕ100	SS100	500m^3	MF8	MFT		固定电话
数量	1具	2台	1台	30m	5个	2座	4具	4具	4条	3部
存放地点	储油罐入口	消防泵房	消防泵房	零位油池前	卸油区	储油罐南侧50m处	卸油区	卸油区	卸油区	大门口处

2. 应急联络

(1) 事故发现者首先拉响报警器，并同时报告班组长。

(2) 班组长立即报告油库主任，并视事故类型通知消防队、急救中心和公司安全总监。

(3) 油库主任及时组织救援队进行救援。

3. 应急处置措施

(1) 应急救援原则：发生险情，救援人员在本着先救人后救物的原则，积极控制，消除初起险情。当险情无法控制，对抢险人员有生命威胁时，应立即撤出险情现场。

(2) 工艺处理措施：零位油池发生着火，岗位作业人员以最快速度拉响手摇报警器，对外联络人员立即向“119”报警，打急救中心“120”电话，同时油库主任组织应急救援队伍迅速到达现场进行灭火。

现场作业人员关闭卸油区阀门 Y0001、Y0002、Y0003、Y0004、Y0005、Y0006、Y0007，消防泵工启动消防泵。

应急救援小组实施救援：

第一救援小组：迅速拿起石棉被封闭包裹所有油罐的量油口、呼吸阀，提起8kg和50kg干粉灭火器对准着火部位进行扑救。

第二救援小组：打开13#消防水带箱，取出两盘消防水带接通29#、30#消火栓，打开消火栓阀门用泡沫进行灭火。同时对相邻的高架罐喷淋降温。

第三救援小组：负责警戒、疏散工作。

① 油库门卫指挥库外车辆有序地疏散到安全地带，保证道路畅通。

② 将库内车辆及非抢险人员疏散至库外安全地带。

③ 大门口迎接消防车辆，并带往着火现场。

④ 为防止跑油而使火势蔓延，第三救援小组应用消防砂进行覆盖，防止油外流，同时就地取土筑堤，防止油火蔓延。

第四救援小组：

① 负责现场发生人身着火的自救，制止着火人员跑动或将其按倒，用石棉被、衣服、水或用干粉灭火器灭火(不要对准面部)。

② 迅速将伤病员转移到安全地带，保障伤员的呼吸畅通，并送往医院抢救。

③ 听从指挥，如有意外情况，随时补充到其他战斗小组参加救援。

(3) 环保措施

① 事故处理过程中产生的环境污染及时处理，废水收集及排入下水道，废渣倒入指定地点，不得把污染物乱排、乱放。

② 事故处理过程中损坏的花草等绿化设施，及时铲除，并将污染的土壤清理到指定地点，回填土壤种植花草。

③ 事故处理过程中，拆卸和损坏的设备及时更换，废旧设备统一回收。

(五) 储油罐区发生油品跑、冒、漏事故

1. 应急设备、设施

应急设备、设施见表6-6。

表6-6 应急设备、设施(储油罐区发生油品跑、冒、漏事故)

设备	报警设备	应急设备					防护措施	
		自收式离心泵	零位罐	高架罐	容积泵	油罐车	防毒面具	通讯设备
型号	SY200型	100CYZ-40	$50m^3$	$50m^3$		8t		固定电话
数量	1具	5台	6座	6座	1套	2辆	10个	3部
存放地点	储油罐入口处	输油泵房	零位油池	储油罐区	修理间	库外	各岗位	大门口处

2. 应急联络

(1) 事故发现者首先拉响报警器，并同时报告班组长。

(2) 班组长立即报告油库主任，并视事故类型通知消防队、急救中心和公司安全总监。

(3) 油库主任及时组织救援队进行救援。

3. 应急处置措施

(1) 应急救援原则：发生险情，救援人员在本着先救人后救物的原则，积极控制，消除初起险情。当险情无法控制，对抢险人员有生命威胁时，应立即撤出险情现场。

(2) 工艺处理措施：假设3#油罐发生油品跑、冒、漏事故，现场作业人员应立即摇响手摇报警器，对外联络人员向“119”报警，向急救中心“120”报急救，同时油库主任组织救援队赶赴现场，进行救援。

岗位作业人员立即停止装卸油作业，关闭各岗位阀门；输油泵工打开输油泵，准备输转油料；消防泵工启动消防泵。

应急救援小组实施救援：

第一救援小组：打开相同油品4#油罐的进油阀门Y0121、Y0122，迅速将油品转移到4#

油罐中。如果泄漏部位在油罐上部，应将油罐中的油品转移到其他油罐中；若泄漏部位在下部，应打开清水消火栓 X0011，往泄漏罐中注水，水位应超过泄漏点 30cm 以上。

第二救援小组：就近取土筑堤，防止泄漏油品流淌蔓延。

第三救援小组：在现场划出警戒区，严格控制火源，防止火灾事故发生；疏散库区车辆及非抢险人员；用符合防火要求的设备，往油罐车上收集油料。

第四救援小组：对现场救援人员实施救护，如现场有人中毒，首先将中毒者转移到无油蒸气的空旷地带，保持空气流通；对失去知觉者，采取人工呼吸等急救措施，同时等候急救中心人员前来救护。

(3) 环保措施

① 事故处理过程中产生的环境污染及时处理，废水收集及排入下水道，废渣倒入指定地点，不得把污染物乱排、乱放。

② 事故处理过程中损坏的花草等绿化设施，及时铲除，并将污染的土壤清理到指定地点，回填土壤种植花草。

③ 事故处理过程中，拆卸和损坏的设备及时更换，废旧设备统一回收。

(六) 输油泵房发生油品跑、冒、漏事故

1. 应急设备、设施

应急设备、设施见表 6－7。

表 6－7　应急设备、设施（输油泵房发生油品跑、冒、漏事故）

<table>
<tr><th rowspan="2">设备</th><th rowspan="2">监测设备</th><th rowspan="2">报警设备</th><th rowspan="2">控制仪器</th><th colspan="3">应急设备</th><th colspan="2">防护措施</th></tr>
<tr><th>容积泵</th><th>铝制容器</th><th>油罐车</th><th>防毒面具</th><th>通讯</th></tr>
<tr><td>型号</td><td>EX2000 型</td><td>SY200 型</td><td></td><td></td><td>盆、桶等</td><td>8t</td><td></td><td>固定电话</td></tr>
<tr><td>数量</td><td>1 个</td><td>1 具</td><td></td><td>1 套</td><td>若干</td><td>28 辆</td><td>10 个</td><td>3 部</td></tr>
<tr><td>存放地点</td><td>办公室</td><td>输油泵房门口</td><td></td><td>修理间</td><td>发油区</td><td>库外</td><td>各岗位</td><td>大门口处</td></tr>
</table>

2. 应急联络

(1) 事故发现者首先拉响报警器，并同时报告班组长。

(2) 班组长立即报告油库主任，并视事故类型通知消防队、急救中心和公司安全总监。

(3) 油库主任及时组织救援队进行救援。

3. 应急处置措施

(1) 应急救援原则。发生险情，救援人员在本着先救人后救物的原则，积极控制，消除初起险情。当险情无法控制，扑救，对抢险人员有生命威胁时，应立即撤出险情现场。

(2) 工艺处理措施。发现输油泵房发生油品跑、冒、漏油事故，应立即拉响手摇报警器，对外联络人员向“119”报警，向急救中心“120”报急救，同时油库主任组织应急救援队赶赴现场进行救援。

所有岗位作业人员立即停止装卸油作业，关闭各岗位阀门，配电室值班电工切断除消防用电之外的所有库区电源。

应急救援小组实施救援：

第一救援小组：在做好自身防护的前提下，冲进油泵房，关闭进出油阀门 Y0034、Y0035、Y0048、Y0050、Y0061、Y0063，并做好现场监护。

第二救援小组：就地取土筑堤，防止油品流淌蔓延。

第三救援小组：

① 在现场划出警戒区，严格控制火源，防止火灾事故发生。

② 疏散库区车辆及非抢险人员。

③ 用符合防火要求的设备，往油罐车上收集油料。

第四救援小组：对现场救援人员实施救护，如现场有人中毒，首先将中毒者转移到无油蒸气的空旷地带，保持空气流通。对失去知觉者，采取人工呼吸等急救措施，同时等候急救中心人员前来救护。

(3) 环保措施

① 事故处理过程中产生的环境污染及时处理，废水收集及排入下水道，废渣倒入指定地点，不得把污染物乱排、乱放。

② 事故处理过程中损坏的花草等绿化设施，及时铲除，并将污染的土壤清理到指定地点，回填土壤种植花草。

③ 事故处理过程中，拆卸和损坏的设备及时更换，废旧设备统一回收。

(七) 装卸油区发生油品跑、冒、漏事故

1. 应急设备、设施

应急设备、设施见表6-8。

表6-8 应急设备、设施(装卸油区发生油品跑、冒、漏事故)

设备	监测设备	报警设备	应急设备			防护措施	
			容积泵	铝制容器	油罐车	防毒面具	通讯设备
型号	EX2000型	SY200型		盆、桶等	8t		固定电话
数量	1个	2具	1套	若干	28辆	10个	3部
存放地点	办公室	装油区卸油区	修理间	装卸油区	库外	各岗位	大门口处

2. 应急联络

(1) 事故发现者首先拉响报警器，并同时报告班组长。

(2) 班组长立即报告油库主任，并视事故类型通知消防队、急救中心和公司安全总监。

(3) 油库主任及时组织救援队进行救援。

3. 应急处置措施

(1) 应急救援原则：发生险情，救援人员在本着先救人后救物的原则，积极控制，消除初起险情。当险情无法控制，对抢险人员有生命威胁时，应立即撤出险情现场。

(2) 工艺处理措施：发现装卸油区发生跑、冒、漏油事故，岗位作业人员应立即摇响手摇报警器，对外联络人员向“119”、“120”报警，同时油库主任组织应急救援队赴现场进行救援。

岗位作业人员停止进出油作业，关闭各岗位阀门，配电室值班电工切断除消防用电之外的所有库内电源。

应急救援小组实施救援：

第一救援小组：在做好自身防护的前提下，关闭跑油设备的阀门(包括车辆)。

第二救援小组：就地取土筑堤，防止油品流淌蔓延。

第三救援小组：现场划出警戒区，严格控制火源，防止火灾事故发生；疏散库区车辆及非抢险人员；用符合防火要求的设备，往油罐车上收集油料。

第四救援小组：对现场救援人员实施救护，如现场有人中毒，首先将中毒者转移到无油蒸气的空旷地带，保持空气流通。对失去知觉者，采取人工呼吸等急救措施，同时等候急救中心人员前来救护。

(3) 环保措施

① 事故处理过程中产生的环境污染及时处理，废水收集及排入下水道，废渣倒入指定地点，不得把污染物乱排、乱放。

② 事故处理过程中损坏的花草等绿化设施，及时铲除，并将污染的土壤清理到指定地点，回填土壤种植花草。

③ 事故处理过程中，拆卸和损坏的设备及时更换，废旧设备统一回收。

(八) 零位油池发生油品跑、冒、漏事故

1. 应急设备、设施

应急设备、设施见表6-9。

表6-9 应急设备、设施(零位油池发生油品跑、冒、漏事故)

设备	监测设备	报警设备	应急设备			防护措施	
			容积泵	铝制容器	油罐车	防毒面具	通讯设备
型号	EX2000型	SY200型		盆、桶等	8t		固定电话
数量	1个	1具	1套	若干	28辆	10个	3部
存放地点	办公室	卸油区	修理间	装卸油区	库外	各岗位	大门口处

2. 应急联络

(1) 事故发现者首先拉响报警器，并同时报告班组长。

(2) 班组长立即报告油库主任，并视事故类型通知消防队、急救中心和公司安全总监。

(3) 油库主任及时组织救援队进行救援。

3. 应急处置措施

(1) 应急救援原则。发生险情，救援人员在本着先救人后救物的原则，积极控制，消除初起险情。当险情无法控制，对抢险人员有生命威胁时，应立即撤出险情现场。

(2) 工艺处理措施。发现零位油池发生油品跑、冒、漏事故，现场作业人员应立即摇响手摇报警器，对外联络人员向“119”报警，向急救中心“120”报急救，同时油库主任组织救援队赶赴现场进行救援。

岗位作业人员立即停止装卸油作业，关闭各岗位阀门；输油泵工打开输油泵，准备输转油料；消防泵工启动消防泵。

应急救援小组实施救援：

第一救援小组：打开相应油品罐的进油阀门，迅速将油品转移到其他油罐中。如果泄漏部位在油罐上部，应将油罐中的油品转移到其他油罐中；若泄漏部位在下部，应打开清水消火栓X0029，往泄漏罐中注水，水位应超过泄漏点30cm以上。

第二救援小组：就近取土筑堤，防止泄漏油品流淌蔓延。

第三救援小组：在现场划出警戒区，严格控制火源，防止火灾事故发生；疏散库区车辆及非抢险人员；用符合防火要求的设备，往油罐车上收集油料。

第四救援小组：对现场救援人员实施救护，如现场有人中毒，首先将中毒者转移到无油蒸气的空旷地带，保持空气流通。对失去知觉者，采取人工呼吸等急救措施，同时等候急救中心人员前来救护。

(3) 环保措施

① 事故处理过程中产生的环境污染及时处理，废水收集及排入下水道，废渣倒入指定地点，不得把污染物乱排、乱放。

② 事故处理过程中损坏的花草等绿化设施，应及时铲除，并将污染的土壤清理到指定地点，回填土壤种植花草。

③ 事故处理过程中，拆卸和损坏的设备及时更换，废旧设备统一回收。

(九) 油罐清洗中毒、窒息事故

1. 应急联络

发现者立即向油库主任报告，对外联络人员迅速向"120"急救中心报警(报警人员需向医务人员说明是何种物质中毒)，并向公司安全总监报告。油库主任组织应急救援队进行现场救护。

2. 迅速脱离危险区域方法

救护者在做好自身防护的前提下，将中毒者转移到无油蒸气的安全地带，护送到医院救治。

3. 现场急救方法

若中毒者出现休克，救护人员应将中毒者嘴巴撬开，把舌头拉出，保证呼吸畅通。若中毒者出现窒息，救护人员应实施人工呼吸等必要的急救措施，并护送到医院救治。

(十) 化险室中毒、窒息事故

1. 应急联络

发现者立即向油库主任报告，对外联络人员迅速向"120"急救中心报警(报警人员需向医务人员说明是何种物质中毒)，并向公司安全总监报告。油库主任组织应急救援队进行现场救护。

2. 迅速脱离危险区域方法

救护者在做好自身防护的前提下，将中毒者转移到无油蒸气的安全地带，护送到医院救治。

3. 现场急救方法

若中毒者出现休克，救护人员应将中毒者嘴巴撬开，把舌头拉出，保证呼吸畅通。若中毒者出现窒息，救护人员应实施人工呼吸等必要的急救措施，并护送到医院救治。

(十一) 触电事故

1. 应急联络

发现者立即报告油库主任，对外联络人员向"120"急救中心报警(需说明是触电事故)。同时向安全总监报告，油库主任组织应急救援队进行救援。

2. 应急处置措施

(1) 如总配电室发生触电事故，应切断进户线总闸刀，或用绝缘杆挑落跌落保险，若其他电器部位发生触电事故，就近切断电源闸刀。

(2) 迅速脱离危险区域方法

如触电者离开关或插销较近，将开关拉开或插销拔掉，也可以用干燥的衣服、绳索、木棍、木板等隔离或拨开触电者身上的电线，千万不可直接用手或其他金属及潮湿物品作为急救工具。然后将触电者转移到安全地带。

(3) 现场急救方法

① 如果触电者还未失去知觉，只是在触电过程中曾一度昏迷，或因触电时间长而感到不适，必须使触电者在医生到来之前保持安静。

② 如果触电者已失去知觉，但呼吸尚存，应当使他舒适、平坦、安静地平卧在空气流通场所，解开衣服，用冷水向身上喷淋(不要用口喷)，摩擦全身，使之发热。如触电者呼

吸困难，呼吸稀少，不时发生痉挛现象，则必须施行人工呼吸。

③ 如发现呼吸、脉搏及心脏跳动停止，仍然不可以认为死亡(有假死现象)。在这种情况下应立即施行人工呼吸和左胸体外按压，进行紧急救护。

(十二) 人身伤害事故

高空及零位罐作业发生人身伤害事故。

1. 应急联络

发现者立即向油库主任报告，对外联络人员迅速向“120”急救中心报警(报警人员需向医务人员说明是何种人身伤害事故)，并向公司安全总监报告。油库主任组织应急救援队进行现场救护。

2. 现场急救方法

对伤害人员采取救治，如发生窒息、休克则采取人工呼吸，并护送至医院救治。

(十三) 重大设备事故

油库可能发生的油罐附件失灵、吸瘪、爆裂等损坏，从而引发跑油、火灾、人身伤害等事故，应启动跑、冒、漏油事故预案，火灾事故应急预案，人身伤害应急预案。

油库可能发生的油泵作业，消防泵的机械事故，造成人身伤害事故，启动人身伤害应急预案。

(十四) 地震事故

(1) 若发生6级以上地震，可能造成管线、阀门断裂，发生跑油、火灾事故，或者房屋震裂、倒塌、防火堤倒塌，引起电线短路发生电器设备事故和人身伤害事故。

(2) 根据地震发生的事故，启动火灾事故，跑油事故，人身伤害、中毒、窒息事故等应急救援措施。

(3) 应急联络。发生地震时，立即报告当地抗震救灾部门，同时向公司安全总监报告

(4) 应急实施措施。本着先救人后救物的原则进行自救，同时等待抗震救灾部门的救援。

(5) 人员疏散、撤离方法及路线。人员迅速撤至空旷地带，防止发生人身伤害。

六、周边居民紧急疏散预案

1. 油库家属区距油库作业区最近的距离为100m之外，且有围墙阻隔，油库库存量正常在2000~3000t左右，除发生火灾，跑油事故之外，其余事故不会殃及周边居民。

2. 报警方式

若火势力可能蔓延到家属区或油品会流淌到家属区附近，由第三、第四救援小组抽调救援人员到家属区进行报警并负责疏散。

3. 撤离方法及路线

先救人后救物，将人员撤离到远离事故现场的安全地点。

七、应急预案演练

(一) 演练方法

采用模拟演练方法，各救援小组成员熟练掌握不同事故的应急救援措施，同时不断完善应急预案。

(二) 演练频次

每年不少于两次。

(三) 考核

针对不同事故类型，要求每位救援队员在事故现场摸拟操作，并口头陈述应急救援措施。对考核不合格者，再进行培训，直至熟练掌握。

八、常用电话

火警电话：119

急救电话：120

公司安全总监：×××

储运安全环保科：×××

储运安全科长：×××

油库负责人：×××

九、现场急救方法

1. 人工呼吸方法

病人仰卧，松解衣领衣服，清除病人口鼻中分泌物和污泥、假牙等，必要时将舌拉出来以免舌根后坠阻塞呼吸道。将病人头部后仰，使呼吸道伸展，救护人员将口紧贴病人的口(最好隔一层纱布)，另一手捏紧病人鼻孔以免漏气，深吸一口气，向病人口内均匀吹气，使病人胸部能随吹气起伏16~18次、如果病人牙关紧闭，无法进行口对口呼吸，可以用口对鼻呼吸法(将病人口唇紧闭)。直到病人自动呼吸恢复为止。保持病人呼吸道通畅，松解衣服，防止用力过猛。如有胸肋骨骨折或其他情况不宜做人工呼吸时，应立即采取其他急救措施。如果呼吸心跳均停止，应同时进行心脏按摩术。

2. 触电急救方法

(1) 立即切断电源，或用不导电物体如干燥的木棍、竹棒或干布等物使伤员尽快脱离电源。急救者切勿直接接触触电伤员，防止自身触电而影响抢救工作的进行。

(2) 当伤员脱离电源后，应立即检查伤员全身情况，特别是呼吸和心跳，发现呼吸、心跳停止时，应立即就地抢救。

(a) 轻症：即神志清醒，呼吸心跳均自主者，伤员就地平卧，严密观察，暂时不要站立或走动，防止继发休克或心衰。

(b) 呼吸停止、心搏存在者，就地平卧解松衣扣，通畅气道，立即口对口人工呼吸，有条件的可气管插管，加压氧气人工呼吸。亦可针刺人中、十宣、涌泉等穴，或给予呼吸兴奋剂(如山梗菜碱、咖啡因、可拉明)。

(c) 心搏停止、呼吸存在者，应立即做胸外心脏按压。

(d) 呼吸心跳均停止者，则应在人工呼吸的同时施行胸外心脏按压，以建立呼吸和循环，恢复全身器官的氧供应。现场抢救最好能两人分别施行口对口人工呼吸及胸外心脏按压，以1∶5的比例进行，即人工呼吸1次，心脏按压5次。如现场抢救仅有1人，用15∶2的比例进行胸外心脏按压和人工呼吸，即先作胸外心脏按压15次，再口对口人工呼吸2次，如此交替进行，抢救一定要坚持到底。

(e) 处理电击伤时，应注意有无其他损伤。如触电后弹离电源或自高空跌下，常并发颅脑外伤、血气胸、内脏破裂、四肢和骨盆骨折等。如有外伤、灼伤均需同时处理。

(f) 现场抢救中，不要随意移动伤员，若确需移动时，抢救中断时间不应超过30s。移动伤员或将其送医院，除应使伤员平躺在担架上并在背部垫以平硬阔木板外，应继续抢救，心跳呼吸停止者要继续人工呼吸和胸外心脏按压，在医院医务人员未接替前救治不能中止。

十、灭火器的使用方法

1. 干粉灭火器的使用方法

右手握住压把，左手托着灭火器的底部，轻轻地取下灭火器，右手提着灭火器奔向着火现场，拔掉保险销，左手握着喷管，右手提着压把，在距火焰2m的地方，右手用力压下压把，左手提着喷管左右摆动，喷射干粉覆盖整个燃烧区。扑救时要站在上风口，从火焰的根部扫射，防止火焰伤及扑救人员。

2. 二氧化碳灭火器的使用方法

灭火时只要将灭火器提到或扛到火场，在距燃烧物5m左右，放下灭火器拔出保险销，一手握住喇叭筒根部的手柄，另一只手紧握启闭阀的压把。对没有喷射软管的二氧化碳灭火器，应把喇叭筒往上扳70°～90°。使用时，不能直接用手抓住喇叭筒外壁或金属连线管，防止手被冻伤。灭火时，当可燃液体呈流淌状燃烧时，使用者将二氧化碳灭火剂的喷流由近而远向火焰喷射。如果可燃液体在容器内燃烧时，使用者应将喇叭筒提起。从容器的一侧上部向燃烧的容器中喷射。但不能将二氧化碳射流直接冲击可燃液面，以防止将可燃液体冲出容器而扩大火势，造成灭火困难。使用二氧化碳灭火器时，在室外使用的，应选择在上风方向喷射；在室外内窄小空间使用的，灭火后操作者应迅速离开，以防窒息。

编写部门：×××
编 写 人：×××
审 核 人：×××
审 批 人：×××

附件1

应急演练记录

演练时间	年 月 日 时 分 秒			
演练项目				
现场指挥	现场总指挥		现场副总指挥	
	抢险队指挥		抢修队指挥	
	警戒指挥		后勤指挥	
参加人数	抢险队		抢修队	
	专职消防队		后勤人员	
演练情况				
演练效果评价				
改进措施	负责人： 措施完成时间： 验证人： 验证时间：			
备注				
记录人				

附件 2

消防演练记录

<table>
<tr><td>演练时间</td><td colspan="6">年　　月　　日　时</td></tr>
<tr><td>演练区域、部位</td><td colspan="6"></td></tr>
<tr><td rowspan="3">现场指挥</td><td>现场总指挥</td><td colspan="2"></td><td colspan="2">现场副总指挥</td><td></td></tr>
<tr><td>灭火指挥</td><td></td><td>专职队指挥</td><td colspan="2"></td><td>义消队指挥</td></tr>
<tr><td>警戒指挥</td><td colspan="2"></td><td colspan="2">后勤指挥</td><td></td></tr>
<tr><td rowspan="2">参加人数</td><td>专职消防队</td><td colspan="2"></td><td colspan="2">义务消防队</td><td></td></tr>
<tr><td>经警分队</td><td colspan="2"></td><td colspan="2">职工、群众</td><td></td></tr>
<tr><td>战斗部署</td><td colspan="6"></td></tr>
<tr><td>演练情况</td><td colspan="6"></td></tr>
<tr><td>备注</td><td colspan="6"></td></tr>
<tr><td>记录人</td><td colspan="6"></td></tr>
</table>

附件 3

应急培训记录

<table>
<tr><td>培训项目名称</td><td colspan="3"></td></tr>
<tr><td>培训时间</td><td></td><td>地　点</td><td></td></tr>
<tr><td>授课人</td><td></td><td>记录人</td><td></td></tr>
<tr><td>参训人员</td><td colspan="3">应到______人　实到______人</td></tr>
<tr><td>培训内容</td><td colspan="3"></td></tr>
<tr><td>培训效果评价</td><td colspan="3"></td></tr>
<tr><td>备注</td><td colspan="3"></td></tr>
<tr><td>记录人</td><td colspan="3"></td></tr>
</table>

附件4

1. ×××油库危险点源图

2. ×××油库危险区域划分图

3. ×××油库消防器材摆放图

4. ×××油库消防报警点分布图

5. ×××油库逃生线路图

油库溢油污染事故应急预案示例

一、目的

(1) 防治来自船舶、码头、装卸设备、油罐、输油管线、其他设施以及相关油类作业造成的溢油污染损害，保护水陆环境和资源，保障人体健康和社会公众利益。

(2) 充分考虑码头、油罐区、输油管线及阀门、装卸设施的地理环境等因素，利用现有设备、器材及人员，对溢油事故做出最快速、最有效的处理。

二、适用范围

(1) 油码头装卸设施以及停靠在油码头的船舶等溢油源导致的污染事故。

(2) 储油罐区、输油管线及阀门以及其他可能对海域造成危害的陆上设施导致的溢油污染事故。

三、内容

1. 定义和术语

(1) 船舶。是指油轮或燃油船舶及任何可能造成水域油类污染的船舶。

(2) 油类。是指任何类型的石油及其炼制品和其他油类(类油)物质，主要包括：原油、柴油、汽油、喷气燃料、燃料油等。

(3) 溢油源。是指船舶和码头、装卸设施等，同时考虑可能存在对水域造成溢油污染的陆域设施(罐区管线及阀门、排污口)。

2. 溢油事故分类

(1) 参照 JT/T 458—2001《船舶油污染事故等级》将区域内溢油事故分为重大溢油事故、大溢油事故、一般溢油事故、小溢油事故和溢油事件5类。

(2) 重大溢油事故：溢油量 >10t；经济损失 >30 万元。

(3) 大溢油事故：5t < 溢油量 ≤10t；10 万元 < 经济损失 ≤30 万元。

(4) 一般溢油事故：0.5t < 溢油量 ≤5t；3 万元 < 经济损失 ≤10 万元。

(5) 小溢油事故：250kg < 溢油量 ≤0.5t；1 万元 < 经济损失 ≤3 万元。

(6) 溢油事件：溢油量 ≤250kg；经济损失 ≤1 万元。

3. 组织管理

(1) 组织机构

① 溢油应急指挥部。油库企业设立溢油应急总指挥部，总指挥由(基地)油库主任担任，副总指挥由安保部领导或副主任担任。指挥部成员由现场指挥及各应急处置小组负责人组成。

② 现场指挥。溢油应急指挥部指定现场指挥，现场指挥负责指挥溢油应急反应行动全过程，仅对溢油应急指挥部负责。由安全负责人或值班调度长担任。

③ 溢油应急处置小组。指挥部内按各自职责设立溢油应急小组：溢油清理组、通信组、

工艺组、设备保障组、警戒组、防火组、物资供应组、防污处理组、现场救护组，并明确各小组负责人。

(2) 溢油应急指挥部及各小组职责

① 指挥部。

a. 发出指令，启动应急程序；

b. 组织指挥污染的控制与清除；

c. 审核和批准使用清污技术和设备；

d. 下达应急任务，向上级部门汇报情况，与有关单位保持联系；

e. 发生较大规模溢油事故时，作出请求区域协作的决策；

f. 及时组织消防力量，防止火灾的发生；

g. 组织培训和演练。

② 溢油清理组。

a. 做好围控工作；

b. 做好溢油清除作业。

③ 通信组。负责溢油应急指挥与事故现场的通信联络，确保命令下达和现场各种信息反馈的畅通。

④ 工艺组。及时关闭相关阀门，控制溢油源，防止事故进一步扩大。

⑤ 设备保障组。

a. 保障电力能源供给；

b. 负责应急设备的维修。

⑥ 警戒组。

a. 保持交通畅通，注意现场警戒；

b. 注意溢油漂移动向，并及时向指挥部报告。

⑦ 防火组。

a. 保护现场，控制着火源防止火灾发生；

b. 一旦发生火灾立即按《油库火灾事故应急救援预案》第3.7条火灾反应程序报警，并投入灭火战斗。

⑧ 物资供应组。提供防污染所需的器材、材料。

⑨ 防污处理组。负责清理、运输油污物，防止二次污染。

⑩ 现场救护组。负责现场救护和运送受伤人员。

4. 溢油应急反应能力

(1) 应急能力

① 油库物资准备应具备在短时间内控制、清除溢油量在5t以下油污染的能力。

② 如发生大规模的溢油污染事故，应请求海事部门启动《海上突发公共事件应急预案》。

(2) 溢油应急处置队伍。溢油应急处置队伍，原则上由油库员工组成，按其所属部门，分别编入应急行动小组，一旦发生事故，指挥部可根据情况需要，动员、调配储备的人力资源投入行动。

(3) 溢油应急设备。溢油应急设备是直接用于控制和清除油污的设备，主要有：污油回收船、吸油材料、溢油处理剂、各类辅助工作船、集油桶、临时储油囊(罐、柜)、消防船(车)、废油接收设施、清洗设备及其他设施。

5. 通信联络

(1) 应急通信联络。应有可靠的通信设备，三级以上油库应配备足够数量的对讲机。

(2) 应急防备和反应行动的通信。

① 应急指挥部与现场指挥之间可以使用对讲机或手机。其他应急小组之间亦可以使用对讲机或手机。原油或汽油发生溢油时，应使用防爆型对讲机，不允许使用普通对讲机和手机。

② 应急过程中对讲机均使用同一频道(溢油应急频道)。

③ 如无线电通讯中断，应急指挥部可采用人工方法联系。

6. 敏感区域。

(1) 油码头、油罐、输油管线及阀门、装卸设施等。

(2) 油库其他生产作业(陆域)。

① 中央阀区。

② 计量站。

③ 油泵房。

④ 成品油泵房。

⑤ 燃料油泵房。

⑥ 污水站。

(3) 其他潜在溢油源。

7. 溢油应急反应程序。

(1) 报告和报警。

① 溢油污染事故初始报告。任何部门和岗位人员，发现海上或陆域溢油污染事故应立即向溢油应急指挥部报告。

② 溢油事故的详细报告。溢油现场的指挥人员应将现场详细情况及时向溢油应急指挥部报告。

③ 向上级有关部门报告和通报。当发生大溢油及以上事故时，应急指挥部应及时将事故情况向上级有关部门报告。舟山海事局总值班室电话：××××××××，市危险化学品事故应急领导小组办公室值班电话：××××××××××××。

(2) 应急反应等级。

本预案将溢油应急行动分为三级：一般应急、紧急应急和重(特)大应急。

① 一般应急。溢油事故发生在非敏感区域，经初步评估溢油量较少(溢油量在小事故范围内)，且预计不会对敏感区域造成影响，可以采取一般行动。

② 紧急应急。溢油源在敏感区域内并可能对海域造成严重污染(一般溢油事故)的溢油事故，通过协调本(基地)油库应急力量能够控制和处理的应急行动。

③ 重(特)大应急。超出本(基地)油库溢油应急能力(大溢油事故以上)，需要请求政府部门启动相应预案的应急行动。

(3) 应急反应行动。

① 溢油应急指挥部接到报告后应采取的行动。

a. 尽可能收集下列信息：目击时间、溢油源、溢油原因、油品种类和数量以及进一步溢油的可能性、已采取和将要采取的清除污染或防止进一步污染的行动、报告人的姓名和联系办法。

b. 对事故进行初步评估，确定应急等级；制订应急反应对策和行动方案；通知附近海事处，指派现场指挥人员赶赴现场；通知各溢油处置小组做好准备。

溢油应急指挥部获取溢油详细报告后，应将发生溢油事故详情用电话和传真通知企业负责人和有关政府部门。

② 应急小组的行动。各应急小组接到油污染事件报警或通知后，应及时按本预案规定的职责做好溢油事故应急反应的各项工作，迅速进入事故现场。

8. 污油和沾油废弃物的处置

(1) 污油和沾油废弃物的回收。

回收的污油、类油物质和沾油废弃物交由污水处理单位负责处理或交锅炉房焚烧处理。

(2) 污油和沾油废弃物的回收要求。

回收的污油和沾油废弃物，必须用集油桶放置，按要求处理以防止二次污染。

9. 说明部分。

(1) 本预案经企业负责人审批，报海事部门备案，以便海事部门协调处理在本码头、油罐区、输油管线及阀门、装卸设施附近水域内发生的溢油污染事件。

(2) 本预案按油库正常工作时间制订，如遇节假日或夜间发生紧急情况，由值班领导担任应急总指挥，在组织库区有关人员投入应急反应的同时，及时报告油库相关领导和企业负责人。

(3) 本预案主要用于油库企业在发生溢油事故后的自救。如事故扩大，应及时请求当地政府启动《海上突发公共事件应急预案》，企业的应急指挥部应服从当地政府事故应急领导小组所指定的事故现场应急总指挥的指挥，协助现场应急总指挥带领企业应急人员继续进行应急工作。

第三节　油库事故应急处置方法

一、油库事故应急处置要求

1. 要做到三快

即反应快、动作快、报告快。反应快，迅速判明情况发生的位置、性质、规模等情况；动作快，对于距离较近和规模不大的情况，应迅速采取最有效的措施，把事故消灭在萌芽状态，或扼制事态的扩展蔓延；报告快，对于距离较远和规模较大，或者自己无力处理的紧急情况，要迅速报告，以便为及时抢修、抢救赢得时间。对于自己已经处理完的紧急情况，事后也应及时向领导报告。

2. 要做到三准

即判断情况准确，报告方法准确，抢救(修)动作准确。

3. 要做到三全

一是考虑问题周全，领导组织要严密，指挥要果断，做到忙而不乱，防止乱中出错；二是抢修(救)措施齐全，在判明情况的基础上，充分利用平时准备的抢修工具和抢修(救)预案，并结合实际，灵活运用，以快速彻底消除隐患为目的；三是防范手段健全。要及时派出警戒、消防值勤人员，控制无关人员和车辆靠近，严格控制和防范事态扩大。

4. 要做到先抢救人员、后抢物资

在抢救、抢修过程中，对于人员、物资和设备，应首先抢救人员。

二、油库事故应急处置程序

1. 发现与报告

（1）落实查库制度、消防巡回值班制度、安全警卫制度和设备检测检修制度，是及早发现事故苗头、隐患和紧急情况的保证。

（2）报告及时准确。对于各种隐患及事故苗头和紧急情况，油库人员都有及时报告的责任和义务。报告有多种方法，一般应采取规定的信号，采用最有效和快捷的方法。

（3）发现紧急情况的人员，应立即采取措施，消除隐患或控制事态发展。实践证明，早期的抢修与抢救是处理紧急情况最有效、最有利的时机。因而，抢修、抢救工作必须抓住这一时机。在多数情况下，一般采取先抢修、抢救、控制，后报告的做法。

2. 抢修与抢救

（1）油库值班员或油库领导接到紧急情况报告后，应迅速发出抢修、抢救指令或信号，组织人员车辆及物资等进行抢修、抢救工作。必要时向“119”、“120”报警，向友邻和联防单位发出救援信号。

（2）接到抢修、抢救指令的所有人员应迅速行动，携带必要的工具和设备，迅速赶赴现场进行抢修。

（3）担任抢修、抢救指挥的领导，应根据情况，及时派出消防和安全警戒。紧急情况的发现者，或先期赶到的抢修人员，有责任和权力搞好警戒，禁止无关人员和车辆靠近。

（4）抢修、抢救中，动用车辆设备，启动电气设备、使用工具等，都应注意防火、防爆的要求。

（5）在紧急情况处置过程中，既要发扬革命英雄主义精神，又要讲究严谨科学的工作作风。做到英勇果断而不鲁莽草率，小心谨慎而不畏首缩脚。

（6）抢修、抢救要彻底。抢修完毕后，现场应清理干净。

3. 总结讲评

（1）分析查找原因、总结教训、制定措施，堵塞漏洞，防止类似情况再次发生。

（2）表彰对紧急情况发现和抢修、抢救有功的人员。属于责任事故的要处理有关责任人员，构成犯罪的，依法追究刑事责任。

（3）结合典型事例，搞好人员安全教育，搞好设备维护保养与改造。

（4）做好各种记录，并按规定及时上报。

三、油库火灾爆炸事故应急处置方法

1. 发现火警的情况处置方法

发现火警时，要区别情况进行处置。如火情距发现者较近且火势不大，应用就近灭火器材迅速扑灭，然后向上级报告；若火情距发现者较远且火势较大，应及时按预定信号向值班室报警，注意火势进展及周围动向；若在库外着火，应及时报告值班室。值班室受理火警后，应按预案要求迅速处置。

2. 油罐火灾的应急处置

（1）火炬燃烧型。油罐发生燃烧爆炸，可能在油罐的呼吸阀、量油孔、采光孔及破裂缝隙处形成稳定的火炬型燃烧的火灾。火炬型燃烧油罐的应急处置方法主要有两种：覆盖窒息灭火法和水流封闭隔离法。

① 覆盖窒息灭火法。即用浸湿的棉被、麻袋等物覆盖在燃烧处，形成瞬时油气与空气的隔绝层，熄灭火焰。在采取窒息灭火法时，需要对人员进行分组，即保护组与灭火组。保护组：为确保灭火组人员的安全，须先组织保护组对整个油罐进行冷却，且在灭火组上罐灭火时，要对上罐灭火人员实施水流保护。灭火组：灭火组人员在上罐灭火前要根据燃烧火焰的颜色判断油罐爆炸的可能性，若火焰发蓝、不亮、微烟或无烟时，极易爆炸；若火焰呈黄色、发亮、烟多，不易爆炸。油罐发生着火爆炸，罐顶被掀开，严禁上罐灭火。

② 水流封闭隔离法。利用数支水枪从多个角度向火焰根部交叉射水，这样可以隔离油气与火焰，造成可燃物供应瞬时中断而熄灭火焰，也可利用数支水枪从多个角度向火焰根部从下向上射水，“抬走”火焰来灭火。

（2）无顶稳定燃烧型。在罐内液面上形成稳定燃烧，这种燃烧火势猛烈、热辐射极强。根据无顶稳定型燃烧的特点，采取的处置措施主要有以下几步：

第一步，集中兵力对燃烧油罐进行冷却。汽油、柴油燃烧的火焰温度高达1000～1400℃，这样的火焰温度可使罐壁温度达到1000℃，5min内罐壁强度将降低50%，10min内罐壁将变形，10min后罐壁将破裂。为防止燃烧油罐的罐壁变形甚至破裂而使得油品流散、火势蔓延，增加救援难度，需要先对油罐进行冷却。

第二步，冷却邻近油罐，尤其是下风方向的油罐，并用灭火毯覆盖其透气阀、量油孔等。因为轻质油品燃烧时，火焰高、热辐射强，且燃烧必然产生飘逸火星，威胁邻近油罐，甚至点燃邻近油罐透气阀、量油孔等处的油气。

第三步，利用油罐上的泡沫灭火系统或移动式泡沫灭火设备灭火。如果油罐未安装泡沫灭火系统，或者猛烈的着火爆炸致使油罐泡沫灭火系统瘫痪，此时，应用移动式泡沫灭火设备。

（3）低液位燃烧型。低液位油罐着火燃烧具有燃烧速度快、罐壁温度高等特点，所以在对低液位燃烧油罐进行处置时，首先应增加对罐壁的冷却以增强泡沫灭火的效果，否则因高温罐壁对泡沫的破坏，泡沫灭火剂很难发挥预期作用。

（4）顶板塌陷燃烧型。油罐着火爆炸，油罐顶板一部分掉入油中，一部分在液面上形成凹凸不平的高温残片，这些高温残片不仅会破坏泡沫而且还将阻碍泡沫覆盖火焰，降低泡沫的灭火效果。所以，处置顶板塌陷燃烧型的油罐火灾时，应先向罐内注水以抬高油罐液面，使塌陷顶板处于液面之下，再利用泡沫灭火。

（5）多罐燃烧型。油罐着火后常常伴随有爆炸、沸溢、喷溅，火势随管沟、排水沟蔓延，易发生链式反应，引发多个油罐同时燃烧。对多罐燃烧型，应急处置的首要任务是冷却全部燃烧的油罐和邻近受到威胁的油罐，防止着火油罐继续遭到破坏，造成油品大量流散，火势扩大、蔓延；然后集中兵力从上风方向逐个扑灭。

（6）油品流散燃烧型。油罐破裂或冒油，油品流散在防火堤内形成大面积燃烧。这种燃烧型的处置措施要视具体情况来确定是否需要冷却油罐，若是油罐破裂不太严重时或油罐冒油，必须先对油罐进行冷却，避免油罐遭到进一步的破坏；若爆炸已严重破坏油罐时，则可以不再对其实施冷却。

油品流散燃烧型的应急处置应遵从“先控制、后扑灭”的原则，即应先围堵流散油品，防止火势随流散油品而蔓延，再扑灭防火堤内的油品火灾，最后才扑灭油罐火灾。

（7）对油罐（槽）车火灾的应急处置。在油库内，油罐（槽）车火灾的主要燃烧形式是在油罐（槽）车的罐口形成火炬型稳定燃烧。

① 汽车油罐车火灾。汽车油罐车在装油过程中，油罐口起火，应立即切断油源，停止作业，并尽可能地取出装卸油鹤管。若火势较小，就用灭火毯将罐口闷上，窒息灭火；若火势较大，就先把油罐车驶离至安全地带，并对高温罐体进行冷却后再灭火。

② 油槽车火灾。若罐体无损坏、火焰较小且仅在罐口，就用灭火毯、人孔盖密闭罐口，窒息灭火；若罐体的温度很高、火焰较大，在冷却着火油槽车罐体的同时应对周围的油槽车、建（构）筑物实施冷却保护，再灭火。若条件允许，应移走周围油槽车。

（8）对输油管线破裂火灾的应急处置。输油管线破裂引起油品流散，并被点燃，燃烧油品在管线压力的作用下四散喷射，严重威胁事发地周围的设备及建（构）筑物。为减少事故损失，防止事故扩大，应科学决策、快速处置。

处置输油管线破裂火灾，因输油管线铺设类型不同，处置措施也有所差异。地面独立输油管，可用砂土覆盖的方法灭火；多条管道平行铺设，需边对着火管道进行扑救，边冷却邻近管道，否则燃烧油品的高温火焰不仅会加热其他管线而使其机械强度降低，甚至会引起管线内液体或气体膨胀而胀裂管线，导致事故扩大；管架输油管道，既要冷却管路又要冷却管路支架，防止支架被烧毁；管沟内管线，在水枪冷却保护下，将管沟盖板揭开，再灭火。

需要强调的是，在救援过程中，要注意人身安全，严防喷溅油火伤人，且在管线未泄压时，严禁采用覆盖法灭火，同时，为了阻止油品流散、火势蔓延，必须筑堤拦油，清理搬走周围的易燃物品。

（9）对桶装油品火灾的应急处置。桶装油品库房着火，油桶尚未燃烧时，应迅速组织力量扑灭燃烧部位的火焰，同时用水枪保护受到威胁的油桶。在保证救援人员安全的前提下，可以组织人员搬走油桶。

部分油桶起火，未发生爆炸，且建筑物尚未起火时，应及时扑灭油桶火灾，并同时对未燃烧的邻近油桶和建筑物进行冷却。

油桶与库房均在燃烧，且油桶不断发生爆炸。这种情况下，油品流散，火势蔓延快，库房坍塌的可能性大，容易发生油桶爆炸伤人事件，所以救援人员要有效利用地形、地物保护自己。首先，冷却油桶并扑救建筑物火灾，因为在扑灭建筑物火灾时落下的水流对油桶有一定冷却作用；然后，使用泡沫灭火设备扑灭燃烧着的油桶和地面流散的液体火焰。

（10）对加油站火灾的应急处置。加油站相对较小，各个处所都处于可监控范围，不存在监控盲点，有利于及时发现事故，把握最佳的时机，把火灾事故消灭在初始阶段。

① 加油站加油中车辆着火。若是车辆油箱口着火，可就近利用灭火毯将油箱口堵严，使其窒息灭火，也可就近利用放置于加油岛上的干粉灭火器灭火；若加油车辆着火，而一时又不能扑灭时，须将着火车辆驶离加油站至安全地域再扑救。

② 加油机着火。干粉灭火器或灭火毯灭火，忌用直流水枪灭火。

③ 油罐火灾。加油站的储油罐多是埋地式油罐，这种油罐一般会在呼吸阀、测量孔等处或检修油罐时发生火灾。加油站埋地油罐着火，应先可靠地覆盖邻近油罐的呼吸阀、测量孔等，然后再组织人员灭火。如果油料顺沟渠流散，应在油流下部拦堵，加以控制。

（11）对电气火灾的应急处置。输电线路的短路、超负荷运行、施工隐患以及电气设备缺陷、过载、短路等因素都可能引起油库电气火灾。电气火灾应急处置的首要任务是断电，再实施灭火和报警。因电气火灾的特殊性，在进行灭火处置时需要注意以下几方面：一是特殊情况下，确需带电灭火时，救援人员必须作好自我防护，不得随便与电缆或电气设备接触；二是正确选用灭火器材，严禁使用泡沫灭火器、水和湿棉被；三是处置电机火灾时，最好不要使用干粉灭火器，以免留下粉尘；四是处置防爆电器火灾时，应使用二氧化碳灭火器灭火；五是处置电缆火灾时，因电缆燃烧将产生大量的有毒气体，如氯化氢、一氧化碳，救援人员必须佩戴防毒面具，并利用二氧化碳、干粉灭火器灭火。

四、油库设备损坏事故应急处置方法

1. 发现油库设备异常情况的处置方法

当油库设备出现异常紧急情况时，应立即通知管理人员停止设备运行，及时查明原因。未查明原因，不准强行启动运行。检查时应断开电源，并在配电柜挂设“有人工作，严禁合闸”的警语牌。机械设备的检修应遵守检修作业程序。防爆电气设备的检修应遵守防爆电气设备的检修规程。跑漏油时，应先控制油源，排除漏油和油气，防止引发火灾事故。

2. 油罐凹陷的应急处置

在发油或倒罐过程中发生油罐凹陷，应立即关闭进出油罐阀门，停止油料发放或倒罐作业，并立即上报。然后，查明原因，根据具体情况实施处置。如果是呼吸阀失灵或堵塞，可慢慢打开测量孔或洞库透气管路旁通阀，使罐内气压恢复正常；如果是呼吸管道积油或积水致使堵塞，应慢慢排除呼吸管内的积油或积水，逐步平衡油罐内压力；如果罐体凹陷严重，应将损坏油罐油料倒出。

3. 管线故障的应急处置

输油管线发生故障后，应立即停止油料输转作业及管线故障点周围的施工作业，并关闭故障点两端最近的阀门，及时上报。然后，排尽该管段内的油料及油气，再实施处置。若管线破裂不严重，可采用环氧树脂、堵漏栓、堵漏环、堵漏胶带等实施应急堵漏；若管线断裂，应更换断裂管道；若管线锈蚀穿孔，可对锈蚀较轻者实施焊补等处置，对锈蚀严重者进行局部更换。

4. 阀门故障的应急处置

阀门故障的主要表现形式有：外漏、内漏、阀杆卡阻和部件损伤(坏)四种。一旦发现阀门出现故障，应立即停止作业，并上报。接着，关闭故障阀门两端最近的阀门，查明情况，放空管段内的油料，然后实施处置。

5. 油泵故障的应急处置

当油泵出现故障时，应立即停泵，并报告上级。然后，根据情况，实施处置。

五、油库油品事故应急处置方法

1. 洞库油罐或输油管线跑油事故的处置

洞库油罐或输油管线跑油事故后，应按以下步骤进行处理：

(1) 通知停泵或关闭所有油罐、输油管线的阀门，停止收发油作业。

(2) 指派专人守住洞库的所有入口，加强现场指挥管理，未经许可和采取安全措施，任何人员不得进入洞库。

(3) 切断洞库所有电源，关闭洞库所有电气、通讯、自动化等设备。

(4) 消防人员、消防车待命。

(5) 派出人员进入洞库了解情况，检查油罐、输油管线阀门的关闭情况(未关闭的阀门应立即关闭），进入洞库人员应采取安全防护措施，防止中毒。

（6）如果输油管线或油罐破损不严重，可以组织应急抢修，采用不动火修补方法进行堵漏或修补；如果是输油管线断裂或严重破损时，可以先关闭油罐阀门，逐步排空漏油管线内的油料；如果油罐破损严重，一时无法修补时，应组织倒罐，排空破损油罐内的油料。

（7）在洞口排水沟处构筑拦油堤，组织人员回收油料，防止油料流出洞外或库外。

（8）尽可能采取自然通风的方法，排除洞库内油气，使其达到安全浓度。

（9）组织油罐或输油管线的修理。洞库内设备的维修应尽量采用不动火修理方法或拆出到洞外安全地带进行修理。若要动火修理，必须按动火作业要求进行。

（10）若溢流油料已流出洞外甚至库外，要尽量回收油料，不能回收的油料应用水稀释（不能用高压水冲洗）排至油库污水处理池进行处理，不得随意排放，防止引发二次事故。如有可能，应尽量在排水沟内构筑隔墙，隔断洞库与外界的直接联系，等事故处理完后再撤除。

（11）加强对油库人员和周边群众的宣传教育，发现漏油及时报告。

（12）检查油库及周边情况，防止有溢油流出。

（13）对修理后的设备，要加强平时的检查。

2. 地面输油管线或油罐跑油事故的处置

（1）通知停泵或关闭所有油罐、输油管线的阀门，停止收发油作业。

（2）封锁现场（根据漏油情况确定封锁范围），加强现场指挥管理，任何人未经许可不得进入事故现场。

（3）切断可能进入事故现场的所有点火源（包括救护车辆、抢修车辆等），在事故现场的所有车辆不准发动。

（4）消防人员、消防车辆在封锁现场外待命。

（5）组织抢救中毒人员，将其抬至安全地带急救。

（6）构筑拦油堤，组织人员回收油料，防止油料流出洞外或库外。回收作业现场不能混乱，使用工具应防爆，防止引起二次事故。

（7）如果输油管线或油罐破损不严重，可以组织应急抢修，采用不动火修补方法进行堵漏或修补；如果是输油管线断裂或严重破损时，可以先关闭油罐阀门，逐步排空漏油管线内的油料；如果油罐破损严重，一时无法修补时，应组织倒罐，排空破损油罐内的油料。

（8）若溢流油料已流出库外，要尽量回收油料，不能回收的油料应用水稀释（不能用高压水冲洗）排至油库污水处理池进行处理，不得随意排放，防止引发二次事故。如有可能，应尽量在排水沟内构筑隔墙，隔断油库与外界的直接联系，等事故处理完后再撤除。

（9）加强对油库人员和周边群众的宣传教育，发现漏油及时报告。

（10）检查油库及周边情况，防止有溢油流出。

（11）对修理后的设备，要加强平时的检查。

3. 对油罐渗漏油事故的应急处置

罐室油气浓度上升、罐底沥青被稀释、排水沟和管沟出现不正常油污等是油罐渗漏的常见现象。

发现油罐发生渗漏后，应立即停止作业并切断事故现场附近的电源，关闭电气、自动化设备；然后设置警戒线，控制火源，控制车辆和人员进出警戒区，并组织消防人员、消防车辆在警戒区外待命；接着需及时全面检查油罐的情况，利用肥皂水或探伤剂准确确定油罐的渗漏部位，若油罐罐壁穿孔、破裂不严重则进行带压堵漏处理；若油罐罐壁穿孔、破裂严重及罐底渗漏则需要作倒罐处理；若是洞库油罐渗漏油料，应尽可能采取自然通风降低洞库内的油气浓度，同时搞好个人防护；最后应控制渗漏油料漫流，防止油品流散并及时处理善后，清理残留油污。

4. 对管线渗漏油事故的应急处置

管线渗漏的表现形式主要有管线本体破裂或腐蚀穿孔渗漏、法兰连接密封不严渗漏、阀门密封不严渗漏、阀体破裂渗漏等。部分油库收发作业区与油罐区的管线连接长度达数千米，有的甚至长达数十千米，且埋地设置，增加了管线渗漏事故的隐蔽性，这就要求人员要具备过硬的业务素质，能通过看、闻、听等手段来判断管线的渗漏情况，为及时处理管线渗漏事故作好铺垫。

管线发生渗漏且情况较严重时，首先应立即停止油料作业以及事故现场附近的明火作业，并关闭渗漏油管段两端阀门。其次是设置警戒区，控制火源，严禁无关人员和车辆进入，组织消防人员、消防车辆在警戒区外待命。三是筑堤拦油，阻止流散油料蔓延，并利用防爆工具尽可能地回收油料，减少损失。四是视情况进行处置。若管线破裂不严重，则采取应急堵漏措施；若管线破裂严重，则需逐段排空管线油料，再修复或更换管道；若法兰密封垫圈破损渗漏，则需放空管线再更换密封垫圈；若阀门填料或填料压盖损坏渗漏，则在管线泄压后更换填料或填料压盖；若阀体破裂，则需在放空管线后，更换阀门。五是妥善处理渗漏油现场。

5. 对混油事故的应急处置

混油是指两种或两种以上不同的油品混装，而引起油品降质或变质的现象。尽管油库发生混油事故不会造成油料数量上的损失，但油品降质或变质却可引起巨大的经济损失或次生灾害。

首先，若在收发油料、倒罐作业过程中，发现有混油疑点或已经混油时，必须立即停止油料的输转作业，查明缘由，关闭相应阀门；若在储存过程中，因阀门内漏而混油，应及时更换内漏阀门。其次，将混油单独存放，留待化验，在上级指示和技术人员指导下，进行变质或降质油料的掺合与质量调整。

六、油库自然灾害事故应急处置方法

1. 地震灾害的应急处置

油库在地震发生后，应及时掌握具体损毁情况，当设备、设施遭受破坏时，需按照设备、设施安全应急处置措施施以救援；当发生油品流失事故时，需按照油品流失事故的应急处置原则加以抢救；当地震引起火灾事故时，需按照油品火灾事故的应急处置方法予以实施。

2. 洪灾的应急处置措施

当油库面临洪水侵袭时，要全程监控，及时发现、判断险情，并正确处置险情。一是应切断通向库区的电源，防止人员触电；二是疏通油库内的排水系统，保证排水畅通；三是当油库的堤防工程漫溢、散浸、漏洞、坍塌、裂缝时，应根据“守岸护滩，固基防冲，控制河势，稳定全局”的原则，利用“迎水坡阻水入堤，背水坡导水出堤，降低浸润线，稳定堤身”的方法实施应急处置，确保油库的储油区、作业区、办公区等的安全；四是组织人员逐罐检查油罐、管线，巡查、加固库区电力、通讯线缆、自动化监控系统的线路等；五是清理道路，确保道路畅通；六是及时上报，洪水过后，立即展开自救，恢复油库的油料供应保障。

3. 山林火灾的应急处置措施

山林火灾，蔓延速度快，火势大且难以控制，对油库安全构成严重威胁。如果发生山林火灾，首先要停止一切油料作业，并用灭火毯罩住油罐的测量孔、呼吸阀等，防止山林火灾产生的火星飘逸到储油区点燃油罐测量孔、呼吸阀等周围的油气；其次是开垦隔离带，阻止火势向作业场所蔓延；最后，启动山林灭火方案，实施灭火。

七、油库人身事故应急处置方法

1. 对人身着火的应急处置

意外引起人身着火时，切记不要惊慌，严禁快速跑动，以避免火势增大。正确的应急处置是：一是迅速脱下着火衣服或就地打滚或跳入浅水中把火窒息，但当人员烧伤严重时，不能跳水灭火，防止细菌感染；二是多个人员在场，他人可利用麻袋、衣物等扑打身上火苗或浇水灭火，但不能直接用灭火器向人身上喷射灭火，防止冻伤。

2. 对人员中毒的应急处置

油品是由有一定毒性的碳氢化合物组成，其中芳香烃的毒性最大，环烷烃次之，烷烃最小。尽管轻质油品的毒性小于重质油品，但是轻质油品的挥发性更强，易积聚于空间内，所以，轻质油品对人体的危害反而更大。油库工作人员在发生油品跑、冒、渗、漏的场所，通风不良的罐室、巷道，油气易于积聚的低洼处和气动力阴影区以及储存过油品的容器中进行作业时，人员保护措施不到位，油气通过呼吸道进入人体或油品通过与人体皮肤接触直接进入人体，造成人员中毒。

当发现人员中毒时，抢救人员进入危险区域前必须戴好防毒面具等防护用品，必要时也可给中毒者戴上防毒面具并将中毒者抬至空气新鲜的地方，松开衣领，解开衣服、腰带等(冬天要注意防冻)，以保证中毒者呼吸畅通，并立即上报。若中毒者失去知觉，可用氨水刺激其嗅觉，接着进行人工呼吸直至中毒者能够自由呼吸为止，并尽快将其送往医院救治。

3. 对人员触电的应急处置

在油库，由于缺乏电气安全知识、违章操作、电气设备产品不合格、维护保养不到位及其他偶然因素，易造成人员触电。

人员触电的处置要领是动作迅捷、措施得当。当人员发生触电事故后，首先必须脱离电源。触电人员在触电后因痉挛、中枢神经失调而可能紧抓带电体，难以自行脱离电源，施救者应立即拉开触电点附近的开关或拔掉插销；距离开关或插销较远时，应使用干燥的木棒将电线等拨离触电者，或者利用干木板等绝缘物体插入触电者身下来阻断电流；电源电压高于380V时，必须立即通知前级断电。其次是实施急救。若触电者伤势较轻、神志清醒或已经清醒，应保持休息，不要走动，并及时请医生诊断或送医院救治；若触电者伤势严重，失去知觉，但心脏跳动和呼吸尚未中断，应使触电者静卧，松开衣领，解开衣服、腰带等(冬天要注意防冻)，保证空气流通，并速送医院救治；若触电者伤势严重，心脏已停止跳动、呼吸中断，应立即实施人工呼吸和胸外挤压急救，并速送医院抢救。

4. 发现有人盗窃物资的情况处置

发现有人行窃时，若能够制服盗贼，应立即令其站住，作必要的检查，迅速报告值班室；若无力制服时，应立即采取有效的方式，报告警勤人员或油库值班室，密切注视动向，等待来人将盗贼抓获，交有关部门处理。

第四节　油库应急救援装备

一、应急救援装备的配备原则

救援装备是开展应急救援工作必不可少的条件。为保证救援工作的有效实施，油库应制定救援装备的配备标准。平时做好装备的保管工作，保证装备处于良好的使用状态，一旦发生事故就能立即投入应用。

救援装备的配备应根据承担的救援任务和救援要求选配。选择装备要从实用性、功能性、耐用性和安全性以及客观条件上配置。

二、基本救援装备的分类

油库事故应急救援的基本救援装备分为两大类：基本装备和专用装备。

1. 基本装备

一般指救援工作所需的通讯装备、交通工具、照明装备和防护装备等。

（1）通讯装备。通讯装备是应急救援工作的重要通讯工具。目前，我国油库事故救援所用的通讯装备一般分为有线和无线两类，在救援工作中，常采用无线和有线两套装置配合使用。主要有(移动、固定)电话、电台、对讲机。另外，传真机的应用缩短了空间的距离，使救援工作所需要的有关资料及时传送到事故现场。

（2）交通工具。良好的交通工具是实施快速救援的可靠保证。在应急救援行动中常用飞机和汽车作为主要的运输工具。国外，直升飞机和救援专用汽车已成为应急救援中心的常规运输工具，在救援行动中配合使用，提高了救援行动的快速机动能力。目前，我国的救援队伍主要以汽车为交通工具，在远距离的救援行动中，借助民航与铁路运输。

（3）照明装置。油库事故现场情况较为复杂且一般救援处理时间较长，在实施救援时需有良好的照明。因此，需对救援队伍配备必要的照明工具，有利于救援工作的顺利进行。

照明装置的种类较多，在配备照明工具时除了应考虑照明的亮度外，还应根据油库事故现场的特点，配备防爆型电筒。

（4）防护装备。有效地保护自己，才能取得救援工作的成效。在油库事故应急救援行动中，对各类救援人员均需配备个人用防护装备。个人防护装备可分为防毒面罩和防护服，具体配备根据担负任务特点而选定。

（5）医护装备。医疗急救器械和急救药品的选配应根据需要，有针对性地加以配置。主要应配置用于灼伤、外伤、中毒、心肺复苏等药品和简易医疗急救器械。

2. 专用装备

专用装备主要指各专业救援队伍所用的专用工具(物品)。油库专用装备主要有抢收抢发装备、抢修抢险装备两类。

（1）抢收抢发装备。主要有机动泵、输油胶管、油桶、发电机等，在事故发生后可根据现场指挥的指令和确定的流程，展开装备、连接管线，进行应急抢收抢发工作。

（2）抢修抢险装备。主要有侦检装备、堵漏装备、消防装备、应急工具、安全防护装备、工程装备、洗消装备、警示设备等。

① 侦检装备：应具有快速、准确的特点。目前我国油库多采用油气浓度检测仪、静电电压测量仪等仪表。国外采用专用监测车，车上除配有取样器、监侧仪器外，还装备了计算机处理系统，能及时对水源、空气、土壤等样品就地实行分析处理，及时检测出毒物和毒物的浓度，并计算出扩散范围等救援所需的各种数据。

② 堵漏装备：主要用于油罐、输油管线、油泵等储输油设备破裂、渗漏时用。现在市场上的各种堵漏器材、物料很多，如磁压式堵漏器、内封式堵漏袋、木质堵漏器、堵漏枪、金属堵漏锥、卡箍堵漏器等，油库可根据自身情况与经济能力选用。

③ 消防装备：主要用于油库火灾的扑救。如消防车、手提式灭火器、石棉被、消防梯、消防水枪等。

④ 应急工具：应急救援工作中应急工具是必不可少的装备之一。主要用于油料设施设备的应急维修，如管线的补漏、堵漏、切割、连接、更换等。主要装备有管线快速接头、切管器、夹具、防爆工具、其他工具等。

⑤ 安全防护装备：主要用于应急人员的个人防护。如防护服、隔热防火服、消防战斗服、呼吸器、救生担架、防毒面具、安全靴等。

⑥ 工程装备：主要用于事故现场破障、破拆、挖掘、排堵等。主要有工程车(挖掘车、铲车、水泥车等)、动力站、镐、钳、千斤顶、支护设备、通风机、泵、铁锹(铲)等。

⑦ 洗消装备：主要用于外泄油品的抽吸、回收，污染现场的清洗、污染物的回收等。如机动泵、胶管、油桶、水枪、铲、簸箕等。

⑧ 警示设备：主要用于事故现场警示与隔离。如警示灯、警报器、隔离带等。

三、救援装备的保管和使用

油库应制定救援装备的保管、使用制度，指定专人负责、专人保管，定时检查。做好救援装备的交接清点工作和装备的调度使用，严禁救援装备被随意挪用，保证应急救援的紧急调用。

案例一 “应急处置卡”在加油站的应用

通过对大量事故的调查和分析，发现有相当一部分事故是由于违章操作或救援不当造成的。因此，在基层库站大力推广和实施 HSE 管理体系，可以从根本上防止事故的发生或将事故的损失降低到最小。应急管理作为石油企业 HSE 管理的一部分，在生产经营过程中具有举足轻重的作用，在某种程度上直接或间接地影响着企业的生存和发展。事故应急救援的总目标是通过有效的应急救援行动，尽可能地减轻事故的后果。加油站由于油品经营的特殊性和顾客群体的复杂性，决定了加油站突发事件具有引发因素多、突发性强、防范难度大和传播迅速等特点。因此，提高加油站员工对突发事件的应急处置能力是预防事故、减少事故损失的有效措施。

一、“应急处置卡”产生的背景

1. 员工对应急预案认识不足

为了应付上级有关部门的检查，加油站部分应急预案只是对上级下发的预案范本进行简单的修改或是照搬照抄，没有结合实际完善预案内容，常常出现以下情况：外部环境或是人员结构发生较大改变，而应急预案仍是老面孔；将“安全重于泰山”当作口号，缺乏足够的思想认识；有些员工存在侥幸心理，认为发生突发事件的概率很低，事故不会发生在自己身上。

2. 应急预案内容僵化

许多加油站的应急预案将职责明确到人，未明确到岗位，造成分工不明确，职责不清。有些应急预案在制订时，内容简单、僵化，随着外部环境和诱发事件的因素发生改变，原来制订的应急预案课题和处置方法早已不适应新时期安防思路，造成与实际情况脱节。有些应急预案中能设想出不同的突发情况，但应对方法往往十分简单，甚至连应对动作都相同。

3. 应急预案未经过演练

在检查中发现有的加油站制订了应急预案，但只是放在档案里做做样子，以备相关部门来检查；演练记录也是千篇一律，多次出现相同的演练科目、演练过程和演练结果。在查阅演练的图片资料及演练视频资料时，往往发现并没有组织演练，甚至多年未组织演练；有演练的也是摆摆样子，走走过场。

4. 参与不够，协作不足

很多加油站在制订预案时没有考虑到加油站的实际情况，制订的预案比较粗糙或有局限性。目前，在预案演练之前一般都会提前进行通知，防止出现不必要的恐慌，也为了确保预案演练的顺利进行。在演练中，有的人员会提前离开或演练时在自己的岗位上无动于衷，参与意识不够。

5. 演练组织松散，不够严谨

突发事件发生时出现的爆炸、火灾、油品泄漏等情况往往比我们假想的要复杂得多。但参与演练的人员常常在演练和逃生时还满脸笑容，有的负责现场疏散引导的员工自己先跑，组织者演练结束时不点评总结，草草收场，达不到演练的效果。

二、"应急处置卡"的产生

由于往常应急管理存在很多不足，在这样的背景下，根据"精细管理、细化执行"的要求，为了有效防范突发事件发生，切实做好应急预案的演练，增强干部员工的安全防范意识，提升库站安全管理水平，中国石油四川销售分公司推出了"应急处置卡"。通过一张"卡片"分岗位对不同种类突发事件的应急处置方法进行介绍，从细节控制、细节管理入手来提高基层库站的应急处置能力。

加油站"应急处置卡"实施的必要条件和重要内容是加油站的即时环境。加油站的即时环境往往具有不确定性、突发性、复杂性等特点，在一定时点上受周边环境、人员组成等因素的影响。这些为应急管理特别是突发事件的处置带来了困难。围绕应急管理的核心——即时环境，对各种突发事件的即时环境进行假想并制作加油站"应急处置卡"，使突发事件处置更具操作性、指导性。

三、"应急处置卡"在加油站的应用

1."应急处置卡"在加油站应用实施的前期准备工作

(1) 评估应急环境，保证"卡片"分工合理、处置得当。一是对加油站固定环境进行评估。制定加油站平面图、设施设备分布图、危险区域控制图，并置于明显位置，以明确作业环境。二是对可变环境进行评估。应急环境的即时评估是制定应急分工的关键，掌握可变环境是应急预案分工合理、有效的基本保证。考虑到加油站班组安排的实际，以一天为一个即时评估频次，每天对自身周边环境情况的变化、人员组成与数量、气候变化等条件进行即时性评估。

(2) 统一制作卡片，保证美观和经济适用。中国石油四川销售分公司制定统一应急处置模板和应急处置权限分配表，并下发到各片区和加油站，各站再根据即时环境对各应急预案进行岗位分工，最后由公司统一制作美观、经济适用的折叠式卡片下发。

(3) "应急处置卡"的管理。加油站"应急处置卡"由加油站经理集中管理与发放。加油站经理每天根据加油站的即时环境，对每一项应急预案进行处置分工，并于每日交接班例会时将"应急处置卡"发放到当班每一名员工，同时分工讲解。应急即时环境发生较大变化时，交接班例会后进行一次全员参与的应急演练。

2. "应急处置卡"在加油站的应用

(1) 实施流程。"应急处置卡"的实施流程见图6-3。

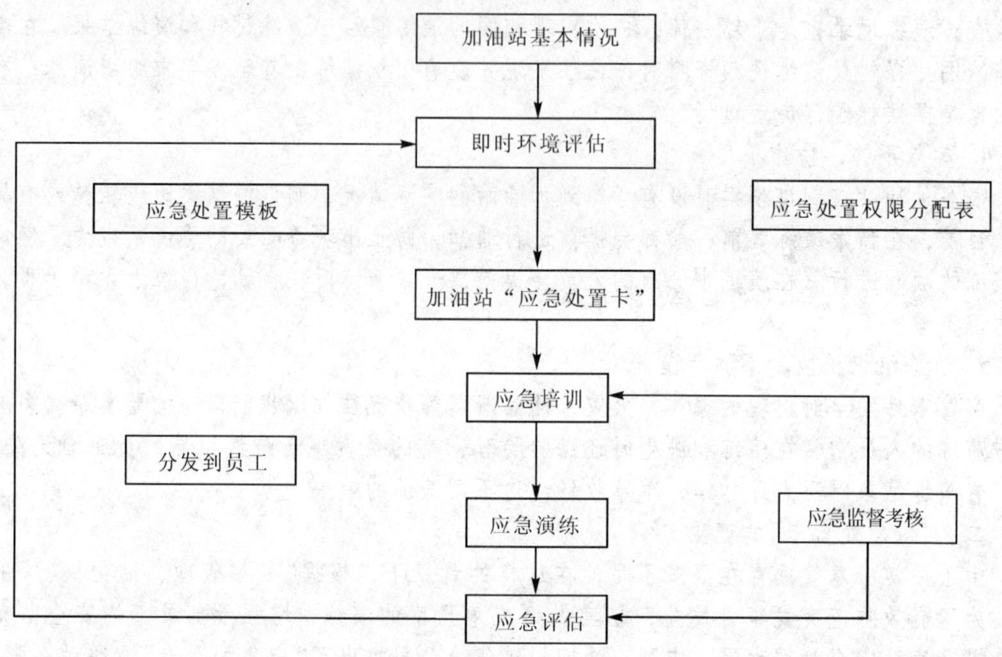

图6-3　加油站应急管理流程图

(2) 操作方法

① 加油站基本情况摸底。片区及加油站经理首先对加油站的基本情况进行摸底，包括加油站平面示意图、加油站工艺流程图、加油站区域划分图和加油站灭火作战示意图，对加油站员工进行明示与讲解，使员工全面熟悉加油站作业环境。

② 加油站即时环境评估。加油站经理组织加油站综合管理员、前庭主管对加油站即时环境进行全面评估，评估项目包括加油站周边环境特别是治安动态、雨水排污系统等，当地天气情况，加油站人员数量、构成、素质、优缺点以及岗位分配安排，加油站人员因工作需要可能临时调整等方面，为加油站应急处置职责分工做好铺垫。

③ 创建合理的加油站"应急处置卡"。加油站应急处置模板是中国石油四川销售分公司根据突发事件处置流程及多年积累的经验，设计制作的加油站各项应急处置模板程序。以龙泉加油站经理岗位为例，创建的加油站"应急处置卡"如图6-4所示。

加油站应急处置权限分配表(表6-10和表6-11)是中国石油四川销售分公司根据加油站不同人员数量与结构编制的较合理的处置分配表。表中将加油站在不同时段人员数量及职责分工与突发事件处置分工巧妙结合起来，对加油站经理在应急处置分配工作上具有指导意义。

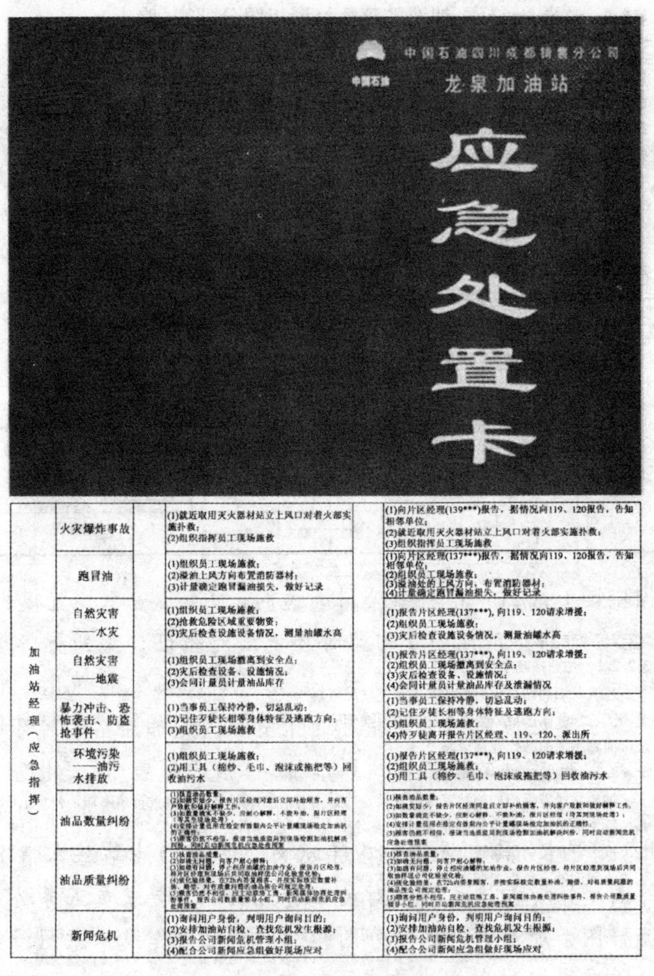

中国石油四川成都销售分公司

中国石油　龙泉加油站

应急处置卡

加油站经理（应急指挥）	事件		处置措施		处置措施
	火灾爆炸事故		(1)就近取用灭火器材站立上风口对着火部实施扑救； (2)组织指挥员工现场施救		(1)向片区经理(139***)报告，据情况向119、120报告，告知相邻单位； (2)就近取用灭火器材站立上风口对着火部实施扑救； (3)组织指挥员工现场施救
	跑冒油		(1)组织员工现场施救； (2)溢油上风方向布置消防器材； (3)计量确定跑冒漏油损失，做好记录		(1)向片区经理(137***)报告，据情况向119、120报告，告知相邻单位； (2)组织员工现场施救； (3)溢油处的上风方向，布置消防器材； (4)计量确定跑冒漏油损失，做好记录
	自然灾害——水灾		(1)组织员工现场施救； (2)抢救危险区域重要物资； (3)灾后检查设施设备情况，测量油罐水高		(1)报告片区经理(137***)，向119、120请求增援； (2)组织员工现场施救； (3)灾后检查设施设备情况，测量油罐水高
	自然灾害——地震		(1)组织员工现场撤离到安全点； (2)灾后检查设备、设施情况； (3)会同计量员计量油品库存		(1)报告片区经理(137***)，向119、120请求增援； (2)组织员工现场撤离到安全点； (3)灾后检查设备、设施情况； (4)会同计量员计量油品库存及泄漏情况
	暴力冲击、恐怖袭击、防盗抢事件		(1)当事员工保持冷静，切忌乱动； (2)记住歹徒长相等身体特征及逃跑方向； (3)组织员工现场施救		(1)当事员工保持冷静，切忌乱动； (2)记住歹徒长相等身体特征及逃跑方向； (3)组织员工现场施救； (4)待歹徒离开报告片区经理、119、120、派出所
	环境污染——油污水排放		(1)组织员工现场施救； (2)用工具（棉纱、毛巾、泡沫或拖把等）回收油污水		(1)报告片区经理(137***)，向119、120请求增援； (2)组织员工现场施救； (3)用工具（棉纱、毛巾、泡沫或拖把等）回收油污水
	油品数量纠纷		(1)核查油品数量； (2)如确实短少，报告片区经理同意后立即补给顾客，并向客户致歉和做好解释工作； (3)如数量确实不缺少，应耐心解释，不能补油，报片区经理（等其到现场处理）； (4)安排计量组用在检定有效期内公平计量罐现场检定加油机的正确性； (5)顾客仍然不相信，邀请当地质监局到现场检测加油机解决纠纷，同时启动新闻危机应急处理预案		(1)核查油品数量； (2)如确实短少，报告片区经理同意后立即补给顾客，并向客户致歉和做好解释工作； (3)如数量确定不缺少，应耐心解释，不能补油，报片区经理（待其到现场处理）； (4)安排计量组用在检定有效期内公平计量罐现场检定加油机的正确性； (5)顾客仍然不相信，邀请当地质监局到现场检测加油机解决纠纷，同时启动新闻危机应急处理预案
	油品质量纠纷		(1)核查油品质量； (2)如确无问题，向客户耐心解释； (3)如确有问题，停止相应油罐的加油作业，报告片区经理，待片区经理到现场后共同取油样送公司化验室化验； (4)依化验结果，在72h内答复顾客，并按实际核定数量补油、赔偿，对有质量问题的油品按公司规定处理； (5)顾客仍然不相信，应主动联系工商、新闻媒体协商处理纠纷事件，报告公司数质量领导小组，同时启动新闻危机应急处理预案		(1)核查油品质量； (2)如确无问题，向客户耐心解释； (3)如确有问题，停止相应油罐的加油作业，报告片区经理，待片区经理到现场后共同取油样送公司化验室化验； (4)依化验结果，在72h内答复顾客，并按实际核定数量补油、赔偿，对有质量问题的油品按公司规定处理； (5)顾客仍然不相信，应主动联系工商、新闻媒体协商处理纠纷事件，报告公司数质量领导小组，同时启动新闻危机应急处理预案
	新闻危机		(1)询问用户身份，判明用户询问目的； (2)安排加油站自检、查找危机发生根源； (3)报告公司新闻危机管理小组； (4)配合公司新闻应急组做好现场应对		(1)询问用户身份，判明用户询问目的； (2)安排加油站自检、查找危机发生根源； (3)报告公司新闻危机管理小组； (4)配合公司新闻应急组做好现场应对

图6－4　加油站“应急处置卡”

表6－10　加油站应急处置权限分配表(白天)

员工编号 职责岗位	每班2名员工				每班3名员工					每班5名员工						
	经理	综合管理员	1	2	经理	综合管理员	1	2	3	经理	综合管理员	1	2	3	4	5
通信组		●				●					●					
抢险组	●		●		●		●			●		●	●			
后勤保障组		●				●		●			●			●		
安全警戒组				●					●						●	●

员工编号 职责岗位	每班6名员工								每班7名员工								
	经理	综合管理员	1	2	3	4	5	6	经理	综合管理员	1	2	3	4	5	6	7
通信组		●								●							
抢险组	●		●	●	●				●		●	●	●				
后勤保障组		●	●							●				●	●		
安全警戒组						●	●	●								●	●

表 6-11　加油站应急处置权限分配表(晚上)

员工编号 职责岗位	每班 2 名员工			每班 3 名员工				每班 5 名员工					
	值班经理	1	2	值班经理	1	2	3	值班经理	1	2	3	4	5
通信组	●			●				●					
抢险组	●	●		●	●	●		●	●				
后勤保障组			●			●	●			●	●		
安全警戒组			●				●					●	●

员工编号 职责岗位	每班 6 名员工							每班 7 名员工							
	值班经理	1	2	3	4	5	6	值班经理	1	2	3	4	5	6	7
通信组	●							●							
抢险组	●	●	●					●	●	●	●				
后勤保障组				●	●							●	●		
安全警戒组						●	●							●	●

加油站经理根据中国石油四川销售分公司下达的《加油站应急处置模板》和《加油站应急处置权限分配表》，结合加油站前期调查的即时环境，对当班员工处置各项突发事件进行职责分配和操作程序设定。加油站“应急处置卡”是应急处置预案的简化，它简明、易懂、实用的特点对应急救援的快速反应起到科学指导的作用。人是加油站即时环境变化最大、同时也是加油站经理最容易把握控制的因素，所以加油站“应急处置卡”变化基本不大。

④ 加油站应急培训。加油站应急培训是成功处置加油站突发事件的必要前提，对如何正确实施加油站“应急处置卡”具有明显的指导意义。一是加油站基本情况的培训。加油站经理务必就加油站的固定环境和周边环境对员工进行培训，要求员工务必熟悉加油站平面示意图、加油站工艺流程图、加油站区域划分图和加油站灭火作战示意图，务必熟悉加油站重点防火部位，务必及时发现和制止加油站内可能发生的“三违”行为。二是加油站潜在危险及危害因素识别。加油站经理定期(或不定期)带领员工对加油站危害因素进行识别，制定削减和控制措施。三是设施设备使用方法培训。加油站经理在对员工进行入职、转岗等培训的基础上，对员工进行各种设施设备使用方法培训，特别是对消防器材的功能及使用方法、人工呼吸等自救方法进行培训。要求员工掌握必要的突发事件处置方法。四是对加油站“应急处置卡”的培训。加油站经理在正确进行应急处置分工的同时，对员工进行“加油站应急处置卡”的培训。每日在加油站交接班例会上对当日应急环境和应急职责分工进行说明，对应急处置程序进行必要的培训，必要时组织当班员工进行现场应急演练。

⑤ 加油站应急演练和评价。突发事件的有效处置必须有常抓不懈的应急演练，中国石油四川成都销售分公司在应急处置“卡片化”的基础上，统一强化了应急演练制度。一是在交接班例会上，加油站经理在应急培训的基础上每日组织当班员工进行突发事件演练。二是加油站在片区安全员监督下，每月分班组对各类突发事件进行一次演练，不仅分班组演练，而且还必须做到人人在应急分工中轮换担当不同角色，并将演练情况作为加油站安全管理考核标准之一。每项应急演练结束时，加油站经理均对演练进行及时评价，评价内容包括演练组织、分工、演练配合和演练效果等。加油站经理根据演练评价对加油站“应急处置卡”进行重新评估，必要时进行相应调整和修改。演练中最大的不同是一改以前事先假设好的环境演练，完全采用临时的、突发的应急环境进行演练，在很大程度上提高了员工的应急处置

能力。

(3) 加油站应急监督和考核。成都销售分公司出台了《加油站应急处置及演练考核办法》，从应急演练组织、演练频次、演练评价以及应急处置卡的调整进行多方面考核。考核办法规定，每次演练均采用临时随机抽取一项突发事件进行演练；各项突发事件演练轮流抽取；员工在每项应急演练中轮流担当应急角色；每月对加油站应急演练随机抽取进行考核；每次演练不预先设置环境，均采用突发性事件演练等。通过长期监督考核加油站对突发事件的演练，切实提高加油站应急处置能力。

3. 加油站“应急处置卡”在应用中遇到的问题及解决措施

加油站“应急处置卡”的应用使加油站经理在应急管理中担当了更加重要的角色，工作量加大，工作频率较过去有不同程度的增加，对此，部分加油站经理在“应急处置卡”应用执行过程中经常出现交接班例会不作应急管理讲解和培训的现象。同样，在技术层面上，随即时环境的改变，卡片中有关职责分工调整也较多，为加油站管理人员带来一定的抵触情绪。针对这些问题，成都销售分公司采取了一系列措施：一方面细化应急管理执行制度，重点在应急管理执行的监督考核上加大力度，对应急管理执行情况，每月进行通报；另一方面在公司上下开展事故案例分享教育，组织员工学习系统内发生的各类事故，深刻剖析事故原因，充分分享事故资源，认真汲取事故教训，将安全管理作为开展所有工作的前提条件来抓。一线员工从学安全、懂安全逐步向管安全转变，在一定程度上消减了各种抵触情绪。

四、加油站“应急处置卡”应用产生的安全效益

1. 强化了应急救援技能

加油站“应急处置卡”具有简明、易懂、实用的特点，避免了应急预案篇幅冗长、内容复杂的缺点，注重实效，有很强的针对性和可操作性，明确了可能发生事故的具体应对措施，着重解决了事故发生时生产一线员工“怎么做，做什么，何时做，谁去做”的问题，员工易于掌握，能使一线员工在较短的时间内实实在在地提升应急处置能力，强化了员工应对突发事故和风险的能力，有效防止突发事件造成的人员伤亡和财产损失，使员工能及时正确地处置突发事件，保障企业安全生产。

2. 夯实了应急救援基础

“应急处置卡”的应用形成了特有的监督执行制度，在形式和内容上均增加了应急处置管理措施，较好地体现了风险处处在、防范时时有。其管理方法直接深入到一线员工，较为明显地增强了干部员工的安全防范意识，保证了应急处置的有效管理，保障了干部员工的利益。而事故发生后，最有效的救援是在事故初始阶段的正确处置，把事故消灭或控制在萌芽状态，防止事故扩大，对控制或减少事故造成的人员伤亡和财产损失起到关键性的作用。能够对突发事故快捷而有效地进行处置的往往是位于生产第一线的员工，他们是应急处置最直接、最基础的力量。因此，加油站“应急处置卡”直接面向生产一线岗位员工，它的实施有力地夯实了事故应急救援的基础。

3. 营造了良好的安全文化氛围

加油站“应急处置卡”是对各种风险的防范和处置，它的实施在很大程度上强化了员工的风险意识，使员工时刻绷紧安全这根弦，增强安全责任感和使命感，有利于提高员工的安全意识，增强企业安全文化氛围，营造和谐的安全文化环境。

“应急处置卡”推广以来，在一定程度上解决了基层安全管理中久拖未决的应急处置问题。应急处置看似集中在小小的卡片上，其实牢牢锁在干部员工的心里，增强了干部员工的

安全防范意识，公司安全环保形势持续好转。小小卡片推动了安全管理工作的开展，也产生了明显的“安全效益”。

案例二　强化应急培训　完善应急管理体系

一、强化企业应急管理的目的和适用范围

中国石化集团公司 2011 年《HSE 工作报告》中要求，各企业要扎实做好应急和消防工作，加强应急救援体系建设，配套应急救援装备和物资，完善突发事件新闻发布制度，切实提高突发事件应对能力。湖北石油分公司从落实集团公司应急管理工作要求出发，结合“我要安全”主题活动，不断完善应急管理体系，强化应急培训教育，狠抓预案演练，广大员工应急意识明显增强、突发事件处置能力显著提高，有效提升了企业应急管理水平。

本文所指“应急管理”模式涵盖企业应急工作的体系建设、物资配置、全员培训、处置响应、检查监督、效果评价、治理改善等全方位全流程的内容。

二、推广企业应急管理“湖北模式”的要点描述

通过近几年的不断探索和实践，湖北石油分公司总结了提升应急管理水平的两大要点——“夯基础”和“强体系”，从完善应急管理体系、强化应急培训教育、狠抓应急预案演练、妥善处置应急事件各个方面，打造“建、学、练、用”的“四字模式”，湖北石油分公司应急管理模式见图 6－5。

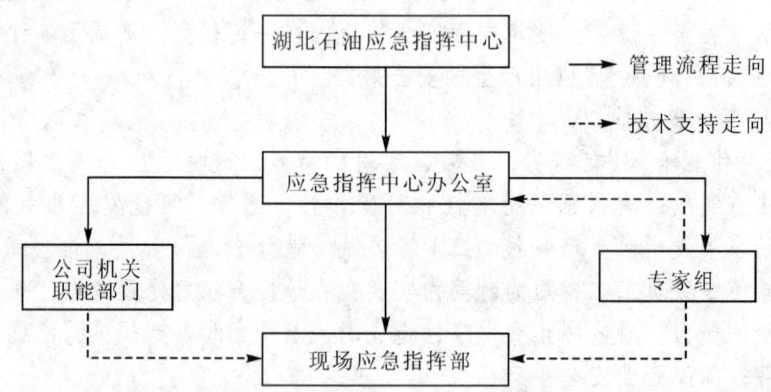

图 6－5　湖北石油分公司应急管理模式

1. 立足“建”字，完善应急管理体系

建章立制、细化职责、落实责任，构建切实有效的应急防控体系是抓好应急管理工作的前提和基础。湖北石油分公司在应急管理机构、规章制度及内保联防上进行了一系列建设性的探索。

（1）细化职责，完善应急组织机构。从组织管理机构入手，分别在省市两级公司成立以党政“一把手”为组长、分管经理为副组长、职能部门负责人为成员的应急领导小组；在油库、加油站成立了以主任、站长为组长，库站全体员工为成员的应急管理小组，作为应急管理工作的责任机构。同时，结合岗位特点，分部门、有重点、针对性地修订完善了各级管理机构和各岗位的应急职责，分解目标传递责任，细化职责层层落实，确保了有岗必有责，为应急管理工作夯实了责任基础。

（2）树立标杆，规范应急物资管理。对全省系统应急物资进行了清查，摸清家底，然后依照国家、集团公司应急物资的配备规定，结合企业实际，制定了应急物资配备标准，调配补齐相关应急物资，力保油库、加油站在应急物资种类和数量上达标。该公司还分区域在全省系统成立了武汉、黄石、襄阳及宜昌四个应急物资储备中心，配备一定种类和数量的应急

物资作为区域内机动应急物资。为促进应急物资管理的标准化、规范化，该公司建立以孝感车站油库为应急物资管理标准化的标杆库，以点促面，推进油库应急物资管理标准化建设。

(3) 群防群治，创建联动应急机制。在充分挖掘内部应急救援潜力的同时，湖北石油分公司还积极借助外力，开展联动应急机制创建活动。第一，开展联防创建活动。所有油库、加油站每年都与周边的企事业单位签订联防协议，明确双方的责任和义务，结成互帮互助单位，定期开展活动，共享应急资源。2010 年 4 月 9 日晚，宜昌鸦鹊岭加油站在联防单位的协助下，成功处置了一起抢劫未遂案件，避免了人身伤亡和财产损失。第二，开展“警站共建”活动。多数二级单位主动联系当地公安部门，每座加油站都与当地派出所结成共建组，在醒目位置悬挂共建牌，公开共建目标和活动内容，将派出所包站民警和加油站负责人的照片、联系方式张贴出来，震慑不法分子。第三，参与区域联防活动。在集团公司安环局直接指导下，作为中国石化区域灭火联防第四片区联防成员单位之一，湖北石油分公司积极参加第四片区联防活动，利用区域联防资源．充分发挥区域联防优势，提高危化品泄漏事故的救援和重大火灾的应急处置能力。

2. 强化“学”字，提升应急管理能力

教育培训是员工学习并掌握应急知识、提升应急综合管理水平的重要途径。湖北石油分公司将应急教育培训纳入公司年度培训工作计划，采取分层次、分类别、分重点的培训方式，打造一支能战斗、会战斗、肯战斗的应急救援队伍。

(1) 以会代训，抓好“2 +3 +5”和“安全拍档”活动。在库站全面推行以岗前安全“2 +3 +5”(两分钟安全思考、三分钟安全交底、五分钟预案推演)为主要内容的班前会。“五分钟预案推演”，旨在将预案学习演练与班前会相结合，按照预案演练计划和阶段性防范重点，采取一问一答或步骤接龙等形式，使演练步骤成为员工的下意识反应和习惯性行为。同时该公司在油库、加油站全面推行以在岗同工种员工或协同作业人员 2 ~3 人为一组的安全拍档，组员间互相学习、互相帮助，拍档未能及时发现和制止其他组员“三违”行为的予以连带处罚。截至目前，全省系统已成立安全拍档 5100 余对，许多库站还将安全拍档上墙公示，突出了拍档间的安全关注。

(2) 以察代训，共享未遂事件。将 HSE 观察与应急工作结合起来，细化 HSE 观察管理规定，通过观察来提高员工的应急处置能力。目前，全省系统共填写《HSE 观察卡》12 万余份。同时还开展了未遂事件深挖活动，对未遂事件进行了深入反思：应急预案是否合理、处置措施是否得当。并提炼反思结果，形成共性管理要求和共享注意事项，及时发现事故苗头和倾向，做到早发现、早预防、早治理。

(3) 以赛代训，营造浓厚学习氛围。通过开展一系列竞赛活动，激发了广大员工主动学知识、学技能的积极性。在每年“11·9”消防活动日，全省系统上下都要举办各类活动，或进行消防知识竞赛，或开展应急讲座培训，或参加各类演习，充分展示中国石化员工过硬的消防技能。孝感分公司还在“5.12”暨“防灾减灾日”举办了消防知识抢答赛，并在赛后集体学习了地震避险知识，得到了员工的一致好评。

3. 突出“练”字，掌握应急处置技能

为了充分发挥演练效果，湖北石油分公司从演练步骤标准化入手，以交叉纠错为监督手段，以联合演练效果为评价依据，以此全面推动应急演练工作向前发展。

(1) 开展演练步骤标准化活动。为了使预案演练规范化、标准化，湖北石油分公司联合湖北省安监局举办了预案演练培训班，请专家为企业诊断把脉。同时还要求各单位根据实际情况，进一步完善预案处置步骤，并根据标准步骤开展演练，用DV记录演练全过程，由各单位筛选出标准DV上报，省公司再组织专家评选出全省最标准的DV，制作成光碟作为学习教材下发至库站。目前全省系统共摄制参评标准预案演练DV短片150个。表6－12为演练记录纠错报告。

表6－12 演练记录纠错报告

上报单位：××石油公司

序　号	演练记录内容	××公司分析存在问题	省公司补充意见
演练一	加油站加油机起火应急预案演练	① 没有严格按照加油机火灾预案演练。②当加油机被撞起火后，应立即关闭加油站所有加油机的控制电源，本演练中对加油机电源关闭叙述不明。③应全部疏散加油站内车辆和无关人员，本演练中只反映将事故车辆推出。④应当将火灾扑灭，并检查地面和管沟，对疏散油品用消防砂覆盖，防止复燃。本演练中将火势控制后就宣布演练结束不妥。⑤指挥员在演练结束后应进行讲评，本演练中无此程序。⑥应增加灭火后对设备、油品数质量的检查，盘存等环节	发现火灾的员工停止加油后，人就消失了，应立即参与现场灭火作业；员工周某未参与处置
演练二	油罐冒顶溢油应急演练	① 没有严格按油罐冒顶预案进行。②发现油罐冒顶，应立即报警、停泵关闸、本演练中无停泵内容。③对冒顶现场的阀门要立即关闭、防止油品通过雨水闸向外疏散。本演练中步骤太不具体。④本演练设想是大量油品外溢，因此在回收中，应注明手摇泵或铝(铜)质容器回收。⑤演练中未明确现场警戒人员以及防止次生灾害发生的措施。⑥演练结束后总指挥要现场讲评，本演练中没反映出来	演练步骤顺序错误，应在警戒、落实好消防措施后立即进行倒罐作业；未首先关闭电源；倒罐操作前没有对待进油罐可装容量进行计量；计算损益油品数量应在险情被排除后
演练三	油罐车着火应急预案演练	① 没有严格按油罐卸油火灾预案进行。②加油站油罐车卸油火灾发生后，要立即关闭油罐车卸油阀门、撤下卸油胶管，并报警。本演练中无此步骤。③油罐车起火，应集中精力用消防灭火器对油罐车起火部位灭火、防止火灾蔓延。④明火扑灭之后，应及时检查卸油口、地面管沟等油品散落情况、防止油品流出、并回收或用砂子覆盖。本演练中未明确此步骤。⑤未进行讲评	措施没有落实到人；站长最后“拿起干粉灭火器、石棉被、消防砂迅速赶到险区进行扑救”，一个人拿不了那么多，分工不合理

(2) 开展预案演练交叉纠错活动。为解决预案演练中存在的步骤未落实到人、不符合库站实际等问题，在全省系统分两个阶段开展了演练记录“交叉纠错”活动。第一阶段是各单位内部“交叉纠错”，每月抽取4座库站的应急演练记录，交流到本单位不同片区库站进行检查纠错。第二阶段是不同单位之间相互“交叉纠错”，各单位每月继续抽取4座库站的应急演练记录报省公司，由省公司统一安排其他市州公司进行交叉检查纠错，以此通过集体的力量提高应急处置的正确性和有效性。

(3) 政企联动共同演练预案。与当地政府经常性地开展联合演练是湖北石油的一大特色。其中油库演练以柳林洲油库“3·6”、巴东油库“4·23”防范长江水体污染联合演练为标志，加油站演练以恩施利川腾龙加油站“4·22”消防演练为标志，政企联手，多兵种联合协作，较好地锻炼了队伍，检验了预案的可操作性，彰显了该公司有信心、有能力处置好突发事件，同时也向社会展示了中国石化是敢于负责任的企业。据统计，近三年来全省系统已累计开展联合演练70余次。

4. 着力“用”字，有效处置各类突发事件

能否积极应对和有效处置各类突发事件是检验员工应急管理水平的重要方式和标志。湖北石油分公司着力于突发事件的事前防范、事中控制和事后反思等环节，积极应对和有效处

置各类库站突发事件，确保库站安全经营。

(1) 注重事前预防。时刻保持应有警惕、强化事前预防是做好应急管理、防患于未然的重要前提。2009年4月13日17:30左右，荆门柴湖加油站站长发现有可疑人员在窥视加油站周边环境时，该站长马上联想到近期湖北地区加油站库存柴油屡次被盗的案例。他当即召开会议，要求员工提高警惕，备好防盗抢物品，并安排2名员工当晚在站内值夜班，加强戒备。14日1:30左右，值守人员听到罐区围墙外有车辆未熄火停靠的声音，当大家走出站房时，看到一男子正翻墙进入站内油罐区直奔操作井。该站一名员工迅速报警，另两名员工一齐大声喝斥。盗窃分子因受到惊吓，丢下作案钢钎，仓皇翻越围墙驾车而逃。该站通过细致观察，分析出犯罪分子夜间盗窃加油站油品的苗头和倾向，及早准备，挫败了一起盗油未遂事件。

(2) 强化事中处理。坚持预案演练并提高演练的针对性和实用性是处置突发事件的重要保障。2009年10月15日，一辆丰田轿车进入武汉城南加油站，在加油员为其加注油品时，车主突然抢过油枪向地面喷洒并点火。加油员拿起灭火器将大火扑灭，并报警。0:45左右，作案人携带砍刀再次进站欲实施第二次纵火，点燃附近垃圾桶里的废纸，加油员将火扑灭。2分钟后，此人驾车用砍刀将卸油口防盗锁砍坏，欲对油罐区实施纵火，站长和3名加油员上前制止。6:40，作案人驾车进站后离去，员工报警。9:00左右，作案人驾车再次进站，将装满汽油的饮料瓶点燃后抛向加油区，作案车辆引燃，加油站员工迅速将火扑灭。9:15左右，作案人抢夺一辆重型装载车朝加油站冲来，民警用警车拦截大卡车未果，现场员工拿起灭火器从卡车驾驶室两侧向作案人猛喷，作案人驾车逃离冲至2km处的中国石油龙腾站，连续撞毁3台加油机，因卡车受阻被警民联手抓获。该站成功制止了一起连续多次纵火和破坏的恶性治安事件，保护了企业财产安全，避免了人员伤亡，得到了原集团公司总经理苏树林的亲笔批示和表扬。

2011年3月29日15:00，咸宁徐家湾油库正在进行铁路卸油作业，带班副主任巡检时发现距油库一墙之隔的铁路货场护坡草丛冒起缕缕白烟，枯草在风中瞬间燃烧，并借风势四处蔓延，火焰腾空十几米，过火面积迅速扩大至近千平方米。该库立即紧急启动《毗邻单位发生火灾应急预案》。15:20，火势得到控制。15:40，火警解除，油库恢复运行。

(3) 关注事后反思。客观辩证地对待事件处置过程，冷静深入地反思处置细节，是提升应急管理工作的重要方法。2009年4月6日，一年轻男子来到武汉东方红加油站，待加油车辆离开后，从加油机擅自取下加油枪，用打火机点燃油枪口，当班员工发现险情后迅速通知站内其他同事齐心协力将火扑灭并将纵火人制服，对现场及该纵火人遗留的包裹进行警戒。事后省公司对该站进行了通报表彰，但武汉分公司没有沉浸在成功的喜悦之中，而是认真反思处置过程中存在的不足，并在全公司范围内开展补齐安全短板活动。从如何加强员工的安全教育、安全培训、现场处置、应急预案等方面进行了深入反思。

三、湖北石油分公司实施“四字模式”的效果介绍

(1) 全员应急风险意识得到提高。全体人员(含企外承包商、承运商等)对生产经营中可能出现的风险能够主动事先防范，做到了心中有数。

(2) 全员应急处置技能得到增强。通过高密度、高保真的培训、教育和演练，增强了员工的实战能力。提高了对突发事件应急及自防自救能力。

(3) 企业生产经营风险得到有效控制。自2009年以来，湖北石油系统共有效化解重大事故风险20余起。实现企业经营的本质安全。

(4) 企业良好形象得到持续提升。通过实施“四字模式”，湖北石油分公司展示了“中国石化”认真开展“我要安全”活动的决心和勇于承担社会责任的企业形象，受到了当地政府的高度肯定。湖北石油分公司连续7年获得湖北省政府安全生产红旗单位称号、连续第3年获得集团公司安全生产先进单位称号。所属十堰分公司获得2010年度湖北省政府应急管理先进单位称号。

四、配套制度

(1) 适时修订完善了《湖北石油应急预案体系》，并于2011年4月参加并通过了集团公司组织的应急预案评审工作，各市州分公司、油库、加油站也适时修订完善了应急预案文本，将《湖北公众应急防灾手册》等资料及时发放到每位员工手中，并组织认真学习。

(2) 制订了《湖北石油分公司安全环保及质量责任事故追究制度》、《湖北石油分公司安全防恐实施办法》、《湖北石油分公司防恐工作实施细则》、《湖北石油分公司未遂事件管理规定》、《湖北石油分公司应急物资管理规定》、《湖北石油分公司领导干部HSE及数质量定点承包联系点工作实施办法》等。

案例三　英国班斯菲尔德油库爆炸事故的应急处置

2005年12月11日，占英国石油供应5%的伦敦班斯菲尔德油库发生爆炸，引发30多年来英国最大的一场火灾。由于英国当局处置得当，局面很快得到控制，未造成人员死亡，未引发社会恐慌，其做法值得我们借鉴。

一、处置事故的主要做法

1. 封锁现场，及时疏散灾区群众

此次爆炸发生地周围有不少居民区。爆炸发生后，警方对爆炸现场周围实施戒严，设置约1英里的隔离圈，并协助地方政府在两小时内紧急疏散附近居民2000多户，多个社会志愿组织主动协助安排住宿、饮食。交通部门立刻封锁了油库附近的1号和10号高速公路。教育部门宣布附近70多家学校停课两天。这些措施使得爆炸地区与外界形成隔离状态，为处置行动提供了极大便利。

2. 全国调度，合理配置警力资源

发生爆炸的班斯菲尔德油库，位于伦敦西北约100km的赫特福德郡赫莫尔汉普斯特德镇，位置相对偏僻，警力和消防力量明显不足。事故发生后，英国警方立即从周边地区抽调数百名警察火速赶赴出事地点，维持治安，疏散群众。消防部门从全国各地抽调12支消防队驰援，加上当地的消防兵力，使得投入灭火行动的总人数迅速达到600多人，在短时间内集中了足够的灭火兵力。与此同时，各部门相互协调配合，从全国调集2500L泡沫灭火剂及其他大量应急物资，为灭火成功提供了充分的物质保障。

3. 讲究方法，采取周密处置行动

火灾现场分布在相对狭小地带，长17km，平均宽1.5km，地形复杂，容易引发连锁爆炸。对此，他们采取以下具体措施：一是沉着应对，科学灭火。消防部门并未仓促上阵，盲目出击，而是一边努力控制火势，一边联合其他有关部门确定科学的灭火时机和方法，24h后制订出最终灭火方案，然后坚决执行，直至大火被扑灭。二是灵活处置，安全灭火。在处置事故过程中始终注意保护消防人员的安全，抢险方法灵活多样。当火势过猛时，只控制蔓延，不贸然靠近存在爆炸危险的油罐；为防止储存高挥发性燃料的油罐发生连锁爆炸，曾几度主动中断灭火工作；对于高危储油罐，先启用直升机高空灭火，然后地面人员再实施抵近作业。三是注重环保，生态灭火。针对燃烧所产生的二氧化碳等气体比油品外溢对环境危害更小的情况，在大火燃烧一段时间再予以扑灭；为防止地表河流和地下水受到污染，对泡沫、水及油的混合物进行围圈，便于回收处理；控制泡沫灭火剂使用，灭火中干净水与灭火剂的比例达到60∶1(L)；将消防废水引入救援现场地下排污系统，待灭火结束后再将其排出处理。

二、未引发恐慌的原因

1. 迅速判明事故性质，消除民众的恐慌心理

在经历了伦敦“7·7”和“7·21”地铁爆炸后，英国民众对恐怖袭击极为敏感。伦敦油库爆炸是恐怖袭击还是意外事故，不仅关系到政府的决策，而且牵动着民众的神经，影响着社会的稳定。但当时的情况却十分复杂：事发前，“基地”组织多次扬言，要对西方国家的油库等民用设施发动恐怖袭击；事发后，一些目击者称爆炸系小飞机冲撞油库引起，属于恐怖袭击。面对上述情势，英国反恐部门在第一时间进入现场与警方展开联合调查，一个小时后便基本判明事件的性质，认定油库爆炸属于意外事故，消除了“恐怖袭击”的猜测，避免了社会恐慌。

2. 牢牢掌控舆论导向，民众对政府充满信心

爆炸事件瞬间成为英国电视、广播等媒体追捧的新闻，掺杂着许多不实猜测。英国官方及时主导舆论，对社会公众施以正确引导，有效地防止了传言的扩散，避免了社会恐慌。一是建立权威信息发布渠道。从爆炸当天开始，英国当地警方和消防局等官方机构定时召开新闻发布会，主动与附近居民举行见面会，及时通报火灾事故进程和救援的真实情况，确保民众获取直接而权威的消息，树立对警方和政府的信心。英国政府相关部门的网站也开辟专栏，向民众和社会发布及时权威信息。二是提供权威性意见和建议。各级政府官员和相关专家不断通过媒体分析灾情，提醒民众应该注意的事项，分析事件对环境及石油供应的影响，提出避免危害的办法，劝告人们不必恐慌。三是建立公众服务热线。通报事件的最新进展，回答各方咨询，向民众提供有益健康的信息及其他方面的服务。

3. 加紧开展善后工作，及时安抚受灾民众

油库大爆炸的善后工作牵扯方方面面的问题，处理不慎就有可能引发社会恐慌。英国在加强直接救援的同时，相关的配套措施也十分得力。在环境保护方面，采取措施消除民众对当地水源和环境可能受到污染的担忧。事故发生后，英国卫生部、环境署、健康保健署、气象局等各部门联合工作，研究爆炸对环境和居民健康的影响，并深入居民走访，很快认定爆炸对环境的影响不大，并迅速将结论公布于众，给民众吃了定心丸。在石油供应方面，英国贸工部与英国石油企业紧急协商方案。从其他油库调油，以保障当地加油站的油品供应，及时阻止了油库爆炸引发的汽油“抢购风”。在财产保护方面，爆炸发生后的第二天，对当地居民承保的保险公司便开始对投保人进行走访，展开理赔工作，这对稳定受灾民众的情绪起到了良好的安抚作用。

第七章 油库典型事故案例

第一节 油库静电事故案例

事 故 一

1987年10月29日，浙江某油库发生了一起储油罐火灾爆炸事故。爆炸时油罐腾空而起，造成1人死亡、1人重伤、7人轻伤；烧毁1000m^3立式拱顶煤油罐1座、500m^3内浮顶汽油罐1座、500m^3立式拱顶机油罐2座、50m^3高架油罐4座及油泵房、管线、阀门等辅助设施；烧掉油料652.66 t，直接经济损失达68.36万元。

一、事故经过

浙江某油库的油罐区由露天罐区和山洞罐区两部分组成。露天罐区有8座立式钢质油罐，分别设置在两个防火堤内。1~4号罐在一个防火堤内：1号罐为500m^3内浮顶油罐，储存汽油17.655t；2号罐为500m^3立式拱顶油罐，储存10号车用机油248.056t；3号罐为1000m^3立式拱顶油罐，储存灯用煤油；4号罐为500m^3立式拱顶油罐，储存15号车用机油149.986t。

1987年10月29日0时30分，装载煤油的油轮到港。油轮配备6CYZ-65油泵，特性参数为：流量153~200m^3/h，扬程66~63m，转速1470r/min。油轮作业时实测泵出口压力为0.451MPa，油流速约为3.15~3.78m/s。开泵卸油时，两名操作工一道进入油罐区检查煤油管线和附件的作业情况。在要离开罐区时，操作人员听到正在进油的3号油罐发出“啪啪”的响声。此时一名操作工去停泵，正当他跑下防火堤几米时，3号煤油罐突然爆炸，他当即被气浪推倒，另一名操作工被抛出30m外，当场死亡。

3号煤油罐整个罐底与圈板连接处的焊缝爆裂，油罐向上抛起，倒向4号车用机油罐，其余3座油罐也被烧着。10min后，2号机油罐爆炸，罐底板与圈板焊缝全部断开，整座油罐腾空而起，向右侧飞出59.7m远。燃着的火流，从防火堤的排水孔流出，进入油库排水网，点燃了露天堆放的沥青、泵房、灌油间、高架罐、桶装库等。燃烧面积达7000m^2，油库顿时一片火海。经过3个多小时奋战，火才完全熄灭。

二、事故现场调查

3号罐建于1956年，原为无力矩罐，20世纪70年代改成拱顶罐，1984年换底和第一圈圈板。原圈板高为1.2m，改造后高1.8m。原底板厚6mm，改造后为4.5mm。油罐爆炸之后，罐体下部内陷，但顶部完好。机械呼吸阀出气孔阀杆断裂，阻火器铜丝网无破损，液压呼吸阀内无油。进油管罐内短管长0.4m，出口做成45°坡口，坡口朝罐底。

爆炸后罐内发现，罐顶与罐壁连接处有两道∠75×75角钢做成的胀圈，在靠近量油孔离罐壁10cm处有一根直径14mm、壁厚3mm的下垂钢管，上端与罐顶焊接，下端焊有一块钢板，尺寸约为5×9cm，系以前搞遥测计量时用的吹气管，已废弃不用，但没有拆除。1984年改造油罐时，由于底圈板升高60cm，钢管悬在罐内；在泡沫发生器上有两根下垂的钢丝绳，下垂约2m多长，已被烧焦；第二圈钢板内壁下部，在能观察到的内部位上(由于罐体瘪塌严重，有些地方无法观察)发现了很多高约10mm，宽约10mm，长几十至一百多mm不等的条状金属突出物，突出物距离罐底均在1.9～2.2m之间。突出尖状物来源于1984年换底板和第一圈圈板时，为了保持油罐的圆度，施工中在第二圈钢板内侧下部焊了胀圈，施工后只去掉了胀圈，突出尖状物没有消除。

三、事故原因分析

事故发生后，经现场勘察、访问、座谈、化验分析、查阅原始资料及技术文献等，判定这次火灾爆炸事故是一起静电引燃事故，系由下列诸因素造成的：

1. 静电的产生和积聚

液体电阻率为10^{10}～$10^{15}\Omega \cdot cm$时能产生危险的静电电位，而煤油的电阻率在10^{10}～$10^{14}\Omega \cdot cm$之间。国外所作的试验证明，对于同一批油料，煤油产生静电的能力比喷气燃料大2倍，比汽油大6倍。因此煤油本身的物理性质决定了它最易产生和聚集静电。

油品在管道内流动时，由于油品与管道的不断接触和分离，油品的分子间相互撞击，总是要产生静电的，产生的静电量大小与流速和油品的电导率有关。美国约翰斯·雷普金斯大学的研究人员推导出烃类油品在管道中呈湍流状态流动时，油品离开管道的流动电流正比于$V^{7/18}d^{7/18}(1-e^{\frac{L}{V\tau}})$，其中$V$为管内平均流速，$d$为管径，$L$为管长，$\tau$为时间常数，可见流速的影响是很大的。煤油系高绝缘液体介质，其电导率在2～10pS/m之间，具有良好的起电性能，因此，管线中油品的流速对起电影响很大。对于煤油而言，当其管径为150mm时，其安全流速仅为2.1m/s。根据油轮配备的卸油泵(6CYZ－65自吸式货油泵)和作业记录，此油库发生事故前，管线内油品流速已高达3.78m/s，大大超过了安全流速，因此产生大量静电电荷是肯定无疑的。

油品流进油罐或其他容器时，流入的管道出口应尽量靠近油罐或容器的底部，以减少油品的冲击和飞溅，因为冲击和飞溅更容易产生静电。事故罐进油时罐内液位高为213.1cm，其中水垫层高8.4cm，进油口离罐底30cm高，坡口开向罐底。煤油进罐时，较高速度的液流冲击罐底，使罐内油品和水剧烈搅拌，有油液分散在水中，也有水分散在油中，油水发生相对运动时产生大量的静电荷。这也是增加静电产生和积聚的重要因素之一。

此外，管中煤油与水混输加剧了管道中静电的产生。该油库靠近江边，每次卸油轮到最后，都得用水将油顶入油罐，因此每次卸油完毕后，从码头到油罐的管路中总有30m长的管段充满水，等下次卸油时用油将这管段水顶入油罐。这样，卸油开始后总要经历一段油水混输过程，只是含水量会逐渐降低。油品中混入微量的水会使流动过程中产生的静电量大大增加。油中含水量在1%～5%时具有最大的静电危险。据资料介绍，油中含水5%时，会使起电效应增大10～50倍，大量的静电荷随油流进入油罐。在工程上由于水分混入油品而发生火灾爆炸事故已不在少数。

由于以上几种原因，在输油后4min内，静电电位达到约20kV。出事油罐虽有接地装置，但事故后检查，两处接地点的接地线锈蚀相当严重，接地电阻大大高于规定要求，因而未能将油罐的静电及时泄放。

通常，油品带电后，在油品内部及其周围都存在电场。当油品中静电场聚集至一定程度时，就可能发生放电。一般在油品内部放电不会有着火危险，但是在大气中发生放电则可能造成危害。如在罐内、油表面和其他接地体等发生放电，就会引起着火或爆炸。

2. 油罐内部带有突出的接地导体

据现场调查，油罐内部有三种接地导体：

（1）在出事油罐靠近量油孔离罐壁 10cm 处有一根直径为 $\phi 14\times 3$ 的下垂钢管，下部没有固定起来，当煤油灌入罐内后，导向管晃出油面。经事后测试，此时导向管能和液面成 30°角左右摇摆。当摆动到 27°角时，导向管下端正好摆出油面。这时，带有高电位的油面就会对导向管放电，产生电火花。煤油的最小点火能量仅为 0.2mJ，因此，当电火花达到这个能量时，煤油蒸气便发生了爆炸。

（2）在泡沫发生器上带有两根下垂的钢丝绳(每根长约 2m)。

（3）在出事油罐的第二圈钢板内壁下部，原来在焊接时留下的十多处焊疤没有磨平，呈尖端状分布(高约 10mm，宽约 100mm，长达几十到一百多毫米不等)。物体的尖端是容易放电的。当带有高电位静电的油面与焊疤尖端接近时，会产生电晕放电。电晕放电除了有可能发展成为火花放电外，还能提高油面的温度，加速油品的汽化速度。一切液体，当它处于液态时并不会燃烧，只有当它挥发成气态时才会燃烧。而液体挥发成气体的速度是与环境温度成正比的。出事当天，气温虽比较低，但由于电晕放电的作用，产生的煤油蒸气增多，当煤油在空气中的浓度达到 0.7% ~5.0% 时，遇到明火就会发生爆炸。

上述三种接地导体，不仅会增大罐内静电场的变化，而且会成为放电极，常常导致电晕放电、刷形放电或者火花放电发生。当导体上发生火花放电时，其能量一次释放，而且火花集中，危险性很大，常常引起火灾或爆炸。此外，由于流速过大，在油流冲击下，漂浮到油面上的沉积物或其他漂浮物会收集油品中的电荷带至油面，增加其电荷密度(包括气泡破裂增加新的电荷)，沉积物、漂浮物成为电荷收集器后，以一定电位的静电向罐壁放电，或者罐内形成高空间场强放电，进而酿成火灾爆炸事故。

3. 爆炸性混合气体

通常，煤油即使在正常温度和静止状态下也容易产生油蒸气。当流速过大时，由于进油速度大，液流对罐底的强烈冲击，使罐内油品翻腾起伏，犹如沸腾，大量的油品以微滴状态悬浮在液面上的气体空间里，在液面上形成一层油雾。当放电火花把油雾点燃时，燃烧放出的热量加速油品的蒸发，火越燃越凶，散发的热量也越来越多，最终导致油蒸气大量形成而发生爆炸。油罐爆炸前几秒钟值班人员听到的罐内“吱吱啪啪”的响声就是放电与燃烧的声音。

4. 足够的能量

烃类油品可燃气体的最小点火能为 0.2mJ。油面与罐壁突出物在一般情况下是发生电晕放电或刷形放电，放电能量都比较小。电晕放电的能量在 3 ~12μJ，一般不能引燃煤油蒸气与空气的混合物。刷形放电的点燃危险性小于火花放电，但持续时间长，当总电荷量相同时，刷形放电的持续时间大约是火花放电持续时间的 7 倍。

油面对油面上 60°锥尖状电极能发生火花放电。而这个发生事故的油罐恰好在液位附近的圈板上留有很多的尖状突出物。这些突出物是以前换底板和第一圈圈板时留下来的。施工时为了保持油罐的圆度在第二圈圈板上焊了胀圈，施工后只敲掉了胀圈，而没有把这些突出物清除掉。在这许许多多的突出物中，不能排除存在这样的锥尖放电体的可能性。油面与这些锥尖状电极进行火花放电，就可能产生足够大的放电能量点燃油面上的可燃油雾。

为了进一步证实这次事故是由于静电放电点燃罐内油雾燃烧后发生爆炸的，查阅了该罐 1986 年、1987 年这两年的油品计量登记表，除发生事故这次液位为 213.1cm、处于罐壁突出物之间外，其他各次进油时的液位高度分别为：33.7、33.2、88.7、35.3、54.0、47.0、64.5、487.9、31.1、32.7、80.1、380.5、96.4、288.7cm，即进油时的液面要比罐内壁突出物的位置(190~220cm)低很多或高很多，这就减轻或避开了静电的危害。因为液位高时，罐壁突出物被淹没，不存在放电极。液位低时，开始进油，当时静电电位高，但液面离放电电极远，不易产生放电。经过一段时间液位上升到突出物附近时，一方面由于罐体漏泄，油品静电电位有所降低，另一方面液面也不会像初始进油那样剧烈翻动，已开始处于平稳上升状态，油面上油雾浓度低，不易点燃。至次，静电危害的各种条件基本上同时具备，导致了这次事故的发生。

事 故 二

一、事故经过

2000年10月12日早晨9:30左右，某公司污油回收站的202号污油罐发生罐顶闪爆，伴有响声和浓烟，事故造成罐顶变形、周边撕裂，罐顶支撑角钢数根坠落罐内，但未发生连续燃烧和人身伤亡事故。

二、事故调查

202号罐建造于20世纪70年代，1993年建立污油回收站时将已经报废的202号罐修复后开始投用。202号罐容积为400m^3，高度8.57m，事故发生前一天油位为3.05m，事故后油位为3.22m，介质为柴油组分、水和气(微量氢气、油气、硫化氢等)。1998年做过防腐处理，防腐材料为环氧树脂玻璃钢，罐顶有两个机械呼吸阀。罐底部有三根接地板，其中两根是新做并单独打地桩接地。

事故发生后，对油罐情况进行了详细调查，主要情况如下：

(1) 罐底有罐顶坠落的9根L80的角钢，罐顶仍有7根未掉的角钢，其中有1根快要掉下。

(2) 罐内壁西侧进油管附近防腐层脱落约1m^2左右。

(3) 罐内量油管向北倾斜。

(4) 罐顶部人孔内部附近有废弃钢丝绳头。

(5) 中立柱北边焊有一根L40角钢立柱，沿中立柱向上高约5~6m，其下部距地面20cm，高处与向东、南、西、北四面成辐射状的4根$\delta4$的扁铁相连。

三、事故原因分析

通过多次分析，最后确定是静电火花引燃闪爆。因为202号罐属常压容器，罐顶设有机械呼吸阀，罐内介质主要有柴油、油气、水等，所以在罐内油面已具备浓度适宜的爆炸性混合气体。另外只要同时具备了静电引燃的其他三个条件：①静电电荷的产生；②足以产生火花的静电电荷的积累；③合适的火花间隙，使积累的电荷以引燃的火花形式放电。这样就能引起燃烧或爆炸。

1. 静电电荷的产生

据统计，202号罐10天的油位上升情况，其中一天最高进油油位为0.27m，按该罐体积0.5m^3/cm计，进油管线$DN50\times3.5$，则一天最高进油量为13.5m^3，每小时最高进油量为0.5625m^3/h，单位时间流速为0.0796m/s。因为甲、乙类油品在管线中的输送速度若<1m/s可不考虑静电的产生，但这只是考虑一种油品介质的输送情况。由于202号罐储存的介质为柴油、水和气，管道中柴油、水和气体混输将大大加剧管道中静电荷的产生。油

中含水量在1% ~5%时具有最大的静电危险。据资料介绍，油中含水5%时，会使起电效应增大10 ~50 倍，大量的静电荷随油流进入油罐。

由于202号罐所进介质为油、水、气混合物，罐内介质分布是罐顶为气相空间，液相上部为油组分，液下为水。介质进入后所含气体释放以气泡形式上升，油组分也由于密度的关系向上浮动。就在气泡以及油组分向上运动的过程中形成了气泡与水、油的摩擦和油组分与水的摩擦过程，也导致了静电的产生。

管线内油品进罐方式是进罐后向下拐弯距罐底50mm处流出，因为罐底做过防腐处理，所以油品与罐底冲刷、摩擦也会产生静电。而且当罐底有沉降水时，底部进油方式会搅起沉降水，从而产生很高的静电电位。

2. 静电电荷的积聚

根据GB 13348—92《液体石油产品静电安全规程》中规定储罐内壁应使用防静电防腐涂料，涂料体电阻率应低于$10^8\Omega\cdot m$，否则会因静电积累而引起危害。而检测部门测出的202号罐内壁防腐层的电阻率在$10^8 \sim 10^{10}\Omega\cdot m$之间，这说明罐内的防腐涂料环氧树脂玻璃钢是不导电的，属高电阻材料，从GB 12158—90《防止静电事故通用导则》中得知，高分子材料、高电阻材料容易产生和积累危险的静电。通过事故后技术检测部门对该罐的对地接地电阻测试电阻值都$<10\ \Omega$，这更证明了由于罐内防腐涂料是绝缘的，致使大量静电被积累而无法导出，并形成很高的电位。

事故后，委托化验部门对202号罐的油样做了分析，分析结果电导率为1×10^{-11} s/m。油品电导率过高或过低都不会带上较多静电荷，电导率在$10^{-12} \sim 10^{-11}$S/m范围内的油品产生静电是危险的，10^{-11}s/m左右最危险，而且这个范围内的油品本身有着积累电荷的能力。

3. 放电部位及放电形式

(1) 罐壁绝缘防腐层在某个突出部位或直接在罐壁产生放电。因为当罐内液体与绝缘内壁相摩擦时，液体会产生高压静电，并且在压力大、摩擦面积大、器壁粗糙等情况下(这种情况罐中都存在)，静电荷迅速增加和大量积累，在罐壁和液体之间产生很高的电位差，足以击穿周围电解质场强，发生放电，产生静电火花。因为该罐中已经存在浓度适宜的爆炸性混合气体，所以会被引燃发生闪爆。

(2) 罐顶遗留的钢丝绳头尖端放电。

(3) 罐顶遗留的钢丝绳头或固定在中心柱上的角钢立柱和带电液面直接或间接接触，形成带电体，并且电荷会积累在钢丝绳头和立柱顶端尖角部位，产生较强的静电电场，使周围气体介质在其尖端附近局部电离产生火花，从而引燃罐中爆炸性混合气体并发生闪爆。

事 故 三

一、事故经过

2001年10月5日4时7分，山东省日照市某工厂一油罐发生火灾，油罐顶被炸飞，烧毁周围建筑物窗户等物品。消防队接到报警后迅速赶到现场，4时39分将火扑灭。当时气象条件：天气晴，相对湿度35%左右，气温15℃。

根据调查，该厂使用柴油升温预热反应塔，反应塔预热升温是采用雾状柴油与压缩空气混合在反应塔内燃烧的方式进行，为保证柴油的雾化效果，使用油泵为柴油加压，并设回流管回流未经雾化的柴油。进油管与油罐下部的铁管相连，柴油经长约20m、内衬铁丝的塑料管进入油泵，经油泵加压后进入雾化器，未经雾化的柴油经长20m的塑料管由油罐支管处回流油罐内。

2001 年 10 月 4 日 15 时左右，从油罐车用泵向油罐卸了 5.6t 0 号柴油，16 时开始点火升温。一操作工次日零时接班，负责反应塔升温工作，为使柴油稳定燃烧需随时观测油罐内柴油液位，该操作工开始时用一根木棍测试液位，后来液面逐渐下降，木棍已无法测试液位，改用铁管，铁管插入油罐支管约 40 cm 时，突然发生爆炸。

二、事故调查

现场有一圆柱形钢质油罐，直径 2.8m，高 1m，距北侧库房墙 1m，距西侧操作室墙 1.2m，距南侧反应塔 10m，东面为车道。油罐无顶盖，在高 3m 的操作室平屋顶上有一直径 2.8m 的圆铁板，板上有一直径为 0.5m 的法兰式检查孔，呈封闭状态。距罐底 0.6m 处有一直径为 0.15m 与油罐壁成 45°的支管，直管出口处有一法兰式封口，呈开启状态，油罐离罐底 0.1m 处有一外径为 20mm、长 0.2m 铁管，管路的阀门呈关闭状态。油罐南面有一根长约 20m、内径为 15mm 的塑料管已被烧坏约 7m；另有一根长约 20m、内径为 20mm 的内衬铁丝的塑料管也被烧坏约 7m；罐内油品深 0.4m，地面有油流淌痕迹。油罐周围的两木质窗户已被烧坏，窗框严重炭化，内侧炭化程度较轻，油罐外面上半部分离罐口 0.5m 处漆全部脱落，相距 2m 处仓库铁门有一面积约 1.5m^2漆皮脱落，内侧漆皮基本保持完好。南侧距油罐 13m 处有一防爆电机油泵，油泵的设计压力为 1.5MPa，离现场约 30m 处有一根长 1.3m、外径为 20mm 的铁管。

事 故 四

一、事故经过

1987 年 5 月 4 日 9 时 6 分，辽宁省某厂山洞油库发生爆炸事故，死亡 8 人，重伤 4 人，轻伤 8 人，直接经济损失 23 万元。

是日，该厂山洞油库突然发生爆炸，爆炸冲击波使洞口的铁门破碎并被抛掷到 50m 外的河道中和 142m 远的护坡上，洞口外 10m 多远的高压线和电话线被摧毁，洞口左侧的压铸车间检验工段和右侧的车间办公楼以及距离洞口 100m 处的装配工房和距洞口 150m 处的冷挤工房的玻璃全部被震碎，距洞口 200m 处的锻压工房的玻璃也大部分损坏，距洞口正前方 40m 处的自行车棚被摧毁，棚内数十辆自行车被爆炸气浪冲到河道中及河对岸装配工房的墙壁上，全部损坏，墙上还留下了一辆自行车与其撞击的明显痕迹。洞口左侧的检验工房部分房顶塌落，洞口右侧的办公楼楼梯炸断，走廊也有多处断裂。10 号 B 洞库内，2 号油罐被炸坏，1、2、3 号油罐前的挡墙倾斜和部分破坏。洞库的主洞拱顶塌落，风机、风管、配电箱等均被炸毁，并抛出洞外数十米远。2 号油罐炸坏后，内存 50t 原油和 50t 渣油全部流出。

二、事故原因分析

爆炸事故的发生必须具备两个基本条件：一是存在爆炸性混合气体且在爆炸浓度极限范围；二是存在点火源且点火能量足以点燃爆炸性混合气体。据调查认定，此次事故是一起原油蒸气与空气混合物达到爆炸极限范围并被火花点燃而引起的爆炸事故。

储油洞库存在爆炸性混合气体。由于发生事故的油罐储存的原油闪点较低(10℃左右)，属甲类易燃易爆液体，危险性较大，而且储油罐设备简陋，没有可靠的安全防范措施，大量的原油蒸气泄漏，在洞库内原油蒸气与空气混合物极易达到爆炸浓度极限范围。

点火源可能有 3 种：操作人员进入洞库时，人体静电放电产生的火花；由于没有采用防爆电气设备，在合上洞库内电源开关时产生的电气火花；打开洞库铁制大门时，门与地面摩擦产生的火花。

人体静电火花。静电的产生，主要是随着两个物体的接触和分离，在原来为电中性状态的物体上产生正、负极性电荷过剩的现象。人体在运动过程中，衣服的摩擦容易产生静电。产生的静电大小取决于构成衣服所用的材料。据测定，纯棉布衣服，吸湿性好，导电性强，故积聚的静电就小；人造纤维、合成纤维等织物，吸湿性和导电性能差，因而带静电多。如脂纶硼体织物的静电电压可高达2500V、特丽纶针织品的静电电压最高达4000V。根据有关测试资料，在空气相对湿度为60%、温度为25℃的条件下，当一个普通人身穿化纤服装、脚穿塑料底鞋、在非导电静电地面上快步行走40m时，人体活动产生的静电电位就能达到2500V。在周围空间容易形成爆炸性混合物的环境，人体静电完全可能引燃爆炸性混合物，引起爆炸。因为油类蒸气混合物，大约只需要能量为0.2mJ的电火花即可引燃。根据计算，当人体静电电压为2000V、人体对地电容为200×10^{-12}F时，放电火花的能量约为0.4mJ。可见人体静电放电火花能量为油类爆炸混合物引燃能量的两倍，完全可能引起油类混合物燃烧爆炸。由于进入油库的工人身穿化纤衣服、尼龙运动裤和塑料底鞋，完全可能产生足够能量的火花放电引起爆炸事故。

此外，由于储油洞库没有采用防爆电气开关，在合上洞库内电源开关时也可能产生足够能量的电气火花，引起爆炸事故。打开洞库铁制大门时，门与地面摩擦也可能产生火花。

事 故 五

一、事故经过

1986年5月2日9时30分，某加油站组织油罐车卸油，将胶管接在油罐车上，另一头在油罐口放入漏斗。由于油罐车和油罐未作电气连接和接地连接，卸油时油品在罐内喷溅剧烈，产生积聚静电，静电放电产生火花引起罐口着火。火焰高达10m，现场作业人员最终用干粉灭火器将火扑灭。

二、事故原因

(1) 该加油站油罐人孔敞开，在卸油过程中，用漏斗向油罐喷溅式卸油产生了大量静电。

(2) 在卸油过程中，油罐和油罐车没有设接地装置，卸油时二者没有作电气连接，造成了静电大量积聚，形成了严重的安全隐患，最终导致静电起火。

事 故 六

一、事故经过

某炼厂从储有200t灯油的储油罐向停在铁路线上的油槽车装油，油槽车容积为41m^3，输油用的管线为100mm(4in)软管，由于管子不够长，在输油管头上对接入长2m的聚氯乙烯管，当时流速为4m/s。在注入8t左右的灯油时，油槽车帽口附近着火，一名工作人员被烧伤，8t油全被烧光。

二、事故原因分析

我们知道，静电荷必须同时具备以下几个条件才能构成危害：积聚起来的电荷所形成的静电场具有足够大的电场强度；这个电场强度能形成静电放电；放电达到能够点燃的能量；放电必须在爆炸混合物的爆炸浓度范围内发生。

通常，一些固体绝缘材料如塑料、玻璃钢等的电阻率往往大于$10^{12}\Omega \cdot m$，极易产生和积累静电，且难以用接地方法消除。在此次事故中，由于在输油管头上对接了长 2m 的绝缘管(聚氯乙烯管)，且流速较大(4m/s)，输油管又没有接地，所以在输油管上产生和积聚了大量的静电荷，并形成了放电，加之油槽车在装灯油之前曾装过汽油，车内存在高浓度的易燃易爆汽油蒸气，导致了油槽车内汽油蒸气被引燃。

第二节　油库雷击事故案例

事　故　一

1989 年 8 月 12 日 9 时 55 分，石油天然气总公司管道局胜利输油公司黄岛油库发生了一起特大火灾爆炸事故。事故发生后，有关主管部门先后调动各地、市、齐鲁石油化工公司等单位公安消防队，共 117 辆消防车、10 艘船只、2200 余名消防指战员参加灭火战斗。在国务院统一组织下，从全国各地紧急调运了 153t 泡沫灭火液及干粉，人民解放军也派出了消防救生船和水上飞机、直升飞机参加灭火抢险战斗。经过灭火人员的奋力扑救，终于在 16 日 18 时将大火全部扑灭。这起特大火灾爆炸事故损失十分严重。火火前后共燃烧 104h，烧掉原油 3.6×10^4t，烧毁油罐 5 座，占地 250 亩的老罐区和生产区的设施全部烧毁，事故造成直接经济损失 3540 万元，其中油库损失 940 万元。若算上海洋污染损失与清除费、海产品养殖损失、海路和公路阻断停产停工以及其他间接经济损失，全部损失金额不少于 8500 万元。在救火过程中 10 辆消防车被烧毁，有 19 人牺牲、100 多人受伤，其中公安消防人员牺牲 14 人，负伤 85 人。这样巨大的经济损失和人员伤亡，自新中国成立以来在石油储运系统尚属首次。

一、基本情况

黄岛油库区始建于 1973 年，该油库老罐区建有 5 座油罐，设计储油量为 $7.6\times10^4m^3$，其中 1 号、2 号、3 号罐为 $1\times10^4m^3$的梁柱式金属罐，4 号、5 号罐为 $2.3\times10^4m^3$的半地下混凝土油罐。在老罐区西北部，还有一座储量为 $15\times10^4m^3$的地下水封油库。新罐区位于老罐区北面 100m 处，建有 6 座 $5\times10^4m^3$的浮顶罐。胜利油田开采出的原油经东(营)黄(岛)长输管线输送到黄岛油库后，由青岛港务局油码头装船运往各地，年设计输油能力为 1000×10^4t。黄岛油库原油储存能力 $7.6\times10^5m^3$，成品油储存能力约 $6\times10^4m^3$，是我国三大海港输油专用码头之一。

二、事故经过

8 月 12 日 9 时 55 分，$2.3\times10^4m^3$ 原油储量的 5 号混凝土油罐突然爆炸起火。到下午 2 时 35 分，青岛地区西北风，风力增至 4 级以上，几百米高的火焰向东南方向倾斜。燃烧了 4 个多小时，5 号罐里的原油随着轻油馏分的蒸发燃烧，形成速度大约每小时 1.5m、温度为 150～300℃的热波向油层下部传递。当热波传至油罐底部的水层时，罐底部的积水、原油中的乳化水以及灭火时泡沫中的水汽化，使原油猛烈沸溢，喷向空中，撒落四周地面。下午 3 时左右，喷溅的油火点燃了位于东侧方向相距 5 号油罐 37m 处的另一座相同结构的 4 号油罐顶部的泄漏油气层，引起爆炸。炸飞的 4 号罐顶混凝土碎块将相邻 30m 处的 1 号、2 号和 3 号金属油罐顶部震裂，造成油气外漏。约 1min 后，5 号罐喷溅的油火又先后点燃了 3 号、2 号和 1 号油罐的外漏油气，引起爆燃，整个老罐区陷入一片火海。失控的外溢原油像火山喷发出的岩浆，在地面上四处流淌。大火分成三股，一部分油火翻过 5 号罐北侧 1m 高的矮墙，进入储油规模为 $3\times10^5m^3$ 全套引进日本工艺装备的新罐区的1号、2号、6号浮顶式金属罐的四周。烈焰和浓烟烧黑3罐壁，其中2号罐壁隔热钢板很快被烧红。另一部分油火沿着地下管沟流淌，汇同输油管网外溢原油形成地下火网。还有一部分油火向北，从生产区的消防泵房一直烧到车库、化验室和锅炉房，向东从变电站一直引烧到装船泵房、计量站、加热炉。火海席卷着整个生产区，东路、北路的两路油火汇合成一路，烧过油库1号大门，沿着新港公路向位于低处的黄岛油港烧去。大火殃及青岛化工进出口黄岛分公司、航务二公司四处、黄岛商检局、管道局仓库和建港指挥部仓库等单位。18时左右，部分外溢原油沿着地面管沟、低洼路面流入胶州湾。大约600t油水在胶州湾海面形成几条十几海里长，几百米宽的污染带，造成胶州湾有史以来最严重的海洋污染。

三、抢险救灾

黄岛油库起火爆炸后，11时05分，20部消防车载着200名消防队员渡海赶到现场。11时50分，5号罐火势还在增强。而5号罐东南37m处就是储油3000t的4号罐，与其紧密相连的是各储存万吨原油的1、2、3号罐。北面与5号罐毗邻的是青岛港油库，这里有大小储油罐15个，以及两个分别为 5×10^4t 和 2×10^5t 级的码头。由于5号罐火势极大，消防队员无法靠近，指挥部决定集中优势兵力为4号罐顶降温，同时在5号罐与4号罐之间用水枪织成水帘，阻止5号罐的烈火向4号罐及其他罐蔓延，并且调集力量对1、2、3号罐降温，在各个罐之间设置防火墙。

至下午2时左右，风向突然由东南风转为西北风，稳定燃烧达4h的5号罐大火发生巨大变化，黑烟化为火焰，火光由橙红变为白色，耀亮刺目，高达300m的火焰扑向4号罐和1、2、3号罐。2时35分，指挥员急命战士撤离，命令刚下达10s，4号罐突然爆炸。$3000m^2$ 的水泥罐顶揭盖而起，3000多吨原油冲向天空，几乎同一瞬间，1、2、3号罐也先后爆炸起火，3万多吨原油倾泻而出，到处是一片火海，形成了 $1.5\times10^5m^2$ 的大面积火灾。被气浪冲向高空的石块与油、火混在一起，雨点般撒向地面。大爆炸中有14名消防战士、5名工人牺牲，84名消防战士负伤，7辆消防车、2辆指挥车化为灰烬。

在老罐区5座油罐相继爆炸、燃烧后，救火人员又采取各种手段堵截老罐区油火外溢，竭尽全力保住新罐区和油港码头。救火人员通过海水冷却、撒干粉灭火、用沙土建隔离墙等保护措施，有效地防止了火势的进一步扩大。从13日凌晨起，先后出动100多辆泡沫车、干粉车和水罐车，对威胁新罐区最大的5号油罐和3号油罐轮番进行灭火。13日11时5号罐火势得到控制，14时20分5号罐、1号罐及2号罐火势基本熄灭。14日19时3号罐火势熄灭。在扑灭所有明火后，又采取灌注泡沫、运沙堵截等方式继续扑灭管沟和地面的残火、暗火。16日18时终于将油库内的残火、暗火全部扑灭。

事故发生后，社会各界积极行动起来，全力投入抢险灭火的战斗。在大火迅速蔓延的关键时刻，党中央和国务院对这起震惊全国的特大恶性事故给予了极大关注。江泽民总书记先后三次打电话向青岛市人民政府询问灾情。李鹏总理于13日11时乘飞机赶赴青岛，亲临火灾现场视察指导救灾工作。李鹏总理指出："要千方百计把火情控制住，一定要防止大火蔓延，确保整个油港的安全。"

山东省和青岛市的负责同志及时赶赴火场进行了正确的指挥。青岛市全力投入灭火战斗，党政军民一万余人全力以赴抢险救灾，山东省各地市、胜利油田、齐鲁石化公司的公安消防部门，青岛市公安消防支队及部分企业消防队，共出动消防干警1000多人，消防车147辆。黄岛区组织了几千人的抢救突击队，出动各种船只10艘。

在国务院的统一组织下，全国各地紧急调运了153吨泡沫灭火液及干粉。北海舰队也派出消防救生船和水上飞机、直升飞机参与灭火，抢运伤员。

经过浴血奋战，13日11时火势得到控制，14日19时大火扑灭，16日18时油区内的残火、地沟暗火全部熄灭，黄岛灭火取得了决定性的胜利。油库于16日下午恢复供水，17时30分开始间断性输油，17日17时35分正常供油。

四、事故原因分析

1. 5号罐起火爆炸原因

黄岛油库特大火灾事故的直接原因是：由于非金属油罐本身存在的缺陷，遭受对地雷击产生感应火花而引爆油气。

事故发生后，4号、5号两座半地下混凝土石壁油罐烧塌，1号、2号、3号拱顶金属油罐烧塌，给现场勘察、分析事故原因带来很大困难。在排除人为破坏、明火作业、静电引爆等因素和实测避雷针接地良好的基础上。根据当时的气象情况和有关人员的证词(当时，青岛地区为雷雨天气)，经过深入调查和科学论证，事故原因的焦点集中在雷击的形式上。混凝土油罐遭受雷击引爆的形式主要有六种：一是球雷雷击；二是直击避雷针感应电压产生火花；三是雷电直接燃爆油气；四是空中雷放电引起感应电压产生火花；五是绕击雷直击；六是罐区周围对地雷击感应电压产生火花。

经过对以上雷击形式的勘察取证、综合分析，5号油罐爆炸起火的原因，排除了前四种雷击形式；第五种雷击形成可能性极小，理由是：绕击雷绕击率在平地是0.4%，山地是1%，概率很小；绕击雷的特征是小雷绕去，避雷针越高绕击的可能性越大。当时青岛地区的雷电强度属中等强度，5号罐的避雷针高度为30m，属较低的，故绕击的可能性不大；经现场发掘和清查，罐体上未找到雷击痕迹。因此绕击雷也可以排除。

事故原因极大可能是由于该库区遭受对地雷击产生感应火花而引爆油气。根据是：

(1) 8月12日9时55分左右，有6人从不同地点目击，5号油罐起火前，在该区域有对地雷击。

(2) 中国科学院空间中心测得当时该地区曾有过二三次落地雷，最大一次电流104kA。当巨大的雷电流通过罐体上的金属部件时，将会发生静电感应和电磁感应。静电感应是由于雷云接近地面，在罐体凸出物上(如排气管)感应出大量异性电荷而引起的。在雷云与其他部位放电后，凸出物上的电荷失去束缚，来不及流散，同时产生很高的静电电压并以雷击波形式沿凸出物极快地传播，甚易产生火花放电，并可点燃罐顶油气混合物。电磁感应是由于雷击后，巨大的雷电流在周围空间产生迅速变化的强磁场引起的。这种磁场能在罐体附近导体上感应出很高的电压，在极短的时间内散发出大量的热量。如遇排气管附近的可燃物亦可引燃致爆。

(3) 5号罐的罐体结构设施均存在隐患。5号油罐的罐体结构及罐顶设施随着使用年限的延长，预制板裂缝和保护层脱落使钢筋外露，排气管系用钢管制成，但没有安装阻火器。罐顶部防感应雷屏蔽网连接处均用铁卡压固。油品取样孔采用九层铁丝网覆盖。5号罐体中钢筋及金属部件的电气连接不可靠的地方颇多，均有因感应电压而产生火花放电的可能性。

(4) 根据电气原理，50~60m以外的天空或地面雷感应，可使电气设施100~200mm的间隙放电。从5号油罐的金属间隙看，在周围几百米内有对地的雷击时，只要有几百伏的感应电压就可以产生火花放电。

(5) 5号油罐自8月12日凌晨2时起到9时55分起火时，一直在进油，共输入$1.5\times10^4 m^3$原油。与此同时，必然向罐顶周围排放同等体积的油气，使罐外顶部形成一层达到爆炸极限范围的油气层。此外，根据油气分层原理，罐内大部分空间的油气虽处于爆炸上限，但由于油气分布不均匀，通气孔及罐体裂缝处的油气浓度较低，仍处于爆炸极限范围。

2. 4号罐起火爆炸原因

5号罐爆炸前，4号罐已发油7200t，吸入空气约$9000m^3$，此时，4号罐内油气处于爆炸范围之内。

在5号罐爆炸燃烧过程中，虽然对4号罐进行了冷却，罐顶的呼吸管及透气孔也采取了覆盖毛毡、垫子、被褥等措施，但因受到来自5号罐的辐射热，罐内气体空间温度还是在逐渐上升。随着时间的延长，温度上升越来越高。由于混凝土油罐先天性缺陷(气密性很差)和使用时间较长，以及遭到5号罐爆炸震动等影响，罐顶的接缝等处形成较大的孔隙或孔洞。这些孔隙和孔洞在油罐内压不断增大的情况下，不断吹罐顶上部土壤，形成排气通道，把油气排出罐外。

在5号罐燃烧过程中形成的热波，以1m/h的传播速度向罐底扩散，其温度为150～310℃左右，加热罐底冷油。当燃烧至一定时间时，罐底的水或乳化液被加热至沸点以上，并很快转化为蒸气，以1700倍的体积膨胀，大量蒸气气泡通过黏性油层被泡沫夹带出，甚至被强大的蒸气膨胀力甩出罐外，继而点燃了4号罐外的油气层。由于罐顶排气管上没有安装阻火器，致使罐顶火焰窜入罐内，酿成爆炸事故。

3. 1号罐、2号罐、3号罐起火爆炸原因

5号罐爆炸前，1号罐已发油约41000t，吸入空气约$5000m^3$，2号罐及3号罐分别存油7546.395t及7394.98t，处于满罐状态。从油气状况分析，1号罐处于爆炸范围内，2号罐、3号罐均处于富气状态。

5号罐爆炸起火时，虽然对1号罐、2号罐、3号罐进行了冷却，但由于受到强烈辐射热的影响，罐内温度仍呈上升趋势，压力也在上升。1号、2号、3号罐均是梁柱式罐顶，其承压能力极低，在内压过高的情况下，罐顶会出现局部撕裂，出现裂缝，使油气外泄，在罐外形成点火源。

从油罐顶有散落顶盖碎片来看，也有可能在4号罐爆炸时，顶盖爆飞，落向1号罐、2号罐和3号罐，把油罐顶砸破，造成泄漏，而形成罐外点火源。

在上述条件下，当5号罐沸溢喷溅时，喷溅的火星先后点燃1号罐、2号罐、3号罐外的油气混合物。因1号罐油气处于爆炸范围内，因而引起爆炸，将罐顶炸飞，而2号罐、3号罐因油气处于富气状态，故只在破裂处燃烧。

事 故 二

一、事故经过

1980年5月26日，某油料仓库主油洞库三号主引道，发生了一起雷击爆炸事故。洞口混凝土被覆全部塌毁，240m的主引道严重破坏，17个密闭门、木制门破损，60m通风管报废，18个金属罐顶不同程度地塌陷，总损失11万元。事故发生后，全库齐动员，在12个单位198人的大力支持下，奋力抢救34h才彻底扑灭因爆炸引燃的防潮木炭的明火。在抢救中，18人中毒昏倒，其中2人牺牲。

1. 主油洞库基本情况

这个油库是坑道式油库。雷击爆炸的是一条储备汽油、柴油、喷气燃料的洞库。这条主油洞库是人字形坑道，全长一千多米，共分 3 个口，其中 3 号口到中心岔口接头处 387m。全洞安装有 $2000m^3$ 金属罐 18 个。由三岔口到 3 号口依次排列 12～18 号罐，全部储存汽油。在 3 号口第三道与第五道密闭门之间 135m 通道内，存放着用草袋装的吸湿用木炭，高 1. 8m、宽 1. 2m、长 125m，约计 40t。

3 号口外面，从洞内引伸出长 16. 45m、高 2. 82m 6 条金属油气管线，并砌岩石管沟和保护井。距管线 5m 远处，安装了高 12m 的避雷针；为加强洞内的自然通风，1978 年在洞的出口处，安装了用 200mL 油桶焊接并列成三角形的通风竖井，高 14. 45m，顶端安了避雷针。接地线用 4×60mm 扁钢与油气管线避雷针的接地极连在一起。4 月 30 日，测定避雷针接地电阻为 20Ω，避雷针接地导线无折裂和脱落、断路现象。

2. 雷击爆炸现场情况

5 月 26 日下午，该库所在地区有雷阵雨，夹带冰雹。14 时 20 分许，该库 8 人在 3 号口以西 200m 处避雨。有 5 人见到 3 号口对面山上有闪电，8 人听到隆隆雷声。十几分钟后雨停了，4 名同志路经 3 号口，发现通风竖井已倒，洞口坍塌，便立即打电话报告领导。15 时许，仓库全体同志赶赴现场进行抢救。23 点以后，邻近城市的矿山救护队、消防队等兄弟单位先后赶到，采取积极措施进行抢救，于 28 日彻底扑灭爆炸现场的木炭明火，杜绝了更大事故发生。

洞口被覆、设施全部被摧毁。洞口头部长十几米的混凝土被覆全部龟裂塌落。第一道门扇、门枢碎裂，溅飞 40 多米远，包在门上的铁皮皱折卷曲，通风竖井被推倒在 6. 5m 处，石砌的交通壕多半倒塌。

3 号口主引洞混凝土被覆断裂塌落。拱顶塌落 8 处，长 2～19m、宽 0. 5～2m。1～4 道密闭门之间 135m 全部龟裂。侧墙，有 7 处大的倒塌。左侧墙有 4 处向外塌出，长 2～21m、高 0. 5～1. 5m，凸出 20～50cm。右侧墙有 3 处向外塌出，长 1. 5～7. 5m，向外凸 20～40cm。

3 号主引道、单体间、房间的密闭门、隔离门等均有不同程度的损坏。最严重的是主引道上的密闭门、隔离门全部摧毁，有的门扇、门枢飞进洞里 70 多米远。单体间的混凝土门大部分凹进变形，铁丝网上的水泥粉碎。

防爆灯具和橡胶电缆断裂。3 号主引洞的灯具损坏几十个、橡胶电缆有 330m 崩断。12 18 号罐的 U 形压力计全部损坏。

18 个罐顶都有不同程度塌陷。塌陷最大、最深的是 1 号罐，下降深 60cm，塌陷直径 800～900cm。陷坑最多的是 7 号罐有 19 处，占罐顶面积的四分之一。

二、事故原因分析

经过现场勘察和调查分析认为，此次事故是由于 3 号引洞内集聚了易燃易爆气体，雷击放电跳火引燃了洞内易燃气体。雷电进入洞库可能有两个途径：一是在落雷时，有感应过电压顺着架空电话线进入洞内，造成各管线间的电位差，在两者间的小间隙上产生电火花；二是雷击 3 号洞外的油气管，雷电流引入洞后产生电火花。

1. 洞库内存在高浓度的苯类混合气体

1979 年 11 月 12 日至 12 月 13 日，该库为搞好洞库防潮，解决混凝土墙潮湿问题，在洞壁上普遍刷了涂料，用苯乙烯焦油 4680kg，二甲苯稀释剂 850kg。油罐、管线防腐涂刷沥青底漆 460kg，红灰硝基漆 290kg，铅粉底漆 40kg，乙酸乙酯稀释剂 200kg。各种涂料共计 6527kg。

（1）洞内空间体积。主引洞 $8052m^3$，除去木炭体积 $1600m^3$，主引洞实际体积为 $6452m^3$；支引洞 $835m^3$，各工作间 $1206m^3$，通风间 $144m^3$，单体罐间空间 $14220m^3$，共计 $22857m^3$。

（2）易燃易爆气体浓度。经过计算确定，洞内产生可燃苯等混合气体的总体积为 $576.25m^3$，在洞内密闭及标准条件下，涂料溶剂完全挥发时，洞内的苯类混合气体浓度为 2.52%，但在通风条件下，易燃易爆气体浓度很低。

（3）木炭吸附大量苯类混合气体。1979 年 2 月，为搞好洞库防潮，延长设备寿命，该库主引洞 2、3 号口引道内各存放了 40t 木炭。爆炸后我们进行了化验分析，木炭不仅吸收空气内水分，而且也吸附了各种易燃易爆气体。爆炸后，我们把木炭送石化科学研究所和沈阳化工研究院进行了光谱化验鉴定，获知木炭内含有苯、甲苯、二甲苯等物质。又对木炭的吸附量进行了类似洞库条件下的小型试验，每克木炭一昼夜可吸附回收苯和二甲苯气体共 0.0115g。每吨木炭可吸附 11.5kg，40t 木炭共吸附 460kg，这是木炭在完全干燥的情况下可达到的吸收量。在涂刷各类漆料时，三个洞口全都进行自然通风和机械通风。通常情况下，1、2 号洞口是进风口，3 号是出风口。大量苯类混合气体要经过 3 号口堆放的木炭排出洞外。从 1979 年 11 月 12 日至 1980 年 3 月 19 日密闭的 128 天里，这样堆放的 40t 木炭处于吸收又呼出苯类等易燃易爆气体的状态。

（4）木炭释放混合气体。2 月 19 日，主油洞库三个口的各道密闭门都进行了密闭。各口的防护门，除 3 号口的防护门因闭锁装置失灵未关严外，也都关严密闭。2、3 号洞口的密闭门内外，还粘上了塑料薄膜，一点空气都不透。到 5 月 26 日，共密闭了 68 天。在密闭期间，3 号主引洞 1 ~4 道密闭门内，存放的木炭至少释放苯、二甲苯等混合气体 153kg 以上。这段引洞的空间体积为 $617.9m^3$。苯、二甲苯的混合气体浓度为 5.28%。二甲苯的爆炸极限在 1.1% ~6.4%（体积）。

2. 雷击引爆分析

根据现场勘察和物证分析认为，造成此次事故的原因是：雷击 3 号口油气管，雷电流沿油气管线进洞，并在引洞内放电跳火，造成洞内的苯类混合气体爆炸。

（1）3 号洞口外部设施的雷击痕迹。露天油气管上的解放绿变黑变脆。从 3 号主引道引出的 $\phi64\times5mm$ 低碳钢管长 16.45m，露天部分长 10.5m，8m 油气管的顶部弯头有雷击烧伤痕迹。中国科学院沈阳金属研究所化验分析："管子的外表面涂有解放绿色防护油漆，漆面有光泽，说明它没有老化。漆面上有多处变黑区域，表面光泽消失，黑区的边界不清。用显微镜观察黑区变化的表面，发现它已严重龟裂，有些地方已严重碳化，并且有烧焦的特征。黑区的油漆变得脆硬，用小刀轻轻一刮就剥落下来。但油漆的附着面的底漆颜色未变。"这证明表面温度很高，作用时间很短。根据以上的观察，管子表面变黑区是雷击火花形成的。

通风竖井镀锌拉线熔断。竖井拉线是由 $\phi43mm$ 8 号铁线组成的，共有 3 条。竖井倒后有一条断裂，经中国科学院沈阳金属研究所分析，这根拉线断裂是高温熔断的，断口处用显微镜放大，可明显地看出断口附近产生了较大的塑性变形。还有一段喷射状的变黑区，断口附近的镀锌层已完全损坏。锌的熔点是 413℃，沸点是 907℃，根据镀锌层完全烧损的情况判断，断裂时铁线所受的温度应高于 907℃。比较铁线断口附近和正常区的金相组织，发现断口附近的珠光体比正常区的多而粗大，更接近退火组织。断口附近的铁线已被拉细，它的珠光体组织应变得更加细长，但实际情况恰恰相反，这证明铁线在断裂时受过高温作用而被退火。

(2) 3号口内外金属物的剩余磁场。1980年6月21日(雷击25天后)，对3号洞口内外的金属设施，用CTS型高斯计进行了磁场测定。共测量29个部位(见表7-1)，都带有不同的磁性，其中通风竖井底座的铁板左下角磁场最强，为17高斯，竖井左拉线为9高斯，右拉线为10.5高斯；汽油管线出土弯部为6高斯。3号口外部金属物磁场较强，内部金属物磁场较弱。这些金属物带有剩余磁场现象，乃是雷电作用产生的。

表7-1　主油洞3号口剩余磁场测量表　　高斯

序号	测量物体	数量	序号	测量物体	数量	序号	测量物体	数量
1	铁栅门	2.5	11	汽油管线阀门	5	21	竖井边沿	1
2	第一道密闭门	4.5	12	三岔口门	4	22	竖井避雷器上部	5
3	第二道密闭门	4	13	灯具	3	23	竖井避雷器下部	12
4	第三道密闭门	3	14	静电接地线	4	24	竖井底部钢板	17
5	第四道密闭门	3	15	油气管防火器	3	25	竖井底部轨道	7.5
6	防护门	5.5	16	通风竖井左拉线	9	26		4
7	通风门	2	17	竖井右拉线	10.5	27		5
8	输油管线	5	18	竖井北拉线	1	28		2.5
9	汽油管线	5	19	竖井工字钢	12.5	29		6.5
10	输油管线阀门	9	20	竖井上部	6			

(3) 雷电流导入洞内放电。油气管受到雷击后，雷电流沿油气管线导入洞内。由于油气管线的静电接地线，接在电气设备保护接地线的固定连接线的U形螺丝后边，当雷电流沿油气管线进洞后，不能完全流入大地，结果一部分顺U形螺丝导入电气设备保护接地线，进入3~4道密闭门内。雷电流入洞后，一是因U形螺丝固定不牢，发生放电跳火；二是电气设备保护接地线和固定线接触不良或保护接地线对洞壁间放电，产生电火花。

事　故　三

一、事故经过

1979年3月31日，某炼油厂油罐遭雷击发生爆炸起火，炸毁油罐1座，烧毁原油241t，经济损失26万元。

当日天气阴沉，17时15分，随着一声惊雷，储罐区318号原油罐被雷电击中，爆炸起火。罐顶全部炸毁，罐内支撑物大部分坍塌，内壁水泥剥落，钢筋外露，导致整个油罐体报废。起火时，位于318号罐南面14.71m的319号油罐和西北面30.43m的317号油罐等都受到严重威胁。公安消防队和本厂消防队到场后，一面扑救着火油罐，一面出水冷却相邻的油罐。经过1h的奋力扑救，将大火扑灭，保护了邻近油罐的安全。

二、事故原因分析

此次爆炸事故，主要原因如下：

一是由于油罐设计的缺陷，雷击时在油罐钢筋连接点产生了火花。此钢筋混凝土油罐的罐壁、罐顶及罐内支撑物的钢筋都没有互相连接，也未连成整体进行再接地。因此，罐内这些钢筋各自形成许多单个闭合状态，在雷击的瞬间，在这些闭合回路上，由电磁感应产生很强的感生电动势和感生电流。在钢筋连接点，因接触电阻较大，发生电火花。加上施工质量较差，罐顶与罐壁接合处钢筋外露，成了引起爆炸的薄弱环节。

二是起火的318号原油罐，系钢筋混凝土结构，属半地下式油罐，座落在半山腰上，标高29.5m，罐高9.65m，直径48m，容积15000m^3。当天早晨7时40分，该罐抽空停用，罐内残留油位高0.82m，约有860t原油。因此，经过10h挥发，罐内油面以上约14000m^{3}的空间已充满油蒸气与空气混合的爆炸性气体，遇到雷击火源即发生爆炸。

事 故 四

一、事故经过

2007年7月7日，上海地区普降强雷暴雨。15:45，上海金山石化公司原油码头的南京原油输送站内一个5×10^4t油罐突然爆燃。由于事发上海金山和浙江嘉兴交界处，两地消防一起出动赶往现场处置，火势在0.5h内被扑灭。

二、事故原因分析

事发地区有许多油罐，是化学品重点区域，而发生事故的油罐因密封性不强．附近管道有少量原油泄漏，泄漏原油遭雷击起火。

消防部门接到报警后，迅速从各方调集了30余辆消防车辆前往处置。浙江消防总队嘉兴支队平湖大队的多辆消防车由于距离现场较近，也派出力量增援。金山消防支队在现场迅速组织起有效的扑救，利用支队配备的专门针对化工区火灾扑救的先进装备，不到半小时就将火势控制，成功保护了周边的油罐，火灾未造成人员伤亡。

第三节　油库油气中毒事故案例

事 故 一

一、事故经过

某石油公司油库有若干座1000m^3、3000m^{3}覆土式油罐，油罐建设时没有罐室下部水平通道。开关进出油阀门及维护保养时，需从罐室顶部采光孔沿旋梯下到罐室底部操作。为了方便操作，减少进入罐室的次数，在阀门上加装了一根延伸到地面的操作杆，将阀门由罐室底部操作改为上部操作。

根据计划，拟安排4号油罐进汽油，但4号油罐进出油短管法兰垫片老化渗油，必须在进油前将垫片更换。

5月28日，将4号油罐阀门打开，排放罐内残余油料。排放后测量罐内液位10cm(油罐中心部位)，但油库再没有油桶或其他容器能装油品。随后储运科长徐某决定，不再排放罐内底油，拆除螺栓更换垫片，并组织7名工人分3班轮流下到罐室拆卸法兰螺栓。因罐室内油气很浓，每次下去只能停留1min左右。当天一直工作到晚上才卸了7个螺栓，最后1个螺栓再也卸不下来。在拆卸螺栓时，法兰下面放了一个盘子接油，盘子满了再倒入油盆，这样罐室油气愈来愈浓，无法继续工作，于是撤出罐室停止工作。参加罐室工作的工人都感到头昏，吃不下饭，29日和30日都没有上班。

31日储运科长徐某又组织7人拆卸最后一个螺栓。徐用毛巾捂在嘴上，下罐室检查，其他人从罐顶人孔观察徐的情况。徐下去后短时间内即昏倒(约10:00左右)，上面的张、周二人随即下罐室抢救，背起徐向旋梯方向刚走了几步就昏倒了。第二次谢某下去抢救，昏倒在旋梯边。第三次李某和张某下去将谢救出。第四次李某和张某下去，拖着徐某和周某往旋梯方向走，感到浑身无力，就急速向旋梯方向跑，李某昏倒在旋梯第六踏步上，张某昏倒在旋梯平台上。这时值班的张某跑来，同文某下去将李某和张某救出。随后公司领导赶来，向附近驻军求援。解放军带着防毒面具前来参加抢救(近12:00)，才将徐某、周某、李某3人救出。但因中毒时间太长，3人经抢救无效牺牲，其他几位经治疗恢复了健康。

二、事故原因与教训

(1) 由于油罐无水平通道，罐室内形不成自然通风，法兰连接处渗油，油气积聚在罐室下部环形通道内不能散去；同时又拆除了连接管的7个法兰螺栓，油品流出挥发，加大了罐室油气浓度，当日作业人员头昏，吃不下饭，就是中毒现象，但未引起重视。经过2天到31日，罐室油气会更浓，不通风就进入罐室，肯定会发生油气中毒，徐某进入罐室不久中毒倒下，就是证据。

(2) 覆土式油罐是将油罐安装于地下或半地下罐室内，通风条件较差。油气重于空气，沉积于罐室下部，无法排出，成为不安全隐患。另外，这种形式的罐室内较为潮湿，油罐及其附件防腐层易受到破坏而严重锈蚀。今后不拟再建这类油罐。

(3) 这种形式的油罐，军内外有一定数量。如果没有水平通道，拟改建水平通道，并设密闭门作为防护(罐室与水平通道的密闭门形成防火堤)，以利于操作和通风。

(4) 进入地下或半地下罐室工作前，应先通风。这次中毒事故是由于组织者盲目决定，参加者不懂得油气危害，不采取安全措施，在大量积聚油气的罐室内蛮干所造成，是一起责任事故。

事 故 二

一、事故经过

1998年5月15日是油库正常发油日。10:05某单位到油库拉90号汽油，现场值班员谭某带保管员王某、刘某、姚某进行发油作业。按分工王某、刘某到2号油罐进行例行检查，王某下到2号油罐阀门井中检查设备设施，刘某沿输油管线进行巡查。11:36发油作业结束。

按照规定，王某下到2号油罐阀门井开关阀门时，刘某应在阀门井口监护。但刘某巡查返回时未见到王某，经查找于11:40左右发现王某躺在阀门井内，刘某即下去救人。刘某下到井中想把王某拉起来，但拉不动。这时刘某感到呼吸困难、无力，立即顺井壁爬梯爬出阀井，并跑向铁路作业区。

上班号响后，现场值班员谭某见王某、刘某尚未到达，便与姚某向储油区走去。与此同时，保管队代队长杜某，让队值班员何某和保管班长郑某去看发油是否结束。当何某、郑某走到铁路附近时，看到刘某从储油区跑来。迎上后，刘某向何某和郑某讲了王某中毒的事，何某、郑某即向2号油罐跑去。刘某又迎上谭某和姚某说了王某中毒的事，谭某、姚某、刘某三人也向2号油罐跑去。

何某、郑某到达2号油罐后，何某带上安全绳(收发油作业时现场备有安全绳)下到阀门井中，将安全绳携在王某双臂下胸部处。当何某爬出阀门井时，谭某、姚某、刘某三人也赶到，大家把王某从阀门井中吊出，用库区拉土的拖拉机送库卫生所，经初步治疗后送医院抢救，12:30到达医院，经抢救无效，13:10死亡。

二、事故原因与教训

这是一起由于违章操作造成的责任事故。

（1）阀门井内输油管进气支管阀门关闭不严。通过对阀门井内设备设施检查，以及按照发油作业程序给输油管充油检验，设备设施技术状况良好。但事故发生后，从阀门井内清出90号汽油约30kg。在阀门井内只有输油管进气支管与大气相通。根据有关数据测算，*DN*20阀门开启2圈，在16min（实际作业时间为16min）内可跑油30kg。故确认是输油管进气支管阀门关闭不严，造成跑油并在阀门内积聚了大量油气。

（2）保管员违犯进入通风不良空间作业应2人以上的规定。王某在刘某不在现场监护的情况下进入阀门井，致使发生中毒事故未能及时发现，延误了抢救时间。

（3）作业前检查工作不细。据查阅2号油罐收发作业、检修、日常检查记录，1997年12月24日发油至今，该罐未进行收发作业。1998年4月24日曾因2号油罐进出油阀门盘根渗油进行检修。这次发油曾对阀门井进行过检查，未发现异常。但发油后，井内积油30kg，说明本次作业前检查不细，未能发现进气支管阀门关闭不严，造成跑油、中毒亡人事故。

（4）从这起事故看出，规章制度不到位是造成事故的基本原因。其表现：一是进入通风不良空间作业时，没有落实应有人监护的规定，王某在无人监护的条件下进入阀门井；二是作业前必须认真检查设备设施的规定没有到位，漏掉了输油管进气支管阀门关闭不严这个隐患。

（5）阀门井深6.5m，且阀门是油库易发生渗油的设备之一，进气支管与大气相通也易散发油气。这种阀门井成为极易积聚油气的场所，加之进出不便，通风不良，成为发生事故的隐患。因此，应对阀门井加以研究和改进。如将阀门直爬梯改为斜通道，将进气支管伸延至地面，并加装进气阻液阀等。

事　故　三

一、事故经过

1971年7月，某油库1名助理员带领5名油料员清洗70号汽油罐。作业前没有进行防中毒教育，没有检查防毒装具，没有事先打开人孔通风。助理员下罐5min后因防毒面具漏气中毒，晃了几下便倒在梯子背后，监护的油料员用力拉安全带，但因安全带被梯子绊住，提不上来。1名油料员未戴防毒装具下罐将助理员救出。油料员爬到罐口时晕倒，被卡在油罐和混凝土支架的夹缝里面，因未能及时救出而中毒身亡。

二、事故原因与教训

这是一次因清洗油罐作业方案不周，准备工作不充分而造成的责任事故。清罐作业方案必须详细周全；清罐前必须进行通风和安全教育，使作业人员明确清罐作业的危险性；防毒装具必须技术性能良好，使用前应进行仔细检查；进罐前必须检测油气浓度，在爆炸下限的40%以下，才允许佩戴防毒装具进罐；应有备用的防毒装具和安全带，以便紧急情况下使用。

第四节　油库设备损坏事故案例

事　故　一

一、事故经过

1993年7月27日，某油库接卸15辆铁路油罐车的90号汽油，输入2组罐的5号、6

号、7 号油罐。9:50 开泵，10:10 油头到 5 号罐。12:05 保管二队队长检查时发现 6 号油罐罐底沥青松动，底板有翘起迹象，渐渐起翘 1cm 左右。立即安排保管员打开呼吸系统阀门。1min 后 7 号罐底板沥青也发生松动，立即通知停泵，并报告库领导。到停泵时，6 号油罐罐底板翘边 5cm，5 号、7 号油罐罐底沥青松动。库领导接电话后火速赶到现场，指挥打开测量孔泄压，启动风机通风，5min 后翘起罐底板复原。

二、事故原因分析

经分析与现场输转油检验，认为呼吸管路 1 号至 2 号排渣口间堵塞，决定从弯头处切断检查。切开后，发现弯头处堆积了较多锈渣和杂物，造成了呼吸管道不畅而发生翘底。这是一起严重的技术事故苗头，但因发现问题早，处理及时，措施有力，未酿成事故。

事　故　二

一、事故经过

1988 年 7 月 14 日 9 时 30 分，某油库保管员检查 1 号罐（$5000m^3$ 地上立式钢质油罐）时，发现罐顶北侧凹陷 $67.5m^2$，最深处达 49cm。

二、事故原因

（1）昼夜温差变化大。发生凹陷前，白天气温高达 40℃，晚上气温突变，降雨 1.25h，降雨量为 9.1cm，刮 8 至 9 级风，风速为 20m/s，气温速降，油罐负压上升极快。

（2）罐内气体空间大。$5000m^3$ 油罐只装油 360t，造成罐内大量气体空间。

（3）油罐承压强度弱。该油罐建于 1898 年，已使用 90 年，罐内桁架锈蚀严重，承压能力差，罐内负压轻易导致罐顶凹陷。

事　故　三

一、事故经过

1976 年 7 月 18 日 16:00，某石油公司油库从 20 号计量罐（安全容量 420t）发出 40t 柴油，罐内尚存油品 103t，作业后没关闭阀门。该油罐与装有柴油的 6 号储油罐相通。18 日 22:00，从油驳向 6 号储油罐输入 260t 柴油。由于 20 号计量罐没有关闭阀门，致使 6 号罐原存的 207t 柴油及油驳输入的 260t 柴油全部倒流进 20 号计量罐。这样，20 号计量罐进入 570 余 t 柴油，大大超过了安全容量。19 日 0:45，20 号计量罐胀裂，呼吸阀损坏，油罐顶板、底部多处裂缝，最长裂口 11m，柴油全部流到发油场地和附近的甘蔗地里，跑掉柴油 560t，经抢救净损失 167t，计量罐报废。

二、事故原因分析

这是一起严重的责任事故。从表面上看是阀门没有关闭而引发的跑油与设备损坏事故。如从作业的全过程分析，则是管理混乱，每个环节的工作都没有到位。一是发完油后没有关闭 20 号计量罐的两个阀门；二是接卸作业前没有检查管线和阀门；三是在作业中没有按规定巡视管线；四是作业中值班人员没有坚守岗位，擅离现场；五是作业时间长达 8h 之久，油库居然没有一个人检查一下卸油情况；六是当班计量员工作不认真，马虎从事。

事　故　四

一、事故经过

当天下午，该油库进行发油作业，负责现场作业的指挥员虽进行了人员分工，也布置了作业安全事项，但没有交待要打开测量孔，以弥补透气阀呼吸量不足的问题。当发完 2 个油槽车时，保管员到罐顶检查，发现伞形顶已成平形并有一块钢块明显凹落。保管员迅速将此事报告现场指挥员，但未引起重视。到了第二天早晨 4 点，共发油 12 个油槽车，值班人员再也没有上罐顶检查。司泵员在作业过程中也不看真空表、压力表。直到发完最后一车油料，保管员到罐顶量油时，才发现油罐罐顶吸瘪，油罐罐顶下陷，中心柱上段折断，37 根支架中有 1 根折断，29 根轻微裂纹。

二、事故原因分析

（1）人为原因。这是该起油罐吸瘪事故发生的最主要原因。它突出地反映出该油库规章制度废弛，作业人员责任心不强，业务技术水平低，不能及时发现和正确处理工作中出现的问题。发油作业前指挥员对作业过程中的安全事项交待不清，尤其对发油作业过程中透气阀呼吸量不足会引起油罐吸瘪这一关键问题估计不足，尤其是当发完 2 个槽车油料，保管员发现罐顶凹落报告后，指挥员还不当一回事，也没有采取任何措施，还是继续发油，不按科学规律办事，野蛮作业，致使罐顶严重受损。

（2）设备原因。该油库是个老库，存在严重的安全隐患，透气阀的呼吸量与油罐出油流量不相匹配，向油罐内补气量不足会使负压增大。随着油罐使用时间的增加，油罐顶板和壁板由于腐蚀变薄，强度下降，其所能承受负压的能力也在减弱，但透气阀控制负压不变，就可能使油罐失稳吸瘪。

事 故 五

一、事故经过

1987 年 4 月，某公司某油库发生了一起 $2\times10^4\mathrm{m}^3$ 浮顶罐（8 号罐）冒顶事故，造成近十万元的经济损失。8 号油罐原有 1.32m 存油，发生事故前几小时，作业人员将管线来油改进该罐。4h 后，按来油量计算，浮顶应该浮起来了，可标尺未动。上罐后发现，油已从两个光孔冒到罐顶上面了。这时，立即将来油改为发油。当油位降到罐顶静止位置以下时，发现罐顶支柱弯曲。于是又改为进油。直到油位上升到 4.10m 时，停止进油。

事后对油罐进行了检查发现：①浮顶悬梯全部脱离轨道，并出现严重扭曲变形。其端部将单盘戳有一个三角洞（100 × 120 × 150mm）；②浮顶倾斜并转动 3.5°左右。量油管与导向管口部及其固定支架均移位 1.7m。焊接在下圈板上的固定支架也全部拉断，且移位 0.7m；③54 根支柱全部出现不同程度的弯曲，单盘上的支柱出现了倾斜；④从光孔和三角洞冒到单盘上的原油约有 360 多 t；浸没油深达 0.3 ~ 0.7m。罐壁和罐底没发现异常现象。

二、事故原因分析

（1）新疆是高寒地区，4 月份的平均气温仍在零度左右。大雪过后，出现白天化雪，夜间结冰的情况。而 8 号罐改进油时，正是夜间。悬梯轨道上结有一层雪水变成的冰，且有一定的厚度。在油罐进油时，将悬梯垫起使其脱离轨道。

（2）随着浮顶升高，脱离轨道的悬梯在罐顶上自由滑行。当悬梯顶部在滑行中遇到罐顶焊缝等受阻时，造成单盘倾斜并将单盘戳穿。

（3）当油从三角洞和未封闭的两个光孔冒到单盘上后，浮顶的重量逐渐增加，在油位降到其静止位置以下时，支柱受力增大而产生弯曲。

事 故 六

一、事故经过

2011 年 7 月 15 日 15:30，“宇宙宝石”油轮开始向国际储运公司原油罐区卸油。卸油作业在两条输油管道上同时进行。20:00，作业人员开始通过原油罐区内一条输油管道(内径 0.9m)上的排空阀向输油管道中注入脱硫剂。7 月 16 日 13:00，油轮暂停卸油作业，但注入脱硫剂的作业没有停止。18:00，在注入了 $88m^3$ 脱硫剂后，现场作业人员加水对脱硫剂管路和泵进行冲洗。18:08，靠近脱硫剂注入部位的输油管道突然发生爆炸，引发火灾。

二、事故原因分析

此爆炸事故造成如下危害：

(1) 部分输油管道、附近储罐阀门、输油泵房和电力系统损坏和大量原油泄漏。

(2) 事故导致储罐阀门无法及时关闭，火灾不断扩大。原油顺地下管沟流淌，形成地面流淌火，火势蔓延。

(3) 这起事故虽未造成人员伤亡。但大火持续燃烧 15h，事故现场设备管道损毁严重，周边海域受到污染，社会影响重大。

在油轮已暂停卸油作业的情况下，继续向输油管道中注入含有强氧化剂的原油脱硫剂，有关部门接到暂停卸油作业的信息后，没有及时通知停止加剂作业，造成输油管道内发生化学爆炸，引发火灾。另外，事故造成电力系统损坏，应急和消防设施失效，罐区阀门无法关闭，加剧了事故的危害。

第五节 油库跑冒混油事故案例

事 故 一

一、事故经过

某年 4 月 24 日下午 4 时，一辆油罐车到某油库加油站领取汽油。装油员打开阀门后让司机代为看管，本人却擅自离开岗位。司机观察流量表读数尚差 1000 多升，便到路边聊天。现场其他人员发现罐车冒油后，立即呼喊。此时，大量汽油已流淌蔓延至汽车和地面。装油员方才迅速到现场关闭阀门。当司机进入驾驶室发动汽车时，排气管火星引燃溢油。导致烧毁油罐车 1 辆、汽油 4.5t、灌油间 1 栋，烧伤 20 余人。

二、事故原因

(1) 岗位责任不履行。装油员不坚守岗位，让司机代替发油作业值班，造成溢油事故。

(2) 防护措施不到位。油罐车排气口防火帽失效，导致排气管火星引燃溢出油品，酿成火灾。

事 故 二

一、事故经过

2001 年 9 月 1 日，某石油有限公司储油罐区发生该市有史以来最严重的一次恶性油罐着火爆炸事故，8 座 $400m^3$ 的油罐和 $1000m^2$ 的罐库被烧毁，烧掉汽油、柴油 2000 余 t，造成 1 人死亡、8 人受伤，直接财产损失 2852395 元。

该公司建于1994年，占地面积$1.2\times10^{4}m^{2}$。该公司储罐区共有立式储罐14个，均设在砖墙钢屋架石棉瓦屋盖的建筑物内。爆炸起火的是罐区东北侧建筑物内的8个储罐(其序号从南向北为1至8号)，每个储罐容积均为$400m^3$，其中1号、2号、3号、4号为柴油罐，5号、6号、7号、8号为汽油罐，总容积为$3200m^3$。距起火油罐区南侧20m处建筑物内有6个储罐(其序号从东向西为9至14号)，其中9至12号均为$500m^3$柴油罐，13号、14号均为$2000m^3$柴油罐，总容积$6000m^3$。距起火油罐区西侧21m处是某石油有限公司油罐区，该油罐区有立式汽油、航空煤油储罐5个，每个容积均为$1000m^3$，总容积为$5000m^3$；还有卧式柴油罐27个，每个容积为$60m^3$，总容积为$1620m^3$。距起火油罐区南侧6～7m处一墙之隔的铁路专用线上停放两列柴油油罐槽车，共22节，每节槽车容积为$50m^3$，总容积为$1100m^3$；铁路专用线南侧站台上停放3辆汽油罐车，每辆车容积为$18m^3$，总容积为$54m^3$。距起火油罐区东北侧260m处是某区公路段加油站，有地下汽油、柴油储罐4个，每个容积为$10m^3$，总容积$40m^3$。300m处是某区政府液化气站，有$50m^3$液化气储罐一个。起火油罐区东南侧960m处是巢湖加油站，有地下汽油、柴油储罐4个，每个容积均为$25m^3$，总容积$100m^3$；950m处是某市石油总公司油库，储存柴油总量$11000m^3$。

8月31日夜，该公司油库保管队从11号储罐向8号储罐倒汽油至9月1日凌晨，由于所有参加输转作业的人员擅离职守，有的观看中国与阿联酋的十强足球比赛，有的则因连续几天夜间油料输转作业，人睏马乏睡了过去，未及时发现8号储罐溢油，致使轻质油料从油罐内外溢达几十吨，其油蒸气一直蔓延到150m开外，该公司领导为抢救被油蒸气熏倒的三名职工，在车库附近油蒸气很浓的情况下(距溢出油料的油罐不足100m)，让司机发动汽车送伤员去医院，结果引爆混合油蒸气，瞬间窜至溢出油料罐区，引爆引燃溢出油料，并陆续(三次)将8座油罐引爆烧毁。大火燃烧了8个多小时才被消防官兵奋力扑灭。

据调查，当时风向为东北风，风速为2m/s，倒油作业点与油蒸气扩散主方向一致。某石化有限公司也证实，该油库办公楼车库方向首先发生爆炸并有火球窜出，随后整个库区地面火光四起，紧接着该油库的1～8号储罐发生爆炸。经现场勘查，8号储罐进油阀门处于开启状态，油罐顶部的测量孔内径为141mm，测量孔盖下表面与测量孔上表面间隙为17mm，距8号储罐西南方向220m处的建筑物表面有燃烧痕迹，该痕迹为第一次蒸气爆燃形成；油库办公楼位于8号储罐西南165m处，处于油气扩散范围之内；司机启动过的桑塔纳轿车机盖向上隆起变形，前后挡风玻璃破碎向外抛出，点火开关处于接通状态。因此，可以判断，火灾原因是8号储罐汽油从测量孔溢出，汽油蒸气扩散至轿车停放处，发动轿车产生的火花引爆汽油蒸气，继而引发1～8号油罐爆炸。

二、事故起因

(1) 值班作业人员擅离职守看球或睡觉是造成油罐装满跑油的直接原因。

(2) 在油蒸气浓度很高的情况下，油库领导让司机发动汽车是导致油罐着火爆炸的直接原因。

(3) 当天晚上至次日上午气压很低，无风，使积聚的油蒸气不能很快散去或降至混合油蒸气着火爆炸下限浓度，是这次“9·1”油罐着火爆炸的间接原因。

(4) 由于被烧毁的8座油罐是建在库房内，溢出的几十吨轻质油料在罐库内形成相对密闭的油池，在混合油蒸气爆炸的瞬间冲开罐库顶盖，强大的冲击波挤压油罐变形裂开是造成油罐着火爆炸事故扩大的重要原因。

(5) 由于油罐违章建在罐库内，致使消防官兵对油料的初始火灾不能迅速扑灭，油罐火情越来越大，并陆续发生三次油罐爆炸，基本上是在2000t汽油、柴油，经过8个多小时几乎烧完的情况下，才将油火扑灭。

(6) 未设固定、半固定或移动消防灭火设施，不能在消防官兵到来之前，有效地控制火情或扑灭初起油火。

(7) 公司人员未经消防训练，缺乏起码的消防常识，一经着火爆炸，人员作鸟兽散，“119”火警电话还是其他单位的人员打的，并引导消防车抵达火场，错失扑灭初始火灾最宝贵的十几分钟时间。

三、事故分析

这次“9·1”油罐着火爆炸事故，事发偶然，实则蕴藏着爆发重大安全事故的必然性。

(1) 违章建库。所建油罐均不符合《石油库设计规范》所规定的安全距离要求。无正规设计单位设计，无资质单位施工，将油罐建在罐库内，容易造成油蒸气大量积聚，为油库安全留下重大隐患。

(2) 违纪使用。2001年4月20日，该区消防大队在专项治理排查中，发现油库存在重大火灾隐患，依据《中华人民共和国消防法》和《辽宁省消防条例》，当即责令其停止违法行为，并于4月23日下发了《公安行政处罚决定书》，责令该公司停止使用并处以罚款1万元，给予副总经理罚款500元的处罚，该油库当日便缴纳了罚款。一周后，该区消防大队对油库进行了复查，确认该油库已停止使用。同时了解到该公司筹资540万元，征地40000m^2，准备将油库搬迁，规划图纸已设计完毕，并上报市建委和规划等部门待批。在油库停止使用期间，该油库仍时常暗中进行收油、发油作业，直至发生轰动全国的“9·1”油罐着火爆炸的恶性事故。

(3) 重效益、轻安全。该公司只重视经济效益，不重视消防设施建设，着火爆炸的8座油罐无配套的固定或半固定消防设施，致使发生油罐着火爆炸时不能扑救初起火灾或控制火情，等待消防官兵的到达。

(4) 重经营、轻管理。该公司对油料经营抓的紧，对安全管理听之任之，在此之前，已经发生多次油罐溢油事故，少则几十千克，多则几吨，均未引起公司领导的足够重视。

(5) 重使用、轻培训。该公司员工大部分未经业务、消防培训，缺乏起码的油料常识和消防常识，对溢油、跑油事故习以为常，油气中毒根本不懂，油料易燃易爆特性知之甚少；不知如何扑救油火，如何报警，如何使用灭火器材。

(6) 疲劳作业，隐患多多。该公司油库保管队人员较少，经常连续几天几夜进行油料收发和输转作业，多次发生员工打瞌睡或睡过去的现象，并多次发生跑油、冒油事故。

(7) 夜间输油，隐患多多。该公司油库由于业务经营需要，经常在夜间进行输转油料作业，为事故的发生埋下了隐患。一是油罐区照明条件不好；二是连续夜间输油作业，致使员工作业发生失误的概率扩大；三是夜间发生油料跑、冒、滴、漏现象不易发现；四是夜间通信联络困难，一旦有事容易延误时机。

事　故　三

一、事故经过

1980年5月，某油库油罐与油泵房间一段管道锈蚀穿孔，发生漏油事故，漏损汽油约183t。

二、事故原因

（1）管线防腐施工质量差。该库输油管道虽然采取了沥青玛蹄脂防腐层，但施工过程中除锈不彻底，管道锈蚀严重并漏油。

（2）管线检查制度不落实。没有按照要求定期进行管线打压检查，查找管线漏点。

（3）油罐油高监测不及时。保管员没有及时发现油罐装油高度的变化，扩大了漏油损失。

事 故 四

一、事故经过

1976 年 7 月 12 日，某油库向 2 号半地下油罐卸油结束后，一名职工闻到浓重油味并发现油水分离池内有浮油。油库领导闻讯后立即组织检查，发现油罐底部漏油。就在此时，油库 1000m 外的一下水明渠起火，并很快窜至库区形成火海。

二、事故原因

（1）油罐检查维修不及时。保管员查库中没有及时发现油罐底板与圈板焊接处的严重腐蚀情况，并及时进行维修。

（2）装油高度超过安全容量。$1000m^3$ 油罐在已装油 630t 的情况下，又收油 156t，油罐受力增大，底板焊缝拉裂。

（3）罐室封围设施不完善。下水道没有安装排水闸阀，导致油料泄漏并沿下水道流至库外，遇明火点燃后，火势沿下水道返回库区。

事 故 五

一、事故经过

1978 年 11 月，某后方油库组织 $5000m^3$ 地面立式油罐大修后，12 月 6 日开始对该罐装 $-10^{\#}$柴油，到 11 日共装油 2000 余 t。14 日发现该罐底部有渗油现象，观察两天，继续渗漏，于是做腾空处理，至腾空结束，共计漏油 49t。

二、事故原因

油罐大修时底板焊接应力超标，出现空鼓，装油后在油压下变形断裂，没有按规定要求测量油高，致使早期渗漏未被发现，造成损失。

事 故 六

一、事故经过

某年 9 月 3 日上午，某油库接卸 240t 喷气燃料，装入 $8^{\#}$罐。下午又送入 11 辆汽油槽车。现场值班员没有核实证件和化验单，主观认为还是喷气燃料。化验员取样化验后，也只是报告化验质量合格，未说明油品类别。保管员测量密度时，发现密度小，但认为是天气热密度变小。17 时 20 分开始卸油，汽油被卸入喷气燃料储罐。直至 17 时 55 分化验员发现化验单填写的是汽油，方才报告值班员停泵，造成混油 293t。

二、事故原因

（1）值班员违章，不核对、不检查化验单据。

（2）化验员没有按要求填写化验油品类别，造成化验结果不明确。

（3）保管员测量密度不认真。

第六节　油库电气火灾事故案例

事　故　一

一、事故经过

1979 年 7 月 31 日 7:50 左右，某石油公司油库 3 名工人在组长带领下接卸 3 辆铁路油罐车的汽油和 1 辆油罐车的柴油。9:40，卸完第 1 辆汽油铁路罐车，接着卸第 2 辆汽油铁路罐车。1 名工人在车上观察卸油情况，组长和另 2 名工人进入泵房操作。先打开往复泵抽气，然后合闸刀开关卸油。在合闸的一刹那间，一声巨响，一片火光骤起，卸油组长和 1 名工人被气浪推出泵房，另 1 名工人在泵房里被大火吞噬。在油罐车上的工人见泵房起火，从油罐车上跳下来，想进泵房救人，但大火将泵房门封住，无法进入。他又返回油罐车，拔出胶管，用石棉被将罐口盖好，关闭了输油管线阀门，跑回县公司喊人救火。车站站长当机立断，令司机急速把油罐车拖出危险区。在油库职工、当地消防人员、广大群众的抢救下，将大火扑灭。事故造成 1 人烧亡，2 人重伤，泵房的全部设备烧毁。

二、事故分析

这起事故发生的原因是多方面的。一是闸刀开关同油泵安装在同一房间内，油泵漏油、油气浓度在爆炸极限内，合闸产生火花爆炸。二是泵房处于低洼处，泵房内无通风设备，门窗小，通风差，油气不易扩散；三是油库没有铁路专用线，泵房设在车站货运线三股道与四股道之间，距三股道 3.5m，距四股道 3m，不但货车威胁油泵房安全，而且油泵房也威胁铁路的安全；四是油库制度不健全，对安全工作重视不够。油库分工不明确，没有实行岗位责任制，作业时临时指定人员。在扑灭火灾时，灭火器没有灭火药，没有进行过消防训练，火灾发生后一片混乱。五是按照《石油库设计规范》要求，油泵应设外开门，且不宜少于两个。建筑面积小于 $60m^2$ 的油泵房，可设一个外开门。此油库泵房门设计成内开，在发生火灾时，门自动关闭，人员无法出来也无法进去，给救人和灭火都造成了困难。

事　故　二

一、事故经过

1979 年 6 月 2 日，某石油公司接卸 2 辆铁路油罐车的汽油 80t。由于天气较热，从8:00至9:00，采用了真空排气、喷水降温等措施才将油卸完。司泵工到配电间(与油泵间相隔离)断电，拉闸刀开关产生弧光，发生爆炸。接着油泵间也发生爆炸。事后检查发现，油泵间与配电间设置的隔离墙和隔离挡板密封不严，油泵漏油，油气从泵房窜入配电间。配电间爆炸着火后，火从隔离板处窜入泵房，引起泵房爆炸着火。

二、事故分析

发生这起事故的原因：一是油泵漏油；二是隔离挡板不密封。这两个原因既是设备问题，也是管理问题。因为油泵可以做到不漏油，油泵间油气浓度一般在爆炸极限以下，即使油气浓度达到爆炸极限，若隔墙挡板严密，油气就不会窜到配电室，也不会发生爆炸。这里要注意的是油泵间与配电室之间隔离墙、观察窗必须按规定要求设置，不符合要求就可能引发事故。根据《石油库设计规范要求》，电压为 10kV 及以下的变配电间可与油品泵房相毗邻，当与易燃油品泵房相毗邻时，应符合下列规定：隔墙应为非燃烧材料建造的实体墙。与变配电间无关的管线，不得穿过隔墙。所有穿墙的孔洞，应采用非燃烧材料严密填实。变配电间的门、窗应向外开，其门窗应设在泵房的爆炸危险区域以外，如窗设在爆炸危险区域以内时应设密闭固定窗。变配电间的地坪，应高于泵房地坪0.6m。

事 故 三

一、事故经过

某油库在收发汽油中，当鹤管插入油槽车罐口接触油面时，突然起火。助理员马上意识到即将发生的情况，迅速将管抽出，盖上槽车盖，在同伴的协助下用石棉被紧紧地压住槽车罐口，避免了一起可能发生的事故。

二、事故原因分析

事故苗头发生后，仓库领导组织业务骨干，对油库的方方面面都作了认真分析检查，均未找到起火发生的原因。后来，在一墙之隔的物资站找到了答案。原来，物资站和油库同一条铁路专用线，因物资站装卸设备漏电，带电鹤管插入时放电产生火花，引起油槽车罐口起火。

事 故 四

一、事故经过与原因分析

安康地区五型油库铁路专用线与阳安线电气化铁路接轨，供电接触网进入油库铁路专用线近170m，油槽车进出油库均需通电作业。

1988年7月23日下午，某油库卸完汽油槽车20min，当电力机车进入专用线拖挂空槽车时，机车司机发现栈桥上第六组鹤管着火；8月24日下午，电力机车进库拖挂前日卸完的两个煤油槽车时，第四组鹤管又发生着火。两起火警均因机车人员报警及时，油库消防队扑救迅速而未造成损失。

7月23日出事后，油库立即同当地公安消防部门一道进行了现场调查和勘察。首先证实了当时栈桥上无任何人员，排除了人为点火的可能性；然后测试了专用线、栈桥栏杆与鹤管的接地电阻，均在10Ω以下，并经夜间现场实验，铝合金鹤管与铁栏杆之间相碰都未产生火花。火警的初步原因认为是电力机车头升弓通电挂油罐时，强电流产生的电磁感应，使油库栈桥、鹤管、输油管带电，又由于在挂车时，产生振动使鹤管与栏杆之间发生间隙放电，点燃了鹤管口未消散的油蒸气。第二次火警后，各有关部门对现场进行了联合调查，并请恒口接触网工区对铁轨接地线进行了重复测试，测得专用线14号支柱地线与地线连接处电阻为300Ω、上部未除锈段为580Ω(此地线由铁路部门承包维修)。

分析两起火警的原因，基本有以下三个因素：

（1）电力机车进入专用线后，数百安培的牵引电流由接触网通过机车流到铁轨上。由于接触网专杆接地电阻过高，机车升弓、降弓瞬间出现弓、网离线时产生较强电场，其强电流不得瞬时从回路流到变电所接地网(此专用线未设绝缘板)，有可能通过专用线、集油管及接地极等泄漏到作业区，栈桥栏杆与鹤管也将产生较强电场。

（2）当机车通电与槽车相挂时，产生振动，导致原搭在栈桥栏杆上的鹤管滑动。鹤管与栏杆的接地线未作等电位连接，其电阻值有一点差别，在强电场影响下二者将有一定的电位差。栏杆上有锈部位与鹤管相接瞬间产生火花放电。

（3）火花间隙存在油蒸气。7月23日火警是在卸油后20min发生的，汽油气体还未完全消散，据查阅当地气象资料，当日傍晚下了暴雨，午间气压较低，为当月最低气压，风速为1m/s，因此鹤管口积聚了油蒸气。8月24日火警前虽未卸油，空槽车也是前日卸完的，但栈桥下给油管有满油，部分鹤管阀门关闭不严，且午间油气膨胀从鹤管口泄漏，当时风速为零，油蒸气未能全部扩散。

二、事故教训与改进措施

某油库发生的这两起火警看起来是由接地断路、鹤管漏气与当时气象条件耦合而产生的偶然现象。但从事故分析中也反映出油库设备和安全管理方面存在的薄弱环节，若不及时改进将对油库的安全产生很大的威胁。因此，应采取措施加以改进：

（1）在电气化铁路沿线油库的铁路专用线设计中，供电接触网尽量不要进入库区。因为不管其是否安装开关式绝缘板，机车进库作业时，在升弓、降弓瞬间强大的轨回流或多或少总有部分会泄漏到铁轨以外的区域，使收发油设施带上高电位，从而威胁油库安全。

（2）专沿线铁轨、集油管、鹤管、栈桥栏杆必须作电气连接并接地，使其相互之间保持等电位，避免产生电位差。

（3）接地装置不但要按时测试接地电阻值，还须检查接地体和引下线是否完好、有效。这次油库发生火警后，检查铁轨接地极处氧化皮有1~2mm厚，引下线也锈蚀严重。目前大部分油库投产都在5~10年以上，接地体埋入地后多数未开挖检查过，长期以来受到电化学腐蚀，很难保证接地体有效截面符合规定要求，因此应定期开挖抽查。在测试电阻值时，一定要将接地引线同被保护体拆开测试，以免出现虚假值。

（4）收发油设施须按设备完好标准定期维修，尤其是保证鹤管的密封性，使作业场所不具备发生事故的基本要素。

事　故　五

一、事故经过

1980年8月29日18时30分，某油库接卸1辆汽油铁路油槽车，用往复泵抽吸底油，直接灌装油桶，每45s灌1桶，开关一次闸刀开关。灌了数桶后，胶管脱落，油从油泵出口喷出。司泵员连接胶管时，将汽油溅洒在电机和附近地面上。不久，往复泵胶管又脱落，司泵员又动手修好。又灌了几桶再次合闸时，司泵员看到有蓝色火焰从闸刀处冒出，与此同时，往复泵处着火。司泵员立即拉开闸刀断电，离开现场去喊人救火。铁路油罐车上持胶管的卸油人员看到往复泵处着火，火势顺胶管向油罐车蔓延，便将胶管从油罐车口拔出，跳下罐车，离开了现场。负责灌桶的人员见状逃离现场，着火现场空无一人。200多只油桶和油罐车一直被烧着。同时，油库消防车驾驶员脱岗，临时找来油罐汽车司机将消防车开到现场，消防人员又不会扑救火灾。后经消防队赶到40min扑救，最终扑灭火灾。火灾烧毁部分设备，烧损汽油13t。

二、事故原因

（1）随意拉接临时线路，使用闸刀开关抽吸底油。事后检查，从闸刀开关至往复泵的临时线路中，在离往复泵1m处有一个用胶布包着的断头，胶布已经老化。

（2）抽油中，胶管脱落跑油，为着火提供了可燃物，加上跑油浸泡，造成电线短路冒火，点燃了洒在地面上的油料。

（3）现场没有消防器材，作业人员面对火灾惊慌失措，没有采取任何扑救措施，而是一走了之，导致火灾事故进一步扩大。

第七节 油库维修作业事故案例

事 故 一

一、事故经过

2002 年 12 月 18 日，某油库发生了一起油罐爆炸亡人重大事故，造成 2 人死亡，油罐及罐室炸塌报废。经事故调查组取证和专家鉴定分析，初步认定事故的过程及起因如下：

2002 年 12 月 18 日上午 8 时，油库现场值班干部蒋某带领施工人员陆某、黄某开始对 1 个 2000m^3 半地下汽油罐（已腾空，由施工队承包防腐施工）做通风清洗作业准备。8 时 36 分，陆、黄、蒋 3 人一同进入油罐下通道内，由陆某在通道墙壁上（距地面高 2.2m）钉上水泥钉子，黄某将临时拉线的防爆白炽灯（重 2.5kg）挂在钉上用作照明，接着陆、黄两人卸下了油罐底部人孔盖，观察罐部情况。

9 时 12 分左右，当他们 3 人返回通道准备取下防爆灯走出通道时，防爆白炽灯意外坠落地面，灯罩、灯泡破碎，点燃从油罐人孔口外溢至进出通道的油蒸气，引起通道、罐室和油罐爆炸，油罐彻底损坏，并把近五分之二的混凝土罐帽掀开。事故中，走在前面的陆某侥幸逃出，黄、蒋两人因爆炸冲击波将通道防护门关死，困在通道内死亡。

二、事故分析

（1）油库领导安全意识差，油罐通风清洗这么重要的作业，没有确定清罐作业领导小组负责人，没有一个油库领导现场监控，也没采取有效的安全措施，完全将安全责任寄希望于施工人员身上。

（2）错误使用防爆设备，盲目蛮干，将固定安装防爆灯具当作移动防爆灯具使用，而且挂吊极不牢靠。

（3）对施工队使用不当，明知施工队缺乏油罐清洗工作经验，仍让其施工，对施工队资质条件也没有严格把关。

（4）油罐安全设施多年未改，出事油罐安全设施存在诸多问题，致使事发时人员因通道防护门开向错误无法逃离被烧死。

（5）此次事故看似偶然，其实也反映出事故的必然性。此油库干部和施工队人员都缺乏安全意识，对于将防爆灯具随意挂在墙上这一行为可能产生的后果未能预料，在多种因素综合作用下，最终导致了事故的发生并产生了严重的后果。因此，油库业务人员应时刻绷紧安全这根弦，时时、处处、事事都要想到安全。油库安全无小事，任何一个小小的失误都可能铸成大错。

事 故 二

一、事故经过

1981 年 9 月 10 日 14 时 55 分左右，某石油公司油库一号油罐发生爆炸，当即造成 6 人死亡，直接经济损失达 3 万余元。

1981 年 5 月 12 日，县农机厂与县石油公司签定了一项建罐合同，在石油公司油库院内建一组（4 个）1200m^3 的立式金属储油罐。石油公司承担建罐材料供应及现场保护，县农机厂负责工程项目的施工。这项工程于 5 月 15 日动工，7 月末四个罐体的主体工程基本完成，

8 月末工程扫尾等待试验验收。

9 月 9 日，向一号罐注水 145cm 高(罐体高 7.85m)，做罐壁严密性试验。9 月 10 日下午农机厂、石油公司等 6 名工人在一号罐顶上安装 U 形压力计，准备作罐顶严密性试验。在实施电焊开孔时即发生了爆炸，罐体焊缝热影响区全部拉断，整个罐体抛出罐位，卡落在二号、三号罐之间，使在罐顶作业的 6 名工人当即死亡。

二、事故原因分析

事故发生的原因是，县石油公司在向一号油罐注水时，将原输油管路中沉积的汽油随水注入罐中，油的数量大约在 77kg 左右，使罐内气体空间产生并积聚了大量的易燃易爆气体，在安装 U 形压力计开孔时，遇到电焊明火发生爆炸。

事 故 三

一、事故经过

2002 年 8 月的一天中午，某公司油库一个 390m^3 的半地下柴油罐发生爆炸燃烧，造成 4 人死亡，2 人受伤，油罐报废。事发时，施工作业人员正在该柴油罐罐顶人孔掩体上焊接人孔盖板，期间引燃罐内油气发生爆炸，罐身与罐底拉裂并飞出油罐半地下掩体，罐内 200t 柴油漏出，顺管沟在库区流淌并燃烧，大火持续 6h 后才被扑灭。

事故发生当时(中午 11:30)气温约 33℃，晴天。在太阳辐射下，罐体上部砖土防护地表温度 42℃左右，气象预报风力 2 级，而处于凹地位置的罐区更显通风不良。事故油罐容积 390m^3，圆柱体、拱顶结构、半地下掩埋、顶部覆砖土防护(约 20cm 厚)。事发当时内装柴油 241m^3，为罐区唯一的柴油罐。该罐罐顶中心有一个 4m 多高、带有阻火器的呼吸阀；与呼吸阀相对称，由砌砖围成小方型掩体的人孔和量油孔分设在油罐圆形拱顶的两个边缘，用于防护人孔和量油孔的方形掩体长、宽、高均约 1m，高出罐顶，上面露天，掩体底部靠近罐边缘处留有出水小孔，孔面积约 20m^2，出事前该掩体上面一直用毡板防雨。罐区内还有另外 3 个汽油罐，其中一个地面汽油罐(容积为 1300m^3)离事故罐仅相距 20m(所处地理位置较出事罐偏高)。事发当天整个罐区没有任何收发油作业。

施工队根据经批准的施工方案和预先的任务安排，分两个施工小组开展在罐顶人孔和量油孔掩体上焊接推拉防雨盖板(代替原毡板)施工，每组 6 名人员，分别配备了灭火器、石棉被、便携式可燃气体报警器等消防器材。其中出事的施工小组当日已对其他汽油罐施工完毕，对事故柴油罐的施工为该小组最后一项作业。据现场伤者(重伤)断续回忆并经另一施工组负责人确认，他们先用石棉被盖住人孔掩体中的人孔盖板，随后用可燃气体检测器检测油气浓度(检测器探头离人孔掩体底部约 50cm，时间约 5s)后没有报警，便开始焊接作业，紧接着事故就发生了。

事发时间为当日上午 11:30，一声沉闷的爆炸声响过之后，在出事罐上方腾起烈焰约 150m 高。至当日下午 14:30 火势蔓延才得到控制，空中卷起浓烟约 300m 高。相关部门组织当地 600 多名救火人员，先后投入 8 辆消防车、20 多辆运沙工程车及其他多台消防设施，大火最终于当日下午 17:30 被全部熄灭。由于救火措施得力，离该事故罐 20m、位置较出事罐偏高的地面立式汽油罐没有受损。此次事故造成了施工小组 6 名成员中，死亡 4 人，重伤 2 人。事故油罐罐壁在底部与罐底周焊处被完全拉裂开并被抛向空中，底口翻上，在翻撞附近山坡后滑至离罐地理掩体约 2m 处，人孔盖被反压在底部。油罐彻底报废，燃油燃尽。

二、事故原因分析

我们知道，可燃物质、点火源和助燃剂构成燃烧三要素。燃烧发生时三要素条件必须同时具备、缺一不可，其中可燃气体或蒸气发生爆炸时其浓度还必定在爆炸极限内。我们还知道，空气中的氧即为助燃剂，在大气中广泛存在。那么事故中的可燃物是什么，可燃物从何而来？点火源是什么，从什么地方引爆？现场除了罐装柴油外，没有其他可燃物质，罐内液态柴油不会爆炸，因此，产生爆炸的可燃物质必定是可燃性柴油蒸气。经查证，柴油闪点为38℃，自燃点约220℃，爆炸下限约10mL/L，其爆炸性气体或蒸气级别及温度组别为ⅡAT3。事发当日，当地气象报告最高气温为33℃，而实测当时太阳曝晒下罐区地表温度为42℃。事发时间为上午11∶30，正处在当地最高气温时间段。由地表温度高于闪点温度可知，当时柴油蒸气必定是处在挥发之时，罐内肯定有柴油蒸气。

罐内的油气能否溢出罐外？经查实罐盖无裂缝，溢出油气的可能位置只有三处：罐盖中央高出罐顶约4m、带有阻火器的呼吸阀、紧固的量油孔盖及人孔盖。经实地勘察，量油孔盖法兰接合面仍然密实，不会泄漏油气；呼吸阀可能溢出油气，但溢出点位置较高，溢出量较少并且扩散效果较好；人孔法兰盖虽然完好，但缝隙较大，其上紧固用16个螺栓中有14个螺钉与螺母间留有0.5～3.5cm松动量，并且接合面上火焰烧蚀痕迹比较明显。罐内大量油气是通过人孔法兰盖间隙外溢，并与空气形成爆炸性混合物。

点火源比较容易判定，施工人员当时正在人孔盖掩体上焊接防雨盖，电焊火花的点火能量和点燃温度远大于或高于ⅡA级柴油的最低点火能量（2mJ）和最低点燃温度（220℃），是有效点火源。电焊火花引燃人孔掩体内积聚的泄漏油气，并将火焰传播至罐内。

事故调查技术专家组通过现场勘察、实地测量、证据采集、施工现场人员及幸存人员口述等，研究认定油罐爆炸火灾事故的直接原因是：施工人员在该柴油罐人孔掩体上焊接安装人孔盖遮雨盖支架时，因人孔法兰盘密封不严，油气泄漏，电焊火花引爆半地下柴油罐。

事　故　四

一、事故经过

1998年1月15日，某后方油库一勤务连干部带领新兵连6名战士清理报废加油站时，使用气焊切割输油管线，引起爆炸燃烧，造成5人烧死。

二、事故原因

当用气焊切割管线时，管线内残存油品及油气受热急剧膨胀，遇明火产生爆炸燃烧。因房屋门窗均为向内开，无法打开逃生，造成人员伤亡。

三、经验教训

（1）作业人员安全知识缺乏。参加拆除加油站作业的人员不懂油料知识，在不清楚拆除管线是否有残油的情况下，盲目用气焊切割管线。

（2）安全管理存在死角。油库领导对废弃加油站储油和输油设备拆除的危险性估计不足，计划不周，动火作业没有履行上报审批手续，擅自决定。油库领导没有全程跟班作业，擅离职守，致使作业人员在切割最后一根管线时发生爆炸。

（3）安全防范措施不健全。管线内残油和油气遇火爆炸燃烧后，由于门窗被巨大气浪压死，作业人员失去了逃生机会，造成了烧死5人的惨祸。

第八节 油库自然灾害事故案例

事 故 一

一、事故经过

1973 年 9 月 2 日，某油库 17#3000m^3 金属罐壁钢筋混凝土拱顶油罐，因山体塌方，钢筋混凝土拱被砸塌，石块落入罐内约 200m^3，罐壁上部近 2m 被压坏，跑油 298t，油罐报废。9 月 1 日上午查库时，情况良好。9 月 2 日下午查库时，刚到洞口即嗅到油味很大，到 17#油罐支巷道发现操作间门破散到 7～8m 远处，地面油深约 10cm，密闭门被推开，罐室内有喷油声。保管员立即报告，库里采取紧急输转油料的措施。经过 36 个小时抢救，未造成更大的损失。

二、事故原因

（1）钢筋混凝土罐顶中部 17m 范围内没有配钢筋，削弱了拱顶抗压强度。

（2）拱顶上部空间没有回填，增大了塌方的冲击力。

（3）钢筋混凝土圈梁下部，施工时超挖过多，没有处理好，使钢筋混凝土拱顶圈梁与罐壁结合不好。

三、经验教训

这是一起因设计缺陷、施工质量差，再加上地质因素（塌方）激发而引起的技术事故。通常情况下，这类事故损失都相当严重。因此，油库建设必须把好设计、施工、验收这三个关键环节。

事 故 二

某油库两个分别装有汽油 4.7t、柴油 3t 的油罐因内涝上浮，并有拉断油管、使油品泄漏的危险。接到报警后，消防支队 9 名官兵及一辆消防车火速赶往现场。他们通过向油库管理人员了解情况并实地勘察，发现该油库毗邻鱼塘建造，油库四周已被洪水包围，库内已积满水，由于油罐底部未固定在水泥基座上，两个油罐均已上浮，并有少量柴油泄漏。

消防技术人员迅速制订抢险方案，使用消防车水泵抽油库的积水，把水排干后再用油罐车将汽油和柴油抽出来。同时划定警戒线防止无关人员和火种靠近油库。4 时 20 分，消防车开始抽水，但是由于外部水位高于油库水位，而且油库是砖混结构，外部积水同时往里渗入，抽水约 1 小时，油库水位仅下降 12cm，此办法显然不行。

消防支队的同志与赶来增援的某石油公司领导共同研究，决定从通气管使用油泵把油抽上油罐车，同时为保持汽油罐平衡，不因上浮而拉断输油管，利用消防车压力从卸油口向油罐注水。一切准备就绪后，晚上 7 时开始抽油。8min 左右，汽油罐远离通气管端上浮，倾斜角度约 20°。消防技术人员立即命令停止抽油，开始灌水，同时加强观察，当油罐恢复平衡后，继续抽油。8 时 20 分，经过 3 次抽油、3 次灌水，终于将汽油罐中的绝大部分汽油抽出，而且将汽油罐注满水，消除了汽油外漏的火灾隐患。

事 故 三

某年 3 月中旬的一天，某油库驻地异常闷热，气温高达 30℃以上，晚上 11 时许天气突然变冷，刮起5级大风，并下起小雨。次日凌晨2时40分，库区的3个警卫先后发现离1号罐不远处有小片火光，后立即分别用电话报告了库值班员，库领导接到值班员电话后，当即命令向全库发出一号警报，并急忙前往现场。

2时50分，先赶到库区的库领导在跑到离燃火100m的地方时，发现情况异常，除能看到一般山火的红色火光外，还看到一条条兰绿色弧光，并听到刺耳的“呲－呲”声。库领导经过冷静分析后认为，山火可能是由靠近库区围墙外侧的高压线故障引起的，于是首先命令5名同志把守通往现场的4条路口，以免前来救火的同志误入火区，并要求赶来的所有人员听从指挥，绝不能盲目行动。几分钟后，经供电部门拉闸，山火中的兰绿色弧光和“呲－呲”声马上消失。这时，库领导命令大家一起上前灭火，并于3时10分将山火扑灭。

在清理现场时发现，油库围墙外的一条高压线路由于年久失修、维护保养不善，致使高压电杆横档上的瓷瓶脱落，一相电线断落40多米长，掉在离1号罐约50m远的地方，其中有30多米高压线已烧成铝渣。由于对火情判断得准确，处理得及时、果断，因此避免了一起可能造成人员触电伤亡的重大事故。

事 故 四

1964年6月16日，日本新泻发生7.5级大地震，震中距新泻炼厂100km，震源深度40km，地震烈度5°～6°(日本国分类)。这次地震对日本新泻炼油厂造成了巨大损失，地震中储油罐破坏后发生大火和爆炸，火灾延续15天，烧毁84座储油罐。

一、一次地震，两起火灾

第一起大火灾发生在新厂区，起火时间为6月16日13时零3分～7月1日5时，历时半个月。地震后1min，五座大型原油储罐几乎同时起火，烧毁原油$12.2\times10^4m^3$和烧毁五座油罐(3.5万×3座＋4.5万×2座)。还有部分联合装置受损，烧毁居民楼18栋，总面积达$1253m^2$。

第二起大火发生在老厂区，起火时间为16日18时～20日17时，烧毁储罐144座，石油$3.22\times10^4m^3$，包括办公楼外的全部老厂区装置，民用住宅229栋，面积为$2.1\times10^4m^2$。

为扑灭这场大火，动用了普通消防车212台(辆)，消防人员1561人；动用化学消防车107台(辆)，人员986人，合计动用消防车总数为319台，消防人员达2545人。搬运灭火剂卡车7台，飞机27架，消耗掉全日本90%的泡沫灭火剂。

发生上述火灾的主要原因，主要是由于储罐浮顶结构不合理。

二、新老厂区受到破坏的情况

从破坏程度来看，老厂区尤为严重。地震后，30m高的烟囱从地面算起1/3处折断；装卸油台倒毁；装满油品的铁路槽车卧倒在铁轨上；长期使用的设备管线、储罐开裂；埋地输油管线多处断裂泄漏；厂内冷却水排水线断裂，漏水和喷出地面的地下水一起浸泡地面；由于长期漏损积于地下水中的油，随水流扩散并挥发，使老厂区到处充满石油臭气。

新厂区1台废热锅炉、7台加热炉、反应塔，高压容器储罐、冷却罐、仪表室、配电间均下沉。炼油塔、罐、热交换器、加热炉、泵等发生位移，连接管线因设计时考虑了热膨胀和振动未发现泄漏。管架、平台柱脚部分下沉，泵的连线集中了极大的应力(未断)，仪表线管头脱扣。装置外管线出现严重位移，管线脱架犹如滚地龙，但未开裂；储罐下部变形，储罐被负压抽吸塌陷。

灾害的主要原因是土地液化。老厂区由于原设计不合理，设备管线旧且埋设管线多，地基标高低，所以受害严重。

三、地震中的紧急抢险救灾

此次地震灾害中，操作员的责任对减轻地震灾害起了重要作用。地震发生时，操作室现场有10名操作工(三班两倒)进行了紧急抢救工作，并立即组织停工工作。首先在仪表盘上进行加热炉熄火，接着对系统放压，当发现蒸气透平已停时带班班长即用手动关机。

当工段长赶到仪表室后，确定所有控制阀风压全为零。这时，由班长指挥进行了检查，工段长指挥紧急操作，迅速将操作员各自负责的装置内和罐区阀门全部关闭。

第八章　油库事故现场急救处理

第一节　现场急救概述

一、现场急救的定义

现场急救又称院前急救，是指伤病员进入医院以前的医疗急救。一次完整的院前急救，包括伤病员或目击者的呼救，消防队员、急救中心(站)专业急救人员到达现场并进行初步急救，然后将伤病人员安全搬运后送(包括途中监护)到医院的全过程。

现场急救是院前急救、医院急诊科和院内监护病房(或专科病房)整个医疗急救体系三个环节中的首要环节，也是最重要、最能体现“急”与“救”的关键环节。

现代医学告诉我们，严重创伤抢救的黄金时间是在受伤后1h之内。由灾害、事故、意外伤害和急危重症导致的呼吸、心跳骤停抢救的最佳时间仅是最初的4min。可见，赢得时间对于抢救生命是多么重要。各类灾害事故、各种急危重症和意外伤害的伤病员均需在现场进行急救，以挽救和维持伤病员的生命，防止继发性损伤，并尽快安全地运送病人至医院。现场及时、正确地急救，可为医院救治创造有利的条件，并能最大限度地挽救伤员的生命和减轻伤残程度。

现场急救水平的高低直接影响整个急救的成败和好坏。美国的急救专家EsPoito教授关于现场急救的一项研究结果表明，致死性损伤中约有35%的伤员是可以避免死亡的，关键因素是院前急救阶段能否获得快速、高效和优质的救治。

二、现场急救的特点

由于环境、条件、事故类型和伤员伤情往往复杂多样，油库事故现场的急救有其特殊性。掌握事故现场急救的特点，有利于充分做好急救的各项准备工作，并采取及时有效的现场急救措施。油库事故现场急救具有以下特点：

1. 突发性

油库事故往往在人们的预料之外突然发生，并在短时间内造成人员伤亡和财产损失。伤员若得不到及时抢救，就可能很快死亡或致残。

2. 复杂性

油库储存易燃易爆油品，油库事故可能导致人员伤亡，但由于事故的类型、规模、程度的不同，所致人员伤亡数量、伤病种类、受害程度等常表现为复杂多样。即使同一类事故的同一个伤员，也可能存在烧伤、颅脑损伤、骨折等两种以上的复合伤。因此，现场急救情况复杂，难度大。

3. 混乱性

油库事故发生时，由于各种正常的保障和指挥系统被破坏、被打乱，人员表现慌张，在一段时间内事故现场的抢险救援和医疗急救可能出现混乱场面。

4. 急迫性

拯救生命分秒必争。现代医学表明，对于一个呼吸、心跳停止的病人，4min 之内进行心肺复苏，可有 50% 的人被救活；超过 6min 进行复苏仅存活 4%；10min 以上再进行心肺复苏几乎无效。

5. 专业性

现场急救工作是一项系统性、连续性、专业性很强的工作。油库人员需要进行相应的医疗急救知识和技术的培训，提高现场急救能力。

三、现场急救的目的

1. 抢救生命

通过及时、有效的现场急救措施，如对心跳、呼吸停止的伤员进行心肺复苏，以挽救伤病员的生命。抢救伤病员的生命是抢险救援和现场急救的第一要务。

2. 稳定病情

在现场对伤员进行必要的对症及特殊救治，以使伤病员病情稳定，为下一步救治打下基础，如对大出血的伤员进行及时的止血，是防止出现失血性休克和病情恶化的重要措施。

3. 减少残疾

在油库事故现场，尤其是重大火灾爆炸事故现场，往往会出现各类外伤、复合伤和并发症。要全面检查伤员，充分估计预后，及时正确地采取紧急措施，避免盲目蛮干，最大限度地减少残疾。

4. 减轻痛苦

采用止血、包扎、固定、止痛等技术，进行及时、有效的急救措施，以减轻伤病员的痛苦，稳定伤病员的情绪。

四、现场急救的原则

油库事故现场急救总的任务是采取一切及时、有效的抢救措施，最大限度地挽救伤病员的生命，减少死亡率，减少伤病员的痛苦，降低致残率，为医院进一步救治打好基础。现场急救必须遵循以下原则：

1. 急救为重

面对有生命危险的伤病员，立即采取心肺复苏等急救措施为重中之重，等待医务人员的到来。

2. 先抢后救

应在统一指挥下，先将伤病员从火场、倒塌的建筑物等第一灾害现场中抢出来，然后针对伤病情况进行医疗救治。消防队员以抢为主，医护人员以救为主。二者调协一致，密切配合。

3. 心理支持

由于缺乏自救知识和灾害事故所带来的强烈精神刺激，往往使被困人员一时丧失理智、失去自控能力和自救能力。由此可能导致被困人员不必要的损伤加重，甚至丧失生命。为此，在还不能立即解救被困人员的情况下，首先应给予其心理支持、精神救助，稳定被困人员的情绪，避免其采取盲目和错误的行为。指导被困人员稳妥地等待救援或采取积极、有效的自救措施。

4. 先命后伤

在现场急救中，首先处置呼吸、心跳骤停、大出血、窒息等危及伤病员生命的伤病情，然后再按照先重伤后轻伤的顺序治疗伤处。做到层次分明，轻重有别，先后有序。这是事故现场急救中一条最基本的原则。

5. 先救后送

在事故现场，应首先对伤病员进行止血、包扎、固定等基本急救措施，然后将病人转送到医院进一步治疗。在后送途中应密切观察病情变化，必要时边后送边抢救。

第二节　现场对伤员急救前的检查

现场急救处理是指在事故现场对威胁人生命安全的触电、火焰烧伤、化学烧伤、中毒、机械性外伤等所采取的一种紧急医疗处理措施，然后以最快的速度将伤员安全地护送到附近医疗机构，再作进一步检查和急救治疗。

油库事故现场的员工和消防人员，会因人－机－环境中的种种隐患，导致意外人身伤害。伤害事故发生后，现场人员必须对伤员进行初步急救处理，并按正确方法搬运，以防止二次性损伤。确切地说，现场急救之所以重要，是在于它可以尽可能地减轻伤员痛苦、防止伤情恶化、预防感染、防止和减少并发症的发生，甚至挽救伤员的生命。因此，在油库事故现场做好急救工作，关系到伤员的生命安危和进一步的治疗效果。

医疗实践的结论是：

(1) 呼吸停止，不进行紧急抢救，就会很快死亡。

(2) 伤员意识丧失，舌头下落堵塞呼吸道、妨碍呼吸，如不及时处理会造成死亡。

(3) 对大出血的伤员如不采取紧急处理措施，会由于出血过多而死亡。

美国德林卡博士就呼吸停止后的时间变化和利用人工呼吸而生还可能百分率，得出如图8－1所示的结论：

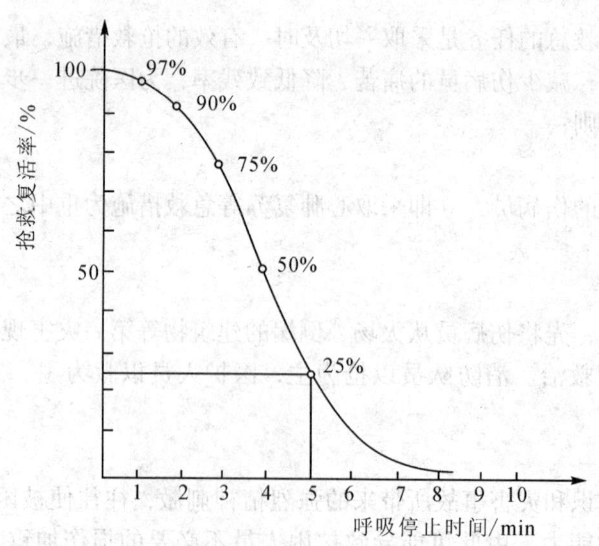

图8－1　随呼吸停止时间的变化做人工呼吸生还的百分率

从图8－1中可以看出，呼吸停止5min，不管采取何种急救措施，能够救活性命的仅为25%，因此，现场急救工作能否做到及时正确，对伤病员的生命有着极为重要的关系。

在给伤员作急救处理之前，首先必须了解患者受伤害的情况，观察病人的变化。由于现场环境情况紧急，需急救的患者的病情往往是很严重的，故重要的体症、病状绝不能疏忽遗漏。通常在现场作简单的体检，项目有下列几项：

(1) 心跳。正常人每分钟心跳为 60 ~ 80 次，严重创伤、失血过多的患者，心跳增快，但力量较弱，脉细而快。

(2) 呼吸。正常人每分钟呼吸数为 16 ~ 18 次，重危患者，呼吸变快、变浅不规则。当患者临死前，呼吸变得缓慢、不规则，直至呼吸停止。通过观察患者胸廓的起伏可知道有无呼吸。但有时呼吸极其微弱，不易看到胸廓明显的起伏，可以用一小片棉花或薄纸片、树叶等放在患者鼻孔旁，看这些物体是否随呼吸飘动，以判断有无呼吸存在。

(3) 瞳孔。正常人眼睛的瞳孔是大、等圆，遇光线能迅速收缩。受到严重伤害的患者，两瞳孔不一般大小，可能缩小或放大，用电筒光线刺激时，瞳孔不收缩或收缩迟钝。当其瞳孔逐渐散大，固定不动，对光的反应消失时，患者陷于死亡状态。

第三节 外伤现场急救处理

在现场救护中对外伤的急救处理，要防止细菌侵入感染及摔跌骨折刺破皮肤、周围组织、神经和血管，避免引起损伤扩大，同时可以减轻伤员的痛苦和便于转送医院。

外伤现场急救处理的要点如下：

(1) 一般性的外伤表面，可用无菌生理食盐水或清洁的温开水冲洗后，再用消毒纱布、防腐绷带或干净的布类包扎。

(2) 伤口出血，以动、静脉出血危险性最大。动脉出血，血色鲜红且状如泉涌；静脉出血，血色暗红且持续溢出。人体的总血量约 4 ~ 5L，如果出血超过 5L，可能引起心脏跳动停止而死亡。因此，要立即设法止血。

压迫止血法是动、静脉出血最迅速的临时止血法，即用手指、手掌或止血橡皮带在出血处将供血端的血管紧紧压在骨骼上而止血的方法。

如果伤口出血不严重，可用消毒纱布或干净的布类叠几层在伤口处压紧止血。

(3) 高压触电时，可能会造成大面积严重的电弧灼伤，往往深达骨骼，处理十分复杂，现场可用无菌生理盐水或清洁的温开水冲洗，再用酒精全面涂擦，然后用消毒被单或干净的布类包裹处理。

(4) 对于摔跌四肢骨折的伤员，应首先止血、包扎，然后用木板、竹竿、木棍等物品，临时将骨折肢体固定。

(5) 经上述急救处理后，要速送附近医院进行进一步的急救、治疗。

第四节 触电现场急救处理

油库事故现场触电多数是属于低压触电，发现有人触电时，切勿惊慌失措。触电急救的要点是动作迅速，救护得法，首先的任务是立即使触电者脱离电源或带电体。

一、解脱电源

为使触电者脱离电源，必须注意急救者的自身安全。在低压电网(对地电压小于 250V)

中，可采取下列措施：

（1）如果电源的闸刀开关或插销就在附近，应迅速拉开开关或拔掉插头。但此时应注意，一般拉线开关和扳把开关只能断开一根导线，而开关不一定控制的是相线（俗称火线），虽然断开了开关，造成人身触电的导线可能仍然带电，所以拉这种开关并不保险，还应该拉开闸刀开关。

（2）如闸刀开关或插销距离触电地点很远，则应迅速用绝缘良好的电工钳或用有干燥木柄的斧头、铁锹等利器切断电源线。切断后，有电的一头应妥善处理，防止带电导线触及其他人体。多股绞合线应分相切断，以防短路伤人。

（3）如果导线搭落在触电者身上或压在身下，可用干燥的木棒、竹竿、木条等迅速将导线拨离触电者，或者用干燥的绝缘绳索套拉电线或触电者，使其脱离电源。

（4）若现场附近无任何合适的绝缘物可利用，而触电人的衣服又是干的，则救护人员可用包有干燥毛巾或衣服的一只手去拉触电人的衣服，使其脱离电源。若救护人未穿鞋或穿湿鞋，则不宜这样做抢救工作。

（5）救护人可站在干燥的木板、木桌椅或橡胶垫等绝缘物品上，用一只手把触电者拉脱电源。

（6）如果触电者由于触电痉挛，手指紧握导线或导线缠绕在身上时，可用干燥的木柄斧、胶把钳等工具切断电线；或用干燥的木板等绝缘物塞进触电者身下，使其与地绝缘来隔断电源，然后采用其他办法切断电源。

触电者脱离电源后，要防止发生摔伤。特别是在高空情况下，必须注意防止摔伤与坠落发生。

遇有高压触电应及时通知有关部门拉掉高压电源开关。

二、现场救护

抢救触电者要及时果断地进行有效的现场急救，尽快地使伤员恢复心跳和呼吸，挽救生命。

现场救护大体有以下三种情况：

（1）如果触电者的伤害情况并不严重，神志还清醒，只是有些心慌、四肢麻木、全身无力或虽曾一度昏迷，但未失去知觉，则应使触电者静卧休息，不要走动，严密观察，同时请医生前来或送医院诊治。

（2）如果触电者的伤害情况较严重，已失去知觉，但呼吸和心脏跳动尚正常（头部触电的人易出现这种症状），应使其舒适平卧，四周不要围人，保持空气流通。同时，迅速清除口腔和呼吸道的异物，解开衣扣，以保持呼吸道畅通，以利呼吸，并摩擦全身，使其发热。但在冷天，则必须注意保暖。同时立即请医生前来或送医院诊治。若发现触电者出现呼吸困难、心脏跳动失常或出现抽筋现象时，应迅速进行人工呼吸或胸外心脏挤压（人工呼吸和胸外心脏挤压又称人工氧合）。

（3）如果触电者的伤害情况很严重，呈现假死症状（胸部无起伏、小纸条放在鼻孔处无反应等可判断其呼吸已停止），应立即进行人工呼吸；贴胸听不到心音，用手摸不到脉搏，证明心脏跳动停止，应立即进行胸外心脏挤压；当触电人呼吸和心脏跳动均已停止时，情况更为危急，送医院途中不应中断人工呼吸，否则触电者将会很快死亡。

对于昏迷，失去知觉或处于假死状态的触电者，在进行人工呼吸和胸外心脏挤压的同时，还应配合针灸强刺人中、百会、风池、漏泉等穴位或用粗针在人中、十宜、少泽、少商和穴位点刺出血，亦有一定疗效。

现场救护中特别应强调的是对于触电人假死状况的抢救，人工呼吸和胸外心脏挤压是现场救护的主要方法，任何药物不能代替。无论是兴奋呼吸的可拉明、洛具林等药物，或者是作用于心脏的肾上腺素，都不能代替人工呼吸和胸外心脏挤压。

另外，对触电者用药或注射针剂，必须由有经验的医生诊断后确定，要慎重使用，严禁打强心针。

经现场急救处理后，要及时送医院抢救治疗，转送途中仍要对伤员继续进行急救处理。局部电灼伤可按照烧伤进行处理。如发现有其他损伤时，应根据情况同时进行处理。

三、人工呼吸法和胸外心脏挤压法

人工呼吸法就是采用人工机械的强制作用维持触电者气体交换并逐步恢复正常呼吸。胸外心脏挤压法就是采用人工机械的强制作用维持触电者的血液循环，并逐步过渡到正常的心脏跳动。

现将口对口(鼻)人工呼吸法和胸外心脏挤压法的具体操作步骤和要领介绍如下。

1. 口对口(鼻)人工呼吸法

(1) 使触电者仰卧，迅速解开其围巾、领扣、紧身衣扣并放松腰带，颈部下方可以适当垫起以利呼吸畅通，切不可在头部下方垫物。同时，还应再一次检查其是否已停止呼吸。

(2) 把触电者的头侧向一边，清除门腔中的假牙、血块、黏液等物。如舌根下陷，应把它拉出来，使呼吸道畅通。如果触电者牙关紧闭，可用小木片、小金属片等坚硬物品从其嘴角插入牙缝，慢慢撬开嘴巴。

(3) 使触电者的头部尽量后仰，鼻孔朝天，下腭尖部与前胸部大体保持在一条水平线上。如图 8－2(a)所示，这样，舌根部不会阻塞气道。

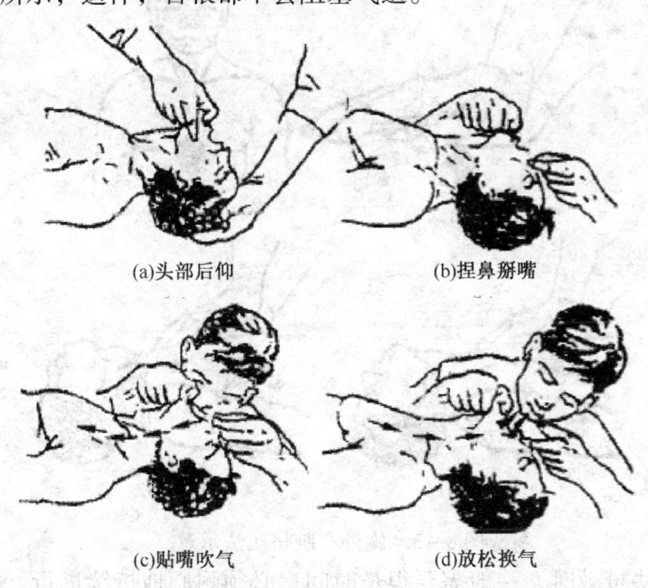
(a)头部后仰　(b)捏鼻掰嘴

(c)贴嘴吹气　(d)放松换气

图 8－2　口对口人工呼吸法示意图

(4) 救护人蹲跪在触电者头部的左侧或右侧，一只手捏紧触电者的鼻孔，另一只手的拇指和食指掰开嘴巴，如图 8－2(b)所示。如掰不开嘴巴，可用口对鼻人工呼吸法，捏紧嘴巴，紧贴鼻孔吹气。

(5) 深吸气后，紧贴掰开的嘴巴吹气，如图 8－2(c)所示。吹气时可隔一层纱布或毛巾。吹气时要使触电者的胸部膨胀，每 5s 一次，每次吹 2s。

(6) 吹气后，应立即离开触电者的口(鼻)，并使触电者的鼻孔(或嘴唇)松开，让其自由呼吸，如图 8－2(d)所示。

(7) 在人工呼吸的过程中，若发现触电者有轻微的自然呼吸时，人工呼吸应与自然呼吸的节律相一致。当正常呼吸有好转时，可暂停人工呼吸数秒并密切观察。若正常呼吸仍不能完全恢复，应立即继续进行人工呼吸，直至呼吸完全恢复正常为止。

2. 胸外心脏挤压法

(1) 使触电人仰卧在比较坚实的地面或地板上，松开衣服，清除口内杂物，然后进行急救。

(2) 救护人员蹲跪在触电者腰部一侧，或跨腰跪在其腰部，两手相叠，如图 8－3(a)所示，将掌根部放在触电人胸骨下三分之一的部位，即把中指尖放在其颈部凹陷的下边缘，即"当胸一手掌，中指对凹膛"，手掌的根部就是正确的压点，如图 8－3(b)所示。

(3) 救护人两臂肘部伸直，掌根略带冲击地用力垂直下压，压陷深度 3～5cm，压出心脏里的血液，如图 8－3(c)所示。成人每秒钟挤压一次，太快和太慢效果都不好。

(4) 挤压后，掌根迅速全部放松，让触电者胸部自动复原，血又充满心脏。放松时掌根不必完全离开胸部，如图 8－3(d)所示。

按以上步骤连续不断地进行操作，每秒钟一次。挤压时定位必须准确，压力要适当，不可用力过大过猛，以免挤压出胃中的食物，堵塞气管，影响呼吸，或造成肋骨折断、气血胸和内脏损伤等。也不能用力过小，而达不到挤压的作用。

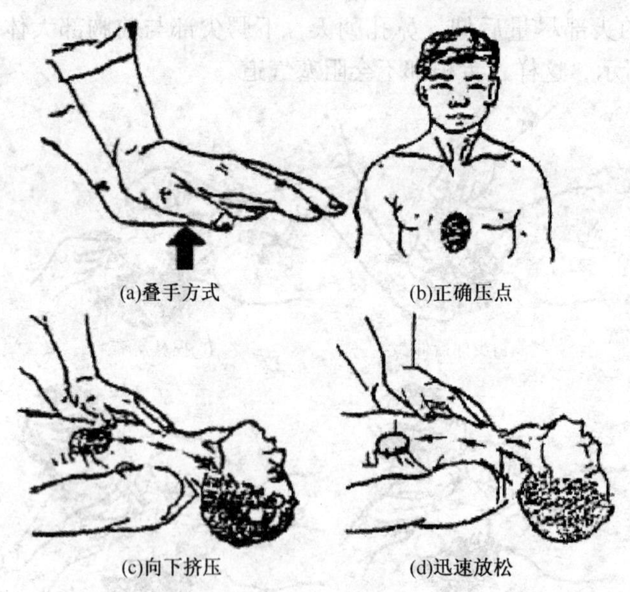

图 8－3　胸外心脏挤压法示意

用上述两种方法抢救时，一般需要很长时间，必须耐心地持续进行。应当指出，触电者一旦呼吸和心脏均已停止跳动，应同时进行口对口(鼻)人工呼吸和胸外心脏挤压。如果现场仅有 1 人救护，两种方法应交替进行，每次吹气 2～3 次，再挤压 10～15 次。

进行人工呼吸和胸外心脏挤压(人工氧合)急救，贵在坚持，即使在送往医院途中也不得中断。触电后，假死达6h，经过持久的抢救，也有复活过来的。

在进行人工呼吸和胸外心脏挤压的过程中，如果发现触电者皮肤由紫变红、口唇潮红、瞳孔由大变小，说明已见效果；当触电者嘴唇稍有开合，眼皮活动或咽喉处有咽东西的动作，则应观察呼吸和心脏跳动是否恢复。除非触电者呼吸和心脏跳动完全恢复正常或是出现明显死亡综合症状(为瞳孔放大，对光照无反应，背部、四肢等部位出现红色尸斑，皮肤青灰，身体僵冷)且经医生诊断死亡时，方可中止救护。

第五节 火焰烧伤现场急救处理

烧伤主要是指火焰的高温对人体组织的一种损伤，常由于燃烧火焰、易燃物爆炸(如汽油、煤油)等引起。轻度、小面积的烧伤对人体健康影响不大，但是严重烧伤会毁坏人体的皮肤，导致体液外溢、血液浓缩，不仅会发生难以容忍的疼痛，而且容易导致休克、感染甚至死亡。

烧伤的急救要点如下：

(1) 首先勇敢而迅速地使烧伤者脱离烧伤现场，去除烧伤源，除去可燃物，以减少伤面继续损伤。

(2) 立即脱去着火的衣服或用水浇灭燃烧的衣服，如有水坑、水塘、溪河，亦可入水灭火。也可以迅速卧倒，慢慢滚动全身而灭火。切忌奔跑和用手拍打，以免助长火势或烧伤手。

(3) 灭火后，对烧伤伤口可按一般外伤处理方法进行适当处理，再用干净的纱布、手帕包扎伤口，防止感染。

(4) 若灼伤处没起水泡，应尽快地泡入凉水，这样既可以止痛，减轻肿胀，又可防止起泡。灼伤处还可以放在淡盐水里浸泡，还可在灼伤处涂些香油、生蛋清、植物油、獾油、烫伤膏、绿药膏、蜂蜜等物。这样做可以减轻伤势，便于早日康复。

(5) 若灼伤处有水泡，则不能浸入水中，也不要弄破水泡，以免感染。如要脱去被烧伤黏结的衣裤、鞋袜等，千万不要破撕强扯，应用剪刀剪开非黏结部分慢慢脱去，脱去衣物后可先用75%的酒精消毒后再把水泡刺破，流出水液后再用75%的酒精浸湿的布包扎患处，可防止感染。不要按老习惯对烧伤处作涂油处理，涂油处理反会助长感染。

(6) 被烧伤者往往有不同程度的疼痛，此时可给予止痛剂和镇静剂。疼痛剧烈者可视情况注射杜冷丁或吗啡，防止因疼痛造成休克。

(7) 严重被烧伤者应使之静卧，保持呼吸道畅通，如呼吸困难，循环衰竭者，可给予注射强心剂、呼吸兴奋剂；若呼吸、心跳停止，应立即进行人工呼吸和胸外心脏挤压；如有外出血，应给予止血；如骨折，应作简单固定。

(8) 大面积烧伤的急救处理，要点是：

① 迅速查明是否有危及生命的复合伤，如大出血、窒息及开放性气胸等，如有则应迅速抢救。

② 用敷料或干净被单、衣服等身边材料，简单包扎和保护创面，以防止创面的污染和再损伤。

③ 口服或肌肉注射镇静、镇痛药物。

(9) 转送伤员。经上述处理后，根据伤员的伤势决定转送医院处理。烧伤后不久，伤面渗血尚少，血浆的损失未达到高峰，此时有的伤员休克现象尚不明显，但也不能耽搁，最好在烧伤后3~5h内转送到医院。切勿在休克高峰时才转送，以免在途中发生意外。如伤员已发生休克或估计途中发生休克者，应先输液，补充血容量，待情况改善后再送医院，转送前或途中忌用安眠药物，转送速度要快。在途中要镇痛、镇静，给予多次小量的温糖水或其他含盐饮料，注意防暑防寒，尽量减少颠簸，密切观察伤员呼吸、脉搏、血压等情况，并做好治疗记录。

对于烧伤，可用外用中草药进行处理，供参考：

① 轻度烧伤。可用清凉乳剂(消石灰0.5kg、蒸馏水或冷开水4碗，搅拌、沉降后，取上面的清液与等体积的芝麻油混合即成)涂于烧伤面上，必要时可包扎。

② 二度烧伤。有两种适用的中草药。

烧伤2号：榆树皮(内皮)粉5份、黄柏粉2份，用80%乙醇浸泡48h后挤出浸液，过滤备用。用时将其喷涂于清洗好的烧伤面上，然后采用暴露疗法。

烧伤粉：地榆78%，黄连2%，冰片20%，均研成细末，经120目筛过筛、混匀，备用。用时用芝麻油调和敷于烧伤面上，暴露或包扎均可。

第六节　化学烧伤现场急救处理

当油库事故现场有酸、碱、氧化剂和其他腐蚀性液体溅泼到人身上时，会造成局部和全身损害，往往需一定的作用时间，时间越短，损害越轻。因此，应该尽量在最短的时间内，争分夺秒，采取自救或互救的方法进行现场急救处理，绝不要等待医生来现场，或转送医院再作处理，以免延误时间，影响治疗效果。

化学烧伤伤员的急救处理措施如下。

1. 皮肤或黏膜灼伤

(1) 迅速使受伤害者脱离致伤源。即迅速脱去被化学物质沾污的衣服。

(2) 清洗创面。立即就近用大量流动清水冲洗伤面半个小时左右。若冲洗得及时和彻底，可以达到稀释或消除致伤的化学物质，防止污染物继续对皮肤组织的损伤，或经皮肤吸收而发生中毒。

(3) 使用清洗剂清洗。经用水彻底冲洗后，再以适合于消除这种有害化学药品的特种溶剂、溶液或药剂，仔细洗涤清理烧伤处。常见化学烧伤物及其清洗剂和急救措施如表8-1所示。

表8-1　常见化学烧伤的急救措施

常见化学烧伤物品	清洗剂和急救措施
硝酸、硫酸、盐酸、磷酸、甲酸、乙酸、草酸、苦味酸	先用大量水清洗，再用碳酸氢钠的饱和溶液清洗
氢氧化钠、氢氧化钾、氨水、氧化钙、碳酸钠、碳酸钾	先用大量水清洗，再用乙酸溶液(20g/L)冲洗，或撒以硼酸粉。其中对氧化钙的烧伤，可用植物油洗涤伤面
铬酸	先用大量水冲洗，再用硫化铵溶液洗涤
氢氟酸	先用大量冷水冲洗，直至伤口表面发红止，然后用碳氢钠溶液(50g/L)清洗，再用甘油镁油膏(甘油/氧化镁=2:1)涂抹，最后用消毒纱布包扎
氰氢酸、碱金属的氰化物	先用高锰酸钠溶液洗，再用硫化铵溶液洗
硝酸银、氯化锌	先用水冲洗，再用碳酸氢钠溶液(50g/L)清洗，然后涂以油膏及磺胺粉

常见化学烧伤物品	清洗剂和急救措施
溴	用1体积的25%氨水+10体积的95%乙醇+1体积松节油的混合溶液处理
磷	不可将灼伤面暴露于空气中，也不可用油类涂抹，应先用硫酸铜溶液(10g/L)洗净残余的磷，再用1:1000的高锰酸钾溶液湿敷，外面再涂以保护剂，然后用绷带包扎
苯酚	先用大量水冲洗，再用4体积70%乙醇与1体积氯化铁溶液(1N)的混合液洗涤

(4) 对症处理。用水冲洗和用清洗剂洗涤清理后的创面，可用消毒纱布、干净手帕等包扎，以免细菌感染。由于强酸、强碱等致伤可产生剧烈疼痛，严重者甚至会发生休克，故可酌情使用止痛、镇静剂。在抢救过程中，要随时注意伤员的全身情况变化，如呼吸、脉搏、神志等，若有变化应对症抢救。

经过上述初步处理后，可将伤员送往医院治疗。

2. 眼灼伤

若眼睛被溶于水的化学药品伤害时，应立即用大量流动的清水或生理盐水冲洗眼睛，冲洗时必须睁开眼睛，并不断地转动眼球，直至污染物全部被冲洗干净为止。

用水冲洗时可用洗眼壶或在水龙头上接上小胶管冲洗，但要注意水压不能高，也应避免水流直射眼球和用手揉搓眼睛。根据现场情况，也可将面部浸入盆水中，用手将上下眼睑拉开，左右摇动头部，使眼内的污染物被波动的水冲去。水洗后，当判明是碱灼烧时，再用20%硼酸溶液淋洗；当判明是酸灼烧时，则用3%碳酸氢钠溶液淋洗。现场处理后应根据灼伤的情况，决定是否转送医院治疗。

注意：化学性眼灼伤时，必须立即用上述方法进行现场处理，千万不可因寻找冲洗液、冲洗器或等待到医院去处理而耽误时间。

第七节 中毒现场急救处理

油库发生火灾爆炸事故，往往会释放大量的有毒气体。有时某些物质在火焰或高温作用下发生分解，放出有毒气体。因此，在事故现场要特别注意预防中毒。一旦发现有人不慎中毒时，可按下述办法进行现场急救处理：

(1) 立即使中毒者离开中毒环境，到通风良好的地方，吸入新鲜空气。

(2) 设法排出其体内毒物，如服用解毒剂、催吐剂等。

(3) 休克的预防和治疗。中毒严重者将发生呼吸困难、心力衰弱、血压下降、瞳孔散大，如中毒者呼吸失调或停止，要立即进行人工呼吸，并使用刺激呼吸中枢活动的兴奋剂；如果血液循环衰弱、血压下降者，应及时查找原因进行治疗；若心跳停止时，应作胸外心脏挤压。

(4) 若中毒者已昏迷，可立即针刺其人中、劳宫、涌泉、十宣等穴位，以促其苏醒。

(5) 若中毒者能饮水，可给予热糖茶水或其他热饮料。

(6) 注意给中毒者保温，尤其是在寒冷的冬季，不要使中毒者受冷。如果中毒者受冷，消耗其体内大量热量，这样对抢救非常不利。

(7) 其他症状。如烦躁不安、抽风者应用镇静剂；剧烈疼痛者，应用止痛剂；呕吐不止者，应用止吐剂；有出血倾向者，应用止血剂。

(8) 轻度中毒者，在空气新鲜处休息2~3h后可基本恢复正常；中、重度中毒者经上述紧急处理后，应及时送往附近医院进一步抢救、治疗。

第八节 高处跌落摔伤的现场急救处理

人从高处跌下后，由于跌下的高度、身体落地的部位及姿态的不同，症状表现各异。轻者安然无恙或只受些皮肉之苦；重者皮开肉绽，流血不止或昏迷不省人事。

高处跌下时的急救要点如下：

(1) 首先要仔细观察伤员的神志是否清醒，有否昏迷、休克等现象，并尽可能了解伤员落地时身体的着地部位。

(2) 如果伤员是头部先着地，同时伴有呕吐、昏迷等症状，很可能是颅脑损伤，应该迅速送医院抢救。如果发现伤员的耳朵、鼻子有血液流出，千万不可用手帕、棉花或纱布去堵塞，因为这样可能造成颅内压增高或诱发细菌感染，影响伤员的生命安全。

(3) 如果伤员是腰背部先着地，可能造成脊柱骨折、下肢瘫痪，这时不能随意翻动。搬动时要三人同时同一方向将伤员平直抬到木板床上，而不能扭转脊柱。运送时要平稳，否则会加重伤情。

第九节 中暑现场急救处理

正常人的体温一般维持在37℃左右，并在神经系统体温调节中枢的控制下，保持着产热和散热的相对平衡。

当外界气温超过皮肤(33℃左右)温度时，皮肤的辐射和对流散热就受到限制，主要散热方式为出汗蒸发。强体力劳动所产生的热量约为静止时的5倍，若空气不流通，就容易使体内的热量积聚而过量，引起体温调节的紊乱，体温升高。扑救火灾人员的作业环境，除受气温的影响外，还接受火焰高热所放射的辐射热，对人体起着直接加热的作用。在夏天的烈日下，扑救火灾的人员可能由于日光的辐射而导致日射病。

1. 中暑原因

中暑的发生原因多半是综合性的，主要因素如下：

(1) 环境温度的影响。

① 大气高温的作用。当大气温度超过30℃时，开始有中暑的人；大气温度32℃时，中暑的人逐渐增多；超过34℃时，中暑发生更为严重。

② 火灾现场环境的温度。环境温度除受大气温度的影响外，又受火焰辐射的影响，因此，其环境温度可达50℃左右，很容易引起中暑。

(2) 体弱、带病或病后未康复即参加高温操作。

(3) 睡眠不足，饮水不足等。

高温虽然对人体有一定影响，但只要采取了积极的预防措施，实际上对人体的影响并不严重。例如：夏季扑救火灾时，应供应足够的茶水或盐汽水，火灾现场环境温度较高时，应缩短扑救人员连续工作的时间，适当休息或组织轮换作业。

2. 中暑的症状和程度

(1) 先兆中暑。火灾扑救人员在高温场所工作一段时间之后，有轻微的头晕、头痛、耳鸣、眼花、无力、口渴、恶心等症状，经短暂休息和处理后，很快可恢复正常。

（2）轻度中暑。除先兆中暑各症状外，有下列表现之一者，应停止工作。

① 体温在38.5℃以上；

② 面色潮红、胸闷、皮肤干热等；

③ 有早期呼吸或循环衰竭的症状，如面色苍白、恶心、呕吐、大量出汗、皮肤湿冷、血压下降和脉搏细快等。

（3）重度中暑。症状为昏倒或痉挛。

3. 中暑的急救

（1）中暑者应立即离开火灾现场的高温环境，到阴凉安静处休息，并供给清凉饮料。

（2）体温升高者，用凉敷或冷水擦身，以助散热。

（3）有显著脱水者，应立即输入大量生理盐水或葡萄糖生理盐水。

（4）凡属重症或因现场条件所限，应在急救后立即转送医院。

第九章　油库事故调查处理

第一节　油库事故调查与分析

在事故发生后，采取科学的应急抢救措施，及时报告事故情况，客观、公正地调查事故原因和责任，妥善进行善后处理，汲取事故教训，对于减少事故损失、防止同类事故再次发生，具有重要意义。

油库事故调查是对事故物证、事实材料、证人材料的搜集，以及相应的摄影、录像、绘图、制表等有关工作。事故调查应建立坚强的领导，坚持实事求是的原则，运用科学的方法和手段，及时查明导致事故的所有事实和细节，为事故分析、处理提供依据。

一、事故报告

事故报告是指企、事业单位发生伤亡事故后，负伤者或最先发现人逐级报告的程序与报告内容要求。

1. 首次报告

首次报告主要是报告事故的基本情况，亦称初次报告。报告方式可采用电话、电传等方式进行，但应尽可能多地包括已获得的有关信息。

（1）报告单位名称和地址。

（2）报告人的姓名、职务、电话号码以及与事故发生地点进行联系的电话号码。

（3）事故现场的具体地点。

（4）物品名称和数量。

（5）现场描述。

（6）残废人数、受伤人数、受伤程度，伤亡人员的身份。

（7）事故原因。如已查明了原因，应如实报告；不能马上准确确定的原因，但已有迹象说明的"可能原因"可简单陈述；毫无线索时可报告为"情况不明"或"原因待查"。

（8）已采取的或计划采取的行动。包括纠正的、调查性的、正在抢救的、处理的情况，以及组织指挥机构和协助单位的情况。

（9）需要请示上级支持和批示的有关问题。

2. 后续报告

后续报告是对首次报告的补充报告，主要包括以下两个方面的内容：

（1）首次报告中没有涉及的情况。如首次报告后，事故仍在延续发展的情况，事故原因又已查明的情况等。

（2）比首次报告中更详细的情况。如受伤人员抢救治疗的情况，财产损失更准确的数据等。后续报告的方式，应视情况的紧急程度，可采取电话、电传、加急电报、口头汇报和书面报告等方式。

事故报告应注意的几个问题：

① 瞒而不报，为保持本单位、本部门的荣誉，回避追究个人事故的责任。

② 相互推诿，缩小范围。本应是本单位、本部门的事故硬是划出门外，推给他人，结果无人承担责任。

③ 大事化小，降低事故等级。

④ 改变事故性质。为掩盖矛盾，把责任事故说成技术事故，技术事故定为自然灾害。

⑤ 多报损失。主要针对自然灾害造成的损失。在报损失时，漫天要价，以求上级部门多拨款。

二、事故调查组织

事故调查的目的就是通过事故调查，弄清事故发生发展的过程、事故原因，以便拟定改进措施，避免事故再现，同时有利于分清事故责任。

事故调查的组织形式是根据事故的性质、事故的损失程度、事故产生和发展的复杂程度，以及进行事故分析的目标等因素来确定，没有固定的模式。通常对于性质不严重、损失较少、过程不复杂的案例，可由事故单位直接召集有关人员，弄清情况，确定事实，统一认识，形成结论，必要时报请有关部门认可。对于性质严重、损失较大、过程较复杂的案例，则要成立专门的事故调查组。调查组的组成一般由事故单位的上级部门确定，调查组的成员应具有较高的责任感、有较高的政策水平和分析问题能力、有一定的专业知识和实践经验。同时，调查组的组成还要具有一定的代表性，以便协调工作。对事故负有责任或有嫌疑的人员，一般不应参与事故调查组织，以确保事故调查结论的公正和可靠。

三、事故调查程序

油库事故的发生是由于油库工作违背了生产或作业过程的客观规律。但油库事故本身的发生、发展过程却有它必然的规律。因此，就具有查清事故的可能性。为查清事故，要求事故调查人员必须实事求是，根据事故现场的实际情况调查，按照物证作出结论；调查事故人员必须掌握调查技术，懂得油品性能、工艺条件、设备结构和性能、操作等方面的技术。不论事故大小，都应按照事故调查程序进行。事故调查程序如图 9－1 所示。

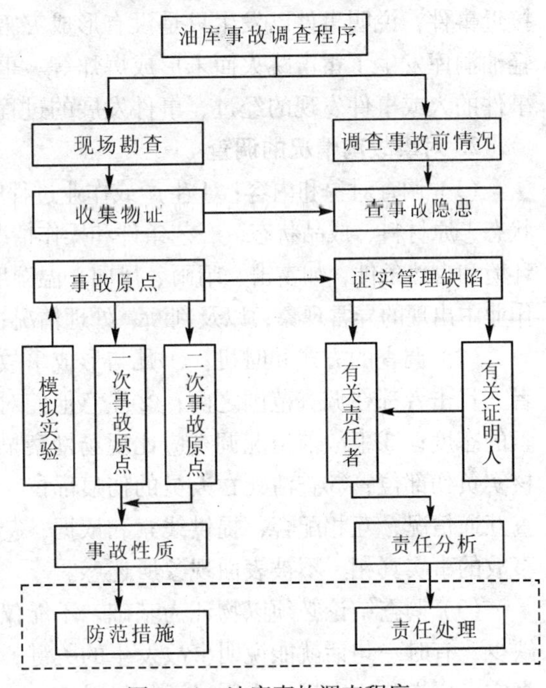

图 9－1　油库事故调查程序

油库事故调查应先拟定调查计划，确定调查步骤，准备调查用的设备，尽早开始调查活动。事故的全过程一般可分为事故的孕育、发生、发展、后果四个阶段。每个阶段的各因素（如人员、物资、设备设施、管理、环境等）相互作用才能形成事故的全过程。因此，油库事故调查首先要查清参与事故各个阶段因素的具体情况，以及它们的相互作用过程。通常的方法是根据事故的见证人、幸存者、现场存留物品和痕迹等，核实事故形成的时间、地点、人员、条件、对象、后果，从而取得充分可靠的依据。对于事故发生后，展现在人们面前的只有事故的后果和有限的线索和证据时，要依据事故所造成的后果和已掌握的线索，深入调查造成事故的诸因素及形成事故的条件。根据形成事故的条件，分析各因素在事故中所起的作用，必要时可以通过科学试验、模拟试验等验证方法，确定事故的原因和条件，从中找出规律。

1. 现场调查的方法和步骤

事故现场是保持事故发生原始状态的场所，它包括事故所波及的范围及与事故有关联的场所，只有保持了原始状态，现场勘察工作才有实际意义。拍摄、记录工作未进行完之前，事故现场不能废除或破坏，也不准开放。

（1）勘察事故现场的目的有三。其一是查明事故造成的人员伤害、设备和建筑的破坏、防范措施的功能和破坏等情况；其二是发现或确定事故原点，收集事故原因的物证，以确定事故的发生、发展过程；其三是收集各种技术资料，为研究新的防范措施提供依据。

（2）勘察现场的准备。首先是准备好勘察事故现场需要测绘用的工具、仪器、图纸、记录、资料，以及照相机或录像机设备，最好备有事故勘察箱。其次是事前培训好事故调查人员，以便在发生事故时能迅速进行勘察工作。

（3）勘察事故的步骤。根据事故现场的实际情况，划定事故现场范围，制订勘察计划，并对事故现场全貌和重点部位进行摄影、测绘，有条件时进行录像。然后按调查程序，从事故现场中找出可供事故发生、发展的各种物证。首先应查证事故原点的位置，初步确定事故原点后，再查证事故原点处由事故隐患转化为事故的原因，以及造成事故扩大的原因。必要时对事故原点的原因进行模拟试验，加以验证。

（4）事故勘察记录。勘察事故现场必须做好详细记录。常有这样的情况，在调查初期认为是无关紧要的问题，到后期却发现是关键的问题。因此，在勘察事故现场时应认真做好记录及拍摄工作。事故勘察记录应包括：前期事件的记录和近期事件的记录。征兆是事故的前期事件，是事故的苗头，事件虽未发生但它预示事件可能发生。近期事件或叫险性事件或叫接近事件，说明事件已发生只是没有形成灾害。例如收发油作业出现了闪燃而未发生火灾，轻油洞库发生了雷击跳火而未形成爆炸等。事件过程记录，包括事故的前期事件、最早发现事件的人或事件发现的经过、事件发展的过程、抢救或扑救的过程、事故现场等。

2. 对事故前情况的调查

（1）调查对象和内容：①生产或作业过程中人员活动及设备运行情况；②生产或作业进行状态，原材料、成品状态，工艺条件和操作情况，技术规定和管理制度等；③生产或作业区域环境和自然条件，如雷击、晴雨、风向、温湿度、地震以及其他有关的外界因素等；④生产或作业中出现的异常现象，以及判断、处理情况；⑤有关人员的工作态度及思想变化等。

（2）调查的方式和时机：①凡与形成事故隐患有关和发生事故时在场的人员，以及报警者、目击者都在调查范围之内；②注意他们对调查事故的心理状态及向调查人员提供事故线索的态度；③事故前情况调查应比现场勘察早进行一步；④对负伤人员要抓紧时机调查，并核实负伤部位；⑤查清死亡人员的伤痕部位、状态及致死原因；⑥注意现场勘察与事故前调查互通情况，互相配合，提供线索和依据；⑦调查中要注意用物证证实人证，用物证来揭示事故的事实真相，不被表面现象所迷惑。

（3）调查结论必须以物证为基础，不能仅凭某些人的推理判断作结论。但人证材料不可缺少，有时一句话就能说明事故发生的关键，特别在事故刚出现时有关人员的证实材料较为真实，应充分注意最初个别谈话的材料。

四、事故原因分析

事故原因就是事故原点处危险因素转化为事故的激发条件和技术条件。危险因素转化为事故的技术条件是指物质本身的性质、能量、感度向事故转化的物理或化学变化；激发条件是指错误操作和外界条件促使危险因素转化为事故的作用。发生事故的直接原因可分为一次事故原因和二次事故原因。对于一个单元事故来说，事故的原因只应有一个，难于准确判断的事故原因最多也不应超过三个。事故原因多了，只能说明事故原因还没有查清，一般查证事故原因的方法有直观查证法、因果图示法、技术分析法、模拟试验法三种。

1. 直观查证法

凡是能用事故原点定义法确定事故原点的事故，一般均可用直观查证法确定事故原因。此法适用于事故情况比较简单的事故。

2. 因果图示法

因果图示法是利用事故隐患转化为事故的因果关系来确定事故原因的方法。用因果图示法分析事故原因时，先要尽可能地把事故原点处危险因素转化为事故的所有条件都罗列出来，再按因果关系画出因果图进行分析。

3. 技术分析法

既不能直观查证，又做不出因果图的事故，可用技术分析法查证事故原因。技术分析法是根据事故原点的技术状态，密切结合事故发生时产品、工艺、操作和设备运行情况，分析危险因素转化为事故的技术条件、管理缺陷，以及外界条件对事故原点所起的激发作用，从中找出事故原因。此法较为复杂，但查证疑难事故的原因，可获得满意的结果。

4. 模拟试验法

在事故调查中，模拟试验是检验事故原点和事故原因的准确性的定量标准。因此，在判定事故原点和事故原因之后，宜根据事故的实际情况进行模拟试验，以得到进一步证实。如果物证、人证充分，事故原点和事故原因明显、肯定，调查人员认识一致，模拟试验可不做。

五、事故性质和责任分析

在事故原点和事故原因查清之后，就要对事故性质进行定性分析。事故性质一般分为责任事故、技术事故、责任技术事故、外方责任事故、行政事故、自然灾害六类。其中责任事故、技术事故、责任技术事故三类属油库业务事故，外方责任事故和自然灾害属灾害事故。无论是什么性质的事故，都应对事故隐患的形成原因进行全面分析，从中体现出人的责任，以便吸取教训。事故责任分析，就是追查事故原因的责任。在许多事故原因中，不但有操作者的责任，而且有组织者和指挥者的责任，甚至有设计者和施工者的责任。只有分清了责任，才能正确进行事故处理，吸取教训，制订防范措施，防止同类事故再次发生。

六、事故过程分析及其数理分析

事故过程分析是针对一次事故，或者一类事故的发生、发展过程，从事故发生后留下的痕迹，查寻同事故发生有关的因素，分析各因素及其互相作用，找出导致事故发生的问题所在，制定出有效的安全防范措施，防止同类事故再次发生。事故过程分析的方法有因果分析图、事件树分析图、事故树分析图等。

事故数理分析是运用数理统计方法，通过研究局部推断或判断整体，通过大量的偶然现象，掌握出现问题的一般规律。如油库的火灾事故的发生是偶然的，但通过对大量火灾事故的综合分析，就可找出某种必然的规律。对已发生事故的数理统计，就是要找出事故的发生规律，制定防范对策，以达到减少事故，或者不再发生重复事故的目的。

某山洞油库储油罐区火灾爆炸事故事故树分析示例

事故树分析(Fault Tree Analysis，简称 FTA)又称故障树分析，是从结果到原因找出与灾害事故有关的各种因素之间因果关系和逻辑关系的作图分析法。这种方法是把系统可能发生的事故放在图的最上面，称为顶上事件，按系统构成要素之间的关系，分析与灾害事故有关的原因。这些原因，可能是其他一些原因的结果，称为中间原因事件(或中间事件)，应继续往下分析，直到找出不能进一步往下分析的原因为止，这些原因称为基本原因事件(或基本事件)。图中各因果关系用不同的逻辑门连接起来，这样得到的图形像一棵倒置的树。

事故树是由一些符号构成的图形。这些符号根据功能可分成事件符号、逻辑门符号、转移符号三种类型。表 9－1 列出了一些常用符号及意义。

表 9－1　事故树的符号及意义

种类	符号	名称	意义
事件符号		顶上事件或中间原因事件	表示由许多其他事件相互作用而引起的事件。这些事件都可进一步往下分析，处在事故树的顶端或中间
		基本事件	事故树中最基本的原因事件，不能继续往下分析，处在事故树的底端
		省略事件	由于缺乏资料不能进一步展开或不愿继续分析而有意省略的事件
		正常事件	正常情况下应该发生的事件，位于事故树的底部
逻辑门符号	A, B_1, B_2	与门	表示输入事件(B_1 和 B_2)都发生，输出事件 A 才能发生
	A, B_1, B_2	或门	表示输入事件(B_1 和 B_2)只要有一个发生，就会引起输出事件 A 发生
	A, a, B_1, B_2	条件与门	输入事件(B_1 和 B_2)都发生还必须满足条件 a，输出事件才能发生
	A, a, B_1, B_2	条件或门	任何一个输入事件(B_1 或 B_2)发生同时满足条件 a，上面输出事件就会发生
	A, a, B	限制门	输入事件 B 发生同时条件 a 也发生，输出事件 A 就会发生

续表

种类	符号	名称	意义
转移符号		转入符号	表示此处与有相同字母或数字的转出符号相连接
		转出符号	表示此处和有相同字母或数字的转入符号相连接

某山洞油库储油罐区发生火灾爆炸事故，其顶上事件是“储油罐区火灾爆炸”，把它写在最上边方框内，因为燃烧爆炸的三要素是可燃物质、助燃物质及火源，且三要素同时存在才发生燃烧爆炸，故三要素与顶上事件是与门关系，其助燃物质（空气、O_2）是系统正常状态上均存在的事件，故用正常事件符号。油库中可燃物质常见有轻油（包括油蒸气）或黏油，为或门关系；造成油品外溢的原因有油罐腐蚀穿孔、透气管路排气等。另一分支着火源，常见形式有明火或暗火，用或门连接，在明火中常由外来火源、油库中电气火灾等引起；暗火常见有静电、雷电及电气，其下又分别接不同的基本事件。这样从顶上事件一层一层往下分，并用适当的事件符号及逻辑门符号连接，便得到了“山洞油库储油罐区火灾爆炸事故”的事故树，如图9－2所示。

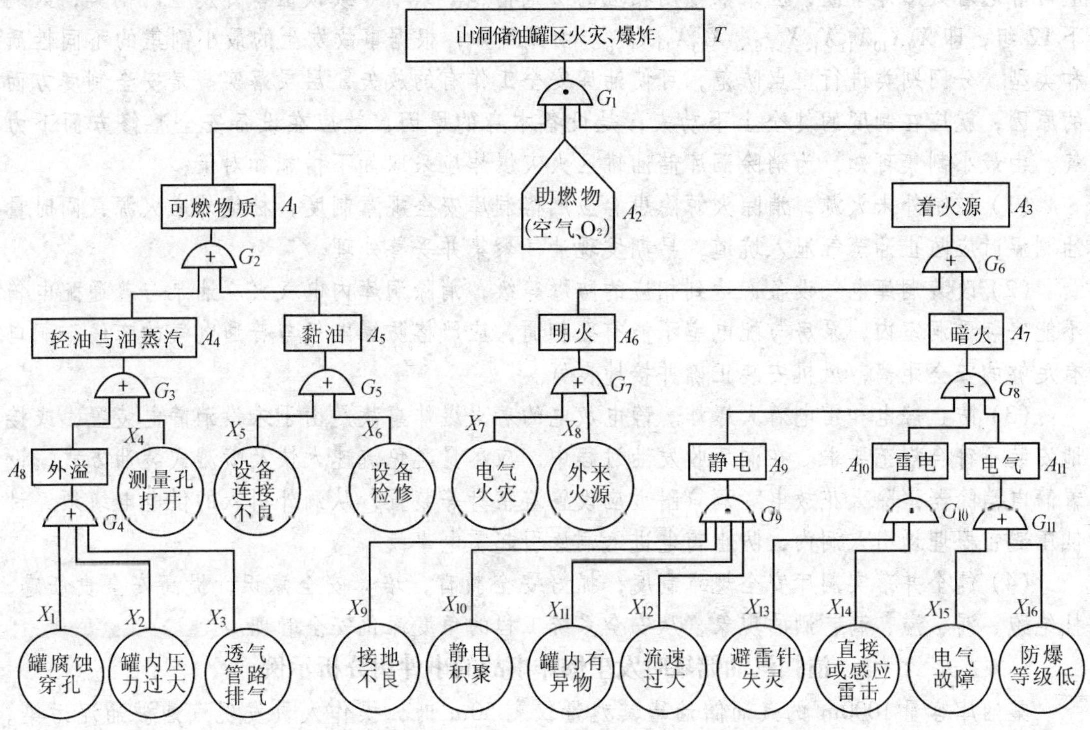

图9－2 山洞油库储油罐区火灾爆炸事故树分析图

从“山洞油库储油灌区火灾爆炸事故”的事故树可以看出，储油罐火灾爆炸的基本事件为16件，记为X_i（$i=1, 2, 3, \cdots, 16$），利用布尔代数求出该事故树的最小割集。

$$T=A_1A_2A_3\text{（}A_2\text{ 为必然事件，所以 }A_2=1\text{）}$$
$$=((A_4+A_5)\cdot 1\cdot(A_6+A_7)$$
$$=(X_1+X_2+X_3+X_4+X_5+X_6)\cdot(X_7+X_8+X_9X_{10}X_{11}X_{12}+X_{13}X_{14}+X_{15}+X_{16})$$
$$=X_7X_{1\sim6}+X_8X_{1\sim6}+X_9X_{10}X_{11}X_{12}X_{1\sim6}+X_{13}X_{14}X_{1\sim6}+X_{15}X_{1\sim6}+X_{16}X_{1\sim6}$$

由此可得该事故树最小割集数为36组，其最小割集分别为：

$X_7X_{1\sim6}$	六组
$X_8X_{1\sim6}$	六组
$X_9X_{10}X_{11}X_{12}X_{1\sim6}$	六组
$X_{13}X_{14}X_{1\sim6}$	六组
$X_{15}X_{1\sim6}$	六组
$X_{16}X_{1\sim6}$	六组

按基本事件的性质和可能发生的状况，上述基本事件又可分为：

(1) 较难避免的偶然事件：$X_9X_{10}X_{11}X_{12}X_{1\sim6}$，$X_{13}X_{14}X_{1\sim6}$；

(2) 在严格执行安全规章制度条件下，可基本避免的偶然事件：$X_7X_{1\sim6}$，$X_8X_{1\sim6}$，$X_{15}X_{1\sim6}$；

(3) 完全可以避免的事件：$X_{16}X_{1\sim6}$；

为分析罐区火灾爆炸的主要原因，应剔除通过改装电气设备以提高设备的防爆等级便可以完全避免的六组事件，即$X_{16}X_{1\sim6}$。健全并严格执行油库安全管理制度，正确进行油库设备维修，便可避免$X_7X_{1\sim6}$、$X_8X_{1\sim6}$、$X_{15}X_{1\sim6}$共18个事件。对于较难避免的偶然事件，即雷电与静电着火爆炸事故，应采取专门相应的防范措施。余下导致顶上事件发生的割集，只剩下12组，即$X_9X_{10}X_{11}X_{12}X_{1\sim6}$、$X_{13}X_{14}X_{1\sim6}$。由此可知，根据事故发生的最小割集的不同性质和类型，分门别类进行重点防范，可使油库安全工作有的放矢，层层落实。是安全制度方面的原因，就应在制度的健全上下功夫；是设备本身的原因，就应在设备安全整修方面下力气。由最小割集可知，为消除洞库储油罐区火灾爆炸应采取如下措施和对策：

(1) 控制外来火源，消除火源隐患。应严格洞库安全规章制度，杜绝外来火源，同时量油测温时应防止油蒸气泄入坑道，早期发现油气聚集并妥善处理。

(2) 改装洞库电气设备，达到相应的防爆等级，消除洞库内电气火。油泵与普通配电箱不能安装于洞室内，泵房与配电室不能有孔相通，应严格防爆电气与普通电气的布线，洞口有足够的安全距离，风机安装正确并接地良好。

(3) 防止静电和雷电着火爆炸。静电放电的着火爆炸事故是由于未设消静电装置，或接地安装不符合规范要求。在洞库收发油过程中，应尽量避免流速太快及喷溅式装油方式，设置静电消除器消除火花放电。洞口附近应设置避雷针等装置，从洞外引入的供电电缆须经过低压避雷器埋地引入洞内，防止雷电进入洞库引起雷电事故。

(4) 健全并落实洞库安全规章制度，抓好安全教育，培养安全意识，提高安全责任感，杜绝跑、漏、溢、滴、洒的现象，从安全系统工程的角度深化安全管理。

清扫汽油储罐时发生爆炸事故的事件树分析示例

某油库容量1000m^{3}的汽油储油罐其残量仅剩50m^{3}时，操作人员发现汽油被油泥污染。为把残量移至其他罐内进行清扫，以该操作为起因，导致了死亡1名、重伤5名的重大灾害事故。图9－3是用事件树表示的该事故的经过。

从引发事件的迹象发展为灾害性事故的过程来看，共进行了4个阶段的操作。由下列3次失败行为的重叠而导致了灾害。

(1) 现有的排污管仅能排出42m^3，尚余8m^3。

(2) 真空泵不防爆而又采用了发动机驱动泵。

(3) 发动机驱动泵位于储罐的下风侧，并接近于储罐。

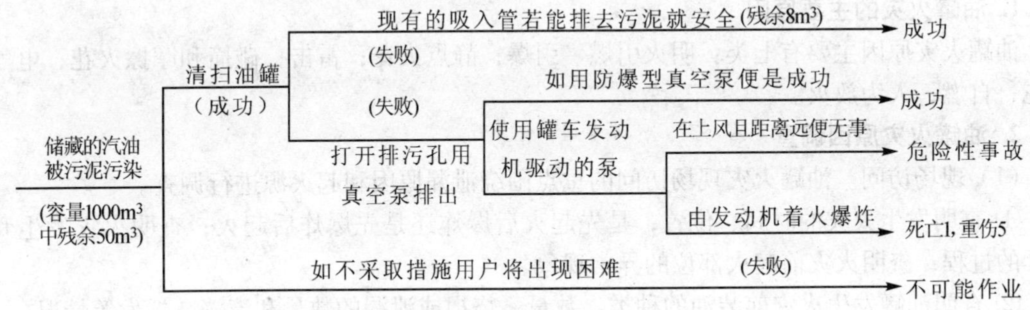

图9－3 在清扫汽油储罐时发生的爆炸事故

在导致灾害的4个阶段的操作中，其中一个若采取不同的措施，灾害性事故也可能会以不同的结果而结束。由此可见，不但引发事故的条件，就是在事故发生过程中对其各环节所采取的一系列措施也将对事故带来极大的影响。

七、事故结论

掌握了事故的证据和真相后，通过系统、全面的分析，应对事故作出结论，结论的内容主要是准确地回答以下问题：

(1) 诱发本次事故的直接原因和间接原因是什么；

(2) 诱发事故的诸要素中，哪些是关键的起主导作用的因素；

(3) 哪些问题或环节上，存在着什么缺陷和错误；

(4) 事故造成的经济损失的具体数据及有哪些政治影响；

(5) 事故的主要责任、次要责任应由谁来负？应负哪些具体责任，属什么性质。

八、事故调查报告

调查报告是在事故局势或状态基本稳定后，根据现场调查、人员调查和首次报告、后续报告中提供的信息，对事故的基本情况进行核实和分析，并作出结论。主要包括以下几个方面的内容：

(1) 调查分析事故的原因；

(2) 详细描述事故的经过；

(3) 核准事故的损失；

(4) 确定事故的性质、责任和等级；

(5) 提出事故处理的基本意见，包括法律的、行政的、技术的等；

(6) 总结经验教训，提出改进措施。

油库应建立、健全事故报告制度，以便上级业务部门了解情况、掌握动态。同时充分利用事故报告等有关资料进行统计分析，找出事故规律，为安全决策提供依据。

九、油罐火灾事故分析与调查

油罐是储存散装油料最为重要的设备，油罐储油是当前应用最普遍的一种储油方式，也是最容易发生事故的设备。油罐内储存的各种油品一般都具有易挥发、易流失、易燃烧、易爆炸等性质，一旦发生火灾，必将造成重大的损失。研究油罐的火灾原因及调查方法对消除火灾隐患，制定切实可行的安全措施和管理制度，提高火灾人员的技术水平有着重要意义。

1. 油罐火灾的主要原因

油罐火灾原因主要有七类：明火引燃、引爆；静点火花；雷击；碰撞和摩擦火花；电气火花；自燃；人为放火。

2. 油罐火灾原因调查

（1）现场访问。油罐火灾现场访问的重点围绕泄漏原因和起火源进行调查。

① 查明发生火灾的时间、位置，是先起火后爆炸还是先爆炸后起火；查明火灾发生和蔓延的过程；查明火灾前起火部位的异常现象。

② 查明油罐发生火灾前装油的种类、数量，烧损或泄漏的数量和流淌、挥发等情况。

③ 向最先到达火场的灭火人员了解火势发展特点；向火灾前最后离开火场人员了解油罐、泵房设备、管线有无破坏、损坏、泄漏等现场，当时采取了什么补救措施。

④ 查明火灾前工作人员有无违章作业及违章动火等情况，违章操作后是否立即起火。

⑤ 查明火灾前油罐附近有哪些明火火源存在及各火源距着火油罐的距离。

⑥ 检查油罐、输油设施、变配电设备的设计是否符合国家有关规定，施工质量如何，是否存在火灾隐患，是否定期对各种设施进行检查、维修、清洗等。

⑦ 查明起火点附近收发油作业种类、油品的种类、油流速度、管道及容器种类，是否采取了防静电措施。

⑧ 查明油罐避雷设施的设计是否符合国家有关规定，施工质量是否合格；火灾前是否发生过雷击，查明雷击的位置及时间，雷击后是立即起火还是过了一段时间起火。

⑨ 向泵房和配电室的工作人员了解油泵运转、仪表指示情况和泵房灯具、开关、电机等的防爆等级。

⑩ 查明火灾前工作人员和车辆进出情况以及是否有可疑人员出入油库。

（2）现场勘察。油罐火灾的特点是，燃烧速度快，火场温度高，烧损严重，痕迹物证少，勘察难度大。现场勘察除按一般现场勘察程序进行之外，应先重点围绕查找泄漏原因和着火源进行勘察，然后结合泄漏点、泄漏原因或火源、起火点对各种原因引起的火灾进行逐步细致勘察。主要做法如下：

① 寻找泄漏点，查明泄漏原因。常见的泄漏点与原因：如焊缝开裂、局部腐蚀穿孔、油罐各封口不严密，法兰接口不紧密，油罐过量充装因受热膨胀破裂、油泵盘根过松、油罐油管受到机械撞击破裂，油管受到车辆重压或地形变化断裂等。泄漏的油品流浸到周围的地面，挥发为蒸气向四周弥漫。若泄漏的油品遇到火源后立即起火，一直烧到油罐泄漏处，泄漏点不难找到；若火源传到油罐内部又发生猛烈爆炸，严重地破坏了油罐，寻找泄漏点的难度就较大，这时就要结合调查访问线索及设计施工情况综合分析泄漏点的位置和泄漏原因。

② 寻找火源，认定起火点。通常把点燃油品或油蒸气的火源的位置叫起火点。在泄漏的油品浸渍或油蒸气弥漫的区域内往往有若干个火源。一般来说，离泄漏点最近首先引燃或引爆的火源的位置称为第一起火点，其余以此类推。但是第一起火点在查明火灾原因上最重要。不易挥发的油品，可以从现场浸渍渗透的痕迹查明流淌浸渍的范围；对于易挥发的油品除查明浸渍范围外，要计算出达到爆炸下限浓度的油蒸气的扩散距离，还要根据当时的风向确定油气扩散的方向。

（3）在没有特别明显的线索和依据下，很难直接进入正确的勘察方向。但明火引燃火灾的可能性很大，因此我们应该先着手勘察：油罐的呼吸阀和液压安全阀是否失灵，是否装有阻火器；检查量油孔、人孔、采光孔等是否封闭严密，有无外部火焰传入罐内的痕迹。

对油罐外围环境，应重点勘验有无外来火源及火源距起火油罐、泄漏点距离，判断外来火源(如烟道飞火，鞭炮飞火，车辆排气管喷出的火星等)能否飞入油库点燃油蒸气或地面杂草杂物。特别核实火灾发生前出入车辆的时间、停留位置，检查其是否安装火星熄灭器。

(4) 若可以排除明火引燃，有静电、雷击、自燃火灾的依据，那么就进行静电、雷击、自燃等火灾的分类勘察。

若怀疑静电引起火灾，就要检查输油发油等作业现场，油管、油罐种类、直径及材料，收发作业过程。检查油罐内有无孤立的导体，有无良好的接地装置，是否容易产生静电积聚。检查发油过程中，是否动过绝缘管、塑料桶等。

若怀疑油罐雷击起火，应详细检查避雷针设施能否对整个油罐等起到保护作用，避雷针的接地线是否电阻过大或断裂，油罐是否有良好接地，罐内是否有孤立的导体。测定雷击区域和雷击通道内的铁磁性物件的剩磁，判断哪个部位最先遭到雷击。如1989年8月12日黄岛油库火灾中最先爆炸起火的5号罐最大剩磁为10.5mT(毫特)，70m外4号罐的剩磁不超过2mT，这就证明雷电流主要经路是5号罐，4号罐则是强大电流感应结果，进一步确定了5号罐为起火点。对雷击点的金属熔痕，可取样做金相鉴定，水泥物体可以做中性检验。

根据现场访问线索，若怀疑碰撞、摩擦火花引起火灾，就要详细查看槽车、油桶、阀门、量油孔、油泵、油罐等泄漏点及其附近有无摩擦和碰撞痕迹。

若怀疑电气原因火灾，应检查油罐区内电源线路、变配电室、泵房、发油机、照明灯具及其他电气设备是否发生过故障，并查明故障种类、打火痕迹、电气设备的防爆等级。

如若自燃火灾成因很大，检查油罐中是否有含硫油品的沉积物，是否对润滑油及重油加温时温度过高，是否气温过高及其机电设备温度过高超过油品的闪点。

若有放火引起火灾的嫌疑，勘查油罐区的墙和门有无翻越、破坏痕迹，附近区域有无残留的放火用具如火绳、导火索、打火机等引燃物，以判断有无放火的可能。

3. 原因鉴定与认定

鉴定与认定是调查工作的关键，也是调查工作的目的，以便从火灾中吸取教训和处理事故，尤其这种破坏性很大的火灾，更应该谨慎、全面、公正地对待。

(1) 明火引起火灾原因的鉴定与认定。此类原因鉴定与认定的重点是泄漏原因及火源处油蒸气的浓度，因为明火温度一般远高于油品的自燃点，释放能量远大于点火能量，所以只要有泄漏就可以引起火灾。因此，应着重确认：①油罐、油管因何种原因泄漏出油品；②起火点在油品泄漏浸渍或者达到爆炸下限油蒸气弥漫范围内，火灾前起火点处有明火存在；③对于罐内燃烧或爆炸，检查阻火器、液压安全阀或各孔口封闭是否严密。

(2) 静电火花引起火灾原因的鉴定与认定。引起静电火灾的原因大多数是由于物体积聚的静电荷达到高电位时，对附近的某些接地或电位较低的物体放电时，引燃了油蒸气。

静电火灾的特点是发生火灾后，现场往往未留下任何痕迹。因此，只能根据现场各种现象，在排除其他火灾原因的条件下，通过调查、测试、模拟实验方法，获取静电放电引起着火、爆炸的基本条件，再去分析静电引起火灾的可能性。

① 获取产生静电的根据。如油品输送、倒换、过滤、搅拌、混入杂质、喷出、检尺、采样等油品与其他物质之间接触、分离而产生静电。

② 有静电积累的条件。调查起火部位前空气相对湿度，湿度较低易产生静电；油罐或导体对地电阻过大(大于100Ω)或输油管、油桶为绝缘材料制作的易积累静电荷。

③ 静电放电能量必须不小于油品的最小点火能。通常静电放电引起火灾或爆炸的安全

极限，可用等于最小点火能量的带电状态(静电电位和带电量等)来表示。此安全界限仅是一个大致的标准，它受到放电空间、接地体的状况等因素影响。若带电体是导体时，如果发生放电，一般能将所储存的静电量全部释放出来。

若现场允许，应尽量对可能产生和积累静电荷的操作现场测取静电电位、静电电量等数据以便测试有否放电着火。

若带电体为绝缘体(表面电阻 $10^9\Omega$ 以上)，常采用试验、经验或估算的方法。以下标准可在分析时参考：

a. 静电电位为1000V 或带电荷密度为 $1\times10^{-7}C/m^2$ 以上时，对于最小点火能为数十微焦的油品；

b. 静电电位为5000V 或带电荷密度为 $1\times10^{-7}C/m^2$ 以上时，对于最小点火能为数百微焦的油品；

c. 带电绝缘体使操作人员感到有电击感时；

d. 用直径为3mm 以上接地的金属球接近带电的绝缘体，若发生声光放电现象；

e. 绝缘体表面电荷密度超过 $1\times10^{-7}C/m^2$ 时；

这些都有发生火灾的可能。

f. 起火点处，油蒸气浓度达到爆炸上下限之间。

g. 在起火点及其附近寻找放电痕迹，并对遗留物残骸分析。用眼睛或低倍放大镜对残骸件的表面形貌特征去分析判断火花放电的主要零部件和主要放电部位。借助电子显微镜对微观形貌和微区成分分析，去寻找是否存在火花放电的微观形貌特征。

h. 模拟实验或者故障再现。测定静电压、对地电阻参数，进行现场模拟实验。或者通过同类设备，相同部位是存在类似故障现象，用来间接地达到故障再现的目的。

(3) 雷击引起火灾原因的鉴定与认定。雷击引起火灾是因为雷击产生的热效应、电效应、静电效应、机械效应等导致油罐起火爆炸的。

① 根据现场访问的线索和气象资料，确定起火或爆炸前油罐区发生过雷击，起火点在雷击范围内或雷电通道，并确认雷击后起火或爆炸。

② 避雷针设备不能有效地保护全部油罐或输油设施，金属罐接地过大(大于10Ω)，钢筋混凝土罐没有全部做到电气闭合。

③ 雷击后形成的痕迹特征。雷击发生过程中，在雷击点、雷击放电通道及雷击效应作用的部位不同物体上，形成不同特征的痕迹。如金属带熔痕、混凝土被击穿及烧蚀变色痕。

④ 用磁场强度测定仪测量油罐和金属物件有剩余磁场。

(4) 碰撞和摩擦引起火灾原因的鉴定与认定。现场勘察后，发现在泄漏点及附近有碰撞和摩擦痕迹，开启罐盖和孔口用易产生撞击火花的金属物件，量油孔和装卸油鹤管头部不是有色金属制作，确认在开启装卸动作过程中起火。

(5) 电气引起火灾原因的鉴定与认定。对油罐区的电气设备进行细致检查，逐个确认：

① 配电盘室烧毁、闸刀开启位置、保险丝熔断、各线路松动烧黑、过负荷；

② 线路断裂、烧熔、漏电现象，火灾后电源无切断，有短路痕迹；

③ 泵房电机故障起火，三相线圈有短路痕迹，转轴被卡住过热；

④ 照明灯具、开关不符合规定的防爆等级，或者质量太差，操作放置时破碎产生火花，离可燃物太近，查明是否照明时间过长及通风散热条件太差。

(6) 自燃引起火灾原因的鉴定与认定。若清除油罐的沉积物发生火灾，确认油罐原储装含硫油品，可以进行化学分析证明罐中沉积物含有硫化物。润滑油和重油品罐爆破起火，火灾前罐体加热温度过高或其他违反工艺操作使内压迅速上升。罐区有热源或火灾前天气温度过高，足以引燃泄漏的油蒸气。

(7) 放火引起火灾原因的鉴定与认定。油罐区多个起火点有破坏痕迹(门窗玻璃打碎、门锁被起等)，有人进入现场的痕迹，现场有放火遗留物(烧余的火柴梗、油棉花、打火机等)，罐阀明显有开启痕迹，油罐孔口有动过的痕迹。确定放火类型、放火对象的根据。认定为放火案件，应迅速移交刑侦部门。

第二节　油库事故处理

事故调查搞清了事故发生和发展的全部内容，在数理分析的基础上确定了事故的原因和性质，为事故处置提供了依据。

一、事故处理原则

在事故处理上既要严肃认真，又要实事求是、谨慎行事；坚持有法必依、执法必严、违法必究，以及“惩前毖后、治病救人”的原则，真正达到既教育本人，又教育群众的目的。

二、业务事故调查和等级裁定权限

根据《军队油库事故管理规定》，拟定为一等业务事故的由总后勤部军需物资油料部组织调查并裁定等级；拟定为二、三等业务事故的由各大单位油料部门组织调查并裁定等级；拟定为四等业务事故的由油库直接上级组织调查并裁定等级；拟定为等外业务事故的由油库组织调查。上级部门有权对下级单位的调查报告裁定等级，进行重新调查并裁定等级。

属于行政事故的由油库上级行政部门组织调查并裁定等级；属于外方责任事故的会同当地政府部门组织调查，重大外方事故应有油库上级领导部门参加；属于交通事故的由当地公安部门裁决处理。

三、事故报告要求

按照《油库事故管理规定》，油库必须建立健全事故报告制度，以便上级业务部门了解情况、掌握动态，作为研究分析油库事故规律的资料，为安全教育、安全检查，以及有目标地加强安全建设提供依据。

(1) 油库事故发生后，应逐级上报(紧急情况可越级上报)，其中发生一、二等事故的，应在 24 小时内用电话、电报等快速方法，将事故主要情况逐级上报到总部；发生三、四等事故 3 天内，等外事故 7 天内，向上级机关报告主要情况。各大单位油料部门应当在每年 12 月 15 日前，将本单位等级事故和等外事故汇总填表，上报总后勤部军需物资油料部。

油库行政事故按有关规定逐级上报行政部门的同时，抄报业务部门；油库不得隐瞒、迟报事故，如发现有隐瞒、迟报者，对责任人视情节予以追究。

(2) 发生事故后，应立即采取抢救措施，重大事故应立即组成以库领导为首的现场指挥部，组织指挥抢救。抢救过程中应当采取正确措施，防止扩大蔓延，减少人员伤亡和事故损失，并尽最大可能保护现场。事故失控或凭油库力量无法扑救时，应当立即电请上级支援；事故有蔓延倾向时，应当向可能遭受影响的地区发出报警信号。

（3）事故报告填报要求。为加强事故管理和资料处理，事故调查报告除文字报告应包括时间地点、现场情况、事故经过、经验教训、防范措施，以及必要的事故现场图，数据表格和技术鉴定报告等，并按规定的格式和内容填表，表格内容主要包括：事故单位、事故时间（年月日，星期几）、地点场所（储存区、收发油作业区、生活区车辆、管线输送油或其他）、气温、事故等级（一、二、三、四等和等外）、事故类型（着火爆炸、跑油、油品变质、设备损坏、人身伤亡）、事故性质（责任、技术、责任技术、外方责任、自然灾害、行政事故）、事故原因、发生经过、吸取教训和防范措施、经济损失、事故处理等。其表格见表9－2。

（4）事故损失计算。人身伤亡按GB6441－86《企业职工伤亡事故分类》规定的伤亡方式和分类标准确定；事故损失按GB6721－86《企业职工伤亡事故经济损失统计标准》执行；火灾爆炸事故按1986年开始采用的《火灾损失计算方法》计算。

四、事故档案要求

用事故档案做好数理分析，研究事故规律，指导油库安全防事故工作。事故档案主要包括：

（1）事故报告和批复文件。

（2）油库事故调查报告和事故报告表。

（3）现场调查记录、图纸、照片和录像（音）磁带。

（4）技术鉴定或试验报告。

（5）人证、物证材料。

（6）医疗部门对伤亡人员的第一张诊断书和病历复印件。

（7）发生事故时的工艺条件、操作情况和设计资料。

（8）直接和间接经济损失计算资料。

（9）处分决定和受处分人员的检查材料。

（10）有关事故通报、简报文件。

（11）事故调查报告及调查人员姓名、单位、职务。

（12）事故现场会参加单位主要负责人姓名、职务。

表9－2　油库事故报告表

填表时间：　　年　月　日　　　　　　　　编号：

<table>
<tr><td>单　位</td><td colspan="3"></td></tr>
<tr><td>地　点</td><td colspan="3"></td></tr>
<tr><td>时　间</td><td></td><td>气　温</td><td></td></tr>
<tr><td>事故性质</td><td></td><td>事故等级</td><td></td></tr>
<tr><td colspan="4">事故经过：</td></tr>
<tr><td colspan="4">事故损失：</td></tr>
<tr><td colspan="4">主要经验教训：</td></tr>
</table>

续表

主要防范措施：   主任：
联勤分部意见：   （盖章）　　年　月　日
大单位意见：   （盖章）　　年　月　日

第三节　油库事故调查报告

一、格式和内容

油库事故调查报告是事故调查后经过调查者的分析研究而写成的报告材料。事故调查报告既是安全生产管理的档案材料，又是对事故责任人追究法律责任的依据，所以应该具有严密的科学性和法律的权威性。事故调查报告的写作必须遵循实事求是的原则、严肃认真的写作态度和准确无误的科学分析。

在我国，对事故发生后的调查、报告、处理、结案等有关事项早有明确规定，内容和要求都是统一的。

油库事故调查报告的主要内容包括：①油库详细名称；②经济类别；③事故发生时间；④事故发生地点；⑤事故类别；⑥事故发生的原因，其中必须说明事故的直接原因；⑦事故的严重级别；⑧事故伤亡情况；⑨事故的损失工作日情况；⑩事故的经济损失情况，其中必须说明事故的直接经济损失；⑪事故的详细经过；⑫事故的原因分析；⑬事故预防措施，这部分是针对原因分析直接得到的预防措施；⑭事故责任分析和事故责任人的处理意见；⑮附件；⑯调查组组成人员名单(签字)。

就内容而言，事故调查报告的第1~11项内容可以直接填写，根据实际情况填写就可以了，相对比较容易；事故调查报告的第12项、13项、14项属于调查报告的核心内容，需要调查组成员认真完成；事故调查报告的第15项内容是各种支持材料，第16项明确事故调查组成员组成，接受公众的监督，事故调查报告的模式如下。

企业职工伤亡事故调查报告书

1. 企业详细名称：　　地址：　　电话：
2. 经济类型：国民经济行业：　　隶属关系：　　所属行业：　　代码：
3. 事故发生时间：　　年　月　日(星期　)　时　分
4. 事故地点：

5. 事故类别：

6. 事故原因：　　　　其中，直接原因：

7. 事故严重级别：

8. 伤亡人员情况：

严重程度	总数	男	女	永久全部丧失劳动能力	永久部分丧失劳动能力	暂时全部丧失劳动能力	其他
死亡							
重伤							
轻伤							
合计							

9. 本次事故损失工作日：

10. 本次事故经济损失：　　　　其中，直接经济损失：

11. 事故详细经过：

12. 事故原因分析：

13. 预防事故措施：

14. 事故责任分析和对责任人的处理意见：

15. 附件：

16. 参加调查人员签名：

由于事故经过是事故原因分析和责任分析乃至制定预防措施吸取教训的依据，所以事故过程是否清楚十分关键，因此事故经过的叙述一定要详细，对来龙去脉都要交代清楚。分析油库事故的原因一般从油料自身的因素、设备设施因素、人的因素、管理因素和环境因素等来分析。

1. 油料自身的因素

油料自身的危险性决定于本身的组成以及它的物理、化学性质。如易挥发、易流失、易燃烧、易爆炸、有毒、不导电等。油料的这些特性一方面是其造福人类的基础，另一方面它也危及自身及油库系统的安全。

就油料本身而言，不同油料其易燃、易爆、易挥发、易流失等性能也不相同。汽油和重油虽然都是易燃物资，但是两者能量转换的程度和速度不同，汽油与重油相比，汽油闪点低，更容易燃烧，因此有更大的危险性。汽油除了易燃、易爆的特性外，挥发性、流动性也高于其他油料。

物质条件的危险性随着物质条件的存在而存在，随着物质条件的变化而变化。一瓶汽油敞开放置经过一段时间之后，其轻质组分逐渐减少，挥发性降低，其燃烧、爆炸性也随之改变。物资的危险还与危险物资转化所能释放的能量有关。一瓶汽油、一桶汽油、一罐汽油，显然后者一旦发生事故危险性更大。汽油、煤油、柴油、润滑油、润滑脂其能量转化的条件各不相同，同样多的油料燃烧释放的能量也不尽相同。

物资危险性转化为事故是有条件的，是具有可控性的。混合气过稀、过浓、缺氧、缺火源时都不会燃烧、爆炸。因此可以采取隔离火源、密封储存、监测油气浓度、及时通风等控制措施，防止事故发生。油流产生静电，若控制流速、减少水杂、做好接地、加防静电添加剂都可以减少静电的产生和积聚。对油料自身危险性的可控性没有一个清醒的认识，是得不到安全管理的主动权的。

2. 设备设施的因素

油库的各种设备设施是完成油库管理任务的物质基础，其自身结构技术状况是否良好，与油库管理是否匹配、操作使用是否正确、检查维护是否及时，对油库安全都会构成直接的或间接的影响。一般来说，设施设备造成油库事故的原因大致有四个方面：①结构性能不合理。主要表现为不符合设计规范，安全系数小；与油库工作不匹配，不适合安全作业；设施设备不配套，不能形成连续的作业环节。②检修保养不及时。由于各类设施设备会因长期运行而造成疲劳和损伤，如不及时检修保养就会造成隐患，积少成多就会由量变到质变而降低自身性能，引发油库事故。③使用运行超负荷或随意改变设施设备性能而引发油库事故。④操作使用不正确。油库操作人员如果不熟悉设施设备的性能，盲目蛮干也是导致油库事故的一个原因。随着油库管理的不断发展，及时更新改造与之配套的设施设备，是防止油库事故发生的一项重要措施。

3. 人的因素

人是影响油库安全的诸要素中最重要的因素。通过油库事故统计分析表明，人员与事故的关系是通过政治思想、业务技术、身体状况和纪律素质等方面表现出来。例如，油库人员的安全知识和业务素质低下，会因盲目蛮干和违章作业而造成能量逸散导致事故；纪律松弛，会因擅离职守导致工作过程中断而引发事故；功能失调或非正常发挥，会因工作强度超过人体功能限度或无法抗拒外界环境干扰而导致事故。因此，控制人的因素是防范油库事故发生的主要任务。人的因素对油库安全的影响主要包括：

（1）思想觉悟。人的行为是影响安全最直接的因素，要使人们有效地工作就要首先了解人。要了解人的心理因素、个性、工作动机、工作态度、情绪，在此基础上有针对性地进行思想教育，才能取得较好效果。人既是管理的对象，又是管理的动力；人可能是危险因素的携行者，也可能是危险因素或违章作业的制止者。管理者必须认识到在安全管理这个大目标上人们的一致性。因此，安全管理工作首先要信任人，要充分发挥人的积极性和能动作用，依靠群众去防止少数人的失误及制止他们的犯罪行为。

（2）知识水平。人的知识水平决定于人的受教育情况和实际工作经历。受过安全教育的人事故发生率要比没有受过安全教育的人少得多。同时，社会实践又是人们吸取知识的重要课堂，实践既是认识之源，同时又受认识的指导。因而，在安全技术知识不足的情况下，工作必然带来盲目性。油库人员必须懂得安全技术的基本知识和基本要求，相信科学，切忌蛮干，并不断地从他人的经验、教训中吸取营养，丰富自己，谁获得更多的知识，谁就获得了更多的预防事故的主动权，谁不懂装懂，谁就会遭到惩罚。

（3）工作作风。雷厉风行、令行禁止，不论领导在与不在，不论白天、黑夜，不论假日还是平时，都能始终自觉执行油库安全管理规定，这是油库安全管理的要求。如果对作风要求不严，就容易出差错和事故。通过对某单位近几十年油库事故的统计分析，可以看出，其中着火爆炸事故44例，而明显违章作业就有13例，约占30%；跑油、混油事故120例，其中明显违章造成事故的91例，约占75%。

（4）人体功能。人体的视、听、嗅、味、触觉和脑的综合分析、判断、记忆能力等是进行生产、工作的基本功能，但这些功能是有限度的，受环境影响的。所谓功能性失误，就是目标要求超出人的功能极限，或受外界干扰使人体功能满足不了要求而产生的失误。如仅仅凭嗅觉误判洞库油气浓度不大，而未采取通风措施，就可能引发事故。为了克服功能性失误，对不同岗位的工作人员应有合理的体检要求，保证工作者有适应工作环境和工作岗位的身体条件。

(5) 个人经历。个人的工作和社会经历大大丰富了人的学识水平，尤其是丰富了各种应变能力。对于一些意外事件、事故，经历过的和没经历过的，在处置的能力和效果上往往是大不一样的。然而对每一个人来说确要认真观察和细心积累，才能有效。

应该指出，人的影响是全过程的，从设计开始，到建造、验收、使用、维修、管理的整个过程中，只要有人参加，人的行为就会影响安全，就会对安全产生积极或消极的影响。同时，影响安全的人是全员性的。

4. 环境因素

油库系统时时都受着各种外界环境因素的影响和制约。外界因素一般指自然因素和社会因素两大系列。自然因素包括地震、滑坡、雷击、洪灾、风灾、火灾、高温、寒流、潮湿、噪音等，倘若对上述灾害控制不力，则有可能导致油库事故的发生。如雷击可以造成人员伤亡、着火爆炸等；温湿度过高会导致油品蒸发、质量下降、设备腐蚀加剧等。自然因素虽然是不为人的意志所逆转的，但是完全可以通过各种有效的措施加以防范，使因自然因素造成的油库事故降到最低限度。社会因素系指油库单位驻地的社情和所在地域的疫情。倘若驻地社会情况或治安情况不好，就会发生因盗窃和破坏而导致的油库事故；如果驻地疫情严重，就会对油库人员健康构成威胁，进而影响油库工作的正常运行。上述环境因素多属随机事件，有的灾害甚至百年不遇，但是一旦发生，就会导致严重损失，所以也应制定相应的应急措施。

5. 管理因素

管理因素是使人、物、设备设施在环境中进行有效的协调和组织行动的因素。油库管理的对象是油品，完成油库管理任务的物质基础是管理人员和设施设备，所要达到的目的是确保油品的数量准确、质量完好。在这个复杂的过程中，如果主观和客观的因素的原因所造成的管理不善，也是引发油库事故的重要因素。例如，油库禁区不禁，就会造成各种不安全因素的渗透；油库制度不健全，就会造成整个油库管理秩序的紊乱和安全工作的失控；安全措施不落实，就会使事故防范工作忙乱和被动。

此外，安全生产经费投入不足是各类事故的重要原因。由于没有足够的资金购买安全装置，不能提供有吸引力的薪酬招聘高素质员工，于是各种危险因素就开始不断积累，直到事故的最终爆发。所以，事故调查报告不要忽略安全生产经费投入情况的分析，因为这是导致事故的重要因素。

事故预防措施是针对事故原因而制定的。事故原因分析准确则所制定的预防措施就能够切实可行。本部分内容也要从人、物、环境、资金投入等几方面所采取的预防措施、管理措施或技术措施入手，如油库人员的技术培训、安全教育、规章制度的建立与完善、增加安全生产经费投入、设备维修和更新、改进工艺流程、生产场所的改善等。

安全技术措施主要在安全技术、工业卫生和辅助设施三个方面展开。安全技术方面包括：油库设备本质安全化的直接安全技术措施、采用安全防护装置的间接安全技术措施、增加提示性安全措施(如信号装置、安全标志)、特殊安全技术措施(如限制自由接触技术设备)、其他安全技术措施(如场地合理布局、设备的维修保养等)。

工业卫生方面的技术措施包括防尘防毒、降低噪声、防寒供暖、防暑降温、采光照明等；辅助设施方面的措施包括休息室、更衣室、女职工卫生间及其有关设施。所有这些措施并不要求全部被包括，应该根据具体事故分析的原因有针对性地制定措施，特别要着重于防止事故重复发生所采取的措施。

对事故责任人的处理是对其本人及广大员工进行安全教育的一种重要方式，也是事故调查处理的重要内容之一。目的是吸取教训，改进工作，防止事故重复发生，确保安全生产。对事故直接责任人、领导责任人、主要责任人要根据其责任大小提出相应的处理意见，这是调查报告必须涉及的内容。

二、要求和技巧

油库事故调查报告的性质决定了它必须具有严密的科学性和权威性，其内容必须客观实在，是事故本来面貌的记录。总体要求是：事故经过真实，原因分析准确，对事故责任人的处理意见客观公正，事故预防措施切实可行，真正起到吸取教训、提高认识、消除隐患、预防事故、推动油库安全工作的作用。

撰写油库事故调查报告必须做到：①搞好事故的调查研究，掌握第一手材料。有了这个基础，通过归纳、分析和探求事故发生的本质和规律才能保证事故报告的严密准确，无懈可击。②严肃认真、一丝不苟的科学分析态度。事故调查报告不仅是事故的文字记录，更是事故定案性结论，如果出现偏差，就会影响事故经验教训的吸取以及预防措施的制定与实施，最终不能真正避免事故再次发生。这是事故调查人员必须具备的基本态度。③坚持实事求是的写作原则。一般应注意不避重就轻，不虚构情节或扩大事实，不能将孤立的证言、未定性的材料作为事故调查报告的依据。

油库事故调查报告的具体格式和内容虽然都有固定的要求，但写好事故调查报告还需要掌握一定的技巧。事故调查报告一般采用倒叙的方式，先摆出事故发生的事实(如事故发生的时间、地点、伤亡人数、经济损失等)，然后按事故发生的先后顺序叙述事故的经过和事故原因分析以及处理意见等。

调查报告的文字不需要文学式的描写，只要求语言文字表达简洁、明白、准确。但要注意不要使用比较生僻的术语、地方用语或应用面比较窄的行业术语。使用通用的标准化专业术语是事故调查报告的重要要求。

事故调查报告是一种报告，注意不要写成请示或新闻稿等其他文体。另外，调查报告的标题应该简洁、明确，只要能表达清楚，字数要力求少而精。

案例　2005 年英国邦斯菲尔德油库火灾爆炸事故调查

2005 年 12 月 11 日，英国 Buncefield 油库发生严重火灾爆炸事故。2006 年 1 月官方成立事故调查委员会，由 HSE 和 EA(Environmental Agency)负责全面事故调查。

2006 年 5 月，Buncefield 油库事故调查第 3 阶段报告认为：“爆炸超压的强度……与现在对蒸气云爆炸的认识不一致。……到目前为止，调查仍不能确定什么原因造成蒸气云被点燃以及爆炸传播产生如此严重的超压，造成资产的严重破坏。”

2006 年 6 月，TOTAL 邀请 GexCon 公司参与事故调查研究。事故调查包括使用 FLACS 实施事故数值模拟和试验。GexCon 现场实地踏勘了事故现场，建立了 Buncefield 油库和周边环境的 FLACS 模型(见图 9 -4 ~ 图 9 -8)。尽管库区本身不存在严重的空间阻塞，所以油品泄漏不会导致很高的爆炸超压。然而，罐区周围种植着密集的地表植被和树丛，油品泄漏后形成的蒸气云扩散会覆盖罐区和周边地带。FLACS 模拟结果表明，火焰沿各方向传播，但是在种植树丛的道路上传播速度更快，超压也比其他位置更高。超压幅值可以解释在停车场和西部建筑物观测到的破坏——包括树丛的阻塞率。没有树丛时爆炸超压较低。

为了验证树丛或植被对蒸气云爆炸的影响，GexCon 公司进行了一系列气体爆炸试验，包括不同的植被尺寸、密度和数量。数值模拟表明，2009 年 FABIG 会议上 GexCon 的观点得到认可。

图 9-4 罐区和周边树丛全景

图 9-5 FLACS 数值模拟建立的油库模型

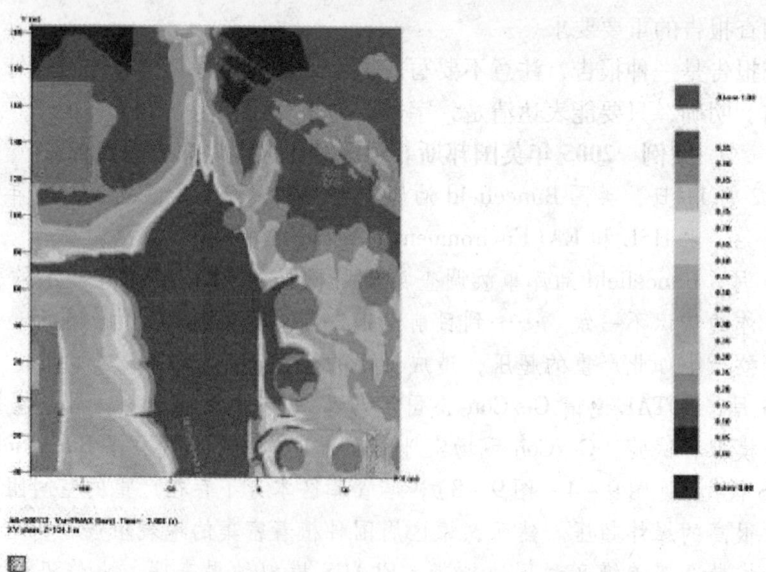

图 9-6 有树丛气体云团爆炸超压最大值超过 1bar

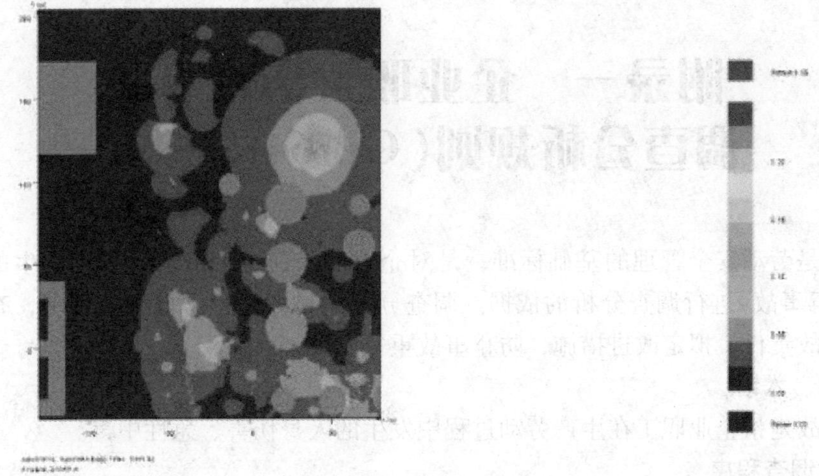

图 9－7　没有树丛的气体爆炸超压约最大值 0. 2bar

图 9－8　FLACS 模拟结果的数值验证

附录一　企业职工伤亡事故调查分析规则(GB 6442—86)

本标准是劳动安全管理的基础标准，是对企业职工在生产劳动过程中发生的伤亡事故(含急性中毒事故)进行调查分析的依据。调查分析的目的是：掌握事故情况，查明事故原因，分清事故责任，拟定改进措施，防止事故重复发生。

1. 名词、术语

伤亡事故是指企业职工在生产劳动过程中发生的人身伤害、急性中毒。

2. 事故调查程序

死亡、重伤事故，应按如下要求进行调查。轻伤事故的调查，可参照执行。

2.1　现场处理

2.1.1　事故发生后，应救护受伤害者，采取措施制止事故蔓延扩大。

2.1.2　认真保护事故现场，凡与事故有关的物体、痕迹、状态，不得破坏。

2.1.3　为抢救受伤害者需要移动现场某些物体时，必须做好现场标志。

2.2　物证搜集

2.2.1　现场物证包括：破损部件、碎片、残留物、致害物的位置等。

2.2.2　在现场搜集到的所有物件均应贴上标签，注明地点、时间、管理者。

2.2.3　所有物件应保持原样，不准冲洗擦拭。

2.2.4　对健康有危害的物品，应采取不损坏原始证据的安全防护措施。

2.3　事故事实材料的搜集

2.3.1　与事故鉴别、记录有关的材料

a. 发生事故的单位、地点、时间；

b. 受害人和肇事者的姓名、性别、年龄、文化程度、职业、技术等级、工龄、本工种工龄、支付工资的形式；

c. 受害人和肇事者的技术状况、接受安全教育情况；

d. 出事当天，受害人和肇事者什么时间开始工作、工作内容、工作量、作业程序、操作时的动作(或位置)；

e. 受害人和肇事者过去的事故记录。

2.3.2　事故发生的有关事实

a. 事故发生前设备、设施等的性能和质量状况；

b. 使用的材料，必要时进行物理性能或化学性能实验与分析；

c. 有关设计和工艺方面的技术文件、工作指令和规章制度方面的资料及执行情况。

d. 关于工作环境方面的状况；包括照明、湿度、温度、通风、声响、色彩度、道路工作面状况以及工作环境中的有毒、有害物质取样分析记录；

e. 个人防护措施状况：应注意它的有效性、质量、使用范围；

f. 出事前受害人和肇事者的健康状况；

g. 其他可能与事故致因有关的细节或因素。

2.4 证人材料搜集

要尽快找被调查者搜集材料。对证人的口述材料，应认真考证其真实程度。

2.5 现场摄影

2.5.1 显示残骸和受害者原始存息地的所有照片。

2.5.2 可能被清除或被践踏的痕迹：如刹车痕迹、地面和建筑物的伤痕，火灾引起损害的照片、冒顶下落物的空间等。

2.5.3 事故现场全貌。

2.5.4 利用摄影或录像，以提供较完善的信息内容。

2.6 事故图

报告中的事故图，应包括了解事故情况所必需的信息。如：事故现场示意图、流程图、受害者位置图等。

3. 事故分析

3.1 事故分析步骤

3.1.1 整理和阅读调查材料。

3.1.2 按以下七项内容进行分析：见《企业职工伤亡事故分类标准》(GB 6441 - 86)附录A。

a. 受伤部位；

b. 受伤性质；

c. 起因物；

d. 致害物；

e. 伤害方式；

f. 不安全状态；

g. 不安全行为。

3.1.3 确定事故的直接原因。

3.1.4 确定事故的间接原因。

3.1.5 确定事故的责任者。

3.2 事故原因分析。

3.2.1 属于下列情况者为直接原因。

3.2.1.1 机械、物质或环境的不安全状态；

见《企业职工伤亡事故分类标准》GB 6441—86 附录 A 中 A.6 不安全状态。

3.2.1.2 人的不安全行为：

见《企业职工伤亡事故分类标准》GB 6441—86 附录 A 中 A.7 不安全行为。

3.2.2 属下列情况者为间接原因。

3.2.2.1 技术和设计上有缺陷——工业构件、建筑物、机械设备、仪器仪表、工艺过程、操作方法、维修检验等的设计、施工和材料使用存在问题；

3.2.2.2 教育培训不够，未经培训，缺乏或不懂安全操作技术知识；

3.2.2.3 劳动组织不合理；

3.2.2.4 对现场工作缺乏检查或指导错误；

3.2.2.5 没有安全操作规程或不健全；

3.2.2.6 没有或不认真实施事故防范措施；对事故隐患整改不力；

3.2.2.7　其他。

3.2.3　在分析事故时，应从直接原因入手，逐步深入到间接原因，从而掌握事故的全部原因。再分清主次，进行责任分析。

3.3　事故责任分析

3.3.1　根据事故调查所确认的事实，通过对直接原因和间接原因的分析，确定事故中的直接责任者和领导责任者；

3.3.2　在直接责任和领导责任者中，根据其在事故发生过程中的作用，确定主要责任者；

3.3.3　根据事故后果和事故责任者应负的责任提出处理意见。

4. 事故结案归档材料

在事故处理结案后，应归档的事故资料如下：

4.1　职工伤亡事故登记表；

4.2　职工死亡、重伤事故调查报告书及批复；

4.3　现场调查记录、图纸、照片；

4.4　技术鉴定和试验报告；

4.5　物证、人证材料；

4.6　直接和间接经济损失材料；

4.7　事故责任者的自述材料；

4.8　医疗部门对伤亡人员的诊断书；

4.9　发生事故时的工艺条件、操作情况和设计资料；

4.10　处分决定和受处分人员的检查材料；

4.11　有关事故的通报、简报及文件；

4.12　注明参加调查组的人员姓名、职务、单位。

附录A　事故分析的技术方法(补充件)

A.1　事故树分析法(Fault Tree Analysis 略语为FTA)又称事故逻辑分析，对事故进行分析和预测的一种方法。

事故树分析法是对既定的生产系统或作业中可能出现的事故条件及可能导致的灾害后果，按工艺流程、先后次序和因果关系绘成的程序方框图，即表示导致事故的各种因素之间的逻辑关系。用以分析系统的安全问题或系统运行的功能问题，并为判明事故发生的可能性和必然性之间的关系，提供的一种表达形式。

A.2　事件树分析法(Event Tree Analysis 略语为ETA)。

事件树分析是一种归纳逻辑图，是决策树(Decision Tree)在安全分析中的应用。它从事件的起始状态出发，按一定的顺序，逐项分析系统构成要素的状态(成功或失败)。并将要素的状态与系统的状态联系起来，进行比较，以查明系统的最后输出状态，从而展示事故的原因和发生条件。

附录二　企业职工伤亡事故分类标准(GB 6441—86)

国家标准局 1986－05－31 发布 1987－02－01 实施

本标准是劳动安全管理的基础标准，适用于企业职工伤亡事故统计工作。

1. 名词、术语

1.1　伤亡事故

指企业职工在生产劳动过程中，发生的人身伤害(以下简称伤害)、急性中毒(以下简称中毒)。

1.2　损失工作日

指被伤害者失能的工作时间。

1.3　暂时性失能伤害

指伤害及中毒者暂时不能从事原岗位工作的伤害。

1.4　永久性部分失能伤害

指伤害及中毒者肢体或某些器官部分功能不可逆的丧失的伤害。

1.5　永久性全失能伤害

指除死亡外，一次事故中，受伤者造成完全残废的伤害。

2. 事故类别

序　　号	事故类别名称	序　　号	事故类别名称	序　　号	事故类别名称
01	物体打击	08	火　　灾	015	瓦斯爆炸
02	车辆伤害	09	高处坠落	016	锅炉爆炸
03	机械伤害	010	坍　　塌	017	容器爆炸
04	起重伤害	011	冒顶片帮	018	其他爆炸
05	触　　电	012	透　　水	019	中毒和窒息
06	淹　　溺	013	放　　炮	020	其他伤害
07	灼　　烫	014	火药爆炸		

3. 伤害分析

3.1　受伤部位

指身体受伤的部位(分类详见附录 A 表 A1)。

3.2　受伤性质

指人体受伤的类型。确定的原则为：

A. 应以受伤当时的身体情况为主，结合全愈后可能产生的后遗障碍全面分析确定；

B. 多处受伤，按最严重的伤害分类，当无法确定时，应鉴定为“多伤害”(分类详见附录 A 表 A2)。

3.3　起因物

导致事故发生的物体、物质，称为起因物(分类详见附录 A 表 A3)。

3.4　致害物

指直接引起伤害及中毒的物体或物质(分类详见附录 A 表 A4)。

3.5　伤害方式

指致害物与人体发生接触的方式(分类详见附录 A 表 A5)。

3.6　不安全状态

指能导致事故发生的物质条件(分类详见附录 A 表 A6)。

3.7　不安全行为

指能造成事故的人为错误(分类详见附录 A 表 A7)。

4. 伤害程度分类

4.1　轻伤

指损失工作日低于 105 日的失能伤害。

4.2　重伤

指相当于附录 B 表定损失工作日等于和超过 105 日的失能伤害。

4.3 死亡

5. 事故严重程度分类

5.1　轻伤事故

指只有轻伤的事故。

5.2　重伤事故

指有重伤无死亡的事故。

5.3　死亡事故

A. 重大伤亡事故：指一次事故死亡 1 ~2 人的事故。

B. 特大伤亡事故：指一次事故死亡 3 人以上的事故(含 3 人)。

6. 伤亡事故的计算方法

适用于企业以及各省、市、县上报伤亡事故时使用的计算方法有：

6.1　千人死亡率

表示某时期内，平均每千名职工中，因伤亡事故造成死亡的人数。按式(1)计算：

$$千人死亡率 = (死亡人数/平均职工人数) \times 10^3 \quad (1)$$

6.2　千人重伤率

表示某时期内，平均每千名职工因伤亡事故造成的重伤人数。按式(2)计算：

$$千人重伤率 = (重伤人数/平均职工人数) \times 10^3 \quad (2)$$

适用于行业、企业内部事故统计分析使用的计算方法有：

6.3　伤害频率

表示某时期内，每百万工时，事故造成伤害的人数。伤害人数指轻伤、重伤、死亡人数之和。按式(3)计算：

$$百万工时伤害率(A) = (伤害人数/实际总工时) \times 10^6 \quad (3)$$

6.4　伤害严重率

表示某时期内，每百万工时，事故造成的损失工作日数。按式(4)计算：

$$伤害严重率(B) = (总损失工作日/实际总工时) \times 10^6 \quad (4)$$

6.5　伤害平均严重率

表示每人次受伤害的平均损失工作日。按式(5)计算：

$$伤害平均严重率(N) = B/A = (总损失工作日/伤害人数) \quad (5)$$

适用于以 t、m^3 产量为计算单位的行业、企业使用的计算方法有：

6.6　按产品、产量计算的死亡率，用式(6)、式(7)计算：

$$百万吨死亡率 = [死亡人数/实际产量(T)] \times 10^6 \quad (6)$$

$$万立方米木材死亡率 = [死亡人数/实际产量(m^3)] \times 10^4 \quad (7)$$

附录A
（补充件）

A.1 受伤部位（见表A1）

表A1

分 类 号	受伤部位名称	分 类 号	受伤部位名称
1.01	颅 脑	1.12.3	肘 部
1.01.1	脑	1.12.4	前 臂
1.01.2	颅 骨	1.13	腕及手
1.01.3	头 皮	1.13.1	腕
1.02	面颌部	1.13.2	掌
1.03	眼 部	1.13.3	指
1.04	鼻	1.14	下 肢
1.05	耳	1.14.1	髋 部
1.06	口	1.14.2	股 骨
1.07	颈 部	1.14.3	膝 部
1.08	胸 部	1.14.4	小 腿
1.09	腹 部	1.15	踝及脚
1.10	腰 部	1.15.1	踝 部
1.11	脊 柱	1.15.2	跟 部
1.12	上 肢	1.15.3	部（距骨、舟骨、骨）
1.12.1	肩胛部	1.15.4	趾
1.12.2	上 臂		

A.2 受伤性质（见表A2）

表A2

分 类 号	受伤性质	分 类 号	受伤性质
2.01	电 伤	2.10	切断伤
2.02	挫伤、轧伤、压伤	2.11	冻 伤
2.03	倒塌压埋伤	2.12	烧 伤
2.04	辐射损伤	2.13	烫 伤
2.05	割伤、擦伤、刺伤	2.14	中 暑
2.06	骨 折	2.15	冲击伤
2.07	化学性灼伤	2.16	生物致伤
2.08	撕脱伤	2.17	多伤害
2.09	扭 伤	2.18	中 毒

A.3 起因物（见表A3）

表A3

分 类 号	起因物名称	分 类 号	起因物名称
3.01	锅 炉	3.15	煤
3.02	压力容器	3.16	石油制品
3.03	电气设备	3.17	水
3.04	起重机械	3.18	可燃性气体
3.05	泵、发动机	3.19	金属矿物
3.06	企业车辆	3.20	非金属矿物
3.07	船 舶	3.21	粉 尘
3.08	动力传送机械	3.22	梯
3.09	放射性物质及设备	3.23	木 材
3.10	非动力手工具	3.24	工作面（人站立面）
3.11	电动手工具	3.25	环 境
3.12	其他机械	3.26	动 物
3.13	建筑物及构筑物	3.27	其 他
3.14	化学品		

A.4 致害物(见表A4)

表 A4

分 类 号	致害物名称	分 类 号	致害物名称
4.01	煤、石油产品	4.14.04	林业机械
4.01.1	煤	4.14.05	铁路工程机械
4.01.2	焦炭	4.14.06	铸造机械
4.01.3	沥青	4.14.07	锻造机械
4.01.4	其他	4.14.08	焊接机械
4.02	木材	4.14.09	粉碎机械
4.02.1	树	4.14.10	金属切削机床
4.02.2	原木	4.14.11	公路建筑机械
4.02.3	锯材	4.14.12	矿山机械
4.02.4	其他	4.14.13	冲压机
4.03	水	4.14.14	印刷机械
4.04	放射性物质	4.14.15	压辊机
4.05	电气设备	4.14.16	筛选、分离机
4.05.1	母线	4.14.17	纺织机械
4.05.2	配电箱	4.14.18	木工刨床
4.05.3	电气保护装置	4.14.19	木工锯机
4.05.4	电阻箱	4.14.20	其他木工机械
4.05.5	蓄电池	4.14.21	皮带传送机
4.05.6	照明设备	4.14.22	其他
4.05.7	其他	4.15	金属件
4.06	梯	4.15.01	钢丝绳
4.07	空气	4.15.02	铸件
4.08	工作面(人站立面)	4.15.03	铁屑
4.09	矿石	4.15.04	齿轮
4.10	黏土、砂、石	4.15.05	飞轮
4.11	锅炉、压力容器	4.15.06	螺栓
4.11.1	锅炉	4.15.07	销
4.11.2	压力容器	4.15.08	丝杠、光杠
4.11.3	压力管道	4.15.09	绞轮
4.11.4	安全阀	4.15.10	轴
4.11.5	其他	4.15.11	其他
4.12	大气压力	4.16	起重机械
4.12.1	高压(指潜水作业)	4.16.01	塔式起重机
4.12.2	低压(指空气稀薄的高原地区)	4.16.02	龙门式起重机
4.13	化学品	4.16.03	梁式起重机
4.13.01	酸	4.16.04	门座式起重机
4.13.02	碱	4.16.05	浮游式起重机
4.13.03	氢	4.16.06	甲板式起重机
4.13.04	氨	4.16.07	桥式起重机]
4.13.05	液氧	4.16.08	缆索式起重机
4.13.06	氯气	4.16.09	履带式起重机
4.13.07	酒精	4.16.10	叉车
4.13.08	乙炔	4.16.11	电动葫芦
4.13.09	火药	4.16.12	绞车
4.13.10	炸药	4.16.13	卷扬机
4.13.11	芳香烃化合物	4.16.14	桅杆式起重机
4.13.12	砷化物	4.16.15	壁上起重机
4.13.13	硫化物	4.16.16	铁路起重机
4.13.14	二氧化碳	4.16.17	千斤顶
4.13.15	一氧化碳	4.16.18	其他
4.13.16	含氰物	4.17	噪声
4.13.17	卤化物	4.18	蒸气
4.13.18	金属化合物	4.19	手工具(非动力)
4.13.19	其他	4.20	电动后手工具
4.14	机械	4.21	动物
4.14.01	搅拌机	4.22	企业车辆
4.14.02	送料装置	4.23	船舶
4.14.03	农业机械		

A.5 伤害方式(见表 A5)

表 A5

分类号	伤害方式	分类号	伤害方式
5.01	碰撞	5.08	火灾
5.01.1	人撞固定物体	5.09	辐射
5.01.2	运动物体撞人	5.10	爆炸
5.01.3	互撞	5.11	中毒
5.02	撞击	5.11.1	吸入有毒气体
5.02.1	落下物	5.11.2	皮肤吸收有毒物质
5.02.2	飞来物	5.11.3	经口
5.03	坠落	5.12	触电
5.03.1	由高处坠落平地	5.13	接触
5.03.2	由平地坠入井、坑洞	5.13.1	高低温环境
5.04	跌倒	5.13.2	高低温物体
5.05	坍塌	5.14	掩埋
5.06	淹溺	5.15	倾覆
5.07	灼烫		

A.6 不完全状态(见表 A6)

表 A6

分类号	不安全状态
6.01	防护、保险、信号等装置缺乏或有缺陷
6.01.1	无防护
6.01.1.01	无防护罩
6.01.1.02	无安全保险装置
6.01.1.03	无报警装置
6.01.1.04	无安全标志
6.01.1.05	无护栏或护栏损坏
6.01.1.06	(电气)未接地
6.01.1.07	绝缘不良
6.01.1.08	局扇无消音系统、噪声大
6.01.1.09	危房内作业
6.01.1.10	未安装防止“跑车”的挡车器或挡车栏
6.01.1.11	其他
6.01.2	防护不当
6.01.2.1	防护罩未在适当位置
6.01.2.2	防护装置调整不当
6.01.2.3	坑道掘进，隧道开凿支撑不当
6.01.2.4	防爆装置不当
6.01.2.5	采伐、集材作业安全距离不够
6.01.2.6	放炮作业隐蔽所有缺陷
6.01.2.7	电气装置带电部分裸露
6.01.2.8	其他
6.02	设备、设施、工具、附件有缺陷
6.02.1	设计不当，结构不合安全要求
6.02.1.1	通道门遮挡视线
6.02.1.2	制动装置有缺陷
6.02.1.3	安全间距不够
6.02.1.4	拦车网有缺陷
6.02.1.5	工件有锋利毛刺、毛边

续表

分类号	不安全状态
6.02.1.6	设施上有锋利倒棱
6.02.1.7	其他
6.02.2	强度不够
6.02.2.1	机械强度不够
6.02.2.2	绝缘强度不够
6.02.2.3	起吊重物的绳索不合安全要求
6.02.2.4	其他
6.02.3	设备在非正常状态下运行
6.02.3.1	设备带"病"运转
6.02.3.2	超负荷运转
6.02.3.3	其他
6.02.4	维修、调整不良
6.02.4.1	设备失修
6.02.4.2	地面不平
6.02.4.3	保养不当、设备失灵
6.02.4.4	其他
6.03	个人防护用品用具——防护服、手套、护目镜及面罩、呼吸器官护具、听力护具、安全带、安全帽、安全鞋等缺少或有缺陷
6.03.1	无个人防护用品、用具
6.03.2	所用防护用品、用具不符合安全要求
6.04	生产(施工)场地环境不良
6.04.1	照明光线不良
6.04.1.1	照度不足
6.04.1.2	作业场地烟雾尘弥漫，视物不清
6.04.1.3	光线过强
6.04.2	通风不良
6.04.2.1	无通风
6.04.2.2	通风系统效率低
6.04.2.3	风流短路
6.04.2.4	停电停风时放炮作业
6.04.2.5	瓦斯排放未达到安全浓度放炮作业
6.04.2.6	瓦斯超限
6.04.2.7	其他
6.04.3	作业场所狭窄
6.04.4	作业场地杂乱
6.04.4.1	工具、制品、材料堆放不安全
6.04.4.2	采伐时，未开"安全道"
6.04.4.3	迎门树、坐殿树、搭挂树未作处理
6.04.4.4	其他
6.04.5	交通线路的配置不安全
6.04.6	操作工序设计或配置不安全
6.04.7	地面滑
6.04.7.1	地面有油或其他液体
6.04.7.2	冰雪覆盖
6.04.7.3	地面有其他易滑物
6.04.8	储存方法不安全
6.04.9	环境温度、湿度不当

A.7 不安全行为(见表A7)

表A7

分类号	不安全行为
7.01	操作错误、忽视安全、忽视警告
7.01.01	未经许可开动、关停、移动机器
7.01.02	开动、关停机器时未给信号
7.01.03	开关未锁紧，造成意外转动、通电或泄漏等
7.01.04	忘记关闭设备
7.01.05	忽视警告标志、警告信号
7.01.06	操作错误(指按钮、阀门、扳手、把柄等的操作)
7.01.07	奔跑作业
7.01.08	供料或送料速度过快
7.01.09	机器超速运转
7.01.10	违章驾驶机动车
7.01.11	酒后作业
7.01.12	客货混载
7.01.13	冲压机作业时，手伸进冲压模
7.01.14	工件紧固不牢
7.01.15	压缩空气吹铁屑
7.01.16	其他
7.02	造成安全装置失效
7.02.1	拆除了安全装置
7.02.2	安全装置堵塞，失去作用
7.02.3	调整的错误造成安全装置失效
7.02.4	其他
7.03	使用不安全设备
7.03.1	临时使用不牢固的设施
7.03.2	使用无安全装置的设备
7.03.3	其他
7.04	用手代替工具操作
7.04.1	用手代替手动工具
7.04.2	用手清除切屑
7.04.3	不用夹具固定，用手拿工件进行机加工
7.05	物体(指成品、半成品、材料、工具、切屑和生产用品等)存放不当
7.06	冒险进入危险场所
7.06.01	冒险进入涵洞
7.06.02	接近漏料处(无安全设施)
7.06.03	采伐、集材、运材、装车时，未离危险区
7.06.04	未经安全监察人员允许进入油罐或井中
7.06.05	未“敲帮问顶”开始作业
7.06.06	冒进信号
7.06.07	调车场超速上下车
7.06.08	易燃易爆场合明火
7.06.09	私自搭乘矿车
7.06.10	在绞车道行走
7.06.11	未及时瞭望
7.07	攀、坐不安全位置(如平台护栏、汽车挡板、吊车吊钩)
7.08	在起吊物下作业、停留
7.09	机器运转时加油、修理、检查、调整、焊接、清扫等工作
7.10	有分散注意力行为
7.11	在必须使用个人防护用品用具的作业或场合中，忽视其使用

分类号	不安全行为
7.11.1	未戴护目镜或面罩
7.11.2	未戴防护手套
7.11.3	未穿安全鞋
7.11.4	未戴安全帽
7.11.5	未佩戴呼吸护具
7.11.6	未佩戴安全带
7.11.7	未戴工作帽
7.11.8	其他
7.12	不安全装束
7.12.1	在有旋转零部件的设备旁作业穿过肥大服装
7.12.2	操纵带有旋转零部件的设备时戴手套
7.12.3	其他
7.13	对易燃、易爆等危险物品处理错误

附录B 损失工作日计算表(补充件)

B.1 死亡或永久性全失能伤害定6000日。

B.2 永久性部分失能伤害按表B1、表B2、表B3计算。

B.3 表中未规定数值的暂时性失能伤害按歇工天数计算。

B.4 对于永久性失能伤害不管其歇工天数多少，损失工作日均按下列各表中规定的数值计算。

B.5 各伤害部位累计数值超过6000日者，仍按6000日计算。

表B1 截肢或完全失动机能部位损失工作日换算表

手					
	拇指	食指	中指	无名指	小指
远端指骨	300	100	75	60	50
中间指骨	–	200	150	120	105
近端指骨	600	400	300	240	200
掌骨	900	600	500	450	400
腕部截肢	3000				
脚					
	拇趾	二趾	中趾	无名趾	小趾
远端趾骨	150	35	35	35	35
中间趾骨	–	75	75	75	75
近端趾骨	300	150	150	150	150
骨(包括舟骨、距骨)	600	350	350	350	350
踝部	2400				
上肢					
肘部以上任一部位(包括肩关节)					4500
腕以上任一部位，且在肘关节或低于肘关节					3600
下肢					
膝关节以上任一部位(包括髋关节)					4500
踝部以上，且在膝关节或低于膝关节					3000

表 B2 骨折损失工作日换算表

骨折部位	损失工作日	骨折部位	损失工作日
掌、指骨	60	胸骨	105
挠骨下端	80	跖、趾	70
尺、挠骨干	90	胫、腓	90
肱骨髁上	60	股骨干	105
肱骨干	80	股粗隆间	100
科颈	70	股骨颈	160
锁骨	70		

表 B3 功能损伤损失工作日换算表

功能损伤部位	损失工作日
1. 包被重要器官的单纯性骨损伤(头颅骨、胸骨、脊椎骨)	105
2. 包被重要器官的复杂性骨损伤，内部器官轻度受损，骨损伤治愈后，不遗功能障碍者	500
3. 包被重要器官的复杂性骨损伤，伴有内部器官损伤，骨损伤治愈后，遗有轻度功能障碍者	900
4. 接触有害气体或毒物，急性中毒症状消失后，不遗有临床症状及后遗症者	200
5. 重度失血，经抢救后，未遗有造血功能障碍者	200
6. 包被重要器官的复杂性骨折，包被器官受损、骨损伤治愈后，遗有严重的功能障碍者	
A. 脑神经损伤导致癫痫者	300
B. 脑神经损伤导致痴呆者	500
C. 脑挫裂伤，颅内严重血肿，脑干损伤造成无法医治的低能	5000
D. 脑外伤致使运动系统严重障碍或失语，且不易恢复者	4000
E. 脊柱骨损伤，脊髓离断形成截瘫者	6000
F. 脊柱骨损伤，骨髓半离断，影响饮食起居者	6000
G. 脊柱骨损伤合并骨髓伤，有功能障碍不影响饮食起居者	4000
H. 单纯脊柱骨损伤，包括残留慢性腰背痛者	1000
I. 脊柱损伤，遗有脊髓压迫症双下肢功能障碍，二便失禁者	4000
J. 脊柱韧带损伤，局部血行障碍影响脊柱活动者	1500
K. 胸部骨损伤，伤及心脏，引起明显的节律不正者	4000
L. 胸部骨损伤，伤及心脏，遗有代偿功能失调者	4000
M. 胸部损伤，胸廓成形术后，明显影响一侧呼吸功能者	2000
N. 一侧肺功能丧失者	4000
O. 一侧肺并有另侧一个肺叶术后伤残者	5000
P. 骨盆骨损伤累及神经，导致下肢运动障碍者	4000
Q. 骨盆不稳定骨折，并遗留有尿道狭窄和尿路感染	3000
7. 腰、背部软组织严重损伤，脊柱活动明显受限者	2000
8. 四肢软组织损伤治愈后，遗有周围神经损伤，感觉运动机能障碍，影响工作及生活者	1500
9. 四肢软组织损伤治愈后，遗有周围神经损伤，运动机能障碍，但生活能自理者	2000
10. 四肢软组织损伤，治愈后由于疤瘢弯缩，严重影响运动功能，但生活能自理者	2000
11. 手肌腱受损，伸屈功能严重障碍，影响工作、生活者	1400
12. 脚肌腱受损，引起机能障碍，不能自由行走者	1400
13. 眼睑断裂导致眼闭合不全	200
14. 眼睑损伤导致泪小管、泪腺损伤，导致泪溢，影响工作者	200
15. 双目失明	6000
16. 一目失明，但另一目视力正常	1800
17. 两目视力均有障碍，不易恢复者	1800
18. 一目失明，另一目视物不清，或双目视物不清者(仅能见眼前 2m 以内且短期内不易恢复者)	3000
19. 两眼角膜受损，并有眼底出血或混浊，视力高度障碍者(仅能见 1m 内之物体)且根本不能恢复者	4000
20. 眼球突出不能复位，引起视力障碍者	700
21. 眼肌麻痹，造成斜视、复视者	600
22. 一耳丧失听力，另一耳听觉正常者	600
23. 听力有重大障碍者	300

续表

功 能 损 伤 部 位	损失工作日
24. 两耳听力丧失	3000
25. 鼻损伤，嗅觉功能严重丧失	1000
26. 鼻脱落者	1300
27. 口腔受损，致使牙齿脱落大部，不能安装假牙，致使咀嚼发生困难者	1800
28. 口腔严重受损，咀嚼机能全废	3000
29. 喉损伤，引起喉狭窄，影响发音及呼吸者	1000
30. 语言障碍，说话不清	300
31. 语言全废	3000
32. 伤及腹膜，并有单独性的腹腔出血，腹膜炎症者	1000
33. 由于损伤进行胃次全切除，或肠管切除三分之一以上者	3000
34. 由于损伤进行胃全切，或食道全切，腔肠代替食道，或肠管切除三分之一以上者	6000
35. 一叶肝脏切除者	3000
36. 一侧肾脏切除者	3000
37. 生殖器官损伤，失去生殖机能者	1800
38. 伤及神经、膀胱及直肠，遗有大便、小便失禁，漏尿、漏屎等	2000
39. 关节结构损伤，关节活动受限，影响运动功能者	1400
40. 伤筋伤骨，运动受限，其功能损伤严重于表2者	200
41. 接触高浓度有害气体，急性中毒症状消失后，遗有脑实质病变临床症状者	4000
42. 各种急性中毒严重损伤呼吸道、食道黏膜，遗有功能障碍者	2000
43. 国家规定的工业毒物轻度中毒患者	150
44. 国家规定的工业毒物中度中毒患者	700
45. 国家规定的工业毒物重度中毒患者	2000

附录三　企业职工伤亡事故经济损失统计标准(GB 6721—86)

本标准规定了企业职工伤亡事故经济损失的统计范围，计算方法和评价指标。

1. 基本定义

1.1　伤亡事故经济损失

指企业职工在劳动生产过程中发生伤亡事故所引起的一切经济损失，包括直接经济损失和间接经济损失。

1.2　直接经济损失

指因事故造成人身伤亡及善后处理支出的费用和毁坏财产的价值。

1.3　间接经济损失

指因事故导致产值减少、资源破坏和受事故影响而造成其他损失的价值。

2. 直接经济损失的统计范围

2.1　人身伤亡后所支出的费用

2.1.1　医疗费用(含护理费用)

2.1.2　丧葬及抚恤费用

2.1.3　补助及救济费用

2.1.4　歇工工资

2.2　善后处理费用

2.2.1　处理事故的事务性费用

2.2.2　现场抢救费用

2.2.3　清理现场费用

2.2.4　事故罚款和赔偿费用

2.3　财产损失价值

2.3.1　固定资产损失价值

2.3.2 流动资产损失价值

3. 间接经济损失的统计范围

3.1　停产、减产损失价值

3.2　工作损失价值

3.3　资源损失价值

3.4　处理环境污染的费用

3.5　补充新职工的培训费用(见附录 A)

3.6　其他损失费用

4. 计算方法

4.1　经济损失计算见公式(1)：

$$E = E_d + E_i \tag{1}$$

式中　E——经济损失，万元；

E_d——直接经济损失，万元；

E_i——间接经济损失，万元。

4.2 工作损失价值计算见公式(2)：

$$V_W = D_L \cdot M/(S \cdot D) \tag{2}$$

式中 V_W——工作损失价值，万元；

D_L——一起事故的总损失工作日数，死亡一名职工按6000个工作日计算，受伤职工视伤害情况按GB 6441—86《企业职工伤亡事故分类标准》的附表确定，日；

M——企业上年税利(税金加利润)，万元；

S——企业上年平均职工人数；

D——企业上年法定工作日数，日。

4.3 固定资产损失价值按下列情况计算：

4.3.1 报废的固定资产，以固定资产净值减去残值计算；

4.3.2 损坏的固定资产，以修复费用计算。

4.4 流动资产损失价值按下列情况计算：

4.4.1 原材料、燃料、辅助材料等均按账面值减去残值计算；

4.4.2 成品、半成品、在制品等均以企业实际成本减去残值计算。

4.5 事故已处理结案而未能结算的医疗费、歇工工资等，采用测算方法计算(见附录A)。

4.6 对分期支付的抚恤、补助等费用，按审定支出的费用，从开始支付日期累计到停发日期，见附录A。

4.7 停产、减产损失，按事故发生之日起到恢复正常生产水平时止，计算其损失的价值。

5. 经济损失的评价指标和程度分级

5.1 经济损失评价指标

5.1.1 千人经济损失率

计算按公式(3)：

$$R_s = E/S \times 1000‰ \tag{3}$$

式中 R_s——千人经济损失率，‰；

E——全年内经济损失，万元；

S——企业平均职工人数，人。

5.1.2 百万元产值经济损失率

计算按公式(4)：

$$R_v = E/V \times 100\% \tag{4}$$

式中 R_v——百万元产值经济损失率，%；

E——全年内经济损失，万元；

V——企业总产值，万元。

5.2 经济损失程度分级

5.2.1 一般损失事故

经济损失小于1万元的事故。

5.2.2 较大损失事故

经济损失大于1万元(含1万元)但小于10万元的事故。

5.2.3　重大损失事故

经济损失大于10万元(含10万元)但小于100万元的事故。

5.2.4　特大损失事故

经济损失大于100万元(含100万元)的事故。

附录A　几种经济损失的测算法(补充件)

A.1　医疗费按公式(A1)测算：

$$M = M_b / P \cdot D_c \tag{A1}$$

式中　M——被伤害职工的医疗费，万元；

M_b——事故结案日前的医疗费，万元；

P——事故发生之日至结案之日的天数，日；

D_c——延续医疗天数，指事故结案后还须继续医治的时间，由企业劳资、安全、工会等按医生诊断意见确定，日。

注：上述公式是测算一名被伤害职工的医疗费，一次事故中多名被伤害职工的医疗费应累计计算。

A.2　歇工工资按公式(A2)测算：

$$L = L_q (D_a + D_k) \tag{A2}$$

式中　L——被伤害职工的歇工工资，元；

L_q——被伤害职工日工资，元；

D_a——事故结案日前的歇工日，日；

D_k——延续歇工日，指事故结案后被伤害职工还须继续歇工的时间，由企业劳资、安全、工会等与有关单位酌情商定，日。

注：上述公式是测算一名被伤害职工的歇工工资，一次事故中多名被伤害职工的歇工工资应累计计算。

A.3　补充新职工的培训费用

A.3.1　技术工人的培训费用每人按2000元计算。

A.3.2　技术人员的培训费用每人按1万元计算。

A.3.3　补充其他人员的培训费用，视补充人员情况参照A.3.1、A.3.2酌定。

A.4　补助费、抚恤费的停发日期

A.4.1　被伤害职工供养未成年直系亲属抚恤费累计统计到16周岁(普通中学在校生累计到18周岁)。

A.4.2　被伤害职工及供养成年直系亲属补助费、抚恤费累计统计到我国人口的平均寿命68周岁。

附录四　油库事故管理规定(摘要)

为了严格油库事故管理，总结经验，吸取教训，确保油库安全，根据《军队油库管理规则》制定本规定。油库事故管理应当遵循预防为主、教育为本、实事求是、惩前毖后、整改并举的原则。

1. 事故的种类

事故依据其性质，分为6种：

(1) 由于责任心不强，没有严格遵守规章制度而造成损失的，属责任事故；

(2) 由于规章制度未作规定和难以预见的技术原因，如设备突然失灵或工程隐患而造成损失的，属技术事故；

(3) 由于缺乏业务知识，设备设施失修而又未采取有力措施而造成损失的，属责任技术事故；

(4) 由于被动地受到外界原因破坏而造成油库人员伤亡和财产损失的，属外方责任事故；

(5) 由于洪水、泥石流、地震、雷击、暴风雨等人力难以抗拒的原因而造成损失的，属自然灾害；

(6) 非业务作业中发生的各种伤亡、财产损失事件、交通肇事等，属行政责任事故。

以上责任、技术、责任技术3种事故统称为油库业务等级事故，外方事故、自然灾害统称灾害事故。

2. 事故的类型

事故依据其表现形式，分为5种类型：

(1) 由于火灾、爆炸造成伤亡和财产损失的，称着火爆炸事故；

(2) 由于某种原因造成油料流失损失的，称跑(漏、冒)油事故；

(3) 由于非人为有意识原因造成二种以上油品相混(包括油品中混入杂质、水分)而造成油品变质、报废处理的，称油品变质事故；

(4) 由于某种原因造成油罐、管道、工艺设备、建构筑物、库存油料装备等设备设施损坏的，称设备损坏事故；

(5) 由于各种原因造成人员死亡、致残、重伤住院的，称人身伤亡事故。

3. 事故的等级

事故依据其损失程度，分为四个等级：

(1) 一等事故

① 造成人员亡2人(含)以上的；

② 造成油料损失、变质或设备损坏等，价值在20万元以上的；

(2) 二等事故

① 造成人员亡1人或受伤致残3人(含)以上的；

② 造成油料损失、变质或设备损坏等，价值在10万元以上的；

(3) 三等事故

① 造成人员受伤致残2人(含)以下的；

② 造成油料损失、变质或设备损坏等，价值在5万元以上的；

(4) 四等事故

① 造成人员受重伤，住院治疗一月以上的；

② 造成油料损失、变质或设备损坏等，价值在1万元以上的；

(5) 等外事故

① 发生火灾、爆炸，造成经济损失1万元(不含)以下的；

② 发生油料损失、变质或设备损坏等，造成经济损失在2000~10000元(不含)之间的；

③ 外来工程施工队在油库作业中发生乙方亡人事故的；

④ 造成油罐吸瘪、变形，但未造成严重破坏的。

4. 事故损失的计算方法

事故损失按下列方法计算：

(1) 火灾、爆炸损失按照国家公安部关于火灾损失额计算方法计算；

(2) 重伤致残，按国家劳动部有关规定执行；

(3) 设备、设施损坏无法修复使用的，按固定资产原值计算；

(4) 设备、设施能修复使用的，按实际损坏的修复费用为准，或以修复到原有技术水平、等级标准的工程预算为准；

(5) 油料损失以事故跑(漏、冒)油的总量与军内价拨油价乘积，再减去回收油料的实际价值计算；

(6) 油料变质损失的，按油品处理差价或更生费用计算；

(7) 事故直接损失包括财产毁坏损失、赔偿、丧葬费、医疗费、抚恤金等，同时有几项损失时，以累计计算。

5. 事故现场处理要求

(1) 事故发生时，事故当事人或发现人应当立即采取抢救措施，并通过各种手段向上级报告或发出险情警报，不得逃离、隐匿或坐视不救；

(2) 在发生重大火灾爆炸事故或重大跑(漏、冒)油事故时，油库应当立即组成以库领导为首的现场指挥部，统一指挥。抢险过程中应当采取正确措施，防止事故蔓延扩大，减少人员伤亡和事故损失，并尽最大可能保护现场；

(3) 在事故失去控制和凭油库现有力量无法扑救时，应当立即申请上级支援，并向当地政府、企、事业单位发出求援要求；在事故有蔓延倾向时，应当向可能遭受影响的地区发出警报信号；

(4) 事故抢救结束后，属一、二等事故的，在不影响安全的情况下，油库必须保留现场，接受上级事故调查组勘察。

6. 事故的报告

(1) 事故报告的要求

① 油库发生事故后，应当逐级上报(紧急情况可越级上报)，其中发生一、二等事故的，应在24小时内用电话、电报等快速方法，将事故主要情况逐级上报到总部，待事故基本控制后，续报详细情况；发生三、四等事故的，3天内，等外事故的，7天内，向上级机关报告事故主要情况。各大单位油料部门应当在每年12月15日前将本单位等级事故和等外事故汇总填表上报总后物资油料部；

② 油库的行政事故按有关规定逐级上报行政部门，同时抄报业务部门；

③ 油库不得隐瞒或迟报事故，如发现有隐瞒、迟报者，对责任者视情节予以追究。

(2) 事故调查要求及裁定的权限

① 事故调查组应当由政治、业务、行政等各方面的人员组成，对于比较复杂的事故原因，应当邀请军内外有关专家参加。调查组应当广泛调查，收集人证、物证，采用先进的科学仪器进行技术鉴定，对于一时难以肯定的结论或调查组内不同的结论意见，应当在调查报告中如实说明。调查报告必须有调查组全体成员签名，以示负责；

② 拟定一等业务事故的，由总后物资油料部组织调查组调查，并裁定事故等级；

③ 拟定二、三等业务事故的，由各军区、军兵种后勤油料部门组织调查组调查，并裁定事故等级；

④ 拟定四等业务事故的，由油库直接上级单位组织调查组调查，并裁定事故等级；

⑤ 拟定为等外事故的，由油库组织调查组调查；

⑥ 属于行政责任事故的，由油库上级行政部门组织调查处理，事故等级可按有关行政管理规定执行；

⑦ 属于外方责任事故的，由油库会同当地政府部门组织调查处理，重大外方责任事故，必须有油库上级领导部门参加处理；

⑧ 属于交通事故的，由当地公安机关裁决处理；

⑨ 上级机关对下级单位的调查报告及裁定的事故等级有权复议，可重新调查并裁定事故等级。

7. 事故档案管理要求

各油库应当建立事故档案，做到有案可查，并充分利用事故档案，做好数据分析、事故规律研究，指导油库安全防事故工作。事故结案档案材料包括：

(1) 事故报告文件及批复；

(2) 油库事故报告表；

(3) 现场调查记录、图纸、照相和录像(音)磁带；

(4) 技术鉴定和试验报告；

(5) 人证、物证材料；

(6) 医疗部门对伤亡人员的第一张诊断书和病历复印件；

(7) 发生事故时的工艺条件、操作情况和设计资料；

(8) 直接和间接经济损失计算资料；

(9) 处分决定和受处分人员的检查材料；

(10) 有关事故的通报、简报和文件；

(11) 事故调查报告及调查组人员姓名、单位、职务；

(12) 事故现场会参加单位主要负责人姓名、职务。

8. 事故隐患管理要求

各油库应当按照预防为主、安全第一的要求，采取有效措施，将事故消灭在萌芽状态，必须做到：

(1) 凡新建、改建、扩建工程项目时，应当严格执行国家和军队有关规定，防止留下事故隐患；

(2) 对年久失修、技术落后、安全性能差的设备设施应当加强防范，并有重点、有计划地优先安排整改；

(3) 改善劳动工作条件，防止人身伤亡和职业病发生；

(4) 严格执行油库各项规章制度，严禁违章作业；

(5) 改善和配套防止事故隐患发展和事故扩大的措施；

(6) 加强人员安全教育和业务素质培训，防止误操作；

(7) 对一时不能整改的事故隐患，应当采取可靠的临时措施，加强监护防范。

附录五　生产安全事故报告和调查处理条例

第一章　总　　则

第一条　为了规范生产安全事故的报告和调查处理，落实生产安全事故责任追究制度，防止和减少生产安全事故，根据《中华人民共和国安全生产法》和有关法律，制定本条例。

第二条　生产经营活动中发生的造成人身伤亡或者直接经济损失的生产安全事故的报告和调查处理，适用本条例；环境污染事故、核设施事故、国防科研生产事故的报告和调查处理不适用本条例。

第三条　根据生产安全事故（以下简称事故）造成的人员伤亡或者直接经济损失，事故一般分为以下等级：

（一）特别重大事故：是指造成30人以上死亡，或者100人以上重伤（包括急性工业中毒，下同），或者1亿元以上直接经济损失的事故；

（二）重大事故：是指造成10人以上30人以下死亡，或者50人以上100人以下重伤，或者5000万元以上1亿元以下直接经济损失的事故；

（三）较大事故：是指造成3人以上10人以下死亡，或者10人以上50人以下重伤，或者1000万元以上5000万元以下直接经济损失的事故；

（四）一般事故：是指造成3人以下死亡，或者10人以下重伤，或者1000万元以下直接经济损失的事故。

国务院安全生产监督管理部门可以会同国务院有关部门，制定事故等级划分的补充性规定。

本条第一款所称的“以上”包括本数，所称的“以下”不包括本数。

第四条　事故报告应当及时、准确、完整，任何单位和个人对事故不得迟报、漏报、谎报或者瞒报。

事故调查处理应当坚持实事求是、尊重科学的原则，及时、准确地查清事故经过、事故原因和事故损失，查明事故性质，认定事故责任，总结事故教训，提出整改措施，并对事故责任者依法追究责任。

第五条　县级以上人民政府应当依照本条例的规定，严格履行职责，及时、准确地完成事故调查处理工作。

事故发生地有关地方人民政府应当支持、配合上级人民政府或者有关部门的事故调查处理工作，并提供必要的便利条件。

参加事故调查处理的部门和单位应当互相配合，提高事故调查处理工作的效率。

第六条　工会依法参加事故调查处理，有权向有关部门提出处理意见。

第七条　任何单位和个人不得阻挠和干涉对事故的报告和依法调查处理。

第八条　对事故报告和调查处理中的违法行为，任何单位和个人有权向安全生产监督管理部门、监察机关或者其他有关部门举报，接到举报的部门应当依法及时处理。

第二章 事故报告

第九条 事故发生后，事故现场有关人员应当立即向本单位负责人报告；单位负责人接到报告后，应当于1小时内向事故发生地县级以上人民政府安全生产监督管理部门和负有安全生产监督管理职责的有关部门报告。

情况紧急时，事故现场有关人员可以直接向事故发生地县级以上人民政府安全生产监督管理部门和负有安全生产监督管理职责的有关部门报告。

第十条 安全生产监督管理部门和负有安全生产监督管理职责的有关部门接到事故报告后，应当依照下列规定上报事故情况，并通知公安机关、劳动保障行政部门、工会和人民检察院：

（一）特别重大事故、重大事故逐级上报至国务院安全生产监督管理部门和负有安全生产监督管理职责的有关部门；

（二）较大事故逐级上报至省、自治区、直辖市人民政府安全生产监督管理部门和负有安全生产监督管理职责的有关部门；

（三）一般事故上报至设区的市级人民政府安全生产监督管理部门和负有安全生产监督管理职责的有关部门。

安全生产监督管理部门和负有安全生产监督管理职责的有关部门依照前款规定上报事故情况，应当同时报告本级人民政府。国务院安全生产监督管理部门和负有安全生产监督管理职责的有关部门以及省级人民政府接到发生特别重大事故、重大事故的报告后，应当立即报告国务院。

必要时，安全生产监督管理部门和负有安全生产监督管理职责的有关部门可以越级上报事故情况。

第十一条 安全生产监督管理部门和负有安全生产监督管理职责的有关部门逐级上报事故情况，每级上报的时间不得超过2小时。

第十二条 报告事故应当包括下列内容：

（一）事故发生单位概况；

（二）事故发生的时间、地点以及事故现场情况；

（三）事故的简要经过；

（四）事故已经造成或者可能造成的伤亡人数（包括下落不明的人数）和初步估计的直接经济损失；

（五）已经采取的措施；

（六）其他应当报告的情况。

第十三条 事故报告后出现新情况的，应当及时补报。

自事故发生之日起30日内，事故造成的伤亡人数发生变化的，应当及时补报。道路交通事故、火灾事故自发生之日起7日内，事故造成的伤亡人数发生变化的，应当及时补报。

第十四条 事故发生单位负责人接到事故报告后，应当立即启动事故相应应急预案，或者采取有效措施，组织抢救，防止事故扩大，减少人员伤亡和财产损失。

第十五条 事故发生地有关地方人民政府、安全生产监督管理部门和负有安全生产监督管理职责的有关部门接到事故报告后，其负责人应当立即赶赴事故现场，组织事故救援。

第十六条 事故发生后，有关单位和人员应当妥善保护事故现场以及相关证据，任何单位和个人不得破坏事故现场、毁灭相关证据。

因抢救人员、防止事故扩大以及疏通交通等原因，需要移动事故现场物件的，应当做出标志，绘制现场简图并做出书面记录，妥善保存现场重要痕迹、物证。

第十七条　事故发生地公安机关根据事故的情况，对涉嫌犯罪的，应当依法立案侦查，采取强制措施和侦查措施。犯罪嫌疑人逃匿的，公安机关应当迅速追捕归案。

第十八条　安全生产监督管理部门和负有安全生产监督管理职责的有关部门应当建立值班制度，并向社会公布值班电话，受理事故报告和举报。

第三章　事故调查

第十九条　特别重大事故由国务院或者国务院授权有关部门组织事故调查组进行调查。

重大事故、较大事故、一般事故分别由事故发生地省级人民政府、设区的市级人民政府、县级人民政府负责调查。省级人民政府、设区的市级人民政府、县级人民政府可以直接组织事故调查组进行调查，也可以授权或者委托有关部门组织事故调查组进行调查。

未造成人员伤亡的一般事故，县级人民政府也可以委托事故发生单位组织事故调查组进行调查。

第二十条　上级人民政府认为必要时，可以调查由下级人民政府负责调查的事故。

自事故发生之日起30日内(道路交通事故、火灾事故自发生之日起7日内)，因事故伤亡人数变化导致事故等级发生变化，依照本条例规定应当由上级人民政府负责调查的，上级人民政府可以另行组织事故调查组进行调查。

第二十一条　特别重大事故以下等级事故，事故发生地与事故发生单位不在同一个县级以上行政区域的，由事故发生地人民政府负责调查，事故发生单位所在地人民政府应当派人参加。

第二十二条　事故调查组的组成应当遵循精简、效能的原则。

根据事故的具体情况，事故调查组由有关人民政府、安全生产监督管理部门、负有安全生产监督管理职责的有关部门、监察机关、公安机关以及工会派人组成，并应当邀请人民检察院派人参加。

事故调查组可以聘请有关专家参与调查。

第二十三条　事故调查组成员应当具有事故调查所需要的知识和专长，并与所调查的事故没有直接利害关系。

第二十四条　事故调查组组长由负责事故调查的人民政府指定。事故调查组组长主持事故调查组的工作。

第二十五条　事故调查组履行下列职责：

(一) 查明事故发生的经过、原因、人员伤亡情况及直接经济损失；

(二) 认定事故的性质和事故责任；

(三) 提出对事故责任者的处理建议；

(四) 总结事故教训，提出防范和整改措施；

(五) 提交事故调查报告。

第二十六条　事故调查组有权向有关单位和个人了解与事故有关的情况，并要求其提供相关文件、资料，有关单位和个人不得拒绝。

事故发生单位的负责人和有关人员在事故调查期间不得擅离职守，并应当随时接受事故调查组的询问，如实提供有关情况。

事故调查中发现涉嫌犯罪的，事故调查组应当及时将有关材料或者其复印件移交司法机关处理。

第二十七条　事故调查中需要进行技术鉴定的，事故调查组应当委托具有国家规定资质的单位进行技术鉴定。必要时，事故调查组可以直接组织专家进行技术鉴定。技术鉴定所需时间不计入事故调查期限。

第二十八条　事故调查组成员在事故调查工作中应当诚信公正、恪尽职守，遵守事故调查组的纪律，保守事故调查的秘密。

未经事故调查组组长允许，事故调查组成员不得擅自发布有关事故的信息。

第二十九条　事故调查组应当自事故发生之日起60日内提交事故调查报告；特殊情况下，经负责事故调查的人民政府批准，提交事故调查报告的期限可以适当延长，但延长的期限最长不超过60日。

第三十条　事故调查报告应当包括下列内容：

（一）事故发生单位概况；

（二）事故发生经过和事故救援情况；

（三）事故造成的人员伤亡和直接经济损失；

（四）事故发生的原因和事故性质；

（五）事故责任的认定以及对事故责任者的处理建议；

（六）事故防范和整改措施。

事故调查报告应当附具有关证据材料。事故调查组成员应当在事故调查报告上签名。

第三十一条　事故调查报告报送负责事故调查的人民政府后，事故调查工作即告结束。事故调查的有关资料应当归档保存。

第四章　事故处理

第三十二条　重大事故、较大事故、一般事故，负责事故调查的人民政府应当自收到事故调查报告之日起15日内做出批复；特别重大事故，30日内作出批复，特殊情况下，批复时间可以适当延长，但延长的时间最长不超过30日。

有关机关应当按照人民政府的批复，依照法律、行政法规规定的权限和程序，对事故发生单位和有关人员进行行政处罚，对负有事故责任的国家工作人员进行处分。

事故发生单位应当按照负责事故调查的人民政府的批复，对本单位负有事故责任的人员进行处理。

负有事故责任的人员涉嫌犯罪的，依法追究刑事责任。

第三十三条　事故发生单位应当认真吸取事故教训，落实防范和整改措施，防止事故再次发生。防范和整改措施的落实情况应当接受工会和职工的监督。

安全生产监督管理部门和负有安全生产监督管理职责的有关部门应当对事故发生单位落实防范和整改措施的情况进行监督检查。

第三十四条　事故处理的情况由负责事故调查的人民政府或者其授权的有关部门、机构向社会公布，依法应当保密的除外。

第五章　法律责任

第三十五条　事故发生单位主要负责人有下列行为之一的，处上一年年收入40%～80%的罚款；属于国家工作人员的，并依法给予处分；构成犯罪的，依法追究刑事责任：

（一）不立即组织事故抢救的；

（二）迟报或者漏报事故的；

（三）在事故调查处理期间擅离职守的。

第三十六条　事故发生单位及其有关人员有下列行为之一的，对事故发生单位处以100万元以上500万元以下的罚款；对主要负责人、直接负责的主管人员和其他直接责任人员处以上一年年收入60%～100%的罚款；属于国家工作人员的，并依法给予处分；构成违反治安管理行为的，由公安机关依法给予治安管理处罚；构成犯罪的，依法追究刑事责任：

（一）谎报或者瞒报事故的；

（二）伪造或者故意破坏事故现场的；

（三）转移、隐匿资金、财产，或者销毁有关证据、资料的；

（四）拒绝接受调查或者拒绝提供有关情况和资料的；

（五）在事故调查中作伪证或者指使他人作伪证的；

（六）事故发生后逃匿的。

第三十七条　事故发生单位对事故发生负有责任的，依照下列规定处以罚款：

（一）发生一般事故的，处10万元以上20万元以下的罚款；

（二）发生较大事故的，处20万元以上50万元以下的罚款；

（三）发生重大事故的，处50万元以上200万元以下的罚款；

（四）发生特别重大事故的，处200万元以上500万元以下的罚款。

第三十八条　事故发生单位主要负责人未依法履行安全生产管理职责，导致事故发生的，依照下列规定处以罚款；属于国家工作人员的，并依法给予处分；构成犯罪的，依法追究刑事责任：

（一）发生一般事故的，处以上一年年收入30%的罚款；

（二）发生较大事故的，处以上一年年收入40%的罚款；

（三）发生重大事故的，处以上一年年收入60%的罚款；

（四）发生特别重大事故的，处以上一年年收入80%的罚款。

第三十九条　有关地方人民政府、安全生产监督管理部门和负有安全生产监督管理职责的有关部门有下列行为之一的，对直接负责的主管人员和其他直接责任人员依法给予处分；构成犯罪的，依法追究刑事责任：

（一）不立即组织事故抢救的；

（二）迟报、漏报、谎报或者瞒报事故的；

（三）阻碍、干涉事故调查工作的；

（四）在事故调查中作伪证或者指使他人作伪证的。

第四十条　事故发生单位对事故发生负有责任的，由有关部门依法暂扣或者吊销其有关证照；对事故发生单位负有事故责任的有关人员，依法暂停或者撤销其与安全生产有关的执业资格、岗位证书；事故发生单位主要负责人受到刑事处罚或者撤职处分的，自刑罚执行完毕或者受处分之日起，5年内不得担任任何生产经营单位的主要负责人。

为发生事故的单位提供虚假证明的中介机构，由有关部门依法暂扣或者吊销其有关证照及其相关人员的执业资格；构成犯罪的，依法追究刑事责任。

第四十一条　参与事故调查的人员在事故调查中有下列行为之一的，依法给予处分；构成犯罪的，依法追究刑事责任：

（一）对事故调查工作不负责任，致使事故调查工作有重大疏漏的；

（二）包庇、袒护负有事故责任的人员或者借机打击报复的。

第四十二条　违反本条例规定，有关地方人民政府或者有关部门故意拖延或者拒绝落实经批复的对事故责任人的处理意见的，由监察机关对有关责任人员依法给予处分。

第四十三条　本条例规定的罚款的行政处罚，由安全生产监督管理部门决定。

法律、行政法规对行政处罚的种类、幅度和决定机关另有规定的，依照其规定。

第六章　附　　则

第四十四条　没有造成人员伤亡，但是社会影响恶劣的事故，国务院或者有关地方人民政府认为需要调查处理的，依照本条例的有关规定执行。

国家机关、事业单位、人民团体发生的事故的报告和调查处理，参照本条例的规定执行。

第四十五条　特别重大事故以下等级事故的报告和调查处理，有关法律、行政法规或者国务院另有规定的，依照其规定。

第四十六条　本条例自2007年6月1日起施行。国务院1989年3月29日公布的《特别重大事故调查程序暂行规定》和1991年2月22日公布的《企业职工伤亡事故报告和处理规定》同时废止。

附录六　火灾事故调查规定

第一章　总　　则

第一条　为了规范火灾事故调查，保障公安机关消防机构依法履行职责，保护火灾当事人的合法权益，根据《中华人民共和国消防法》，制定本规定。

第二条　公安机关消防机构调查火灾事故，适用本规定。

第三条　火灾事故调查的任务是调查火灾原因，统计火灾损失，依法对火灾事故作出处理，总结火灾教训。

第四条　火灾事故调查应当坚持及时、客观、公正、合法的原则。

任何单位和个人不得妨碍和非法干预火灾事故调查。

第二章　管　　辖

第五条　火灾事故调查由县级以上人民政府公安机关主管，并由本级公安机关消防机构实施；尚未设立公安机关消防机构的，由县级人民政府公安机关实施。

公安派出所应当协助公安机关火灾事故调查部门维护火灾现场秩序，保护现场，控制火灾肇事嫌疑人。

铁路、交通、民航、林业公安机关消防机构负责调查其消防监督范围内发生的火灾。

第六条　火灾事故调查由火灾发生地公安机关消防机构按照下列分工进行：

（一）一次火灾死亡十人以上的，重伤二十人以上或者死亡、重伤二十人以上的，受灾五十户以上的，由省、自治区人民政府公安机关消防机构负责调查；

（二）一次火灾死亡一人以上的，重伤十人以上的，受灾三十户以上的，由设区的市或者相当于同级的人民政府公安机关消防机构负责调查；

（三）一次火灾重伤十人以下或者受灾三十户以下的，由县级人民政府公安机关消防机构负责调查。

直辖市公安机关消防机构负责前款第一项、第二项规定的火灾事故调查，直辖市的区、县公安机关消防机构负责前款第三项规定的火灾事故调查。

除本条第一款所列情形外，其他仅有财产损失的火灾事故调查，由省级人民政府公安机关结合本地实际作出管辖规定，报公安部备案。

第七条　跨行政区域的火灾，由最先起火地的公安机关消防机构按照本规定第六条的分工负责调查，相关行政区域的公安机关消防机构予以协助。

对管辖权发生争议的，报请共同的上一级公安机关消防机构指定管辖。县级人民政府公安机关负责实施的火灾事故调查管辖权发生争议的，由共同的上一级主管公安机关指定。

第八条　上级公安机关消防机构应当对下级公安机关消防机构火灾事故调查工作进行监督和指导。

上级公安机关消防机构认为必要时，可以调查下级公安机关消防机构管辖的火灾。

第九条　公安机关消防机构接到火灾报警，应当及时派员赶赴现场，并指派火灾事故调查人员开展火灾事故调查工作。

第十条　具有下列情形之一的，公安机关消防机构应当立即报告主管公安机关通知具有管辖权的公安机关刑侦部门，公安机关刑侦部门接到通知后应当立即派员赶赴现场参加调查；涉嫌放火罪的，公安机关刑侦部门应当依法立案侦查，公安机关消防机构予以协助：

（一）有人员死亡的火灾；

（二）国家机关、广播电台、电视台、学校、医院、养老院、托儿所、幼儿园、文物保护单位、邮政和通信、交通枢纽等部门和单位发生的社会影响大的火灾；

（三）具有放火嫌疑的火灾。

第十一条　军事设施发生火灾需要公安机关消防机构协助调查的，由省级人民政府公安机关消防机构或者公安部消防局调派火灾事故调查专家协助。

第三章　简易程序

第十二条　同时具有下列情形的火灾，可以适用简易调查程序：

（一）没有人员伤亡的；

（二）直接财产损失轻微的；

（三）当事人对火灾事故事实没有异议的；

（四）没有放火嫌疑的。

前款第二项的具体标准由省级人民政府公安机关确定，报公安部备案。

第十三条　适用简易调查程序的，可以由一名火灾事故调查人员调查，并按照下列程序实施：

（一）表明执法身份，说明调查依据；

（二）调查走访当事人、证人，了解火灾发生过程、火灾烧损的主要物品及建筑物受损等与火灾有关的情况；

（三）查看火灾现场并进行照相或者录像；

（四）告知当事人调查的火灾事故事实，听取当事人的意见，当事人提出的事实、理由或者证据成立的，应当采纳；

（五）当场制作火灾事故简易调查认定书，由火灾事故调查人员、当事人签字或者捺指印后交付当事人。

火灾事故调查人员应当在二日内将火灾事故简易调查认定书报所属公安机关消防机构备案。

第一节　一般规定

第十四条　除依照本规定适用简易调查程序以外，公安机关消防机构对火灾进行调查时，火灾事故调查人员不得少于两人。必要时，可以聘请专家或者专业人员协助调查。

第十五条　公安部和省级人民政府公安机关应当成立火灾事故调查专家组，协助调查复杂、疑难的火灾。专家组的专家协助调查火灾的，应当出具专家意见。

第十六条　火灾发生地的县级公安机关消防机构应当根据火灾现场情况，排除现场险情，初步划定现场封闭范围，并设置警戒标志，禁止无关人员进入现场，控制火灾肇事嫌疑人。

公安机关消防机构应当根据火灾事故调查需要，及时调整现场封闭范围，并在现场勘验结束后及时解除现场封闭。

第十七条　封闭火灾现场的，公安机关消防机构应当在火灾现场对封闭的范围、时间和要求等予以公告。

第十八条　公安机关消防机构应当自接到火灾报警之日起三十日内作出火灾事故认定；

情况复杂、疑难的，经上一级公安机关消防机构批准，可以延长三十日。

火灾事故调查中需要进行检验、鉴定的，检验、鉴定时间不计入调查期限。

第二节 现场调查

第十九条 火灾事故调查人员应当根据调查需要，对发现、扑救火灾人员，熟悉起火场所、部位和生产工艺人员，火灾肇事嫌疑人和被侵害人等知情人员进行询问。对火灾肇事嫌疑人可以依法传唤。必要时，可以要求被询问人到火灾现场进行指认。

询问应当制作笔录，由火灾事故调查人员和被询问人签名或者捺指印。被询问人拒绝签名和捺指印的，应当在笔录中注明。

第二十条 勘验火灾现场应当遵循火灾现场勘验规则，采取现场照相或者录像、录音、制作现场勘验笔录和绘制现场图等方法记录现场情况。

对有人员死亡的火灾现场进行勘验的，火灾事故调查人员应当对尸体表面进行观察并记录，对尸体在火灾现场的位置进行调查。

现场勘验笔录应当由火灾事故调查人员、证人或者当事人签名。证人、当事人拒绝签名或者无法签名的，应当在现场勘验笔录上注明。现场图应当由制图人、审核人签字。

第二十一条 现场提取痕迹、物品，应当按照下列程序实施：

（一）量取痕迹、物品的位置、尺寸，并进行照相或者录像；

（二）填写火灾痕迹、物品提取清单，由提取人、证人或者当事人签名；证人、当事人拒绝签名或者无法签名的，应当在清单上注明；

（三）封装痕迹、物品，粘贴标签，标明火灾名称和封装痕迹、物品的名称、编号及其提取时间，由封装人、证人或者当事人签名；证人、当事人拒绝签名或者无法签名的，应当在标签上注明。

提取的痕迹、物品，应当妥善保管。

第二十二条 根据调查需要，经负责火灾事故调查的公安机关消防机构负责人批准，可以进行现场实验。现场实验应当照相或者录像，制作现场实验报告，并由实验人员签字。现场实验报告应当载明下列事项：

（一）实验的目的；

（二）实验时间、环境和地点；

（三）实验使用的仪器或者物品；

（四）实验过程；

（五）实验结果；

（六）其他与现场实验有关的事项。

第三节 检验、鉴定

第二十三条 现场提取的痕迹、物品需要进行技术鉴定的，公安机关消防机构应当委托依法设立的鉴定机构进行，并与鉴定机构约定鉴定期限和鉴定检材的保管期限。

公安机关消防机构可以根据需要委托依法设立的价格鉴证机构对火灾直接财产损失进行鉴定。

第二十四条 有人员死亡的火灾，公安机关消防机构应当立即通知本级公安机关刑事科学技术部门进行尸体检验。公安机关刑事科学技术部门应当出具尸体检验鉴定文书，确定死亡原因。

第二十五条 对火灾受伤人员的人身伤害的医学鉴定由法医进行。

卫生行政主管部门许可的医疗机构具有执业资格的医生出具的诊断证明，可以作为公安机关消防机构认定人身伤害程度的依据。但是，具有下列情形之一的，应当进行医学伤害鉴定：

（一）受伤程度较重，可能构成重伤的；

（二）火灾受伤人员要求作鉴定的；

（三）当事人对伤害程度有争议的；

（四）其他应当进行鉴定的情形。

第二十六条　对受损单位和个人提供的由价格鉴证机构出具的鉴定意见，公安机关消防机构应当审查下列事项：

（一）鉴证机构、鉴证人是否具有资质、资格；

（二）鉴证机构、鉴证人是否盖章签名；

（三）鉴定意见依据是否充分；

（四）鉴定是否存在其他影响鉴定意见正确性的情形。

对符合规定的，可以作为证据使用；对不符合规定的，不予采信。

第四节　火灾损失统计

第二十七条　受损单位和个人应当于火灾扑灭之日起七日内向火灾发生地的县级公安机关消防机构如实申报火灾直接财产损失，并附有效证明材料。

第二十八条　公安机关消防机构应当根据受损单位和个人的申报、依法设立的价格鉴证机构出具的火灾直接财产损失鉴定意见以及调查核实情况，按照有关规定，对火灾直接经济损失和人员伤亡进行如实统计。

第五节　火灾事故认定

第二十九条　公安机关消防机构应当根据现场勘验、调查询问和有关检验、鉴定意见等调查情况，及时作出起火原因和灾害成因的认定。

第三十条　对起火原因已经查清的，应当认定起火时间、起火部位、起火点和起火原因；对起火原因无法查清的，应当认定起火时间、起火点或者起火部位以及有证据能够排除的起火原因。

第三十一条　灾害成因的认定应当包括下列内容：

（一）火灾报警、初期火灾扑救和人员疏散情况；

（二）火灾蔓延、损失情况；

（三）与火灾蔓延、损失扩大存在直接因果关系的违反消防法律法规、消防技术标准的事实。

第三十二条　公安机关消防机构在作出火灾事故认定前，应当召集当事人到场，说明拟认定的起火原因，听取当事人意见；当事人不到场的，应当记录在案。

第三十三条　公安机关消防机构应当制作火灾事故认定书，自作出之日起七日内送达当事人，并告知当事人向公安机关消防机构申请复核和直接向人民法院提起民事诉讼的权利。无法送达的，可以在作出火灾事故认定之日起七日内公告送达。公告期为二十日，公告期满即视为送达。

第三十四条　公安机关消防机构作出火灾事故认定后，当事人可以申请查阅、复制、摘录火灾事故认定书、现场勘验笔录和检验、鉴定意见，公安机关消防机构应当自接到申请之日起七日内提供，但涉及国家秘密、商业秘密、个人隐私或者移交公安机关其他部门处理的依法不予提供，并说明理由。

第六节　复　核

第三十五条　当事人对火灾事故认定有异议的，可以自火灾事故认定书送达之日起十五日内，向上一级公安机关消防机构提出书面复核申请。复核申请应当载明复核请求、理由和主要证据。

复核申请以一次为限。

第三十六条　复核机构应当自收到复核申请之日起七日内作出是否受理的决定并书面通知申请人。有下列情形之一的，不予受理：

（一）非火灾当事人提出复核申请的；

（二）超过复核申请期限的；

（三）已经复核并作出复核结论的；

（四）任何一方当事人向人民法院提起诉讼，法院已经受理的；

（五）适用简易调查程序作出火灾事故认定的。

公安机关消防机构受理复核申请的，应当书面通知其他相关当事人和原认定机构。

第三十七条　原认定机构应当自接到通知之日起十日内，向复核机构作出书面说明，并提交火灾事故调查案卷。

第三十八条　复核机构应当对复核申请和原火灾事故认定进行书面审查，必要时，可以向有关人员进行调查；火灾现场尚存且未变动的，可以进行复核勘验。

复核审查期间，任何一方当事人就火灾向人民法院提起诉讼并经法院受理的，公安机关消防机构应当终止复核。

第三十九条　复核机构应当自受理复核申请之日起三十日内，作出复核结论，并在七日内送达申请人和原认定机构。

原火灾事故认定主要事实清楚、证据确实充分、程序合法，起火原因和灾害成因认定正确的，复核机构应当维持原火灾事故认定。

原火灾事故认定具有下列情形之一的，复核机构应当责令原认定机构重新作出火灾事故认定：

（一）主要事实不清，或者证据不确实充分的；

（二）违反法定程序，影响结果公正的；

（三）起火原因、灾害成因认定错误的。

第四十条　原认定机构接到重新作出火灾事故认定的复核结论后，应当重新调查，在十五日内重新作出火灾事故认定，并撤销原火灾事故认定书。重新调查需要委托检验、鉴定的，原认定机构应当在收到检验、鉴定意见之日起五日内重新作出火灾事故认定。

原认定机构在重新作出火灾事故认定前，应当向有关当事人说明重新认定情况；重新作出的火灾事故认定书，应当按照本规定第三十三条规定的时限送达当事人，并报复核机构备案。

第四章　火灾事故调查的处理

第四十一条　公安机关消防机构在火灾事故调查过程中，应当根据下列情况分别作出处理：

（一）涉嫌失火罪、消防责任事故罪的，按照《公安机关办理刑事案件程序规定》立案侦查；涉嫌其他犯罪的，及时移送有关主管部门办理；

（二）涉嫌消防安全违法行为的，按照《公安机关办理行政案件程序规定》调查处理；涉嫌其他违法行为的，及时移送有关主管部门调查处理；

（三）应当给予处分的，移交有关主管部门处理。

对经过调查不属于火灾事故的，公安机关消防机构应当告知当事人处理途径并记录在案。

第四十二条　公安机关消防机构向有关主管部门移送案件的，应当在本级公安机关消防机构负责人批准后的二十四小时内移送，并根据案件需要附下列材料：

（一）案件移送通知书；

（二）案件调查情况；

（三）涉案物品清单；

（四）询问笔录，现场勘验笔录，检验、鉴定意见以及照相、录像、录音等资料；

（五）其他相关材料。

构成放火罪需要移送公安机关刑侦部门处理的，火灾现场相关材料应当一并移交。

第四十三条　公安机关其他部门应当自接受公安机关消防机构移送的涉嫌犯罪案件之日起十日内，进行审查并作出决定。依法决定立案的，应当书面通知移送案件的公安机关消防机构；依法不予立案的，应当说明理由，并书面通知移送案件的公安机关消防机构，退回案卷材料。

第四十四条　公安机关消防机构及其工作人员有下列行为之一的，依照有关规定给予责任人员处分；构成犯罪的，依法追究刑事责任。

（一）指使他人错误认定或者故意错误认定起火原因、灾害成因的；

（二）瞒报火灾、火灾直接经济损失、人员伤亡情况的；

（三）利用职务上的便利，索取或者非法收受他人财物的；

（四）其他滥用职权、玩忽职守、徇私舞弊的行为。

第五章　附　　则

第四十五条　本规定中下列用语的含义：

（一）“当事人”，是指与火灾发生、蔓延和损失有直接利害关系的单位和个人。

（二）本规定所称“二日”、“五日”、“七日”、“十日”，是指工作日，不包括节假日。

（三）本规定所称的“以上”含本数、本级，“以下”不含本数。

第四十六条　火灾事故调查中有关回避、证据、调查取证、鉴定等要求，本规定没有规定的，按照《公安机关办理行政案件程序规定》执行。

第四十七条　执行本规定所需要的法律文书式样，由公安部制定。

第四十八条　本规定自2009年5月1日起施行。1999年3月15日发布施行的《火灾事故调查规定》（公安部令第37号）同时废止。

参 考 文 献

1 罗云，吕海燕，白福利．事故分析预测与事故管理．北京：化学工业出版社，2006

2 刘茂编著．事故风险分析理论与方法．北京：北京大学出版社，2011

3 张应立，张莉．工业企业防火防爆．北京：中国电力出版社，2003

4 王丰等主编．油库安全管理．北京：中国石化出版社，1998

5 李晋新等主编．典型火灾案例解析．河北：河北科学技术出版社，1995

6 甄亮编著．事故调查分析与应急救援．北京：国防工业出版社，2007

7 陈海群，王凯全编著．危险化学品事故处理与应急预案．北京：中国石化出版社，2005

8 王凯全，邵辉编著．事故理论与分析技术．北京：化学工业出版社，2004

9 蒋军成编著．事故调查与分析技术．北京：化学工业出版社，2003

10 刘飞诗主编．重大危险源辨识及危害后果分析．北京：化学工业出版社，2008

11 吴宗之，高进东，魏利军编著．危险评价方法及其应用．北京：冶金工业出版社，2001

12 舒中俊，徐晓楠主编．工业火灾预防与控制．北京：化学工业出版社，2010

13 宋广成．储油罐爆炸事故分析及其教训．石油炼制，1989，09

14 谢松炎，甘健坤．海门油库油罐爆炸原因试析．石油商技，1988，03

15 袁文斌．8·29 原油储罐爆炸事故剖析．地质勘探安全，1997，03

16 张刚．对一起柴油罐爆燃事故的调查与分析．电气防爆，2003，04

17 费金章．山洞油库雷击爆炸原因探索．油气储运，1981，03

18 许峰．对一起汽油泄漏爆炸事故处置的体会．消防科学与技术，2002，03

19 王丰等主编．油库安全技术．北京：中国石化出版社，1997

20 庞建军．一起油罐爆炸火灾原因调查及分析．工业安全与环保，2003，12

21 杨艺，刘建章，付士根主编．油库安全评价与应急救援技术．北京：中国石化出版社，2009

22 蒋涛．黄岛油库“8·12”特大火灾事故．化工劳动保护，1999，06

23 宋广成．黄岛油库爆炸事故分析及其教训．石油炼制，1991，02

24 熊元浩．英国处置班斯菲尔德油库爆炸事故的做法及启示．中国特警，2006，05

25 张海峰等．某炼油厂 125# 原油罐火灾事故原因分析及预防．化工劳动保护，2001，12

26 刘性庄．$10000m^3$ 原油储罐塌陷事故的原因分析．油气储运，1997，03

27 许振语．钢质拱顶储罐抽瘪事故分析．石油化工设备技术，1991，02

28 周雅凤．电气化铁路专用线卸油鹤管火警事故分析．石油商技，1989，02

29 任松发．石油库火灾原因调查初探．消防科技，1996，03

30 傅智敏，黄金印．南京炼油厂 310 油罐火灾事故的反思．油气储运，1997，01

31 杨瑞琴．“应急处置卡”在加油站的应用．中国石油天然气集团公司 2010 年 HSE 优秀论文集．北京：石油工业出版社，2011

32 湖北石油．强化应急培训　完善应急管理体系，中国石化“我要安全”主题活动典型做法汇编．北京：中国石化出版社，2011

33 曹泽煜，耿光辉，宋生奎．论油库事故的调查方法．石油库与加油站，2007，02

34 张栋．大型石油罐区泄漏火灾事故环境风险评价应用研究．首都经济贸易大学硕士学位论文，2004

35 杨光辉．大型油罐火灾爆炸危害性研究．中国石油大学硕士学位论文，2005

36 苑静．石油储罐火灾爆炸危害控制的研究应用．天津理工大学硕士学位论文，2008